贵州凝冻灾害事件特征和成因及其预报预测研究

严小冬　李忠燕　夏　阳　等◎著

气象出版社
China Meteorological Press

内容简介

贵州省是我国凝冻过程的多发区域，占全国过程总数的 84%。为提高贵州省凝冻预报预测水平，建立凝冻灾害中期—延伸期及短期气候预测思路，本书系统地介绍了贵州省凝冻灾害的定义及时空分布特征、各市（州）凝冻灾害的气候特征及区划、典型的超强凝冻事件的成因分析及不同强度凝冻过程的差异性分析、气候模式产品对凝冻过程的预测能力分析。

本书是一部具有地方特色的专业书籍，内容丰富，实用性强，可为贵州省各级气象台站开展业务服务和科学研究提供技术指导，同时也可以为其他省（区、市）开展相关方面的工作提供参考。

图书在版编目（ＣＩＰ）数据

贵州凝冻灾害事件特征和成因及其预报预测研究 /
严小冬等著. -- 北京 ：气象出版社，2024.2
　　ISBN 978-7-5029-8183-9

Ⅰ．①贵… Ⅱ．①严… Ⅲ．①降水－气象灾害－研究
－贵州 Ⅳ．①P426.616

中国国家版本馆CIP数据核字(2024)第073376号

贵州凝冻灾害事件特征和成因及其预报预测研究
Guizhou Ningdong Zaihai Shijian Tezheng he Chengyin jiqi Yubao Yuce Yanjiu

出版发行：气象出版社

地　　　址：北京市海淀区中关村南大街 46 号　　　　邮　　编：100081
电　　　话：010-68407112（总编室）　　010-68408042（发行部）
网　　　址：http://www.qxcbs.com　　　　E-mail：qxcbs@cma.gov.cn
责任编辑：蔺学东　　　　　　　　　　终　　审：吴晓鹏
责任校对：张硕杰　　　　　　　　　　责任技编：赵相宁
封面设计：艺点设计
印　　　刷：北京建宏印刷有限公司
开　　　本：787 mm × 1092 mm　1/16　　　印　　张：14.75
字　　　数：370 千字
版　　　次：2024 年 2 月第 1 版　　　　印　　次：2024 年 2 月第 1 次印刷
定　　　价：120.00 元

《贵州凝冻灾害事件特征和成因及其预报预测研究》
编 委 会

主　　任：严小冬　李忠燕　夏　阳

副 主 任：任曼琳　张东海　万雪丽

编写人员：王君军　张　皓　秦畅畅　方　荻　李典南

　　　　　谭娅姮　王玥彤　王　烁

前言

　　贵州是我国凝冻过程的多发区域，约占全国凝冻过程总数的 84%。贵州省凝冻过程多发与其地形（海拔 1000 m 左右且西高东低喇叭口地形）、地理位置（纬度相对偏低且多山区）、气候条件（冬季冷暖空气多交汇，易形成云贵准静止锋，造成阴雨天气）有着密不可分的关系。在贵州，除南部边缘地区外，大部地区均遭受过凝冻过程的侵袭，不同的凝冻过程由于其持续时间和影响范围等不同所造成的影响程度也就有所不同，而持续的区域性凝冻过程由于持续时间长，将会对电力、通信、交通、农林畜牧业等造成重大的影响，比如 2008 年和 2011 年的 1 月均出现了全省范围的严重区域性凝冻过程，造成严重的经济损失。因此，开展贵州凝冻事件特征和成因及其预报预测研究，为其中期—延伸期及短期气候预测提供依据和思路，并为凝冻灾害的评估和预评估服务提供基础，对提高贵州凝冻预报预测水平，以及认识贵州凝冻天气气候时空分布变化规律，更好开展凝冻预报预测和气象服务等，具有重要的科学和现实意义。

　　本书系统地介绍了贵州省凝冻灾害的定义及时空分布特征、各市（州）凝冻灾害的气候特征及区划、典型的超强凝冻事件的成因分析及不同强度凝冻过程的差异性分析、气候模式产品对凝冻过程的预测能力分析。全书共 4 章，由严小冬、李忠燕、夏阳组织编写。第 1 章介绍了贵州省 1961—2019 年冬季贵州凝冻日数时空分布特征，重新确定单站凝冻过程和区域性凝冻过程的定义和分级标准，统计分析二者的时空特征，并完成不同等级区域性凝冻过程个例的环流特征分析。本章由严小冬、李忠燕、张东海、夏阳、万雪丽、李典南编写。第 2 章对贵州省 9 个市（州）的凝冻灾害的时空特征、典型年环流特征进行了分析，并利用气象要素阈值条件分析，结合区域站的气象要素值对各市（州）的凝冻风险进行了区划。本章由王君军、张皓、秦畅畅、谭娅姮编写。第 3 章对贵州省凝冻事件形成的成因进行了细致分析，包括 2000 年以来 2 次超强凝冻过程的对比分析、典型特征年的异常环流特征分析、不同强度和不同类型区域性凝冻过程对比分析以及 2021/2022 年冬季凝冻阶段性特征成因分析。本章由李忠燕、任曼琳、夏阳、万雪丽编写。第 4 章主要介绍开展的气候预测模式产品对贵州凝冻过程的预测能力评估及延伸期预报试验，实现贵州凝冻灾害的中期—延伸期及短期气候的无缝隙预报预测。本章由李忠燕、任曼琳、严小冬、王玥彤、王烁编写。

我们衷心地期望本书的出版对贵州省凝冻灾害的成因诊断研究和凝冻灾害过程的预测业务发展起到些许推动和借鉴。受作者专业和知识水平以及经验所限，书中错误和不足之处在所难免，敬请广大读者指正。

编 者
2023 年 4 月

目录

第1章　贵州省凝冻灾害气候特征

凝冻是指当环境气温低于0℃时空气中的过冷雨滴、雾滴或湿雪在近地面物体表面凝附冻结而形成覆冰层的现象，其形成过程中一定有液态水向固态冰的转化，这与北方的冰冻概念是不同的。凝冻有多种覆冰机制，包括雨凇、雾凇、湿雪（雪凇）、雨雾及雨雪混合冻结覆冰。贵州是我国凝冻灾害最重、发生最为频繁的省份，约占全国总数的84%。1961年以来，1963/1964年、1966/1967年、1976/1977年、1983/1984年、2007/2008年、2010/2011年冬季等年份均出现了全省性严重凝冻灾害，尤其是2007/2008年和2010/2011年冬季，持续的凝冻灾害对电力、通信、交通、农林畜牧业均都有重大不利影响。

凝冻的发生与贵州特殊的地理位置（纬度相对偏低的山区）、特殊的地形地貌（平均海拔高度在1000 m左右，地势西高东低、北高南低）和特殊的气候条件（冬无严寒，但多阴雨天气，平均风速为3 m/s，冷空气影响时气温在冻结温度附近）等有关。通常，贵州持续性凝冻天气的频发地带集中在27°N一线。

本章基于1961—2019年贵州凝冻灾害事实，对贵州的凝冻灾害事件进行定义，分析贵州省凝冻灾害气候特征。在此基础上，对贵州省区域性凝冻事件进行定义并建立凝冻事件个例库，为贵州省凝冻灾害事件的预报预测奠定基础。

1.1 凝冻及其他相关名称的定义

凝冻　俗称桐油凝，是指当环境气温低于0℃时空气中的过冷雨滴、雾滴或湿雪在近地面物体表面凝附冻结而形成覆冰层的现象，其形成过程中一定有液态水向固态冰的转化，包括雨凇、雾凇、湿雪（雪凇）、雨雾及雨雪混合冻结覆冰等，其中以雨凇最为重要。

雨凇　超冷却的降水碰到温度等于或低于0℃的物体表面时所形成玻璃状的透明或无光泽的冰覆盖层，叫作雨凇，也叫冰凌、树凝。严重的雨凇会压断树木、电线杆，使通信、供电中断，妨碍公路和铁路交通，威胁飞机的飞行安全。

雾凇　俗称树挂，是低温时空气中水汽直接凝华，或过冷雾滴直接冻结在物体上的乳白色冰晶沉积物，是非常难得的自然奇观。雾凇非冰非雪，而是由于雾中无数0℃以下而尚未凝华的水汽随风在树枝等物体上不断积聚冻粘的结果，表现为白色不透明的粒状结构沉积物。雾凇形成需要气温很低，而且水汽又很充分。因此，雾凇和雨凇的区别是雨凇有降水，为透明状，而雾凇无降水，为白色冰晶结构。

冻雨　由冰水混合物组成，与温度低于0℃的物体碰撞立即冻结的降水，是初冬或冬末春初时节见到的一种灾害性天气。低于0℃的雨滴在温度略低于0℃的空气中能够保持过冷状态，其外观同一般雨滴相同，当它落到温度为0℃或0℃以下的物体上时，立刻冻结成透明或无光泽的冰层，称为雨凇。形成雨凇的雨称为冻雨，因此雨凇是结果，冻雨是天气过程。

1.2 凝冻日数时空特征

根据凝冻的定义，凝冻主要包括雨凇和雾凇。统计资料表明，1961—2019 年（10 月至翌年 4 月）贵州雾凇共计出现 1214 站次，而雨凇共计出现 31566 站次。此外，由于雾凇的形成条件较特殊，后期无法用其他气象要素（比如平均气温、降水量、相对湿度）代替建立预测指标，因此利用 1961—2019 年（10 月至翌年 4 月）雨凇这一气象现象观测资料数据表征凝冻。

图 1.1 给出了 1961—2019 年贵州省各月凝冻日数所占百分比。可以看出，10 月至翌年 4 月均发生过凝冻天气，但 59 a 间 10 月共计出现过 2 站次凝冻天气，4 月共计出现过 25 站次凝冻天气，而 12 月至翌年 2 月是凝冻发生的多发期，占全年的 94.8%，5—9 月无凝冻发生。因此以当年 11 月至翌年 3 月逐日观测的雨凇资料作为研究该年冬季凝冻的基础数据。

图 1.1　贵州省各月凝冻日数所占百分比

图 1.2 为贵州省各县站凝冻日数多年平均（1981—2010 年）分布图。由图可见，除贵州省南部边缘的册亨、望谟、罗甸、荔波和北部的赤水无凝冻外，其余 79 个县站均出现过凝冻。年平均凝冻日数分布具有中间多、南北少的特征。年平均凝冻日数在 10 d 以上的县站主要集中在 26.5°—27.5°N，为贵州凝冻的频发地带，共计 4 个高值中心，自西向东分别为威宁（26.92°N，104.30°E；海拔 2236.2 m；46.7 d）、大方（27.09°N，105.60°E；海拔 1704.0 m；30.7 d）、开阳（27.10°N，107.00°E；海拔 1277.2 m；25.7 d）和万山（27.50°N，109.20°E；海拔 883.4 m；27.3 d）。凝冻日数在 20 d 以上的还有水城（26.60°N，104.90°E；海拔 1813.6 m；20.3 d），可以看出，凝冻分布以 27°N 为轴线，呈东西带状分布，并具有西部多、东部少、中间多、南北少的特征。

图 1.3 给出了 1961—2019 年（11 月至翌年 3 月）贵州省平均凝冻日数时间序列。可以看出，59 a 间，全省平均凝冻日数呈缓慢减少趋势。在 20 世纪 60 年代初期至 80 年代后期，全省平均凝冻日数以偏多为主，其中以 1976/1977 年和 1983/1984 年冬季平均凝冻日数最多；在 20 世纪 90 年代至 21 世纪初期，全省平均凝冻日数明显偏少；在 21 世纪 00 年代后期至 10 年代初期，全省平均凝冻日数开始增多，其中 2007/2008 年冬季全省平均凝冻日数最多（18.1 d），是贵州遭受冬季凝冻灾害最为严重的一年，除北部和南部边缘地区外，大部地区均出现不同的凝冻灾害；之后，全省平均凝冻日数又明显偏少，其中由于 2019/2020 年冬季出现超强暖冬，全省平均凝冻日数最少，只有 0.5 d。

图 1.2　贵州省多年平均（1981—2010 年）凝冻日数空间分布（单位：d）

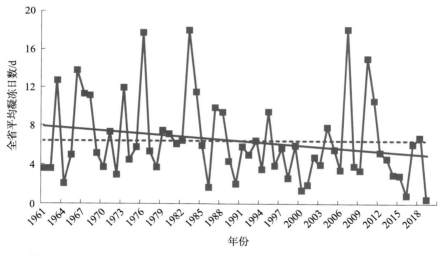

图 1.3　1961—2019 年（11 月至翌年 3 月）贵州省平均凝冻日数时间序列

1.3 单站凝冻过程指标确定及其时空特征

1.3.1 三种指标的定义及区别

《贵州短期气候预测技术》中对冬季凝冻过程进行了定义，指出在每年 12 月 1 日至翌年 2 月 28/29 日期间，凡日平均气温≤ 1.0℃、日最低气温≤ 0.0℃以及日降水量≥ 0.1 mm 三者同日出现，持续≥ 3 d（其中第 4 d 起允许间隔一天的日最低气温为 0.1 ～ 0.5℃或无雨）且至少有一天出现凝冻天气现象的时段，定义为一次冬季凝冻天气过程。

地方标准《贵州省凝冻灾害气象等级标准》（DB52/T 652—2010）中指出，单个县（市、区）连续出现 3 个以上（含 3 个）凝冻日则为单站凝冻过程，而当凝冻现象消失持续 2 d，则凝冻消失的前一日定义为凝冻结束日。

国家标准《冰冻天气等级》（GB/T 34297—2017）中未对冰冻天气过程进行明确定义，仅指出冰冻持续天数为地面观测站出现冰冻或电线覆冰的持续日数。

三个指标结合不同气象要素或天气现象对单站凝冻过程进行了定义，其中《贵州短期气候预测技术》是结合三种气象要素以及天气现象对凝冻过程进行了定义，由于该指标是结合了气温、降水等气象要素，便于后期预测模型中预测指标的搭建，而地方标准和国家标准根据天气现象进行定义，较为客观。《贵州短期气候预测技术》和地方标准均对凝冻过程的初始条件进行定义，规定监测指标满足持续天数 ≥ 3 d 才算一次过程凝冻过程，同时两个定义中均对结束日进行了定义，定义中规定连续 2 d 监测指标中断则标志着过程结束，但国家标准中未对初始条件和结束日进行明确定义。

1.3.2 单站凝冻过程的确定

为客观地对贵州单站凝冻过程的起始条件进行定义，统计了 1981—2010 年（11 月至翌年 3 月）贵州省凝冻天气现象不同持续天数（无间断）的发生频率（图 1.4），统计结果表明，贵州省凝冻持续天数为 1 ~ 34 d，最长凝冻持续天数为 34 d，1981—2010 年共计出现 2 次，随着持续天数的增加，发生频率呈指数下降。所谓过程，持续天数应 ≥ 2 d，而贵州持续天数为 2 d 的发生频率为 25.9%，凝冻持续天数 2 d 以上的累计频率为 61.3%，这样会造成样本数据过多，没有针对性。而持续天数为 3 d 的发生频率为 14.5%，凝冻持续天数 3 d 以上的累计频率为 35.4%，再结合《贵州短期气候预测技术》和地方标准的相关定义，因此，定义单个县（市、区）连续出现 3 d 以上（含 3 d）凝冻日则为单站凝冻过程的起始条件，第一日定义为凝冻过程的开始日。

图 1.4　1981—2010 年（11 月至翌年 3 月）贵州省不同凝冻持续天数的发生频率

在贵州，有时凝冻天气现象的中断并不意味着凝冻过程的结束，结合地方标准《贵州省凝冻灾害气象等级标准》（DB52/T 652—2010）和《贵州短期气候预测技术》中关于凝冻过程结束的判定，将凝冻过程结束的判定标准定义为：当凝冻现象连续 2 d 中断标志着凝冻过程的结束，凝冻消失的前一日定义为凝冻结束日。结合起始条件的判定，认为地方标准《贵州省凝冻灾害气象等级标准》（DB52/T 652—2010）中关于凝冻过程的定义更符合贵州本地的天气情况，因此采用该标准作为单站凝冻过程的监测指标，而预测指标采用《贵州短期气候预测技术》中凝冻天气过程的定义，但 11 月至翌年 3 月为凝冻过程的预测时段。

按照地方标准《贵州省凝冻灾害气象等级标准》（DB52/T 652—2010）中对凝冻过程的定义，统计了 1981—2010 年（11 月至翌年 3 月）贵州省凝冻过程中不同持续天数的发生频率（图 1.5），统计结果表明，贵州省凝冻过程的持续天数为 3～39 d，最长凝冻过程持续天数为 39 d，1981—2010 年共计出现 1 次，同样地，随着凝冻过程持续天数的增加，发生频率呈指数下降。

图 1.5 1981—2010 年（11 月至翌年 3 月）贵州省凝冻过程不同持续天数的发生频率

同时按照地方标准《贵州省凝冻灾害气象等级标准》（DB52/T 652—2010）中对凝冻过程的定义，统计了 1981—2010 年贵州省凝冻过程中非凝冻日数的发生频率（图 1.6）。统计结果表明：84.2% 的贵州省凝冻过程中非凝冻日数为 0，即凝冻过程中无凝冻现象的中断。12.5% 的贵州省凝冻过程中非凝冻日数为 1，即凝冻过程中出现凝冻现象中断天数为 1 d，同时凝冻现象中断天数≤1 d 的累计频率为 96.7%，占样本数据的绝大部分，再次表明以凝冻现象中断 2 d 作为凝冻过程的结束指标的合理性。2.6% 的贵州省凝冻过程中非凝冻日数为 2 d，1981—2010 年共计出现 46 次。0.5% 的贵州省凝冻过程中非凝冻日数为 3 d，1981—2010 间共计出现 9 次。贵州省凝冻过程中非凝冻日数最长为 4 d，1981—2010 间共计出现 3 次，占总次数的 0.2%。

图 1.6 1981—2010 年（11 月至翌年 3 月）贵州省凝冻过程中非凝冻日数的发生频率

1.3.3 单站凝冻过程的时空特征

图 1.7 给出了贵州省凝冻过程开始初日多年平均（1981—2010 年）空间分布，总体来看，贵州省凝冻过程最早出现在威宁县（12 月 13 日），再依次出现在大方（12 月 23 日）、开阳（12 月 26 日）、万山（12 月 27 日），然后从东北向南部逐渐发生凝冻过程，其中榕江县最晚

出现凝冻过程（1月26日），威宁和榕江的时间跨度约44 d。图1.8为1961—2019年贵州省平均凝冻过程开始初日时间序列，其中峰值（谷值）表征当年凝冻开始初日较晚（较早）。总体来看，1961—2000年没有明显的年代际变化特征，其年际振荡周期为6～9 a；而在21世纪00—10年代前期以偏早为主，10年代中期明显偏晚，而近2 a明显偏早，尤其是2019年，平均偏早近39 d。

图1.7　贵州省凝冻过程开始初日多年平均（1981—2010年）空间分布

图1.8　1961—2019年贵州省平均凝冻过程开始初日时间序列

　　图1.9给出了贵州省凝冻过程结束终日多年平均（1981—2010年）空间分布，总体来看，贵州省凝冻过程最早结束在沿河、思南（1月4日），然后从东北向南部，东部向西部逐渐结束凝冻过程，其中开阳（2月20日）、大方（2月22日）、万山（2月24日）、威宁（3月5日）

依次结束，最早结束和最晚结束的时间跨度约 60 d。图 1.10 为 1961—2019 年贵州省平均凝冻过程结束终日时间序列，其中峰值（谷值）表征当年凝冻结束终日较晚（较早）。总体来看，1961—2019 年没有明显的年代际变化特征，年际振荡较大，年际振荡周期为 6～9 a。与凝冻过程开始初日时间序列做相关发现，二者相关系数高达 0.824，通过 0.01 的显著性检验，具体对比发现，除了在 1976/1977 年、1978/1979 年、1997/1998 年、1998/1999 年、2004/2005 年、2009/2010 年、2011/2012 年冬季二者符号不一致外，其余年份二者符号一致，表明在大多数年份，凝冻过程开始初日偏早（偏晚），结束终日也偏早（偏晚）。

图 1.9　贵州省凝冻过程结束终日多年平均（1981—2010 年）空间分布

图 1.10　1961—2019 年贵州省平均凝冻过程结束终日时间序列

　　图 1.11 给出了贵州省凝冻过程初日与结束终日之差多年平均（1981—2010 年）空间分布，总体来看，该空间分布与凝冻日数分布图（图 1.2）相似。由图可见，贵州省凝冻过程

初日与结束终日之差日数分布具有中间多、南北少的特征。贵州省凝冻过程初日与结束终日之差天数在 10 d 以上的县站主要集中在 26.5°—27.5°N，该范围为贵州凝冻的频发地带，与图 1.2 类似有 4 个高值中心，自西向东分别为威宁（83 d）、大方（62 d）、开阳（56 d）和万山（61 d）。

　　图 1.12 给出了 1961—2019 年贵州省凝冻过程初日与结束终日之差日数时间序列。可以看出，59 a 没有明显的年代际变化特征，年际振荡较大，年际振荡周期同样为 6～9 a。其中 2016/2017 年冬季贵州省凝冻过程初日与结束终日之差日数最大（49 d），2019/2020 年冬季由于出现超强暖冬，全省平均凝冻日数最少，贵州省凝冻过程初日与结束终日之差日数为 5 d。

图 1.11　贵州省凝冻过程开始初日与结束终日之差多年平均（1981—2010 年）空间分布（单位：d）

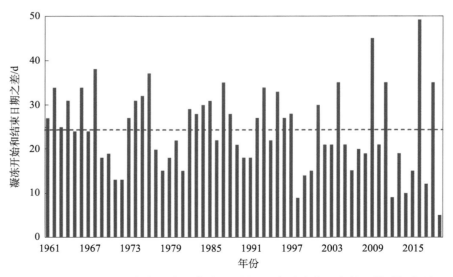

图 1.12　1961—2019 年贵州省凝冻过程开始初日与结束终日之差日数时间序列

1.3.4 单站凝冻过程的分级标准

《贵州短期气候预测技术》中对单站凝冻过程进行了分级，规定凝冻过程持续天数 ≤ 3 d 为轻级凝冻，持续 4～5 d 为中级凝冻，持续 6～9 d 为重级凝冻，持续天数 ≥ 10 d 为特重级凝冻。

国家标准《冰冻天气等级》（GB/T 34297—2017）中依据单站冰冻强度指数将冰冻天气划分为轻度、中度、重度和特重四级。其中单站冰冻强度指数由冰冻天气的持续天数和电线覆冰厚度确定，其计算公式为：

$$I_s = I_d + I_h \tag{1-1}$$

式中，I_s 为单站冰冻强度指数；I_d 为冰冻持续天数指数，取值见式（1-2）；d 为冰冻持续天数，单位为天（d）；I_h 为冰冻持续天数内最大电线覆冰厚度指数，取值见式（1-3）；h 为电线覆冰厚度。

$$I_d = \begin{cases} 1, 1 \leq d \leq 3 \\ 2, 4 \leq d \leq 6 \\ 3, 7 \leq d \leq 11 \\ 4, d \geq 12 \end{cases} \tag{1-2}$$

$$I_h = \begin{cases} 0, 0 < h < 10 \\ 2, 10 \leq h < 20 \\ 3, 20 \leq h < 30 \\ 4, h \geq 30 \end{cases} \tag{1-3}$$

地方标准《贵州省凝冻灾害气象等级标准》（DB52/T 652—2010）中依据最大电线积冰直径、持续时间和经济损失将单站凝冻过程划分为轻级、中级、重级和特重级四级（表1.1）。

表 1.1　《贵州省凝冻灾害气象等级标准》中单站凝冻过程分级标准

等级	分级标准
轻级	①最大电线积冰直径 < 6 mm，持续时间 < 4 d； ②经济损失 < 100 万元。
中级	①6 mm ≤ 最大电线积冰直径 < 12 mm，4 d ≤ 持续时间 < 6 d； ②100 万元 ≤ 经济损失 < 500 万元。
重级	①12 mm ≤ 最大电线积冰直径 < 20 mm，6 d ≤ 持续时间 < 10 d； ②500 万元 ≤ 经济损失 < 1000 万元。
特重级	①最大电线积冰直径 ≥ 20 mm，持续时间 ≥ 10 d； ②经济损失 ≥ 1000 万元。

说明：①灾害损失分级标准参照中国民政部救灾救济司公布的有关标准；②某一县行政区域内凝冻出现分级标准情况之一时，定义为相应等级；③分级要求不一致时，按高一级级别定级。

三个分级标准分别结合凝冻持续天数、最大电线积冰厚度和经济损失将单站凝冻过程划分为轻级、中级、重级和特重级四级，其中《贵州短期气候预测技术》和地方标准《贵州省凝冻灾害气象等级标准》（DB52/T 652—2010）中对持续天数的分级标准是相同的。贵州省各县站对电线积冰厚度（直径）的观测开始时间不同，其中绝大部分站点是从2008年开始观测的，故该资料不够全面。另一方面，由凝冻造成的经济损失资料较难收集，且随着经济条件的逐步变好，由不变的经济损失标准来划分等级不够客观。

因此，采用百分位原则将单站凝冻过程进行等级划分，以第50百分位（中位数）、第75百分位（第三个四分位）、第90百分位为分界线进行划分。根据贵州省凝冻过程不同持续天数的发生频率统计结果（图1.5）来看，第50百分位、第75百分位、第90百分位对应的持续天数分别是4 d、7 d、12 d。因此，规定凝冻过程持续天数3～4 d为轻级凝冻，持续5～7 d为中级凝冻，持续8～12 d为重级凝冻，持续天数≥13 d为特重级凝冻。

1.3.5 不同等级单站凝冻过程的时空特征

按照单站凝冻过程的分级标准对1961—2019年冬季贵州省各站不同等级凝冻过程年均次数和频率进行统计（图1.13），总体来看，四种不同等级凝冻过程其年均次数和频率的空间分布特征基本一致。另外，随着单站凝冻过程等级的升级，其范围在不断缩小，无论是哪种等级，大值区主要仍集中在26.5°—27.5°N，低值区仍在贵州省北部和南部地区。

具体来看，轻级凝冻过程（图1.13a，b）的范围相对其他三个等级来说更大，表明贵州省大部地区均可能发生轻级凝冻过程。其中年均次数大值区按大小依次是万山、威宁、开阳、大方和丹寨，这些站点年均次数均在1次以上，而发生频率大值区按大小依次是万山、丹寨、开阳、大方、威宁、瓮安，表明万山站最易发生轻级凝冻过程，而威宁轻级凝冻过程平均次数较开阳、大方和丹寨多，但其轻级凝冻过程的发生频率却相对较低。中级凝冻过程（图1.13c，d）影响范围较轻级凝冻过程明显缩小，除威宁站（年均次数依然为1.4次，发生频率相对轻级更高）外，年均次数和发生频率的数值也明显变小。其年均次数大值区按大小依次是威宁、开阳、万山和大方，而发生频率大值区按大小依次是威宁、万山、开阳和大方。重级凝冻过程（图1.13e，f）的范围相对轻级和中级来说明显缩小，表明贵州省发生重级凝冻过程的站点也在减少。其中年均次数大值区按大小依次是威宁、大方、开阳和万山，而发生频率大值区按大小依次是威宁、大方、万山和开阳，其中威宁无论是年均次数还是发生频率，都相对其他几个站点高得多，表明该站易发生重级凝冻过程。特重级凝冻过程（图1.13g，h）的范围相对其他三个等级来说更进一步缩小，表明贵州省发生特重级凝冻过程的站点也在逐渐减少，主要集中在省的西部和地势相对周边较高的开阳、万山和丹寨等地区。其中年均次数大值区按大小依次是威宁、大方、开阳、万山，而发生频率大值区按大小依次是威宁、开阳、大方、万山，和次数大值区一致。其中威宁无论是年均次数还是发生频率，都相对其他几个站点高得多。从四个等级的具体值来看，无论是年均次数还是发生频率各站，随着单站凝冻过程等级的升高，其数值均明显减小。虽然威宁和大方站也呈减小的趋势，但其减小的幅度最小，其中威宁和大方站特重凝冻过程的发生频率分别为66.1%和52.5%。

图 1.13　1961—2019 年冬季贵州省不同等级单站凝冻过程的年均次数（次）及发生频率（%）
（左列：次数；右列：频率；a，b：轻级；c，d：中级；e，f：重级；g，h：特重级）

图 1.14 给出了 1961—2019 年冬季贵州省不同等级单站凝冻过程的站次时间序列。可以看出，不同等级单站凝冻过程的变化趋势基本一致，四者之间呈明显的正相关关系（表 1.2），其中中级和重级的相关系数最大，为 0.622，通过 0.001 的显著性检验，而轻级和特重级的相关系数最小，为 0.239，通过 0.10 的显著性检验。4 个不同等级单站凝冻过程的站次均呈缓慢减少趋势，其中随着等级的升高，减少趋势减弱，即轻级的减少趋势最明显，而特重级的减少趋势最弱。从特重级的序列来看，由于 1967/1968 年、1976/1977 年、1983/1984 年、2007/2008 年冬季特重级站次较多，其变化特征与其他三个等级的不太一致，比如 2007/2008 年冬季特重级站次甚至比轻级的站次明显偏多。

图 1.14　1961—2019 年冬季贵州省不同等级单站凝冻过程的站次时间序列

表 1.2　不同等级单站凝冻过程的站次时间序列的相关系数

等级	轻级	中级	重级	特重级
轻级	1	0.596	0.451	0.239
中级	0.596	1	0.622	0.277
重级	0.451	0.622	1	0.310
特重级	0.239	0.277	0.310	1

1.3.6 典型站点凝冻过程的特征

威宁、大方、开阳和万山站是贵州省单站凝冻过程的四个中心，因此将这 4 个站作为单站凝冻过程的典型站进行分析。

（1）威宁

1961—2019 年间威宁站共计出现 268 次单站凝冻过程（图 1.15），年平均凝冻过程次数为 4.5 次，平均每次凝冻过程为 8.8 d。其中 1969/1970 年冬季发生凝冻过程次数最多，为 9 次，1964/1965 年冬季发生 8 次凝冻过程，为第二偏多年份，而 2019/2020 年冬季凝冻过程次数最少，只有 1 次。从每年凝冻过程的累计天数来看，每年凝冻过程的累计天数在 5 ~ 86 d，其中 1976/1977 年冬季累计天数最长，为 86 d，之后依次为 1967/1968 年、2011/2012 年冬季（过程累计天数分别为 72 d、70 d），2019/2020 年冬季凝冻过程只发生 1 次，累计天数为 5 d。年凝冻过程次数与累计天数之间呈明显的正相关关系，二者相关系数为 0.453。可以看出，二者年代际变化特征基本相似，均呈减少的变化趋势。从 268 次凝冻过程的具体时间分布（图1.16）来看，59 a 间威宁站凝冻过程最早开始出现于 11 月 13 日（1976 年），最晚结束于 3 月 27 日（2011 年），主要集中出现在 12 月至翌年 2 月（图 1.17），其中 1 月占比最多，为 31%，

图 1.15 1961—2019 年冬季威宁凝冻过程次数和累计天数时间序列

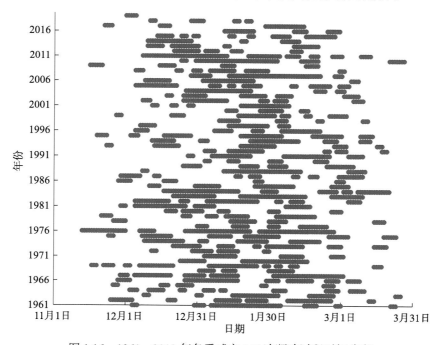

图 1.16 1961—2019 年冬季威宁 268 次凝冻过程时间分布

2 月次之，为 28%，而 11 月最少，为 5%。从威宁站凝冻过程在各旬占比来看（图 1.18），主要集中出现在 12 月上旬至翌年 3 月上旬，其中 1 月中旬最多，2 月上旬次之。从单次凝冻过程的持续天数来看，持续天数在 3 ~ 39 d，其中 2007/2008 年冬季的一次凝冻过程持续天数最长，为 39 d，之后依次分别为 2010/2011 年、1988/1989 年冬季的某一次凝冻过程（过程持续天数分别为 35 d、33 d）。

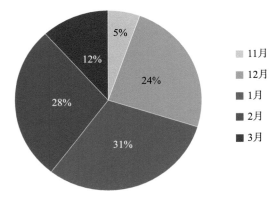

图 1.17　1961—2019 年冬季威宁 268 次凝冻过程在各月占比情况

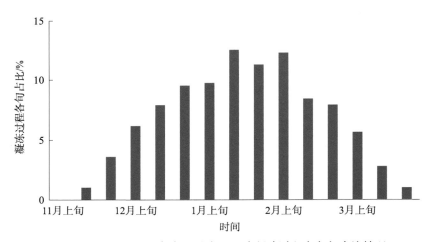

图 1.18　1961—2019 年冬季威宁 268 次凝冻过程在各旬占比情况

（2）大方

　　1961—2019 年间大方站共计出现 191 次单站凝冻过程（图 1.19），年平均凝冻过程次数为 3.2 次，平均每次凝冻过程为 8.4 d。其中 1982/1983 年、1991/1992 年、2005/2006 年冬季发生凝冻过程次数最多，均为 6 次，而 2019/2020 年冬季无凝冻过程发生。从每年凝冻过程的累计天数来看，每年凝冻过程的累计天数在 0 ~ 69 d，其中 2011/2012 年冬季累计天数最长，为 69 d，之后是 1966/1967 年、1983/1984 年冬季（过程累计天数均为 53 d），2019/2020 年冬季无凝冻过程发生，累计天数为 0 d。年凝冻过程次数与累计天数之间呈明显的正相关关系，二者相关系数为 0.533。可以看出，二者年代际变化特征基本相似，均呈减少的变化趋势。从 191 次凝冻过程的具体时间分布（图 1.20）来看，59 a 间大方站凝冻过程最早开始出现于 11 月 14 日（1976 年），最晚结束于 3 月 25 日（2011 年），主要集中出现在 12 月至翌年 2 月（图 1.21），其中 1 月占比最多，为 36%，2 月次之，为 33%，而 11 月最少，为 2%。从大方站凝冻过程在各旬占比来看（图 1.22），主要集中出现在 12 月中旬至翌年 2 月下旬，其中 2 月上旬最多。从单次凝冻过程的持续天数来看，持续天数在 3～34 d，其中 1967/1968 年、2007/2008 年冬季的一次凝冻过程持续天数最长，均为 34 d，之后是 1988/1989 年、2010/2011 年冬季的一次凝冻过程（过程持续天数均为 32 d）。

图 1.19　1961—2019 年冬季大方凝冻过程次数和累计天数时间序列

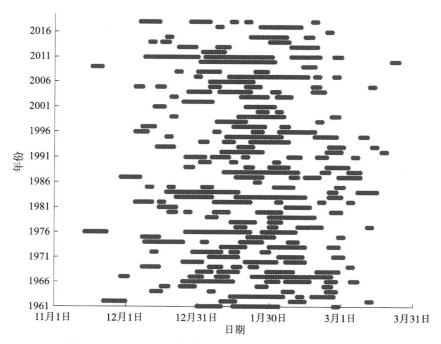

图 1.20　1961—2019 年冬季大方 191 次凝冻过程时间分布

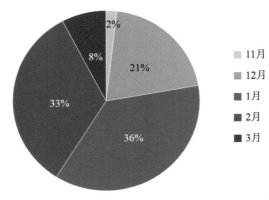

图 1.21　1961—2019 年冬季大方 191 次凝冻过程在各月占比情况

图 1.22　1961—2019 年冬季大方 191 次凝冻过程在各旬占比情况

（3）开阳

1961—2019 年间开阳站共计出现 183 次单站凝冻过程（图 1.23），年平均凝冻过程次数为 3.1 次，平均每次凝冻过程为 7.0 d。其中 1967/1968 年、1987/1988 年冬季发生凝冻过程次数最多，均为 6 次，而 2016/2017 年、2019/2020 年冬季无凝冻过程发生。从每年凝冻过程的累计天数来看，每年凝冻过程的累计天数在 0 ~ 45 d，其中 1976/1977 年冬季累计天数最长，为 45 d，之后是 2004/2005 年冬季（过程累计天数为 44 d），2016/2017 年、2019/2020 年冬季无凝冻过程发生，累计天数为 0 d。年凝冻过程次数与累计天数之间呈明显的正相关关系，二者相关系数为 0.575。可以看出，二者年代际变化特征基本相似，均呈减少的变化趋势。从 183 次凝冻过程的具体时间分布（图 1.24）来看，59 a 间开阳站凝冻过程最早开始出现于 11 月 15 日（1976 年），最晚结束于 3 月 27 日（1982 年），主要集中出现在翌年 1 月至 2 月（图 1.25），其中 1 月占比最多，为 42%，2 月次之，为 32%，而 11 月最少，为 3%。从开阳站凝冻过程在各旬占比来看（图 1.26），主要集中出现在 12 月下旬至翌年 2 月下旬，其中 1 月下旬最多。从单次凝冻过程的持续天数来看，持续天数在 3 ~ 34 d，其中 2007/2008 年冬季的一次凝冻过程持续天数最长，为 34 d，之后是 1988/1989 年、2010/2011 年冬季的某一次凝冻过程（过程持续天数均为 32 d）。

图 1.23　1961—2019 年冬季开阳凝冻过程次数和累计天数时间序列

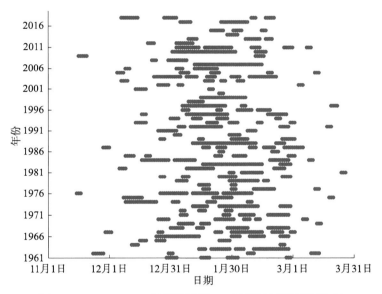

图 1.24　1961—2019 年冬季开阳 183 次凝冻过程时间分布

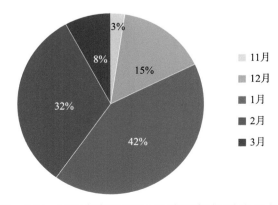

图 1.25　1961—2019 年冬季开阳 183 次凝冻过程在各月占比情况

图 1.26　1961—2019 年冬季开阳 183 次凝冻过程在各旬占比情况

（4）万山

1961—2019 年（其中 1962—1976 年冬季资料缺测）万山站共计出现 148 次单站凝冻过程（图 1.27），年平均凝冻过程次数为 3.4 次，平均每次凝冻过程为 6.7 d。其中 1987/1988 年冬季发生凝冻过程次数最多，为 7 次，而 2019/2020 年冬季无凝冻过程发生。从每年凝冻过程的累计天数来看，每年凝冻过程的累计天数在 0 ～ 55 d，其中 2004/2005 年冬季累计天数最长，为 55 d，之后是 2011/2012 年冬季（过程累计天数为 41 d），2019/2020 年冬季无凝冻过程发生，累计天数为 0 d。年凝冻过程次数与累计天数之间呈明显的正相关关系，二者相关系数为 0.540。可以看出，二者年代际变化特征基本相似，均呈减少的变化趋势。从 148 次凝冻过程的具体时间分布（图 1.28）来看，59 a 间万山站凝冻过程最早开始出现于 11 月 16 日（2009 年），最晚结束于 3 月 27 日（1982 年），主要集中出现在 1 月至 2 月（图 1.29），其中 1 月占比最多，为 39%，2 月次之，为 35%，而 11 月最少，为 2%。从万山站凝冻过程在各旬占比来看（图 1.30），主要集中出现在 12 月下旬至翌年 2 月下旬，其中 2 月上旬最多。从单次凝冻过程的持续天数来看，持续天数在 3 ～ 30 d，其中 2007/2008 年冬季的一次凝冻过程持续天数最长，为 30 d，之后是 2010/2011 年冬季的某一次凝冻过程，为 29 d。

图 1.27　1961—2019 年冬季万山凝冻过程次数和累计天数时间序列

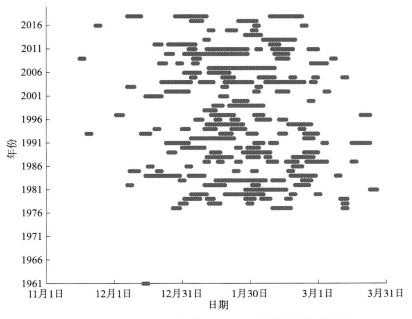

图 1.28　1961—2019 年冬季万山 148 次凝冻过程时间分布

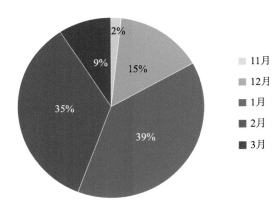

图 1.29　1961—2019 年冬季万山 148 次凝冻过程在各月占比情况

图 1.30　1961—2019 年冬季万山 148 次凝冻过程在各旬占比情况

1.4 区域性凝冻过程指标确定及其时空特征

1.4.1 区域性凝冻过程指标确定

《贵州短期气候预测技术》中对单站凝冻过程进行了分级,规定凝冻过程持续天数≤3 d 为轻级凝冻,持续 4～5 d 为中级凝冻,持续 6～9 d 为重级凝冻,持续天数≥10 d 为特重级凝冻。以区域内各级凝冻的站数占比为依据,对照表 1.3 给出年度区域性凝冻过程分级标准。

国家标准《冰冻天气等级》(GB/T 34297—2017)中未对区域性凝冻过程进行明确定义。地方标准《贵州省凝冻灾害气象等级标准》(DB52/T 652—2010)中指出,全省同时段有 8 个以上(含 8 个)县(市、区)出现单站(县级)凝冻过程则为一次区域性凝冻过程。

因此,结合地方标准《贵州省凝冻灾害气象等级标准》(DB52/T 652—2010)中区域性凝冻过程的定义以及单站凝冻过程的定义,规定某日监测区域内有 8 站及以上出现凝冻则为一个区域性凝冻日,若监测区域内连续出现 3 d 及以上区域性凝冻日,则一次区域性凝冻过程开始,连续出现 2 d 非区域性凝冻日,则该次区域性凝冻过程结束,过程首个区域性凝冻日为过程开始日,最后一个区域性凝冻日为过程结束日,开始日至结束日(含)的天数为过程持续天数。

表 1.3　年度区域性凝冻过程分级标准

灾害等级	分级标准(符合所列标准之一即可)
特重	①特重级站数≥35%; ②重级以上合计站数≥40%,特重级站数≥30%
重	①重级站数≥35%; ②中级以上合计站数≥40%,重级以上合计站数≥30%; ③重级以上合计站数≥30%,特重级站数≥25%
中	①中级以上合计站数≥35%; ②轻级以上合计站数≥40%,中级以上合计站数≥30%; ③中级以上合计站数≥30%,重级以上合计站数≥25%
轻	①轻级以上合计站数≥30%; ②中级以上合计站数≥25%
无	轻级以上合计站数＜30%

1.4.2 区域性凝冻过程时间分布特征

按照第 1.4.1 节中关于区域性凝冻过程的定义统计了 1961—2019 年贵州省区域性凝冻过程,59 a 间贵州省共计出现 134 次区域性凝冻过程(图 1.31),年平均区域性凝冻过程次数为 2.3 次。其中 1987/1988 年冬季发生区域性凝冻过程次数最多,为 6 次,2004/2005 年、2011/2012 年冬季发生 5 次区域性凝冻过程,为第二偏多年份,而 1986/1987 年、2000/2001 年、2001/2002 年、2016/2017 年、2019/2020 年冬季无区域性凝冻过程发生。而从每年区域性凝冻过程的累计天数来看,每年区域性凝冻过程的累计天数在 0～43 d,其中 1976/1977 年冬季累计天数最长,为 43 d,之后依次分别为 1983/1984 年、1968/1969 年冬季(过程累计天数分别为 40 d、34 d),1986/1987 年、2000/2001 年、2001/2002 年、2016/2017 年、

2019/2020 年冬季无区域性凝冻过程发生，故累计天数均为 0 d。年区域性凝冻过程次数与累计天数之间呈明显的正相关关系，二者相关系数为 0.727。可以看出，二者年代际变化特征相似，均呈"偏多–偏少–偏多–偏少"的趋势变化。

图 1.31　1961—2019 年区域性凝冻过程次数和累计天数时间序列

　　为分析贵州省区域性凝冻过程次数和天数的周期及突变特征，利用小波分析、功率谱和突变检验方法。通过对 1961—2019 年贵州省区域性凝冻过程次数的小波系数实部等值线图（图 1.32）和功率谱（图 1.33）分析可以看出，贵州省区域性凝冻过程次数主要存在 7 ～ 8 a、3 ～ 4 a 的年际变化周期。同时可以看出，7 ～ 8 a 振荡周期在 20 世纪 90 年代末期至 21 世纪 00 年代表现较明显，是第一主周期，且该周期通过了 95% 的信度检验，其次是 3 ～ 4 a，为第二主周期，主要是在 20 世纪 80 年代期间表现较为明显。由图 1.34 可知，区域性凝冻过程次数呈减少趋势，区域性凝冻过程次数无明显突变。

图 1.32　贵州省区域性凝冻过程次数的小波分析

图 1.33　贵州省区域性凝冻过程次数的功率谱分析曲线（绿线：5% 信度检验；红线：红噪声；蓝线：95% 信度检验）

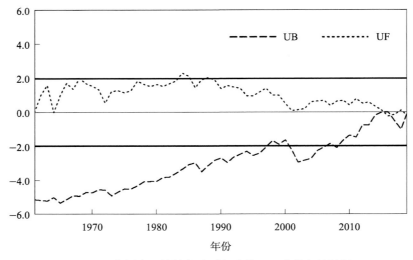

图 1.34　贵州省区域性凝冻过程次数曼 - 肯德尔统计量

　　而 1961—2019 年贵州省区域性凝冻过程天数的小波系数实部等值线图（图 1.35）和功率谱（图 1.36）分析表明，贵州省省区域性凝冻过程天数同样存在 7 ～ 8 a、3 ～ 4 a 的年际变化周期，且均通过 95% 信度检验。其中 7 ～ 8 a 振荡周期在 21 世纪 00 年代至 10 年代初期表现较明显，是第一主周期，其次是 3 ～ 4 a，为第二主周期，主要是在 20 世纪 70 年代初期至 90 年代初期表现较为明显。由图 1.37 可知，20 世纪 90 年代初期以前，区域性凝冻过程天数波动起伏大，90 年代初期后呈明显减少趋势，区域性凝冻过程天数亦无明显突变点。

图 1.35　贵州省区域性凝冻过程天数的小波分析

图 1.36　贵州省区域性凝冻过程天数的功率谱分析（绿线：5% 信度检验；红色：红噪音；蓝线：95% 信度检验）

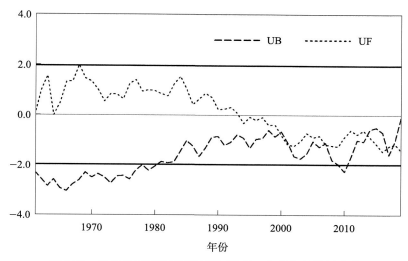

图 1.37 贵州省区域性凝冻过程天数曼－肯德尔统计量曲线

从 134 次区域性凝冻过程的具体时间分布（图 1.38）来看，59 a 间区域凝冻过程最早开始出现于 11 月 15 日（1976 年），最晚结束于 3 月 14 日（1962 年和 1977 年），主要集中出现在 12 月至翌年 2 月（图 1.39），其中 1 月占比最多，为 46%，2 月次之，为 33%，而 11 月最少，为 2%。从区域性凝冻过程在各旬占比来看（图 1.40），主要集中出现在 12 月下旬至翌年 2 月下旬。从单次区域性过程的持续天数来看，持续天数在 3 ～ 33 d，其中 2007/2008 年冬季的一次区域性凝冻过程持续天数最长，为 33 d，之后依次分别为 2010/2011 年、1983/1984 年、1976/1977 年冬季的某一次区域性凝冻过程（过程持续天数分别为 32 d、28 d、25 d）。

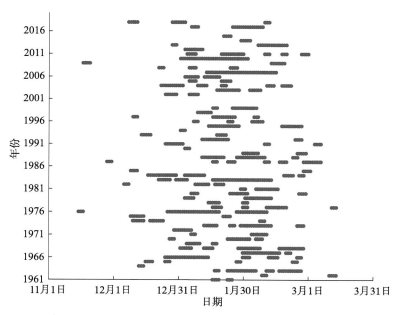

图 1.38 1961—2019 年 134 次区域性凝冻过程时间分布

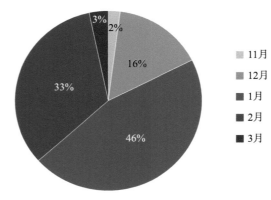

图 1.39　1961—2019 年 134 次区域性凝冻过程在各月占比情况

图 1.40　1961—2019 年 134 次区域性凝冻过程在各旬占比情况

从 134 次区域性凝冻过程的影响站数（单次过程中全省出现雨凇的站数而非站次）（图 1.41）来看，单次区域性凝冻过程影响站数为 11 ～ 78 站，平均影响 42 站。其中 2010/2011 年冬季的一次区域性凝冻过程影响站数最多，为 78 站，占监测总站数的 91.8%，2007/2008 年和 2017/2018 年冬季次之，分别为 77 站和 76 站，占监测总站数的 90.6% 和 89.4%，而 2013/2014 年冬季的一次区域性凝冻过程影响站数最少，为 11 站，占监测总站数的 12.9%。从站数的不同区间统计结果来看（图 1.42），59 a 间单站凝冻过程影响站数主要集中在 21 ～ 60 站，其中 31 ～ 35 站的区间占比最多。

图 1.41　1961—2019 年 134 次区域性凝冻过程影响站数

图 1.42　1961—2019 年 134 次区域性凝冻过程影响站数不同区间值占比百分率

　　从 134 次区域性凝冻过程中日最多雨凇站出现的时间（单次过程中全省出现雨凇的站数最多的那天）（图 1.43）来看，日最多雨凇站发生的时间为 1976 年的 11 月 16 日，最晚出现在 1962 年和 1977 年的 3 月 13 日，主要集中出现在 12 月中旬至翌年 2 月中旬。

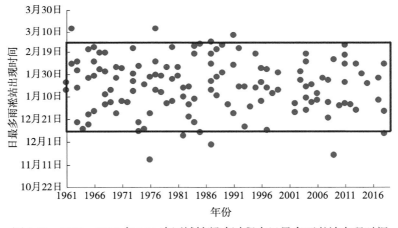

图 1.43　1961—2019 年 134 次区域性凝冻过程中日最多雨凇站出现时间

1.4.3 区域性凝冻过程空间分布特征

　　图 1.44 为 1961—2019 年冬季贵州省 134 次区域性凝冻过程中各站的发生频率空间分布，可以看出，贵州省冬季较易发生区域性凝冻过程的区域仍然集中在贵州省中部一线，其中大方（100.0%）、开阳（98.5%）、威宁（97.8%）、万山（96.7%）、水城（94.0%）、瓮安（94.0%）、丹寨（94.0%）、毕节（92.5%）、麻江（91.8%）和纳雍（91.0%）的发生频率均超过了 90%，表明这些地区极易发生区域性凝冻过程，其中大方站达 100%，表明 134 次区域性凝冻过程中大方站均有雨凇天气现象出现。而贵州省之东北部和南部部分地区区域性凝冻过程的发生频率低于 30%，其中望谟和罗甸站发生频率为 0%，表明该地区无区域性凝冻过程发生。

图 1.44　贵州省 134 次区域性凝冻过程中各站的发生频率（%）

　　将单次区域性凝冻过程中发生雨凇日数最多的站点定义为该次过程的中心站点，统计 1961—2019 年冬季贵州省 134 次区域性凝冻过程中各站作为中心站点的发生频率（图 1.45）。可以看出，贵州省冬季区域性凝冻过程发生频率较高的地区同时也是区域性凝冻过程中中心站点发生频率的高值区，其中开阳（77.6%）、大方（72.4%）、威宁（60.4%）、万山（48.4%）和丹寨（47.0%）为区域性凝冻过程中心站点的发生频率在 45% 以上，而其余大部地区的发生频率在 10% 以下，贵州省之东北部和南部地区的发生频率为 0%。

图 1.45　贵州省 134 次区域性凝冻过程中各站作为中心站点的发生频率（%）

1.4.4 区域性凝冻过程的分级标准

国家标准《冰冻天气等级》（GB/T 34297—2017）、地方标准《贵州省凝冻灾害气象等级标准》（DB52/T 652—2010）和《贵州短期气候预测技术》中均未对区域性凝冻过程进行分级定义。因此，参照中国气象局预报与网络司下发的关于《区域性重要过程监测和评价业务规定》（气预函〔2019〕63号）中区域性暴雨、高温、干旱、沙尘等过程的综合强度评价指标，对贵州省区域性凝冻过程的综合强度指数进行计算。

（1）区域性凝冻过程评价指标

以区域性凝冻过程的持续时间、影响范围和平均强度作为区域性凝冻过程的评价指标。

①区域性凝冻过程的持续时间（T）：区域性凝冻过程的开始日至结束日之间的日数为该次区域性凝冻过程的持续时间。

②区域性凝冻过程的影响范围（A）：某次区域性凝冻过程的影响范围以凝冻过程中全省出现雨凇的总站数（非站次）来代表。

③区域性凝冻过程平均强度（I）：中央气象台的寒潮标准规定，以过程降温和温度负距平相结合来划定冷空气活动强度。由于区域性凝冻过程持续时间较冷空气过程较长，因此采用温度负距平作为其平均强度指标。温度负距平是指区域性凝冻过程中最低日平均气温与该日所在旬的多年旬平均气温之差。故某次区域性凝冻过程的平均强度是指该过程中发生雨凇的站点的平均温度负距平，具体计算公式为：

$$I_a = \frac{\sum_{a=1}^{A} S_m}{A} \tag{1-4}$$

式中，A表示区域性凝冻过程的影响范围；S_m表示第m站点的温度负距平。

（2）区域性凝冻过程的综合强度指数（Z）

综合考虑一次区域性凝冻过程的平均温度负距平、平均范围和持续时间来确定该次过程的综合强度指数（Z）。具体方法为：

$$Z = f(I_a, A, T) = |I_a| \times A^{0.5} \times T^{0.5} \tag{1-5}$$

式中，I_a为区域性凝冻过程的平均温度负距平；A为区域性凝冻过程的影响范围；T为区域性凝冻过程的持续时间。

（3）区域性凝冻过程的综合强度评价划分等级标准

采用百分位数法，基于最近3个整年代（1981—2010年）的各次区域性凝冻过程综合强度指数，将区域性凝冻过程综合强度划分为一般、较强、强和特强4个等级（表1.4）。

表1.4 区域性凝冻过程综合强度等级划分标准

凝冻过程综合强度等级	综合强度指数的百分位数
特强	＞95%
强	95%～80%
较强	80%～50%
一般	≤50%

1.4.5 区域性凝冻过程的分型

根据 134 次区域性凝冻过程中每次过程各县站出现雨凇天数的分布特征对其进行聚类，具体分为中东部型、中部型、中西部型、西部型、全省型五个类型。从五个类型的合成场（图 1.46）来看，59 a 间中东部型（图 1.45a）共计发生 15 次，占比 11.2%，凝冻现象主要发生区域集中在以开阳—三穗—万山为中心的中东部一带；中部型（图 1.45b）共计发生 14 次，占比 10.4%，凝冻现象主要发生区域集中在以开阳为中心的中部地区；中西部型（图 1.45c）共计发生 43 次，占比 32.1%，凝冻现象主要发生区域集中在以开阳—大方—威宁为中心的中西部一带；西部型（图 1.45d）共计发生 18 次，占比 13.4%，凝冻现象主要发生区域集中在以威宁为中心的西部地区；全省型（图 1.45e）共计发生 44 次，占比 32.8%，凝冻现象主要发生区域集中在 25.5°—27.5°N，以威宁—大方—开阳—万山为大值中心。

图 1.46 贵州省冬季区域性凝冻过程 5 种不同分布类型的雨凇日数（百分数表示每种类型所占比例）
（a）中东部型；（b）中部型；（c）中西部型；（d）西部型；（e）全省型

为了检验 134 次区域性凝冻过程中凝冻天数实况与不同类型合成场的相似程度，分别计算了实况与其对应类型合成场凝冻天数的相关系数（表 1.5）。从表 1.5 可见，中东部型的 15 次区域性凝冻过程的相关系数为 0.79～0.93，均通过 0.001 的信度检验（0.36），平均为 0.852，最佳相似过程是 1969 年 2 月 16 日开始的区域性过程；中部型的 14 次区域性凝冻过程的相关系数为 0.71～0.94，均通过 0.001 的信度检验（0.36），平均为 0.826，最佳相似过程是 1997 年 2 月 3 日开始的区域性过程；中西部型的 43 次区域性凝冻过程的相关系数为 0.75～0.93，均通过 0.001 的信度检验（0.36），平均为 0.851，最佳相似过程是 2007 年 1 月 12 日开始的区域性过程；西部型的 18 次区域性凝冻过程的相关系数为 0.81～0.95，均通过 0.001 的信度检验（0.36），平均为 0.878，最佳相似过程是 1972 年 12 月 19 日开始的区域性过程；全省型的 44 次区域性凝冻过程的相关系数为 0.66～0.94，均通过 0.001 的信度检验（0.36），平均为 0.870，最佳相似过程是 1984 年 1 月 16 日开始的区域性过程。

表 1.5　1961—2019 年贵州省 134 次区域性凝冻过程凝冻天数实况与不同类型合成场的相似程度（相关系数）

类型	数量/最大值/最小值	平均值
中东部型	15/0.93/0.79	0.852
中部型	14/0.94/0.71	0.826
中西部型	43/0.93/0.75	0.851
西部型	18/0.95/0.81	0.878
全省型	44/0.94/0.66	0.870

1.4.6　不同等级区域性凝冻过程的基本特征

1981—2010 年冬季贵州省共计发生 65 次区域性凝冻过程，根据式（1-5）计算其综合强度指数 Z，依据表 1.4 得出贵州省区域性凝冻过程综合强度等级标准（表 1.6）。根据 1961—2019 年冬季 134 次区域性凝冻过程综合强度指数进行分级统计，统计发现 59 a 间贵州省共计出现 10 次特强区域性凝冻过程、22 次强区域性凝冻过程、32 次较强区域性凝冻过程、70 次一般区域性凝冻过程（表 1.7）。

综合强度等级为特强的区域性凝冻过程有如下特征：①雨凇站数占比在 70% 以上，为全省性区域性凝冻过程。其中 2011 年 1 月 1 日至 2 月 1 日的区域性凝冻过程持续天数达 32 d，共计造成全省 78 个县站出现不同程度的凝冻灾害，影响面积是 134 次过程中最广的一次。②凝冻过程时间长，持续天数在 10 d 以上。其中 2008 年 1 月 13 日至 2 月 14 日的区域性凝冻过程持续天数高达 33 d，共造成全省 77 个县站出现不同程度的凝冻灾害，是 134 次区域性凝冻过程中综合强度指数最强的一次过程。据贵州省民政厅统计，全省因灾死亡 30 人，受灾 2736 万人（次），直接经济损失 348.85 亿元。③变温幅度大，平均温度负距平绝对值在 6.5℃ 以上。其中 1976 年 12 月 26 日至 1977 年 1 月 19 日的区域性凝冻过程中温度负距平达 −10.2℃，共造成全省 68 个县站出现不同程度的凝冻灾害，综合强度指数第二。④区域性凝冻过程的类型全为全省型。

综合强度等级为强的区域性凝冻过程有如下特征：①雨凇站数占比在 50% 以上；②凝冻过程持续天数在 6～15 d；③平均温度负距平绝对值在 6.5℃ 以上；④区域性凝冻过程的类

型绝大多数为全省型。

综合强度等级为较强的区域性凝冻过程有如下特征：①雨凇站数占比在 29% 以上；②凝冻过程持续天数在 3 ～ 15 d；③平均温度负距平绝对值在 4.7℃以上。

综合强度等级为一般的区域性凝冻过程有如下特征：①雨凇站数占比在 12% 以上；②凝冻过程持续天数在 3 ～ 8 d；③平均温度负距平绝对值在 3.2℃以上。

可见，随着综合强度等级的下降，雨凇站数占比、凝冻过程持续天数、变温幅度也随之变小。

表 1.6　贵州省区域性凝冻过程综合强度分级标准

凝冻过程综合强度等级	综合强度指数（Z）
特强	> 27.5
强	(16.9, 27.5]
较强	(10.4, 16.9]
一般	≤ 10.4

表 1.7　1961—2019 年区域性凝冻过程的分级情况

序号	开始时间	结束时间	综合强度指数 / 等级	雨凇站数占比 /%	持续天数 /d	平均温度负距平 /℃
1	2008-01-13	2008-02-14	47.0/ 特强	90.6	33（全省型）	-8.6
2	1976-12-26	1977-01-19	46.4/ 特强	82.9	25（全省型）	-10.2
3	2011-01-01	2011-02-01	41.7/ 特强	91.8	32（全省型）	-7.7
4	1966-12-25	1967-01-14	40.1/ 特强	84.0	21（全省型）	-9.6
5	1977-01-27	1977-02-10	35.5/ 特强	87.8	15（全省型）	-9.8
6	1964-02-16	1964-02-26	34.4/ 特强	86.4	11（全省型）	-11.2
7	1984-01-16	1984-02-12	33.3/ 特强	86.9	28（全省型）	-6.7
8	1968-01-30	1968-02-16	29.0/ 特强	72.8	18（全省型）	-8.0
9	1980-01-30	1980-02-12	28.9/ 特强	78.3	14（全省型）	-8.7
10	1984-12-17	1984-12-30	27.6/ 特强	78.6	14（全省型）	-8.3
11	1996-02-17	1996-02-26	27.2/ 强	66.7	10（全省型）	-10.5
12	2018-01-25	2018-02-8	26.9/ 强	89.4	15（全省型）	-7.3
13	2014-02-06	2014-02-19	26.7/ 强	63.5	14（全省型）	-9.0
14	1974-01-29	1974-02-12	23.7/ 强	76.5	15（全省型）	-7.0
15	1969-01-28	1969-02-07	23.3/ 强	71.6	11（全省型）	-8.3
16	2000-01-25	2000-02-05	22.4/ 强	70.2	12（全省型）	-7.7
17	1972-02-03	1972-02-10	22.1/ 强	82.7	8（全省型）	-8.6

序号	开始时间	结束时间	综合强度指数/等级	雨凇站数占比/%	持续天数/d	平均温度负距平/℃
18	1991-12-25	1992-01-02	21.8/强	73.8	9（全省型）	-8.5
19	1988-02-27	1988-03-07	21.7/强	65.5	10（全省型）	-8.5
20	1970-01-04	1970-01-10	21.6/强	64.2	7（全省型）	-10.2
21	1964-01-23	1964-02-05	21.5/强	77.8	14（全省型）	-6.5
22	2013-01-03	2013-01-11	21.5/强	75.3	9（全省型）	-8.2
23	1989-01-27	1989-02-09	21.1/强	67.9	14（全省型）	-6.8
24	1969-02-16	1969-02-27	21.0/强	59.3	12（中东部型）	-7.9
25	1975-12-09	1975-12-15	20.1/强	62.2	7（全省型）	-9.6
26	2018-12-28	2019-01-03	20.0/强	82.4	7（全省型）	-8.3
27	1998-01-16	1998-01-26	19.7/强	66.7	11（全省型）	-7.3
28	1978-02-10	1978-02-19	19.6/强	59.0	10（全省型）	-8.1
29	1981-01-24	1981-02-01	17.2/强	81.9	9（全省型）	-6.4
30	2004-12-23	2005-01-02	17.2/强	55.3	11（全省型）	-7.0
31	1982-02-05	1982-02-15	17.0/强	61.9	11（全省型）	-6.5
32	2002-12-25	2002-12-30	16.9/强	53.6	6（全省型）	-9.5
33	1993-01-11	1993-01-23	16.8/较强	50.0	13（全省型）	-6.6
34	1989-01-11	1989-01-21	16.7/较强	59.5	11（全省型）	-6.5
35	1986-02-27	1986-03-2	16.6/较强	69.0	4（中西部型）	-10.0
36	1983-01-08	1983-01-14	15.8/较强	63.1	7（全省型）	-7.5
37	2012-01-20	2012-01-30	15.5/较强	72.9	11（全省型）	-5.5
38	1974-02-24	1974-02-27	14.9/较强	65.4	4（中西部型）	-9.2
39	1967-02-11	1967-02-15	14.8/较强	66.7	5（中西部型）	-8.1
40	1988-02-16	1988-02-19	14.6/较强	71.4	4（全省型）	-8.6
41	1985-12-9	1985-12-12	14.5/较强	69.0	4（中东部型）	-8.7
42	1985-01-03	1985-01-12	14.3/较强	56.0	10（全省型）	-6.1
43	2010-02-12	2010-02-18	14.2/较强	52.9	7（中西部型）	-7.4
44	1996-01-14	1996-01-28	14.2/较强	60.7	15（全省型）	-4.7
45	2018-12-08	2018-12-12	14.2/较强	62.4	5（中东部型）	-8.1
46	1990-01-30	1990-02-06	13.7/较强	58.3	8（全省型）	-6.4
47	1983-12-30	1984-01-04	13.6/较强	40.5	6（西部型）	-8.7

序号	开始时间	结束时间	综合强度指数/等级	雨凇站数占比/%	持续天数/d	平均温度负距平/℃
48	1972-12-29	1973-01-06	13.0/较强	39.5	9（西部型）	-6.9
49	1965-12-16	1965-12-19	12.6/较强	46.9	4（中西部型）	-9.2
50	1993-12-14	1993-12-18	12.4/较强	59.5	5（全省型）	-7.2
51	2009-11-17	2009-11-20	12.3/较强	29.4	4（西部型）	-11.4
52	1969-01-01	1969-01-06	12.3/较强	60.5	6（全省型）	-6.4
53	2005-02-17	2005-02-21	12.1/较强	40.0	5（中西部型）	-8.6
54	2004-01-18	2004-01-28	12.0/较强	48.8	11（中西部型）	-5.2
55	1979-01-14	1979-01-19	11.9/较强	67.5	6（全省型）	-5.9
56	1985-02-18	1985-02-22	11.8/较强	58.3	5（中东部型）	-6.9
57	1994-01-18	1994-01-22	11.5/较强	78.6	5（全省型）	-5.8
58	1971-01-23	1971-02-02	11.4/较强	35.8	11（中西部型）	-5.7
59	1963-03-11	1963-03-14	11.3/较强	29.6	4（中部型）	-10.4
60	1987-11-28	1987-11-30	11.0/较强	39.3	3（中西部型）	-10.1
61	1999-01-09	1999-01-15	11.0/较强	47.6	7（中西部型）	-6.0
62	1976-11-15	1976-11-17	10.9/较强	34.1	3（中西部型）	-10.7
63	1964-02-10	1964-02-13	10.7/较强	56.8	4（中东部型）	-7.1
64	1990-02-24	1990-02-28	10.5/较强	44.0	5（中西部型）	-7.1
65	2012-01-04	2012-01-08	10.2/一般	49.4	5（中西部型）	-6.5
66	2008-12-22	2008-12-24	10.1/一般	61.2	3（中部型）	-7.4
67	2004-02-02	2004-02-07	10.0/一般	50.0	6（中西部型）	-5.8
68	1974-12-10	1974-12-15	10.0/一般	44.4	6（中西部型）	-6.1
69	1974-12-18	1974-12-24	10.0/一般	38.3	7（西部型）	-6.1
70	1974-01-12	1974-01-18	10.0/一般	63.8	7（全省型）	-4.7
71	1969-01-12	1969-01-16	9.8/一般	50.6	5（中西部型）	-6.1
72	2006-01-05	2006-01-08	9.5/一般	57.6	4（中西部型）	-6.3
73	1978-03-12	1978-03-14	9.5/一般	31.3	3（中部型）	-9.8
74	1968-02-19	1968-02-21	9.2/一般	49.4	3（中西部型）	-7.6
75	2012-02-09	2012-02-11	9.0/一般	65.9	3（中部型）	-6.4
76	1983-12-22	1983-12-27	8.9/一般	35.7	6（西部型）	-6.1
77	2012-02-26	2012-02-29	8.9/一般	43.5	4（中西部型）	-6.7

序号	开始时间	结束时间	综合强度指数/等级	雨凇站数占比/%	持续天数/d	平均温度负距平/℃
78	2015-01-29	2015-02-02	8.8/一般	65.9	5（中东部型）	-4.9
79	1967-01-30	1967-02-02	8.6/一般	40.7	4（中西部型）	-6.8
80	1981-02-25	1981-02-28	8.6/一般	42.2	4（中西部型）	-6.6
81	2016-01-21	2016-01-24	8.6/一般	41.2	4（中西部型）	-6.7
82	2003-01-05	2003-01-09	8.6/一般	40.5	5（中西部型）	-6.0
83	1978-01-16	1978-01-20	8.4/一般	30.1	5（西部型）	-6.8
84	1992-03-04	1992-03-07	7.9/一般	26.2	4（中西部型）	-7.8
85	1989-02-22	1989-02-24	7.9/一般	48.8	3（中部型）	-6.5
86	2007-01-12	2007-01-19	7.9/一般	43.5	8（中西部型）	-4.2
87	1997-02-03	1997-02-08	7.8/一般	38.1	6（中部型）	-5.2
88	1966-02-22	1966-02-24	7.7/一般	30.9	3（西部型）	-8.0
89	1993-02-23	1993-02-26	7.6/一般	38.1	4（中东部型）	-6.2
90	1982-12-06	1982-12-08	7.6/一般	33.3	3（中西部型）	-7.6
91	2007-01-03	2007-01-09	7.5/一般	31.8	7（中西部型）	-5.0
92	2012-02-17	2012-02-19	7.4/一般	35.3	3（中西部型）	-7.2
93	1979-01-30	1979-02-01	6.9/一般	49.4	3（中西部型）	-5.7
94	2005-01-09	2005-01-13	6.9/一般	36.5	5（中部型）	-5.1
95	1967-02-24	1967-02-26	6.9/一般	34.6	3（中西部型）	-6.7
96	1962-01-16	1962-01-19	6.7/一般	45.7	4（西部型）	-5.0
97	1963-02-08	1963-02-10	6.6/一般	28.4	3（西部型）	-7.2
98	1981-01-06	1981-01-09	6.6/一般	37.3	4（中东部型）	-5.4
99	1995-01-01	1995-01-03	6.6/一般	47.6	3（中部型）	-5.5
100	1965-12-25	1965-12-27	6.6/一般	50.6	3（中西部型）	-5.4
101	1966-01-27	1966-01-29	6.5/一般	61.7	3（中西部型）	-4.8
102	1976-01-21	1976-01-24	6.4/一般	46.3	4（中东部型）	-4.7
103	2005-02-10	2005-02-13	6.4/一般	25.9	4（中东部型）	-6.2
104	1982-01-29	1982-01-31	6.3/一般	57.1	3（中东部型）	-4.8
105	1980-01-03	1980-01-07	6.3/一般	31.3	5（中西部型）	-5.1

序号	开始时间	结束时间	综合强度指数 / 等级	雨淞站数占比 /%	持续天数 /d	平均温度负距平 /℃
106	1971-02-05	1971-02-08	6.3/一般	32.1	4（西部型）	-5.6
107	1985-02-25	1985-02-27	6.1/一般	29.8	3（中西部型）	-6.5
108	2019-02-09	2019-02-11	6.1/一般	36.5	3（中东部型）	-5.8
109	1983-01-17	1983-01-21	6.1/一般	27.4	5（西部型）	-5.2
110	2018-01-06	2018-01-09	6.1/一般	32.9	4（中东部型）	-5.3
111	2006-01-20	2006-01-24	6.0/一般	41.2	5（中西部型）	-4.1
112	1997-01-07	1997-01-09	5.9/一般	31.0	3（中部型）	-6.1
113	1988-02-09	1988-02-11	5.7/一般	39.3	3（中西部型）	-5.2
114	1988-01-23	1988-01-26	5.6/一般	41.7	4（中东部型）	-4.3
115	2009-01-24	2009-01-27	5.5/一般	38.8	4（西部型）	-4.4
116	1975-02-07	1975-02-09	5.3/一般	36.6	3（中部型）	-5.1
117	1964-12-13	1964-12-15	5.2/一般	30.9	3（中西部型）	-5.4
118	1991-01-03	1991-01-05	5.1/一般	38.1	3（中西部型）	-4.7
119	1970-01-16	1970-01-18	5.0/一般	44.4	3（中西部型）	-4.4
120	1988-01-16	1988-01-18	5.0/一般	42.9	3（中西部型）	-4.4
121	1992-02-09	1992-02-11	4.9/一般	32.1	3（中西部型）	-5.0
122	2009-01-05	2009-01-08	4.8/一般	24.7	4（中部型）	-4.8
123	1997-12-10	1997-12-12	4.5/一般	17.9	3（西部型）	-6.1
124	1972-01-06	1972-01-08	4.2/一般	19.8	3（西部型）	-5.5
125	1998-02-04	1998-02-06	4.2/一般	23.8	3（西部型）	-4.9
126	2000-01-16	2000-01-18	4.1/一般	34.5	3（中部型）	-4.1
127	1978-01-30	1978-02-01	3.6/一般	37.3	3（中西部型）	-3.4
128	1962-01-23	1962-01-25	3.5/一般	22.2	3（西部型）	-4.3
129	1970-12-27	1970-12-29	3.5/一般	17.3	3（中西部型）	-4.9
130	1974-01-24	1974-01-26	3.5/一般	27.5	3（中东部型）	-3.8
131	2013-12-28	2013-12-30	3.4/一般	12.9	3（西部型）	-5.5
132	1964-01-17	1964-01-19	3.0/一般	18.5	3（西部型）	-4.0
133	1997-01-23	1997-01-25	2.8/一般	20.2	3（中部型）	-3.6
134	2005-01-20	2005-01-22	2.8/一般	25.9	3（中部型）	-3.2

1.4.7　不同等级区域性凝冻过程的环流特征

1.4.7.1　特强凝冻过程

表 1.8　个例 1：1968 年 1 月 30 日—2 月 16 日（全省型）

初期	维持期	结束期
贝加尔湖西侧高压脊向东北发展，70°—140°E，40°—55°N区域有横槽建立，横槽底部分裂短波槽东南移或是横槽转竖引导冷空气向南影响我国中东部地区，位于贵州境内的静止锋（东部边缘至西部）受南下冷空气影响增强西进，贵州凝冻天气出现	贝加尔湖西侧高压脊继续维持或发展，70°—140°E，40°—55°N区域不断有横槽建立或有低涡生成，横槽或低涡底部分裂短波槽东南移或是横槽转竖引导冷空气持续向南补充影响，凝冻天气持续	高空槽移至125°E以东，我国中西部高压脊发展，贵州整层受高压系统控制，天气转晴，凝冻天气结束；或地面冷高压东移，贵州低层受高压后部偏南气流或西南热低压东部偏南气流控制，天气转晴，凝冻天气结束

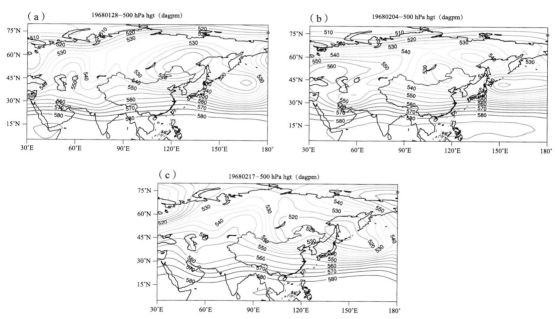

图 1.47　1968 年 1 月 30 日—2 月 16 日凝冻过程不同时间 500 hPa 环流形势
（a）初期；（b）维持期；（c）结束期

表 1.9　个例 2：1964 年 2 月 16—26 日（全省型）

初期	维持期	结束期
前期贝加尔湖西侧高压脊向东北发展，70°—140°E，40°—55°N 区域有横槽建立，随着横槽转竖南下引导冷空气向南影响我国中东部地区，位于贵州境内的静止锋（东部边缘至西部）受南下冷空气影响增强西进，贵州凝冻天气出现。少数情况（2 次）前期贝加尔湖附近 90°—120°E，40°—55°N 区域有低涡形成，低涡底部分裂短波槽经河套地区东南移引导冷空气南下使得贵州东部或中部静止锋增强西进，贵州凝冻天气出现。或是（1 次）巴尔喀什湖长波槽维持，亚洲中纬地区多短波槽东移经河套地区东南移引导冷空气南下使得贵州西部静止锋增强继续西进，贵州凝冻天气出现	贝加尔湖或巴尔喀什湖附近低涡维持不断分裂短波槽经河套地区东南移引导冷空气南下补充；期间 70°—140°E，40°—55°N 区域有横槽重新建立、南下、转竖引导冷空气南下补充。使得静止锋在云贵之间长时间维持，凝冻天气持续	高空槽移至 125°E 以东，贝加尔湖以南高压脊发展，贵州整层受高压系统控制，天气转晴，凝冻天气结束。或是地面冷高压东移，贵州低层受高压后部偏南气流或西南热低压东部偏南气流控制，天气转晴，凝冻天气结束

图 1.48　1964 年 2 月 16—26 日凝冻过程不同时间 500 hPa 环流形势
（a）初期；（b）维持期；（c）结束期

1.4.7.2 强凝冻过程

表 1.10　个例 1：1982 年 2 月 5—15 日（全省型）

初期	维持期	结束期
鄂霍次克海北部到西伯利亚东部有低涡形成，其西侧西北气流上有波动槽下滑引导冷空气向南影响我国中东部地区，位于贵州东部地区的静止锋受南下冷空气影响增强西进，凝冻天气出现	鄂霍次克海北部到西伯利亚东部的低涡移动缓慢，其西侧西北气流上不断有波动槽下滑引导冷空气持续补充影响，凝冻天气持续	高空槽移至 125°E 以东，贝加尔湖以南高压脊发展，贵州整层受高压系统控制，天气转晴，凝冻天气结束；或地面冷高压东移，贵州低层受高压后部偏南气流或西南热低压东部偏南气流控制，天气转晴，凝冻天气结束

图 1.49　1982 年 2 月 5—15 日凝冻过程不同时间 500 hPa 环流形势
（a）初期；（b）维持期；（c）结束期

表 1.11　个例 2：1964 年 1 月 23 日—2 月 5 日（全省型）

初期	维持期	结束期
贝加尔湖西侧高压脊向东北发展，鄂霍次克海—中国东北—内蒙古南部有横槽建立和发展，随着横槽转竖引导冷空气向南影响我国中东部地区，位于贵州境内的静止锋受南下冷空气影响增强西进，凝冻天气出现	鄂霍次克海—中国东北—内蒙古南部一线不断有横槽建立南移转竖引导冷空气不断补充影响，横槽建立转竖之前，横槽南侧河套西侧短波槽东南移引导冷空气南下补充，凝冻天气持续维持	高空槽移至 125°E 以东，贝加尔湖以南高压脊发展，贵州整层受高压系统控制，天气转晴，凝冻天气结束；或是亚洲中纬度地区气流平直，贵州受南支槽前西南气流控制，西南热低压发展东移，贵州受热低压东部偏南气流影响，天气转晴，凝冻天气结束

图 1.50　1964 年 1 月 23 日—2 月 5 日凝冻过程不同时间 500 hPa 环流形势
（a）初期；（b）维持期；（c）结束期

1.4.7.3 较强凝冻过程

表 1.12 个例 1：1989 年 1 月 11—21 日（全省型）

初期	维持期	结束期
巴尔喀什湖长波槽维持，亚洲中纬为多波动型，贝加尔湖附近及南侧高空槽东南移加深引导冷空气影响贵州，凝冻天气出现，或是河套西侧短波槽东移引导冷空气向南影响我国中东部地区，位于贵州境内的静止锋（东部边缘至西部）受南下冷空气影响增强西进，凝冻天气出现	巴尔喀什湖长波槽继续维持，亚洲中纬地区不断有短波槽东移引导冷空气补充影响，凝冻天气持续。或是贝加尔湖附近及以南有低涡形成，其底部不断分裂短波槽南移引导冷空气补充影响，凝冻天气持续	高空槽移至 125°E 以东，贝加尔湖以南高压脊发展，贵州整层受高压系统控制，天气转晴，凝冻天气结束；或地面冷高压东移，贵州低层受高压后部偏南气流或西南热低压东部偏南气流控制，天气转晴，凝冻天气结束

图 1.51 1989 年 1 月 11—21 日凝冻过程不同时间 500 hPa 环流形势
（a）初期；（b）维持期；（c）结束期

表 1.13　个例 2：1971 年 1 月 23 日—2 月 2 日（中西部型）

初期	维持期	结束期
巴尔喀什湖长波槽维持，亚洲中纬为多波动型，河套西北侧有短波槽东南移引导冷空气南下，位于贵州东部地区的静止锋受南下冷空气影响增强西进，凝冻天气出现	河套西侧不断有短波槽东南移并入稳定的东亚大槽，冷空气从北偏东路径持续影响贵州，凝冻天气持续	高空槽移至 125°E 以东，贝加尔湖以南高压脊发展，贵州整层受高压系统控制，天气转晴，凝冻天气结束

图 1.52　1971 年 1 月 23 日—2 月 2 日凝冻过程不同时间 500 hPa 环流形势
（a）初期；（b）维持期；（c）结束期

表 1.14 个例 3：1965 年 12 月 16—19 日（中西部型）

初期	维持期	结束期
欧亚中高纬为多槽脊形势或是两槽一脊形势，位于东西伯利亚到中国东北地区之间的低涡西侧西北气流上波动槽下滑引导冷空气南下影响我国中东部地区，冷空气从偏东路径影响贵州，贵州西部静止锋增强，贵州凝冻天气出现	东西伯利亚到中国东北地区之间的低涡西侧西北气流上继续有波动槽下滑引导冷空气南下补充影响，或是河套西侧有短波槽东移引导冷空气补充，或是贝加尔湖至我国新疆东部之间有短波槽东移引导冷空气补充，凝冻天气持续	高空槽移至 125°E 以东，我国中西部地区受高压脊控制，贵州整层为高压脊或中低层为高压脊影响，天气转晴，凝冻天气结束

图 1.53 1965 年 12 月 16—19 日凝冻过程不同时间 500 hPa 环流形势
（a）初期；（b）维持期；（c）结束期

1.4.7.4 一般凝冻过程

表 1.15 个例 1：1985 年 2 月 25—27 日（中西部型）

初期	维持期	结束期
欧亚中高纬为多槽脊形势，巴尔喀什湖以东、贝加尔湖以南、我国河套以西区域内的高空槽东移引导冷空气南下影响我国中东部地区，冷空气从北偏东路径影响贵州，位于贵州境内的静止锋（东部边缘至西部）受南下冷空气影响增强西进，凝冻天气出现	河套西侧有短波槽东移引导冷空气补充影响，或是贝加尔湖南至我国新疆东部之间有短波槽东移引导冷空气补充，凝冻天气持续	高空槽移至 125°E 以东，贵州整层为高压脊影响，天气转晴，或是南风增强，云贵静止锋减弱东退至贵州东部边缘，凝冻天气结束

图 1.54　1985 年 2 月 25—27 日凝冻过程不同时间 500 hPa 环流形势
（a）初期；（b）维持期；（c）结束期

表1.16　个例2：1982年12月6—8日（中西部型）

初期	维持期	结束期
欧亚中高纬为多槽脊形势，贝加尔湖东侧至我国内蒙古中部的高空槽东移引导移至江南南部至贵州东北部、重庆南部的冷锋继续南移，冷空气从偏北路径影响贵州，凝冻天气出现	河套西侧有短波槽东移引导冷空气补充影响，凝冻天气持续	高空槽移至125°E以东，贵州整层为高压脊影响，天气转晴，凝冻天气结束

图1.55　1982年12月6—8日凝冻过程不同时间500 hPa环流形势
（a）初期；（b）维持期；（c）结束期

表 1.17　个例 3：1967 年 2 月 24—26 日（中西部型）

初期	维持期	结束期
欧亚中高纬为多槽脊形势或是两槽一脊形势，位于贝加尔湖至我国新疆东部之间的高空槽东移引导冷空气南下影响我国中东部地区，冷空气北偏东路径影响贵州，位于贵州中东部的静止锋受南下冷空气影响增强西进，或是贵州前期受热低压控制，冷空气从偏北路径影响贵州，随后在云贵之间形成静止锋，凝冻天气出现	位于东西伯利亚到中国东北地区之间的低涡维持少动，其西侧西北气流上不断有波动槽下滑引导冷空气南下补充影响，或是河套西侧有短波槽东移引导冷空气补充，或是贝加尔湖南至我国新疆东部之间有短波槽东移引导冷空气补充，凝冻天气持续	高空槽移至 125°E 以东，中低层南风加强，静止锋减弱东退至贵州中东部，凝冻天气结束

图 1.56　1967 年 2 月 24—26 日凝冻过程不同时间 500 hPa 环流形势
（a）初期；（b）维持期；（c）结束期

表 1.18 个例 4：1968 年 2 月 19—21 日（中西部型）

初期	维持期	结束期
欧亚中高纬为多槽脊形势或是两槽一脊形势，位于东西伯利亚到中国东北地区之间的低涡西侧西北气流上波动槽下滑引导冷空气南下影响我国中东部地区，冷空气从北偏东路径影响贵州，位于贵州境内的静止锋（东部至西部）受南下冷空气影响增强西进，贵州凝冻天气出现	位于东西伯利亚到中国东北地区之间的低涡维持少动，其西侧西北气流上不断有波动槽下滑引导冷空气南下补充影响，或是河套西侧有短波槽东移引导冷空气补充，或是贝加尔湖南至我国新疆东部之间短波槽东移引导冷空气补充，凝冻天气持续	高空槽移至 125°E 以东，我国中西部地区受高压脊控制，贵州整层为高压脊或中低层为高压脊影响，天气转晴，或是中低层南风加强，静止锋减弱东退至贵州中东部，凝冻天气结束

图 1.57 1968 年 2 月 19—21 日凝冻过程不同时间 500 hPa 环流形势
（a）初期；（b）维持期；（c）结束期

表 1.19　个例 5：1970 年 12 月 27—29 日（中西部型）

初期	维持期	结束期
欧亚中高纬为多槽脊形势，位于贝加尔湖至我国内蒙古北部之间的高空槽东移引导冷空气南下影响我国中东部地区，冷空气从北偏东路径影响贵州，位于贵州东部的静止锋受南下冷空气影响增强西进，凝冻天气出现	贝加尔湖至我国内蒙古北部之间的高空槽缓慢东移引导冷空气补充影响，或是河套西侧有短波槽东移引导冷空气补充，凝冻天气持续	高空槽移至 125°E 以东，青藏高原东侧到贵州受偏西气流影响，中层南风加强，云贵静止锋减弱或东退至贵州中部，凝冻天气结束

图 1.58　1970 年 12 月 27—29 日凝冻过程不同时间 500 hPa 环流形势
（a）初期；（b）维持期；（c）结束期

表1.20　个例6：1962年1月23—25日（西部型）

初期	维持期	结束期
欧亚中高纬为多槽脊形势，位于鄂霍次克海到中国东北地区之间的低涡西侧西北气流上波动槽下滑引导冷空气南下影响我国中东部地区，冷空气从北偏东路径影响贵州，位于贵州中西部的静止锋受南下冷空气影响增强西进，贵州凝冻天气出现	贝加尔湖南侧有横槽形成，横槽南压转竖引导冷空气继续补充影响，或是河套西侧有短波槽东移引导冷空气补充，凝冻天气持续	高空槽移至125°E以东，贝加尔湖以南地区高压脊发展，贵州整层为高压脊控制，天气转晴，凝冻天气结束

图1.59　1962年1月23—25日凝冻过程不同时间500 hPa环流形势
（a）初期；（b）维持期；（c）结束期

表 1.21　个例 7：1963 年 2 月 8—10 日（西部型）

初期	维持期	结束期
欧亚中高纬为多槽脊形势，位于中国东北—贝加尔湖南侧—我国新疆北部一线区域的横槽南压转竖引导冷空气南下影响我国中东部地区，冷空气从北偏东路径影响贵州，贵州西部静止锋增强，凝冻天气出现	河套西侧有短波槽东移引导冷空气补充，或是贝加尔湖南至我国新疆东部之间有短波槽东移引导冷空气补充，凝冻天气持续	高空槽移至 125°E 以东，中低层南风加强，静止锋减弱东退至贵州中东部，凝冻天气结束

图 1.60　1963 年 2 月 8—10 日凝冻过程不同时间 500 hPa 环流形势
（a）初期；（b）维持期；（c）结束期

表 1.22　个例 8：1972 年 1 月 6—8 日（西部型）

初期	维持期	结束期
位于河套地区的高空槽东移引导冷空气影响我国中东部地区，贵州受北偏东路径冷空气影响，静止锋增强西进，凝冻天气出现	河套西侧有短波槽东移引导冷空气补充，凝冻天气持续	高空槽移至 125°E 以东，贵州受弱西北气流影响，中低层南风减弱，静止锋减弱东退至贵州东部，凝冻天气结束

图 1.61　1972 年 1 月 6—8 日凝冻过程不同时间 500 hPa 环流形势
（a）初期；（b）维持期；（c）结束期

表 1.23　个例 9：1982 年 1 月 29—31 日（中东部型）

初期	维持期	结束期
欧亚中高纬为多槽脊形势，位于贝加尔湖东侧的高空槽东移引导冷空气南下影响我国东部地区，冷空气从偏东路径影响贵州，位于贵州东部的静止锋受南下冷空气影响增强西进，凝冻天气出现	河套西侧有短波槽东移引导冷空气补充，凝冻天气持续	高空槽移至 125°E 以东，贵州受南支槽前偏西南气流影响，静止锋减弱东退至贵州东部，凝冻天气结束

图 1.62　1982 年 1 月 29—31 日凝冻过程不同时间 500 hPa 环流形势
（a）初期；（b）维持期；（c）结束期

表 1.24　个例 10：2019 年 2 月 9—11 日（中东部型）

初期	维持期	结束期
欧亚中高纬为多槽脊形势，位于中国东北北侧—贝加尔湖南侧的横槽南压转竖引导冷空气南下，使位于华南中部到贵州东北一线的冷锋继续南移，冷空气从北偏东路径影响贵州，凝冻天气出现。随后在云贵之间形成静止锋	河套西侧有短波槽东移引导冷空气补充，凝冻天气持续	青藏高原东侧至贵州为偏西气流影响，中低层南风加强，静止锋减弱东推至贵州东部，凝冻天气结束

图 1.63　2019 年 2 月 9—11 日凝冻过程不同时间 500 hPa 环流形势
（a）初期；（b）维持期；（c）结束期

表 1.25　个例 11：2012 年 2 月 9—11 日（中部型）

初期	维持期	结束期
欧亚中高纬为多槽脊形势，位于中国东北—贝加尔湖南侧—我国新疆北部一线区域的横槽南压转竖引导冷空气南下影响我国大部地区，推动江南中部到贵州中部一线的冷锋继续南移，冷空气从偏北路径影响贵州，或是推动贵州东部静止锋西进，凝冻天气出现	河套西侧有短波槽东移引导冷空气补充影响，凝冻天气持续	高空槽移至 125°E 以东，贵州整层为高压脊影响，天气转晴，或是南风增强，云贵静止锋减弱东退至贵州东部边缘，凝冻天气结束

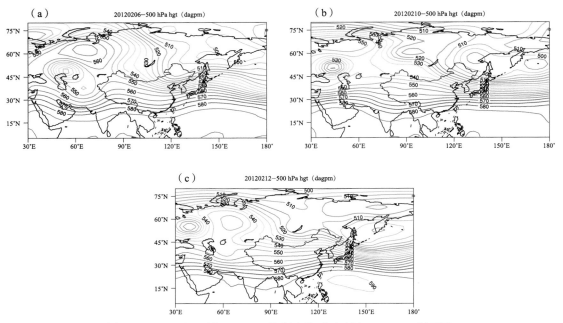

图 1.64　2012 年 2 月 9—11 日凝冻过程不同时间 500 hPa 环流形势
（a）初期；（b）维持期；（c）结束期

1.4.7.5　环流特征小结

无论是哪种强度哪种类型的区域性凝冻过程，水汽输送来自于 700 hPa 青藏高原南侧和孟加拉湾北部，以及 850 hPa 北部湾海域。700 hPa 之下基本有逆温层存在，通常700 ～ 850 hPa 之间有暖层，当冷空气势力加强时，为整层的冷层。一般情况下云层高度在700 hPa 左右，云顶温度在 −10℃以上。若当南支槽加强，槽前西南气流增大时，水汽输送加强，云层高度可发展到 400 hPa 左右，云顶温度达到 −28℃，不仅出现冻雨，同时有降雪出现。

分阶段来看，在凝冻过程的前期：贝加尔湖南侧横槽建立南移转竖或贝加尔湖南侧高空槽东移引导冷空气南下影响，或是贝加尔湖东侧低涡稳定少动，其西侧西北气流（或西北气流上短波槽）引导冷空气南下影响，或是经河套地区的短波槽东移引导冷空气南下影响。

在凝冻过程的维持期：贝加尔湖南侧新的横槽建立南移转竖或贝加尔湖南侧新的高空槽东移引导冷空气南下补充，或是贝加尔湖东侧低涡稳定少动，其西侧西北气流上不断有短波槽下滑引导冷空气南下补充，或是河套地区不断有短波槽东移引导冷空气南下补充。以上系统交替反复形成，引导冷空气持续影响，使得凝冻天气长时间维持。

在凝冻天气过程的结束期：贝加尔湖以南高压脊发展或是青藏高原及其东侧受弱脊控制，贵州受高压系统影响，天气转晴；中低层南风加强，静止锋减弱或趋于锋消。

第2章 贵州省各市（州）凝冻灾害气候特征

2.1 贵阳市凝冻灾害气候特征

2.1.1 贵阳市冬季气候概况

贵阳市是贵州省省会城市，位于贵州省中部，属亚热带季风性湿润气候。贵阳市冬季平均气温5.3℃，其中1月最冷，月平均气温为3.8℃，12月最暖，月平均气温为6.0℃。冬季平均降水量为73.1 mm，其中1月降水最多，月平均降水量为25.9 mm，12月最少，月平均降水量为21.8 mm。

2.1.2 贵阳市冬季凝冻日数时空变化特征

2.1.2.1 贵阳市凝冻日数月际变化

从贵阳市月平均凝冻日数变化图（图2.1）可见，贵阳市凝冻主要出现在11月至翌年3月，集中在1—2月，其中1月凝冻日数最多，平均为5.5 d；2月次之，平均为3.2 d。

图2.1 1981—2010年贵阳市月平均凝冻日数变化

2.1.2.2 贵阳市凝冻日数年际变化

利用小波分析及功率谱方法对贵阳市凝冻日数周期变化特征进行分析。从1961—2019年贵阳市凝冻日数的小波系数实部等值线图和功率谱（图2.2）可以看出：贵阳市凝冻日数主要存在2～3 a、3～4 a、7～8 a的年际变化周期。其中3～4 a为第一主周期，在20世纪70年代末至80年代中期、21世纪00年代后期至10年代初表现较明显，且该周期通过95%信度检验，2～3 a周期主要在20世纪70年代中期前后表现较为明显，而7～8 a周期主要是在20世纪60年代后期至70年代中期表现较为明显。

图 2.2 贵阳市凝冻日数的小波分析（a）及功率谱分析
（b，绿线：5% 信度检验；红色：红噪声；蓝线：95% 信度检验）

2.1.2.3 贵阳市凝冻日数空间分布

从图 2.3a 可见，贵阳市凝冻初日多年平均分布呈现出自西南至东北逐渐提前，东北部的开阳凝冻开始最早，平均在 12 月下旬后期开始，西南部凝冻开始最晚，平均在 1 月中旬前期开始，其余各地在 1 月上旬开始。从图 2.3b 可见，贵阳市凝冻终日多年平均分布呈现自西南向东北逐渐推迟，东北部的开阳凝冻结束最晚，平均在 2 月中旬结束，其余大部地区平均在 1 月下旬至 2 月上旬结束。

图 2.3 1981—2010 年贵阳市凝冻平均初日（a）及终日分布（b）

从图 2.4a 可知，贵阳市冬季凝冻平均日数分布呈现出自南向东北方向逐渐递增，东北部的开阳最多（23 d），南部的花溪最少（5 d），其余大部地区凝冻日数为 6 ～ 11 d。从冬季逐月平均凝冻日数分布可见（图 2.4b ～ d），各月凝冻日数分布均与冬季凝冻日数分布基本一致，即东北部多、南部少，其中 12 月开阳凝冻日数最多（4 d），其余大部地区在 1 d 左右，

1月开阳凝冻日数为 12 d，其余大部地区为 3 ～ 6 d；2月开阳凝冻日数为 8 d，其余大部地区为 1 ～ 3 d。

图 2.4　1981—2010 年贵阳市凝冻平均日数分布（单位：d）
（a）冬季；（b）12月；（c）1月；（d）2月

2.1.2.4 贵阳市各站凝冻日数与对应站点海拔高度关系

分析贵阳市各站平均凝冻日数与海拔高度的关系发现（图 2.5），贵阳市凝冻日数随海拔高度增加呈上升趋势。利用线性回归方法拟合海拔高度（x）与凝冻日数（y）的关系（$R^2=0.4255$）可以看出，除开阳站的拟合度较差外，其余站点拟合度较高。开阳站海拔高度与修文、白云、清镇站相当，但开阳平均凝冻日数达 23 d 之多，而其余站则为 10 ～ 12 d，由此表明影响凝冻日数的因子除海拔高度外，还有其他影响因素存在。受迎风坡和背风坡的影响，迎风坡凝冻多，背风坡凝冻少，贵州地势上西高东低，冬季盛行东北风，因此在迎风坡有利于凝冻形成。开阳主要是受迎风坡影响，加之北临乌江河谷，水汽条件充沛，虽然海拔高度相当，凝冻日数却比其西南部的修文、白云、清镇多。

图 2.5　贵阳市各站平均凝冻日数与海拔高度的变化特征

2.1.3 贵阳市凝冻异常年环流特征分析

2.1.3.1 EOF 分析

近 59 a 贵阳市年凝冻日数经 EOF 分解后得到的特征值中，第一特征向量通过 North 检验（表 2.1），方差贡献率达到了 86.32%，能有效表征贵阳市冬季凝冻日数的整体特征。

表 2.1　贵阳市冬季凝冻日数 EOF 第一模态特征值

特征向量场	特征值	方差贡献率 / %	$\lambda_i - \lambda_{i+1}$	特征值误差
第一模态	451.29	86.32	427.68	83.09

对贵阳市 8 个国家气象站 1961—2019 年冬季凝冻日数的距平场进行 EOF 分析（图 2.6），结果表明：EOF 第一模态在全市呈现同位相变化，由西南向东北逐渐递增，特征向量值在

图 2.6　1961—2019 年贵阳市冬季凝冻 EOF 第一模态空间分布

0.24～0.49，高值中心位于开阳，低值中心位于息烽中部及花溪中部。EOF第一模态的方差贡献率为86.32%，收敛速度较快，表明1961—2019年间贵阳市的凝冻日数变化趋势具有高度的一致性，即全市冬季呈现同增或同减的分布特征。

2.1.3.2 异常年选取

以1961—2019年冬季凝冻日数第一时间系数的±1倍标准差为凝冻强弱年划分依据，得到贵阳市12个强凝冻年（1964、1967、1968、1969、1974、1977、1984、1989、2008、2011、2012、2018年）和7个弱凝冻年（1963、1973、1987、1992、2001、2015、2017年）（图2.7）。

图2.7 1961—2019年贵阳市凝冻年等级划分

2.1.3.3 异常年环流特征分析

贵阳市近59 a的冬季凝冻日数与同期北半球500 hPa位势高度的相关分析（图2.8a）表明，贵阳市冬季凝冻日数与同期北半球西伯利亚地区、加拿大—阿拉斯加地区、格陵兰岛的500 hPa位势高度呈显著正相关，与赤道中东太平洋海域呈显著负相关。强凝冻年北半球高纬度地区的格陵兰、北美及乌拉尔山—西伯利亚一带为正距平（图2.8b），对应格陵兰、北美及西伯利亚冷高压，其余地区为负距平，并且在蒙古高原、贝加尔湖—鄂霍次克海、阿尔卑斯山地区的负距平通过了0.05的显著性检验。亚欧大陆的位势高度呈现"北高南低"分布，有利于高压脊发展，极涡南压，东亚大槽加深，维持较稳定的经向环流，在西北气流携带下冷空气不断南下，为我国西南地区凝冻提供了有利条件。弱凝冻年北半球中高纬地区位势高度场与强凝冻年具有相反的配置（图2.8c）。强弱凝冻年500 hPa位势高度距平的差值场（图2.8d）上，欧亚大陆中高纬地区表现为"北正南负"的分布形势，强凝冻年欧亚大陆中高纬地区有阻塞高压，经向环流加强，西北气流引导冷空气沿乌拉尔高压脊不断向我国输入。

贵阳市凝冻日数与秋季海温的相关性分析表明（图2.9a），贵阳市凝冻日数与大洋洲西部沃顿海盆、威德尔海北部为显著正相关，全球大部海域与贵阳凝冻日数负相关，其中东北太平洋、赤道太平洋中东部、秘鲁—智利海沟以西的太平洋、我国东海、墨西哥湾—北亚美利加海盆—百慕大海丘、巴西海盆以西海域、厄加勒斯海盆为显著负相关。强弱凝冻年秋季海温距平进行合成分析发现，强凝冻年我国渤海、黄海、澳大利亚巴斯海峡、马克萨斯群岛、开普海

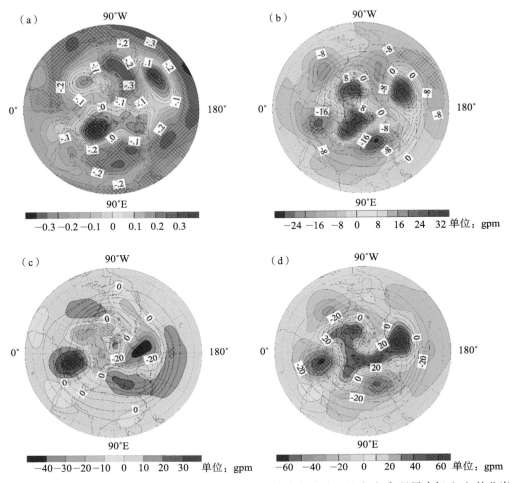

图 2.8 贵阳市凝冻日数与北半球 500 hPa 高度场相关性分布（a）、强（b）和弱凝冻年（c）的北半球 500 hPa 高度场距平合成场、强弱凝冻年的北半球 500 hPa 高度场距平差值场（d）（网格区域：通过 0.05 的显著性检验）

盆为负距平，且通过 0.05 的显著性检验，负距平中心位于我国渤海、黄海（图 2.9b）。弱凝冻年太平洋海温距平分布与强凝冻年相反（图 2.9c）。强弱凝冻年海温距平的差值场上（图 2.9d），高值中心位于千岛群岛以东西北太平洋海盆北部、新西兰南部奥克兰群岛及安迪波蒂斯群岛海域。热带印度洋、中大西洋、赤道中东太平洋、澳大利亚以南海盆至塔斯曼海为负距平，负距平中心处于加利福尼亚寒流流经的东北太平洋海盆、澳大利亚巴斯海峡、西风漂流带流经的西南太平洋海盆、复活节岛以及大西洋厄加勒斯海盆，且通过 0.05 的显著性检验。海温异常对大气环流影响存在滞后性，秋季海温偏低引起纬向环流加强，海洋水汽向我国输入，冬季欧亚中高纬地区在高压控制下冷空气随西北风南下，配合中低纬南支系统的异常活跃，造成贵阳地区冻雨日数偏多。

图 2.9 贵阳市凝冻日数与秋季海温相关性分布（a）、强（b）和弱凝冻年（c）的秋季海温距平合成场、强弱凝冻年（d）的秋季海温距平差值场（网格区域：通过 0.05 的显著性检验）

从图 2.10 可以看出，青藏高原、孟加拉湾及其东北部在 200 hPa 上存在明显的辐散中心，30°N 附近呈西风异常。而在 850 hPa 上，孟加拉湾及周边受异常气旋环流系统控制，云贵高原东北部（贵州中东部）受低空急流影响，水汽上升条件较好，偏北强风带的建立南下，易于低空冷锋生成，低层大气的热量、水汽和能量累积。高层辐散低层辐合，同时在 500 hPa 上，南支西风带孟加拉湾低槽较深，槽前强劲的西南气流携带南海和印度洋的水汽沿反气旋式环流输送到云贵高原东北部与来自北方的冷空气交汇，为贵阳市凝冻的形成发展提供必要的水汽条件。

图 2.10 欧亚地区 200 hPa（a）、500 hPa（b）、850 hPa（c）强弱凝冻年风场、涡度距平差值场（网格区域：通过 0.05 的显著性检验；风场单位：m/s；涡度单位：S^{-1}）

2.1.4 贵阳市凝冻风险等级区划

2.1.4.1 凝冻天气的气象要素阈值条件分析

根据 1961—2019 年贵阳市 8 个国家气象站凝冻发生时各气象要素（平均气温、最高气温、最低气温、相对湿度）的情况，统计出各气象要素的分布概率和累计概率（图 2.11）。由图可以看出，凝冻发生时平均气温（图 2.11a）的范围为 −5 ～ 3℃，平均气温在 1.0℃ 以下的累计概率超过 95%；最高气温（图 2.11b）低于 5.0℃ 的累计概率超过 95%；最低气温（图 2.11c）在 0℃ 以下的累计概率达到 100%；相对湿度（图 2.11d）的数值跨度相对较大，范围在 60% ～ 100%，但当相对湿度大于 85% 时，各个等级出现的概率随着湿度的升高而增大。综合上述分析初步得到影响贵阳市形成凝冻天气的要素阈值条件为：日平均气温 ≤ 1.0℃、日最高气温 ≤ 5.0℃、日最低气温 ≤ 0℃、相对湿度 ≥ 85%。通过对 2011—2020 年 201 个区域自动站要素筛选，境内 4 个气象要素均有观测数据的共有 200 个区域站。

图 2.11　贵阳市凝冻发生时各气象要素的分布概率（柱形）及累计概率（实线）分布
（a）平均气温；（b）最高气温；（c）最低气温；（d）相对湿度

2.1.4.2 区域站凝冻特征分析

根据贵阳市凝冻天气的要素阈值条件，得到贵阳市 2011—2020 年 200 个区域站冬季各月平均凝冻日数空间分布及时间序列（图 2.12）。从凝冻日数的空间分布可知，贵阳市冬季凝冻呈中部多、南北少的分布特征。其中 1 月凝冻日数最多、范围最广，月平均凝冻日数为 0.1 ～ 9.9 d，凝冻大值区域分布在开阳西部、息烽、乌当、修文局部以及清镇东部；12 月和 2 月凝冻较为集中的区域主要分布在贵阳市中部及以北地区。从时间序列上看：12 月凝冻站数在 2020 年出现近 10 a 最大值，在 2019 年出现最小值，其余年份呈波动上升或下降，整体呈略增多的趋势；1 月凝冻站数在 2016 年出现最大值，在 2017 年出现最小值，其余年份呈波动上升或下降，凝冻站数整体呈略减少的趋势；2月凝冻站数在2018年出现最大值，在2020年出现最小值，其余年份呈波动上升或下降，整体呈略增多的趋势。

图 2.12　贵阳市区域站冬季各月平均凝冻日数空间分布（左列，单位：d）
以及气温与凝冻站数时间序列（右列）

2.1.4.3 凝冻风险等级区划分析

对贵阳市 8 个国家气象站建站以来实际观测发生凝冻日数、过程发生频次、过程平均最低气温、最长持续天数 4 个指标进行归一化处理，按信息熵赋权法确定各个指标的权重系数，权重求和得到综合凝冻指数。将凝冻综合指数与海拔进行相关性分析（图 2.13），结果表明凝冻综合指数随海拔高度升高呈增多的趋势，两个变量相关系数为 0.648，通过 0.01 的显著性检验。

图 2.13　贵阳市凝冻综合指数与海拔的相关性分析

根据贵阳市数字高程模型（DEM）数据，按照凝冻综合指数与海拔的线性相关方程（图 2.13）进行计算，再利用 ArcGIS 插值得到贵阳市各地区凝冻综合指数，最后采用自然间断点法对凝冻综合指数进行分级，将凝冻划分为高、较高、中、低 4 个风险等级。从凝冻风险等级区划图（图 2.14）可以看出，高风险区包括清镇中部、花溪东南部、乌当北部、修文大部、息烽南部、白云北部、乌当北部、开阳西部、南部局地；较高风险区包括清镇、观山湖、白云大部、开阳西南部、花溪西部、息烽中南部；除海拔较低的息烽北部、开阳东北部为低风险区外，其余地区为中风险区。

图 2.14　贵阳市凝冻风险等级区划

2.2 遵义市凝冻灾害气候特征

2.2.1 遵义市冬季气候概况

遵义市位于贵州省北部，属亚热带季风性湿润气候。遵义市冬季平均气温 6.1℃，其中 1 月最冷，月平均气温为 4.8℃，2 月最暖，月平均气温为 6.7℃。冬季平均降水量为 71.1 mm，其中 1 月降水最多，月平均降水量为 24.4 mm，12 月最少，月平均降水量为 22.7 mm。

2.2.2 遵义市冬季凝冻日数时空变化特征

2.2.2.1 遵义市凝冻日数月际变化

从遵义市月平均凝冻日数变化图（图 2.15）可见，遵义市凝冻出现在 12 月至翌年 3 月，集中在 1—2 月，其中 1 月凝冻日数最多，平均为 1.4 d；2 月次之，平均为 0.7 d。

图 2.15　1981—2010 年遵义市月平均凝冻日数变化

2.2.2.2 遵义市凝冻日数年际变化

利用小波分析及功率谱方法对遵义市凝冻日数周期变化特征进行分析。从 1961—2019 年遵义市凝冻日数的小波系数实部等值线图和功率谱（图 2.16）可以看出，遵义市凝冻日数

图 2.16　遵义市凝冻日数的小波分析（a）及功率谱分析
（b，绿线：5% 信度检验；红色：红噪声；蓝线：95% 信度检验）

存在 2～3 a、3～4 a 的年际变化周期，其中 2～3 a 为第一主周期，在 20 世纪 60 年代至 70 年代后期表现较为明显，且周期通过 95% 信度检验；其次是 3～4 a，为第二主周期，主要在 21 世纪 00 年代后期表现较为明显。

2.2.2.3 遵义市凝冻日数空间分布

从图 2.17a 可见，遵义市凝冻初日多年平均分布呈现出自西南向东北方向逐渐提前，西南部的仁怀凝冻开始最晚，平均在 1 月下旬前期开始，其余大部在 1 月上旬后期至中旬后期开始。从图 2.17b 可见，遵义市凝冻终日多年平均分布呈现出自东北向西南方向逐渐推迟，东北部的务川凝冻结束最早，平均在 1 月上旬结束，其余大部地区在 1 月中旬到下旬结束。

图 2.17　1981—2010 年遵义市凝冻平均初日（a）及终日分布（b）

从图 2.18a 可知，遵义市冬季凝冻平均日数分布存在两个大值区，大值区位于西北部的习水一带（8 d），南部的播州区一带为次大值区（7 d），其余地区凝冻日数在 4 d 以下，其中东北部的正安、道真、务川及西北部在 1 d 以下，而赤水无凝冻发生。从冬季逐月凝冻平均日数分布来看（图 2.18b～d），各月凝冻日数分布差异较大，其中 12 月除习水凝冻日数为 1 d 外，其余地区均在 1 d 以下；1 月凝冻分布与冬季相似，大值区位于西北部的习水及南部的播州区一带，凝冻日数为 4 d 左右，其余大部地区凝冻日数在 2 d 以下；2 月除西北部的习水、南部的播州和湄潭凝冻日数在 1～2 d 外，其余各地凝冻日数均在 1 d 以下，其中赤水和道真无凝冻发生。

2.2.2.4 遵义市各站凝冻日数与对应站点海拔高度关系

分析遵义市平均凝冻日数与海拔高度的关系（图 2.19）发现，遵义市凝冻日数随海拔高度增加呈现上升趋势。利用线性回归方法拟合海拔高度（x）与凝冻日数（y）的关系（$R^2=0.5136$）表明，凝冻日数与海拔有较高的拟合度，即海拔高度越高，凝冻日数越多，凝冻发生的概率也越大。

2.2.3 遵义市凝冻异常年环流特征分析

2.2.3.1 EOF 分析

近 59 a 遵义市年凝冻日数经 EOF 分解后得到的特征值中，前 6 个特征向量通过 North 检验，累计方差贡献率达到了 97.22%，其中第一模态方差贡献率达到了 81.85%（表 2.2），能有效表征遵义市凝冻日数的整体特征。

图 2.18　1981—2010 年遵义市凝冻平均日数分布（单位：d）
（a）冬季；（b）12月；（c）1月；（d）2月

图 2.19　遵义市各站平均凝冻日数与海拔高度的变化特征

表 2.2　遵义市冬季凝冻日数 EOF 第一模态特征值

特征向量场	特征值	方差贡献率 / %	$\lambda_i - \lambda_{i+1}$	特征值误差
第一模态	157.35	81.85	142.83	28.97

对遵义市 13 个国家气象站 1961—2019 年冬季凝冻日数的距平场进行 EOF 分析（图 2.20），结果表明：EOF 第一模态在全市呈现同位相变化，由西北向东南递增，特征向量值在 0.01 ～ 0.49 之间，高值中心位于习水、播州，仁怀、道真、务川为低值中心，桐梓、汇川、绥阳为过渡地带。EOF 第一模态的方差贡献率为 81.85%，收敛速度较快，表明 1961—2019 年遵义市的凝冻日数变化趋势具有高度的一致性，即全市冬季呈现同增或同减的分布特征。

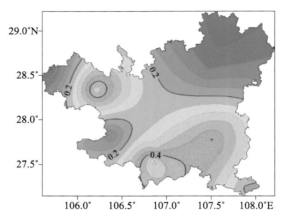

图 2.20　1961—2019 年遵义市冬季凝冻 EOF 第一模态空间分布

2.2.3.2 异常年选取

以 1961—2019 年冬季凝冻日数第一时间系数的 ±1 倍标准差为凝冻强弱年划分依据，得到遵义市 13 个强凝冻年（1964、1966、1967、1969、1972、1974、1977、1980、1984、1988、2008、2011、2018 年）和 15 个弱凝冻年（1962、1963、1973、1987、1992、1995、1997、2001、2002、2003、2007、2014、2016、2017、2019 年）（图 2.21）。

图 2.21　1961—2019 年遵义市凝冻年等级划分

2.2.3.3 异常年环流特征分析

遵义近 59 a 的冬季凝冻日数与同期北半球 500 hPa 位势高度的相关分析（图 2.22a）表明，遵义冬季凝冻日数与同期北半球乌拉尔山—西伯利亚地区（通过 0.05 的显著性检验）、加拿大—阿拉斯加地区、格陵兰岛南部的 500 hPa 位势高度呈正相关，与赤道中东太平洋海域、北美五大湖区呈显著负相关。

　　强凝冻年北半球中高纬度地区极涡南压，形成阿尔卑斯山脉、乌拉尔山—西伯利亚、阿留申群岛三个正距平中心（图2.22b），30°—45°N的亚欧大陆位势高度呈负距平，在其南部的锋区比较平直，易造成较长时间的持续降温。我国位势高度呈现"北高西低"分布，有利于东亚大槽加深，引导极地冷气流南下。弱凝冻年北半球中高纬地区位势高度场呈现与强凝冻年相反的配置（图2.22c）。强弱年500 hPa位势高度距平的差值场（图2.22d）上，欧亚大陆中高纬地区呈"- + -"的分布形势，强凝冻年东半球欧亚大陆中高纬地区有阻塞高压，经向环流加强，西北气流引导冷空气沿乌拉尔高压不断向我国输入，在低槽引领下冷空气影响遵义。

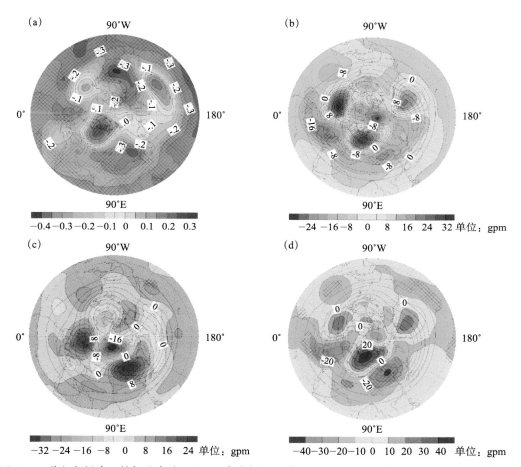

图2.22　遵义市凝冻日数与北半球500 hPa高度场相关分布（a）、强（b）和弱（c）凝冻年的北半球
500 hPa高度场距平合成场、强弱凝冻年的北半球500 hPa高度场距平差值场（d）
（网格区域：通过0.05的显著性检验）

　　遵义市凝冻日数与秋季海温的相关性分析表明（图2.23a）：遵义市凝冻日数与阿留申群岛以南、千岛群岛以东至美国西海岸的北太平洋海域、加罗林群岛以东的赤道太平洋大部海域、新西兰周边海域、阿根廷海盆、拉布拉多海盆及百慕大群岛以东的大西洋海域呈显著负相关，其中东北太平洋海盆东北方向北太平洋暖流通过海域海温与日数的相关性系数达到了-0.4以上。与中途岛海域、南极洲罗斯海、威德尔海与遵义凝冻日数呈显著正相

关。强弱凝冻年秋季海温距平进行合成分析发现，强凝冻年南赤道暖流中东太平洋海域、克罗泽群岛、北赤道暖流与加利福尼亚寒流交汇的东北太平洋海盆、西欧罗巴海盆、加那利海盆、大浅滩海温为负距平（图2.23b）；弱凝冻年海温距平分布与强凝冻年相反（图2.23c）。强弱年海温距平的差值在阿拉伯海、亚丁湾、莫桑比克海峡、非洲西部海岸、澳大利亚塔斯曼海域、赤道中东太平洋、库克群岛—马罗蒂里群岛、阿根廷海盆、伊比利亚海盆—西欧罗巴海盆、大浅滩海温为显著负距平（图2.23d）；威德尔海北部海域海温正距平通过0.05的显著性检验。

图2.23   遵义市凝冻日数与秋季海温相关性分布（a）、强（b）和弱（c）凝冻年的秋季海温距平合成场、
强弱凝冻年（d）的秋季海温距平差值场（网格区域：通过0.05的显著性检验）

从图2.24可以看出，东风引导急流为我国长江中下游地区提供充足的水汽和持续的水汽通量，孟加拉湾有反气旋异常中心，印度洋水汽由西南向东北辐散，为凝冻形成提供了必要的水汽条件，巴尔喀什湖气旋引导西伯利亚及乌拉尔阻高东侧强冷空气自西北越阿尔泰山进入我国。在500 hPa上，我国东北境内正的涡度距平，低压发展促使冷空气南下，该位势高度遵义有负涡度平流，冷高压稳定维持。在850 hPa上，以乌蒙山为中心的气旋系统与武当山为中心的反气旋系统在遵义发生切变，反气旋有偏北冷气流汇入，南支槽向气旋输送暖湿气流，促成遵义一带凝冻形成发展，表现为显著的涡度正距平。

图 2.24　欧亚地区 200 hPa（a）、500 hPa（b）、850 hPa（c）强弱年风场、涡度距平差值场（网格区域：通过 0.05 的显著性检验；风场单位：m/s；涡度单位：S^{-1}）

2.2.4 遵义市凝冻风险等级区划

2.2.4.1 凝冻天气的气象要素阈值条件分析

根据 1961—2019 年遵义市 13 个国家气象站凝冻发生时各气象要素（平均气温、最高气温、最低气温、相对湿度）的情况，统计出各气象要素的分布概率和累计概率（图 2.25）。由图可以看出，凝冻发生时平均气温（图 2.25a）的范围为 −5 ～ 2℃，平均气温在 1.0℃ 以下的累计概率超过 95%；最高气温（图 2.25b）低于 3.0℃ 的累计概率超过 95%；最低气温（图 2.25c）在 0℃ 以下的累计概率达到 100%；相对湿度（图 2.25d）的数值跨度相对较大，范围在 70% ～ 100%，但当相对湿度大于 85% 时，各个等级出现的概率随着湿度的升高而增大。综合上述分析初步得到影响遵义形成凝冻天气的要素阈值条件为：日平均气温 ≤ 1.0℃、日最高气温 ≤ 3.0℃、日最低气温 ≤ 0℃、相对湿度 ≥ 85%。通过对 2011—2020 年 474 个区域自动气象站要素筛选，满足以上条件的共有 473 个区域自动气象站。

图 2.25　遵义市凝冻发生时各气象要素的发生概率（柱形）及累计概率（实线）分布
（a）平均气温；（b）最高气温；（c）最低气温；（d）相对湿度

2.2.4.2 区域自动气象站凝冻强度特征分析

根据遵义市凝冻天气的要素阈值条件，得到遵义市 2011—2020 年 473 个区域自动气象站冬季各月平均凝冻日数空间分布及时间序列（图 2.26）。从凝冻日数空间分布可以看出，12 月在桐梓黄莲为凝冻日数大值中心，该地海拔高度 1700 m 以上，月平均凝冻日数在 13.0 d 以上，次值中心主要位于习水东部、桐梓东南部和绥阳西部，月平均凝冻日数在 5.0 d 以上。1 月凝冻范围扩大，但强度略有减弱，凝冻持续日数减短，桐梓和绥阳交界处以及仁怀南部、务川南部月平均凝冻日数在 6.0 d 以上。2 月大部地区平均凝冻日数高于 3.0 d。从时间序列上看，12 月凝冻站数整体呈增多的趋势，在 2018 年和 2020 年出现近 10 a 最大值，其中 2018 年为最高值；1 月和 2 月凝冻站数呈波动上升或下降，凝冻站数整体呈减少的趋势。

图 2.26　遵义市区域站冬季各月平均凝冻日数空间分布（左列，单位：d）
以及气温与凝冻站数时间序列（右列）

2.2.4.3 凝冻风险等级区划分析

根据遵义 13 个国家气象站建站以来实际观测发生凝冻日数、过程发生频次、过程平均最低气温、最长持续天数 4 个指标的多年平均归一化值，并确定各个指标的权重系数，进行权重求和得到凝冻综合指数。根据凝冻随海拔高度增高而增多的特点，将凝冻综合指数与海拔进行了相关性分析（图 2.27），相关系数为 0.631，通过 0.01 的显著性检验。

图 2.27 遵义市凝冻综合指数与海拔的相关性分析

根据遵义市 DEM 数据，按照凝冻综合指数与海拔的线性相关方程（图 2.27）进行计算，再利用 ArcGIS 插值得到遵义市各地区凝冻综合指数，最后采用自然间断点法对凝冻综合指数进行分级，将凝冻划分为高、较高、中、低 4 个风险等级。从凝冻风险等级区划图（图 2.28）可以看出，高风险区包括绥阳中部以北、务川西部、习水中部、桐梓、正安、道真大部；较高风险区包括仁怀东部、汇川中部、习水北部、湄潭局部、赤水东南部；除海拔较低的赤水西北部、凤岗东部、务川中部、余庆局部、正安东北部为低风险区外，其余大部为中风险区。

图 2.28 遵义市凝冻风险等级区划

2.3 铜仁市凝冻灾害气候特征

2.3.1 铜仁市冬季气候概况

铜仁市位于贵州省东北部，属中亚热带季风性湿润气候。铜仁市冬季平均气温 6.6℃，其中 1 月最冷，月平均气温为 5.2℃，12 月最暖，月平均气温为 7.4℃。冬季平均降水量为 99.6 mm，其中 2 月降水最多，月平均降水量为 37.9 mm，12 月最少，月平均降水量为 27.8 mm。

2.3.2 铜仁市冬季凝冻日数时空变化特征

2.3.2.1 铜仁市凝冻日数月际变化

从铜仁市月平均凝冻日数变化图（图 2.29）可见，铜仁市凝冻主要出现在 11 月至翌年 3 月，集中在 1—2 月，其中 1 月凝冻日数最多，平均为 1.8 d；2 月次之，平均为 1 d。

图 2.29 1981—2010 年铜仁市月平均凝冻日数变化

2.3.2.2 铜仁市凝冻日数年际变化

利用小波分析及功率谱方法对铜仁市凝冻日数周期变化特征进行分析。从 1961—2019 年铜仁市凝冻日数的小波系数实部等值线图和功率谱（图 2.30）可以看出：铜仁市凝冻日数主要存在 2～4 a 的年际变化周期，主要在 21 世纪 00 年代中期至 10 年代初期表现较明显。

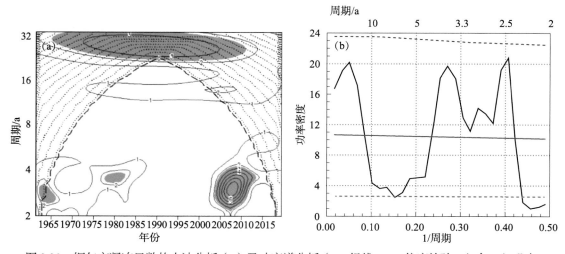

图 2.30 铜仁市凝冻日数的小波分析（a）及功率谱分析（b，绿线：5% 信度检验；红色：红噪声；蓝线：95% 信度检验）

2.3.2.3 铜仁市凝冻日数空间分布

从图2.31a可见，铜仁市凝冻初日多年平均分布呈现出自东向西逐渐推迟，东南部的万山和东北部的沿河凝冻开始最早，平均在1月上旬前期开始，万山平均在12月下旬后期开始；西南部的石阡开始最晚，平均在1月中旬后期开始，其余大部地区大致在1月上旬后期至中旬开始。从图2.31b可见，铜仁市凝冻终日多年平均分布呈现出自北向南逐渐推迟，东南部的万山凝冻结束最晚，平均在2月中旬结束，其余大部在1月上旬至下旬结束。

图2.31 1981—2010年铜仁市凝冻平均初日（a）及终日分布（b）

从图2.32a可知，铜仁市冬季凝冻平均日数分布极为不均，由于万山海拔相对较高，最大中心为万山（25 d），其余地区在2 d以下。从逐月凝冻平均日数分布（图2.32b～d）来看，各月凝冻日数分布与冬季相似，12月除万山凝冻日数为4 d外，其余地区均在1 d以下，其中沿河无凝冻发生；1月除万山凝冻日数为12 d，江口、玉屏凝冻日数为1 d左右外，其余各地均在1 d以下；2月除万山凝冻日数为9 d外，其余地区均在1 d以下，其中沿河无凝冻发生。

2.3.2.4 铜仁市各站凝冻日数与对应站点海拔高度关系

分析铜仁市平均凝冻日数与海拔高度的关系（图2.33）发现，铜仁市凝冻日数随海拔高度增加呈上升趋势。利用线性回归方法拟合海拔高度（x）与凝冻日数（y）的关系（R^2=0.6538）表明，凝冻日数与海拔高度呈现较高的拟合度，即海拔高度越高，凝冻日数越多，凝冻发生的概率也越大。万山平均凝冻日数达25 d之多，其余地区均在3 d以下，这主要是因为万山站万山海拔高度884.3 m，比周围测站高出400～600 m，加之位于冷空气入侵路径上，特殊地理位置利于凝冻的形成。

2.3.3 铜仁市凝冻异常年环流特征分析

2.3.3.1 EOF分析

近59 a铜仁市年凝冻日数经EOF分解后得到的特征值中，前6个特征向量通过North检验，累计方差贡献率达到了 99.14%，其中第一模态方差贡献率达到了 78.23%（表 2.3），能有效表征铜仁市凝冻日数的整体特征。

图 2.32　1981—2010 年铜仁市凝冻平均日数分布（单位：d）
（a）冬季；（b）12 月；（c）1 月；（d）2 月

图 2.33　铜仁市各站平均凝冻日数与海拔高度的变化特征

表 2.3　铜仁市冬季凝冻日数 EOF 第一模态特征值

特征向量场	特征值	方差贡献率 / %	$\lambda_i - \lambda_{i+1}$	特征值误差
第一模态	130.62	78.23	104.68	24.05

对铜仁市 10 个国家气象站 1961—2019 年冬季凝冻日数的距平场进行 EOF 分析（图 2.34），结果表明：EOF 第一模态在全市呈现同位相变化，由西北向东南逐渐递增，特征向量值在 0.02 ~ 0.93，高值中心位于万山区，低值中心位于沿河县。EOF 第一模态的方差贡献率为 78.23%，收敛速度较快，表明 1961—2019 年间铜仁市的凝冻日数变化趋势具有高度的一致性，即全市冬季呈现同增或同减的分布特征。

图 2.34　1961—2019 年铜仁市冬季凝冻 EOF 第一模态空间分布

2.3.3.2 异常年选取

以 1961—2019 年冬季凝冻日数第一时间系数的 ±1 倍标准差为凝冻强弱年划分依据，得到铜仁市 10 个强凝冻年（1964、1969、1974、1977、1984、1985、2005、2008、2011、2012 年）和 13 个弱凝冻年（1961、1962、1963、1973、1979、1987、1999、2002、2009、2013、2015、2016、2017 年）（图 2.35）。

图 2.35　1961—2019 年铜仁市凝冻年等级划分

2.3.3.3 异常年环流特征分析

铜仁近 59 a 的冬季凝冻日数与同期北半球 500 hPa 位势高度的相关分析（图 2.36a）表明，铜仁冬季凝冻日数与同期北半球乌拉尔山—西伯利亚地区 500 hPa 位势高度呈显著正相关，与蒙古高原、北美五大湖区、赤道太平洋海域、青藏高原呈显著负相关。

强凝冻年北半球中高纬度地区萨彦岭—乌拉尔山—西伯利亚一带呈显著正距平（图 2.36b），大值中心贯穿整个乌拉尔山，其余地区为负距平，其中蒙古高原、贝加尔湖—鄂霍次克海、阿尔卑斯山地区的负距平通过 0.05 的显著性检验。弱凝冻年北半球中高纬度地区位势高度场呈现与强凝冻年相反的配置（图 2.36c）。强弱年 500 hPa 位势高度距平的差值场（图 2.36d）上，欧亚大陆中高纬地区呈"北正南负"的分布形势，强凝冻年东半球欧亚大陆中高纬地区有阻塞高压，来自冰岛以东洋面的冷空气经地中海、黑海、里海沿天山山脉进入我国，同时极地冷空气沿阻高东侧的低槽南下影响铜仁。

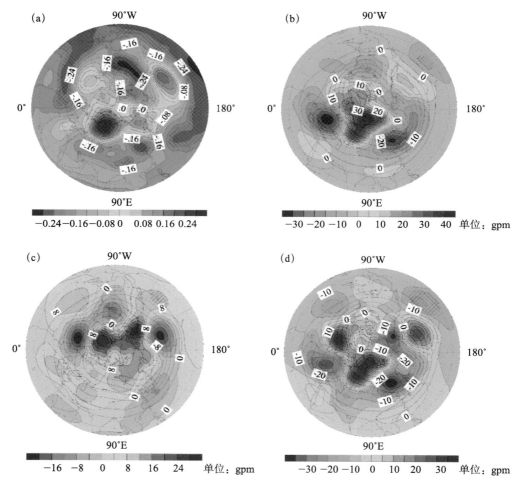

图 2.36　铜仁市凝冻日数与北半球 500 hPa 高度场相关分布（a）、强（b）和弱（c）凝冻年的北半球 500 hPa 高度场距平合成场、强弱凝冻年的北半球 500 hPa 高度场距平差值场（d）（网格区域：通过 0.05 的显著性检验）

铜仁市凝冻日数与秋季海温的相关性分析表明（图 2.37a），铜仁凝冻日数与罗斯海北部海温呈显著正相关，与几内亚湾、好望角以南海域、亚丁湾、澳大利亚以南海盆至塔斯曼海、渤海、加利福尼亚寒流经过的东北太平洋、0°—30°N 大西洋海温呈显著负相关。强弱凝冻年秋季海温距平进行合成分析发现，强凝冻年古巴岛、加利福尼亚寒流经过的东北太平洋、渤海海温为负距平（图 2.37b），且通过 0.05 的显著性检验。弱凝冻年澳大利亚以南海盆至塔斯曼海、北太平洋暖流经过海域、安哥拉暖流流经海域海温距平为显著正距平（图 2.37c），威德尔海北部海温异常偏低。强弱年海温距平的差值在加利福尼亚寒流经过的东北太平洋、古巴岛、澳大利亚以南海盆至塔斯曼海海温异常偏低（图 2.37d）。

图 2.37　铜仁市凝冻日数与秋季海温相关性分布（a）、强（b）和弱（c）凝冻年的秋季海温距平合成场、强弱凝冻年（d）的秋季海温距平差值场（网格区域：通过 0.05 的显著性检验）

　　从图 2.38 可以看出，200 hPa 以藏南谷地为中心反气旋异常发展，受其影响阿拉伯海水汽在青藏高原南部辐合抬升，孟加拉湾水汽在其东北上空辐合抬升，有利高原东侧云贵大部成云致雨。500 hPa 极地冷气流经鄂霍次克海向西达到贝加尔湖，经蒙古在我国河套附近南下影响

图 2.38　欧亚地区 200 hPa（a）、500 hPa（b）、850 hPa（c）强弱年风场、涡度距平差值场（网格区域：通过 0.05 的显著性检验；风场单位：m/s；涡度单位：S⁻¹）

南方，琉球群岛以东的西太平洋有异常反气旋，向我国输送水汽。850 hPa 中南半岛气旋引导南海水汽北上辐合，为贵州境内西南气流沿武陵山脉东移北上提供动力，同时黄河气旋维持发展，将导致冷空气南下而暴发寒潮。

2.3.4 铜仁市凝冻风险等级区划

2.3.4.1 凝冻天气的气象要素阈值条件分析

根据 1961—2019 年铜仁市 10 个国家气象站凝冻发生时各气象要素（平均气温、最高气温、最低气温、相对湿度）的情况，统计出各气象要素的分布概率和累计概率（图 2.39）。由图可以看出，凝冻发生时平均气温（图 2.39a）的范围为 −5 ～ 2℃，平均气温在 1.0℃以下的累计概率超过 95%；最高气温（图 2.39b）低于 5.0℃的累计概率超过 95%；最低气温（图 2.39c）在 0℃以下的累计概率达到 100%；相对湿度（图 2.39d）的数值跨度相对较大，范围在 65% ～ 100%，但当相对湿度大于 80% 时，各个等级出现的概率随着湿度的升高而增大。综合上述分析初步得到影响铜仁形成凝冻天气的要素阈值条件为：日平均气温≤1.0℃、日最高气温≤5.0℃、日最低气温≤0℃、相对湿度≥80%。通过对 2011—2020 年 389 个区域自动站要素筛选，铜仁境内符合以上条件的共有 388 个区域站，铜仁地势起伏较大，55% 以上区域站海拔高度在 700 m 以上，凝冻出现概率达 100%。

图 2.39　铜仁市凝冻发生时各气象要素的发生概率（柱形）及累计概率（实线）分布
（a）平均气温；（b）最高气温；（c）最低气温；（d）相对湿度

2.3.4.2 区域站凝冻强度特征分析

根据铜仁市凝冻天气的要素阈值条件，得到铜仁市 2011—2020 年 388 个区域站冬季各月平均凝冻日数空间分布及时间序列（图 2.40）。从凝冻日数空间分布可以看出，1 月凝冻日数最多，其次是 2 月。12 月以德江西部、印江东部海拔相对较高的地区平均凝冻日数最多，月平均凝冻日数在 7.5 d 以上。1 月发生凝冻的站点增多，德江沙溪、泉口、印江护国寺、万山六龙山等地势较高地区凝冻最为严重，月平均凝冻日数在 9.0 d 以上，这些地区海拔高度在 800 m 以上，处于迎风坡，迫使冷空气在此堆积，从而导致凝冻出现次数多、持续日数长、强度重。2 月凝冻范围缩小、持续时间减短，除海拔相对较高的地区外，大部地区平均凝冻日数低于 3.0 d。从趋势上看：12 月凝冻站数整体呈增多的趋势，其中 2018 年发生凝冻日数为近 10 a 以来最高值；1 月和 2 月凝冻呈波动上升或下降，凝冻站数整体呈减少的趋势。

图 2.40 铜仁市区域站冬季各月平均凝冻日数空间分布（左列，单位：d）以及气温与凝冻站数时间序列（右列）

2.3.4.3 凝冻风险等级区划分析

根据铜仁 10 个国家气象站建站以来实际观测发生凝冻日数、过程发生频次、过程平均最低气温、最长持续天数 4 个指标的多年平均归一化值，并确定各个指标的权重系数，进行权重求和得到凝冻综合指数。根据凝冻随海拔高度增高而增多的特点，将凝冻综合指数与海拔进行了相关性分析（图 2.41），相关系数为 0.780，通过 0.01 的显著性检验。

图 2.41　铜仁市凝冻综合指数与海拔的相关性分析

根据铜仁市 DEM 数据，按照凝冻综合指数与海拔的线性相关方程（图 2.41）进行计算，再利用 ArcGIS 插值得到铜仁市各地区凝冻综合指数，最后采用自然间断点法对凝冻综合指数进行分级，将凝冻划分为高、较高、中、低 4 个风险等级。从凝冻风险等级区划图（图 2.42）可以看出，高风险区包括德江西北部边缘、印江东部、江口北部、松桃西部；较高风险区包括石阡大部、沿河西北部、印江中部以南；除海拔较低的玉屏、碧江大部、松桃中部、江口东部为低风险区外，其余大部为中风险区。

2.4 黔东南州凝冻灾害气候特征

2.4.1 黔东南州冬季气候概况

黔东南州位于贵州省东南部，属中亚热带季风性湿润气候。黔东南州冬季平均气温为 6.5℃，其中 1 月最冷，月平均气温为 5.0℃，12 月最暖，月平均气温为 7.3℃。冬季平均降水量为 114.4 mm，其中 2 月降水最多，月平均降水量为 45.6 mm，12 月最少，月平均降水量为 29.5 mm。

2.4.2 黔东南州冬季凝冻日数时空变化特征

2.4.2.1 黔东南州凝冻日数月际变化

从黔东南州月平均凝冻日数变化图（图 2.43）可见，黔东南州凝冻主要出现在 12 月至翌年 3 月，集中在 1—2 月，其中 1 月凝冻日数最多，平均为 3.3 d；2 月次之，平均为 1.9 d。

图 2.42 铜仁市凝冻风险等级区划

图 2.43 1981—2010 年黔东南州月平均凝冻日数变化

2.4.2.2 黔东南州凝冻日数年际变化

利用小波分析及功率谱方法对黔东南州凝冻日数周期变化特征进行分析。从 1961—2019 年黔东南州凝冻日数的小波系数实部等值线图和功率谱（图 2.44）可以看出，黔东南州凝冻日数主要存在 2～3 a 和 3～4 a 的年际变化周期。其中 2～3 a 为第一主周期，主要在 20 世纪 70 年代前期及 21 世纪 00 年代中期至 10 年代初表现最为明显，且该周期通过 95% 的信度检验，3～4 a 为第二主周期，主要是 20 世纪 80 年代表现较为明显，且该周期通过 95% 的信度检验。

图 2.44　黔东南州凝冻日数的小波分析（a）及功率谱分析（b，绿线：5% 信度检验；红色：红噪声；蓝线：95% 信度检验）

2.4.2.3 黔东南州凝冻日数空间分布

从黔东南州凝冻初日多年平均分布可见（图 2.45a），黔东南州南部地区凝冻开始最晚，平均在 1 月中旬后期开始，而西北部的施秉凝冻开始最早，平均在 1 月上旬前期开始，其余大部地区平均在 1 月上旬后期至 1 月中旬前期开始。从黔东南州凝冻终日多年平均分布可见（图 2.45b），黔东南州凝冻终日呈现出自东北向西南逐渐推迟，北部、东北部地区凝冻结束最早，平均在 1 月中旬结束，三穗和丹寨结束最晚，平均在 2 月中旬结束，其余大部地区平均在 1 月下旬至 2 月上旬结束。

图 2.45　1981—2010 年黔东南州凝冻平均初日（a）及终日分布（b）

从图 2.46a 可知，黔东南州冬季凝冻平均日数分布存在三个大值区和一个低值区，大值区域位于州西部的丹寨、麻江一带，其中丹寨凝冻日数最多（16 d）；中北部的三穗及东南部的黎平一带为次大值区（9 d）；其南部的榕江、从江一带为凝冻日数小值区，不足 1 d。

从逐月凝冻平均日数分布来看（图2.46b～d），各月大值区凝冻日数分布与冬季相似，12月除黔东南州西部的丹寨、麻江、黄平、雷山以及中东部的三穗、黎平凝冻日数在1～2d外，其余大部地区凝冻日数在1d以下；1月大值区位于西部的丹寨、麻江一带，其中丹寨凝冻日数最多（8d），中东部的三穗和黎平为次大值区域（4d）；2月大值区位于丹寨一带（5d），次大值区位于三穗一带（4d），第三大值区为黎平一带（3d），相对小值区域位于北部施秉、东南部的天柱、锦屏和南部的榕江、从江一带，凝冻日数不足1d。

图2.46　1981—2010年黔东南州凝冻平均日数分布（单位：d）
（a）冬季；（b）12月；（c）1月；（d）2月

2.4.2.4　黔东南州各站凝冻日数与对应站点海拔高度关系

分析黔东南州平均凝冻日数与海拔高度的关系（图2.47）发现，黔东南州凝冻日数随海拔高度增加呈现上升趋势。利用线性回归方法拟合海拔高度（x）与凝冻日数（y）的关系（R^2=0.814）表明，凝冻日数与海拔高度拟合度高，即高度越高，凝冻日数越多，凝冻发生的概率也越大。

图 2.47　黔东南州各站平均凝冻日数与海拔高度的变化特征

2.4.3 黔东南州凝冻异常年环流特征分析

2.4.3.1 EOF 分析

近 59 a 黔东南州年凝冻日数经 EOF 分解后得到的特征值中，前 8 个特征向量通过 North 检验，累计方差贡献率达到了 98.53%，其中第一模态方差贡献率达到了 84.49%（表 2.4），能有效表征黔东南州凝冻日数的整体特征。

表 2.4　黔东南州冬季凝冻日数 EOF 第一模态特征值

特征向量场	特征值	方差贡献率 / %	$\lambda_i - \lambda_{i+1}$	特征值误差
第一模态	399.02	84.49	368.41	73.47

对黔东南州 15 个国家气象站 1961—2019 年冬季凝冻日数的距平场进行 EOF 分析（图 2.48），结果表明：EOF 第一模态在全州呈现同位相变化，特征向量值在 0.02 ～ 0.42 之间，高值中心位于麻江、黎平、三穗，低值中心位于从江县中部。EOF 第一模态的方差贡献率为 84.49%，收敛速度较快，表明 1961—2019 年间黔东南州的凝冻日数变化趋势具有高度的一致性，即全州冬季呈现同增或同减的分布特征。

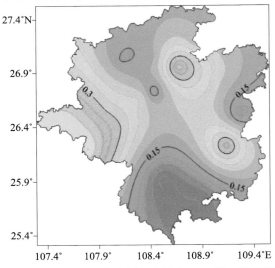

图 2.48　1961—2019 年黔东南州冬季凝冻 EOF 第一模态空间分布

2.4.3.2 异常年选取

以 1961—2019 年冬季凝冻日数第一时间系数的 ±1 倍标准差为凝冻强弱年划分依据，得到黔东南州 11 个强凝冻年（1964、1968、1969、1974、1977、1982、1984、1988、2008、2011、2018 年）和 9 个弱凝冻年（1961、1962、1971、1973、1999、2001、2009、2016、2017 年）（图 2.49）。

图 2.49　1961—2019 年黔东南州凝冻年等级划分

2.4.3.3 异常年环流特征分析

黔东南州近 59 a 的冬季凝冻日数与同期北半球 500 hPa 位势高度的相关分析（图 2.50a）表明，黔东南州冬季凝冻日数与同期北半球乌拉尔山—西伯利亚地区、阿拉斯加地区、戴维斯海峡的 500 hPa 位势高度呈正相关，其中西西伯利亚地区通过 0.05 的显著性检验，与五大湖区呈显著负相关。

强凝冻年北半球高纬度地区正距平中心位于纽芬兰岛以东的大西洋海域、乌拉尔山—西伯利亚一带（图 2.50b），对应格陵兰、西伯利亚冷高压，负距平中心位于小亚细亚半岛、里海—伊朗高原、贝加尔湖—鄂霍次克海，并通过 0.05 的显著性检验。亚欧大陆的位势高度呈现"北高南低"分布，表现为乌拉尔山—西伯利亚高压脊发展。弱凝冻年北半球中高纬地区位势高度距平场乌拉尔山—西伯利亚为负（图 2.50c），里海—伊朗高原为正，呈现与强凝冻年相反的配置。强弱年 500 hPa 位势高度距平的差值场（图 2.50d）上，欧亚大陆中高纬地区表现为"北正南负"的分布形势，中纬度地区"西正东负"距平分布利于中低纬度地区暖湿空气输送到我国南方地区。

黔东南州凝冻日数与秋季海温的相关性分析表明（图 2.51a），黔东南州凝冻日数与罗斯海北部、威德尔海北部的海温呈显著正相关，与几内亚湾、好望角以南海域、阿根廷海盆、澳大利亚以南海盆至塔斯曼海、夏威夷群岛、库克群岛—马罗蒂里群岛、西雅图与旧金山之间的美国西岸、中亚美利亚海沟、直布罗陀海峡、15°—30°N 大西洋海域的海温呈显著负相关。强弱凝冻年秋季海温距平进行合成分析发现，强凝冻年阿拉斯加湾—中亚美利亚海沟、澳大利亚以南海盆至塔斯曼海、墨西哥湾、里奥格兰德海丘、好望角以南海域海温为负距平（图 2.51b），且通过 0.05 的显著性检验，负距平中心位于阿拉斯加湾。弱凝冻年好望角以南海域、澳大利亚以南海盆至塔斯曼海、珊瑚海、马罗蒂里群岛、千岛海盆、千岛海沟以东阿

图 2.50 黔东南州凝冻日数与北半球 500 hPa 高度场相关分布（a）、强（b）和弱（c）凝冻年的北半球
500 hPa 高度场距平合成场、强弱凝冻年的北半球 500 hPa 高度场距平差值场（d）（网格区域：通过 0.05 的
显著性检验）

留申海沟西南海域海温为显著正距平（图 2.51c），赤道中东太平洋海域、罗斯海北部海域海温为显著负距平。强弱年海温距平的差值（图 2.51d）在澳大利亚以南海盆至塔斯曼海、墨西哥湾等关键区域海温异常偏低。

　　从图 2.52 可以看出，在 200 hPa 上，萨彦岭—贝加尔湖在异常气旋控制下，引导冷空气沿阿尔泰山—祁连山一线侵入我国，东海、黄海、渤海为显著的涡度正距平，高空水汽由武陵山、苗岭进入黔东南州。在 500 hPa 上，青藏高原大地形对气流的阻挡，高层西风气流分为两支，分别在高原南北两侧绕过高原，其中南支气流经孟加拉湾为我国西南地区提供暖湿水汽，琉球群岛至马里亚纳海沟之间反气旋自东向西输送水汽，我国东海、黄海、长江中下游地区涡度正距平通过 0.05 显著性检验，同时蒙古气旋稳定维持促使冷锋不断越山南下。而在 850 hPa 上，黄河气旋导致冷空气南下而暴发寒潮，西南涡与南支槽影响下水汽辐合上升，

低层大气的热量、水汽和能量累积，为黔东南州凝冻的形成发展提供必要条件。

图 2.51 黔东南州凝冻日数与秋季海温相关性分布（a）、强（b）和弱（c）凝冻年的秋季海温距平合成场、
强弱凝冻年（d）的秋季海温距平差值场（网格区域：通过 0.05 的显著性检验）

图 2.52 黔东南州欧亚地区 200 hPa（a）、500 hPa（b）、850 hPa（c）强弱凝冻年风场、涡度距平差值场
（网格区域：通过 0.05 的显著性检验；风场单位：m/s；涡度单位：S⁻¹）

2.4.4 黔东南州凝冻风险等级区划

2.4.4.1 凝冻天气的气象要素阈值条件分析

根据 1961—2019 年黔东南州 16 个国家气象站凝冻发生时各气象要素（平均气温、最高气温、最低气温、相对湿度）的情况，统计出各气象要素的分布概率和累计概率（图 2.53）。由图可以看出，凝冻发生时平均气温（图 2.53a）的范围为 -5 ~ 3℃，平均气温在 1.0℃以下的累计概率超过 95%；最高气温（图 2.53b）低于 5.0℃的累计概率超过 95%；最低气温（图 2.53c）在 0℃以下的累计概率达到 100%；相对湿度（图 2.53d）的数值跨度相对较大，范围

在 55% ～ 100%，但当相对湿度大于 80% 时，各个等级出现的概率随着湿度的升高而增大，说明凝冻发生时，相对湿度普遍较大。综合上述分析可知，黔东南州发生凝冻时处于低温、高湿的环境中，初步得到影响黔东南州形成凝冻天气的气象要素阈值条件为：日平均气温 ≤ 1.0℃、日最高气温 ≤ 5.0℃、日最低气温 ≤ 0℃、相对湿度 ≥ 80%。利用该阈值去寻找满足上述条件气象区域站发生凝冻的日数，建立凝冻时间序列。通过对 2011—2020 年黔东南州 500 个区域自动站要素筛选，黔东南州境内符合以上条件的共有 479 个区域站，56% 以上站点海拔高度在 600 m 以上。

图 2.53　黔东南州凝冻发生时各气象要素的发生概率（柱形）及累计概率（实线）分布
（a）平均气温；（b）最高气温；（c）最低气温；（d）相对湿度

2.4.4.2 区域站凝冻强度特征分析

根据黔东南州凝冻天气的气象要素阈值条件，得到黔东南州 2011—2020 年 479 个区域站冬季各月平均凝冻日数空间分布及时间序列（图 2.54）。从凝冻日数空间分布可以看出，12 月平均凝冻日数大值区出现在台江、雷山两县，该地区海拔高度 1000 m 以上，月平均凝冻日数为 7.0 ～ 10.9 d，南部地区凝冻日数相对较少，月平均凝冻日数均在 1.0 d 以下。1 月出现凝冻的范围扩大，大值区出现在西部、北部的高海拔地区，月平均凝冻日数在 5.0 d 以上。研究发现雷公山附近山区，主要是由于海拔高而造成凝冻偏重，南部地区处在苗岭山脉的东南侧，当冷空气绕行南下，进入该地区堆积后，处于迎风坡，海拔高度相对于周边地区要高，造成月亮山山区凝冻偏重。2 月发生凝冻范围较 1 月有所缩小，大值区出现在西部、北部及东部地区，由于东部海拔较低，受到苗岭山脉阻挡影响，冷空气在此堆积，易出现凝冻。从气温和凝冻站数时间序列可见，凝冻偏多年份对应的气温整体偏低，偏少年份则相反。从趋势上看：12 月凝冻站数呈"多 - 少 - 多"的分布型，整体呈直线上升的趋势；1 月和 2 月凝冻站数呈波动上升或下降，凝冻站数整体呈减少的趋势。

图2.54 黔东南州区域站冬季各月平均凝冻日数空间分布（左列，单位：d）及气温与凝冻站数时间序列（右列）

2.4.4.3 凝冻风险等级区划分析

根据黔东南州16个国家气象站建站以来实际观测发生凝冻日数、过程发生频次、过程平均最低气温、最长持续天数4个指标的多年平均归一化值，并确定各个指标的权重系数，进行权重求和得到凝冻综合指数。根据凝冻随海拔高度增高而增多的特点，将凝冻综合指数与海拔进行了相关性分析（图2.55），，相关系数为0.878，通过0.01的显著性检验。

图 2.55　黔东南州凝冻综合指数与海拔的相关性分析

　　根据黔东南州 DEM 数据，按照凝冻综合指数与海拔的线性相关方程（图 2.55）进行计算，再利用 ArcGIS 插值得到黔东南州各地区凝冻综合指数，最后采用自然间断点法对凝冻综合指数进行分级，将凝冻划分为高、较高、中、低 4 个风险等级。从凝冻风险等级区划图（图 2.56）可以看出，高风险区包括雷公山附近山区及麻江西部、剑河南部、月亮山区附近；较高风险区包括凯里北部、麻江中部、施秉北部、剑河中部、黎平北部以及镇远、丹寨、黄平、雷山、台江大部；除海拔较低的岑巩南部、镇远东部边缘、天柱东部、锦屏东部、黎平南部、从江中东部、榕江中南部为低风险区外，其余大部为中风险区。

图 2.56　黔东南州凝冻风险等级区划

2.5 黔南州凝冻灾害气候特征

2.5.1 黔南州冬季气候概况

黔南州位于贵州省南部，属亚热带季风性湿润气候。黔南州冬季平均气温7.4℃，其中1月最冷，月平均气温为5.9℃，2月最暖，月平均气温为8.1℃。冬季平均降水量为79.8 mm，其中2月降水最多，月平均降水量为31.5 mm，12月最少，月平均降水量为21.3 mm。

2.5.2 黔南州冬季凝冻日数时空变化特征

2.5.2.1 黔南州凝冻日数月际变化

从黔南州月平均凝冻日数变化图（图2.57）可见，黔南州凝冻主要出现在12月至翌年3月，集中在1—2月，其中1月凝冻日数最多，平均为2.6 d；2月次之，平均为1.4 d。

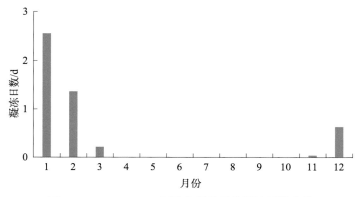

图2.57　1981—2010年黔南州月平均凝冻日数变化

2.5.2.2 黔南州凝冻日数年际变化

利用小波分析及功率谱方法对黔南州凝冻日数周期变化特征进行分析。从1961—2019年黔南州凝冻日数的小波系数实部等值线图和功率谱（图2.58）可以看出：黔南州凝冻日数主要存在3～4 a、2～3 a的年际变化周期，其中3～4 a为第一主周期，主要在20世纪70年代后期至80年代中期表现较为明显，且该周期通过95%信度检验；其次是2～3 a，为第二主周期，主要是在21世纪00年代表现较为明显。

2.5.2.3 黔南州凝冻日数空间分布

从图2.59a可见，黔南州凝冻初日多年平均分布呈现出自南向北逐渐提前，北部地区凝冻开始最早，平均在1月上旬后期开始，瓮安在1月上旬前期开始，其余大部地区在1月中旬至1月下旬初开始。从黔南州凝冻终日多年平均分布可见（图2.59b），黔南州大部地区凝冻平均在1月中旬结束。

从图2.60a可知，黔南州冬季凝冻平均日数分布呈现出自南向北逐渐推迟，有两个大值区，北部的瓮安、福泉、贵定一带为第一大值区，其中瓮安最多（14 d），中南部独山为次大值区（9 d）；南部的罗甸、荔波、三都为相对小值区域，其中罗甸、荔波无凝冻发生。从逐月凝冻平均日数分布来看（图2.60b～d），各月凝冻日数分布与冬季分布相似，即北部多、

图 2.58　黔南州凝冻日数的小波分析（a）及功率谱分析（b，绿线：5% 信度检验；红色：红噪声；蓝线：95% 信度检验）

图 2.59　1981—2010 年黔南州凝冻平均初日（a）及终日分布（b）

南部少。1 月凝冻日数范围最大，12 月凝冻范围最小，其中 12 月除瓮安、福泉、贵定、独山凝冻日数在 1 d 左右，其余大部地区均在 1 d 以下，其中罗甸、三都、荔波无凝冻发生；1 月主要有两个大值区，北部的瓮安、福泉、贵定一带为最大值区，其中瓮安最多（8 d），中南部的独山为次大值区（5 d），低值区域主要位于南部一带（不足 1 d）；2 月大值中心位于瓮安一带（5 d），次大值区域位于独山一带（3 d），黔南州的中南大部地区凝冻日数不足 1 d。

2.5.2.4　黔南州各站凝冻日数与对应站点海拔高度关系

分析黔南州平均凝冻日数与海拔高度的关系（图 2.61）发现，黔南州凝冻日数随海拔高度增加呈上升趋势。利用线性回归方法拟合海拔高度（x）与凝冻日数（y）的关系可得出相关性 $R^2=0.4149$。同时可以看出，1000 m 以上海拔高度区域与凝冻日数对应差异较大，比如

图2.60 1981—2010年黔南州凝冻平均日数分布（单位：d）
（a）冬季；（b）12月；（c）1月；（d）2月

图2.61 黔南州各站平均凝冻日数与海拔高度的变化特征

瓮安与长顺海拔高度接近，瓮安平均凝冻日数为 14 d，而长顺仅 3 d，表明影响凝冻日数的因子除海拔高度外，还有其他影响因素存在。冬半年常有冷空气从东北回流至贵州中东部（铜仁中南部、黔东南北部）进行补充，然后向西推进经过黔南北部—贵阳—贵州西部，瓮安海拔高度 1128.6 m，而东部海拔高度 500～800 m，处于冷空气入侵路径的迎风坡，利于凝冻形成，而长顺位于黔南州的西部偏南，同时处于冷空气入侵路径南侧的背风坡，造成凝冻日数相对较少。

2.5.3 黔南州凝冻异常年环流特征分析

2.5.3.1 EOF 分析

近 59 a 黔南州年凝冻日数经 EOF 分解后得到的特征值中，前 8 个特征向量通过 North 检验，累计方差贡献率达到了 99.96%，其中第一模态方差贡献率达到了 77.33%（表 2.5），能有效表征黔南州凝冻日数的整体特征。

表 2.5　黔南州冬季凝冻日数 EOF 第一模态特征值

特征向量场	特征值	方差贡献率 / %	$\lambda_i - \lambda_{i+1}$	特征值误差
第一模态	234.80	77.33	211.50	43.23

对黔南州 12 个国家气象站 1961—2019 年冬季凝冻日数的距平场进行 EOF 分析（图 2.62），结果表明，EOF 第一模态在全州呈现同位相变化，由北向南逐渐递减，特征向量值在 0.01～0.49 之间，高值中心位于瓮安县，低值中心位于罗甸县、荔波县。EOF 第一模态的方差贡献率为 77.33%，收敛速度较快，表明 1961—2019 年间黔南州的凝冻日数变化趋势具有高度的一致性，即全州冬季呈现同增或同减的分布特征。

图 2.62　1961—2019 年黔南州冬季凝冻 EOF 第一模态空间分布

2.5.3.2 异常年选取

以 1961—2019 年冬季凝冻日数第一时间系数的 ±0.75 倍标准差为凝冻强弱年划分依据，得到黔南州 11 个强凝冻年（1964、1968、1969、1974、1977、1982、1984、1988、2008、2011、2018 年）和 9 个弱凝冻年（1961、1962、1971、1973、1999、2001、2009、2016、2017 年）（图 2.63）。

图 2.63 1961—2019 年黔南州凝冻年等级划分

2.5.3.3 异常年环流特征分析

黔南州近 59 a 的冬季凝冻日数与同期北半球 500 hPa 位势高度的相关分析（图 2.64a）表明，黔南州冬季凝冻日数与同期北半球乌拉尔山—西西伯利亚—新地岛地区、30°N 中东太平洋海域的 500 hPa 位势高度呈显著正相关，与哈德逊湾—五大湖区、渤海—鄂霍次克海南部—千岛群岛以东洋面、赤道中东太平洋海域呈显著负相关。

强凝冻年北半球高纬度地区东北太平洋海盆—阿留申群岛—落基山脉包围的区域、阿尔卑斯山、乌拉尔山为正距平（图 2.64b），极涡南压，冷空气从西伯利亚经蒙古国进入我国，同时与西风带气流在中纬度里海、黑海地区交绥，高空槽加深，其下游乌拉尔山一线高压脊发展，阻高建立，维持较稳定的经向环流。弱凝冻年北半球中高纬地区位势高度场呈现与强凝冻年相反的配置（图 2.64c）。强弱凝冻年 500 hPa 位势高度距平的差值场（图 2.64d）上，欧亚大陆中高纬地区表现为"北正南负"的分布形势，强凝冻年东半球欧亚大陆中高纬地区有阻塞高压，此外，还有鄂霍次克海—渤海的低槽引导冷空气向西南影响我国。

黔南州凝冻日数与秋季海温的相关性分析表明（图 2.65a），黔南州凝冻日数与千岛海盆、千岛海沟以东阿留申海沟西南的海域海温呈显著正相关，与以马绍尔群岛为顶点向东北至夏威夷群岛，向东南至北库克群岛的中太平洋、西雅图与旧金山之间的美国西岸、15°—30°N 大西洋海域海温呈显著负相关。强弱凝冻年秋季海温距平进行合成分析发现，强凝冻年正距平高值区域分布在千岛海盆、千岛海沟以东阿留申海沟西南的海域（图 2.65b），负距平低值区与显著负相关海域基本吻合。弱凝冻年好望角以南海域、澳大利亚以南海盆至塔斯曼海、珊瑚海、马罗蒂里群岛、千岛海盆、千岛海沟以东阿留申海沟西南海域海温为显著正距平（图 2.65c），赤道中东太平洋海域、罗斯海北部海域海温为显著负距平。强弱凝冻年海温距平的差值（图 2.65d）表明位于鄂霍次克海—千岛海盆—白令海的海温在强凝冻年异常偏高，

图 2.64　黔南州凝冻日数与北半球 500 hPa 高度场相关分布（a）、强（b）和弱（c）凝冻年的北半球
500 hPa 高度场距平合成场、强弱凝冻年的北半球 500 hPa 高度场距平差值场（d）
（网格区域：通过 0.05 的显著性检验）

弱凝冻年异常偏低。

从图 2.66 可以看出，在 200 hPa 上，印度半岛反气旋异常明显，30°N 附近西风裹挟大量孟加拉湾水汽东移，西太平洋急流为我国长江中下游地区提供了充足的水汽条件和持续的水汽通量，并与巴尔喀什湖气旋引导的西北冷空气在青藏高原东侧相遇形成反气旋，影响云贵高原、四川盆地、长江中下游、黄淮平原。在 500 hPa 上，西太平洋、南海气流与西风以南岭为轴线切变。而在 850 hPa 上，水汽辐合更加明显，贵州黔南、广西东部、湖南南部、广东东部，涡度正距平通过 0.05 的显著性检验，孟加拉湾、我国南海、西太平洋三股水汽与西北冷空气交汇，为黔南州凝冻的形成发展提供必要条件。

图2.65 黔南州凝冻日数与秋季海温相关性分布（a）、强（b）和弱（c）凝冻年的秋季海温距平合成场、强弱凝冻年（d）的秋季海温距平差值场（网格区域：通过0.05的显著性检验）

图2.66 欧亚地区200 hPa（a）、500 hPa（b）、850 hPa（c）强弱凝冻年风场、涡度距平差值场（网格区域：通过0.05的显著性检验；风场单位：m/s；涡度单位：S⁻¹）

2.5.4 黔南州凝冻风险等级区划

2.5.4.1 凝冻天气的气象要素阈值条件分析

根据1961—2019年黔南州12个国家气象站凝冻发生时各气象要素（平均气温、最高气温、最低气温、相对湿度）的情况，统计出各气象要素的分布概率和累计概率（图2.67）。由图可以看出，凝冻发生时平均气温（图2.67a）的范围为 $-5 \sim 3$℃，平均气温在1.0℃以下的累计概率超过95%；最高气温（图2.67b）低于3.0℃的累计概率超过95%；最低气温（图2.67c）在0℃以下的累计概率达到100%；相对湿度（图2.67d）的数值跨度相对较大，范围在 70% ～ 100%，但当相对湿度大于 85% 时，各个等级出现的概率随着湿度的升高而增大。综合上述分析初步得到影响黔南州形成凝冻天气的要素阈值条件为：日平均气温 ≤ 1.0℃、日最高气温 ≤ 3.0℃、日最低气温 ≤ 0℃、相对湿度 ≥ 85%。通过对 2011—2020 年 500 个区域自动气象站要素筛选，黔南州境内符合以上条件的共有 455 个区域自动气象站。

图 2.67　黔南州凝冻发生时各气象要素的发生概率（柱形）及累计概率（实线）分布
（a）平均气温；（b）最高气温；（c）最低气温；（d）相对湿度

2.5.4.2 区域站凝冻强度特征分析

根据黔南州凝冻天气的要素阈值条件，得到黔南州 2011—2020 年 455 个区域自动气象站冬季各月平均凝冻日数空间分布及时间序列（图2.68）。从凝冻日数空间分布可以看出，黔南州凝冻日数空间分布为北多南少的特征。12 月凝冻日数大值区出现在瓮安南部、福泉北部两县交界处，月平均凝冻日数为 5.0 ～ 6.0 d，该地区海拔高度在 1200 m 以上，两地处于黔南州最北，是冷空气最先影响的区域。黔南州中部及以南地区月平均凝冻日数不足 2.0 d，其中罗甸仅有个别站点出现凝冻。1 月凝冻范围和日数较 12 月明显增多，凝冻频发区域主要在黔南州北部的瓮安、福泉、龙里、贵定以及平塘西北部和独山北部地区，月平均凝冻日数在 5.0 d以上，独山、平塘因地势相比周围要高，形成一个孤立点，所以凝冻日数较多。2 月凝冻多发区域仍位于福泉北部和瓮安南部交界处，罗甸凝冻日数较其他地区明显偏少，这主要与地理位置和地形地貌有关。从气温和凝冻站数时间序列可见，凝冻偏多年份对应的气温整体偏低，偏少年份则相反。从趋势上看，12 月在 2018 年出现近 10 a 最大值，在 2017 年出现最小值，凝冻站数整体呈增多的趋势；1 月出现的凝冻站数在 2014 年、2017 年和 2020 年三年中相比其余年份偏弱，整体呈减少的趋势；2 月凝冻站数呈波动上升或下降，整体呈略减少的趋势。

图2.68 黔南州区域站冬季各月平均凝冻日数空间分布（左列，单位：d）及气温与凝冻站数时间序列（右列）

2.5.4.3 凝冻风险等级区划分析

根据黔南州12个国家气象站建站以来实际观测发生凝冻日数、过程发生频次、过程平均最低气温、最长持续天数4个指标的多年平均归一化值，并确定各个指标的权重系数，进行权重求和得到凝冻综合指数。根据凝冻随海拔高度增高而增多的特点，将凝冻综合指数与海拔进行了相关性分析（图2.69），相关系数为0.783，通过0.01的显著性检验。

图 2.69 黔南州凝冻综合指数与海拔的相关性分析

根据黔南州 DEM 数据，按照凝冻综合指数与海拔的线性相关方程（图 2.69）进行计算，再利用 ArcGIS 插值得到黔南州各地区凝冻综合指数，最后采用自然间断点法对凝冻综合指数进行分级，将凝冻划分为高、较高、中、低 4 个风险等级。从凝冻风险等级区划图（图 2.70）可以看出，高风险区包括瓮安南部、福泉西北部、龙里、长顺大部、贵定东部、惠水中部以东、都匀西部；较高风险区包括瓮安北部、福泉南部、独山、平塘大部；低风险区包括罗甸、荔波中部以东、三都大部；其余地区为中风险区。

图 2.70 黔南州凝冻风险等级区划

2.6 黔西南州凝冻灾害气候特征

2.6.1 黔西南州冬季气候概况

黔西南州位于贵州省西南部，属亚热带季风性湿润气候。黔西南州冬季平均气温为8.5℃，其中1月最冷，月平均气温为7.1℃，2月最暖，月平均气温为9.6℃。冬季平均降水量为72.2 mm，其中2月降水最多，月平均降水量为27.7 mm，12月最少，月平均降水量为19.4 mm。

2.6.2 黔西南州冬季凝冻日数时空变化特征

2.6.2.1 黔西南州凝冻日数月际变化

从黔西南州月平均凝冻日数变化图（图2.71）可见，黔西南州凝冻出现在12月至翌年3月，集中在1—2月，其中1月凝冻日数最多，平均为2.4 d；2月次之，平均为1.1 d。

图2.71　1981—2010年黔西南州月平均凝冻日数变化

2.6.2.2 黔西南州凝冻日数年际变化

利用小波分析及功率谱方法对黔西南州凝冻日数周期变化特征进行分析。从1961—2019年黔西南州凝冻日数的小波系数实部等值线图和功率谱（图2.72）分析可以看出，黔西南州凝冻日数主要存在3～4 a、2～3 a、7～8 a的年际变化周期，其中3～4 a为第一主周期，主要在20世纪80年代表现较为明显，2～3 a主要在20世纪90年代中期及21世纪00年代后期至10年代初表现较为明显，7～8 a主要在20世纪70年代至80年代中期表现较为明显。

2.6.2.3 黔西南州凝冻日数空间分布

从图2.73a可见，黔西南州凝冻初日多年平均分布呈现出自东向西逐渐提前，西部地区凝冻开始最早，平均在1月上旬后期开始，东部地区开始最晚，平均在1月中旬前期开始，其余大部地区在1月中旬开始。从图2.73b可见，黔西南州凝冻终日多年平均分布呈现出自南向北逐渐推迟，北部地区普安结束最晚，平均在2月上旬前期结束，西南部兴义结束最早，平均在1月下旬前期结束，其余大部地区在1月下旬后期结束。

图 2.72 黔西南州凝冻日数的小波分析（a）及功率谱分析（b，绿线：5% 信度检验；红色：红噪声；蓝线：95% 信度检验）

图 2.73 1981—2010 年黔西南州凝冻平均初日（a）及终日（b）分布

从图 2.74a 可知，黔西南州冬季凝冻平均日数分布呈现出自南向北方向逐渐递增，北部的普安、晴隆为凝冻大值区，其中普安凝冻日数最多（13 d）；黔西南州南部的贞丰、望谟、册亨一带为凝冻日数低值区，其中望谟、册亨无凝冻发生。从逐月凝冻平均日数分布来看（图 2.74b ～ d），各月凝冻分布与冬季凝冻分布相似，即北部多、南部少。其中 12 月北部地区的普安、晴隆凝冻日数为 1 ～ 2 d，其余大部地区均在 1 d 以下，其中贞丰、望谟、册亨无凝冻发生；1 月大值区位于北部，其中普安凝冻日数最大（7 d），贞丰、望谟、册亨、兴义凝冻日数在 1 d 以下；2 月黔西南州北部的普安、晴隆、兴义一带凝冻日数为 1 ～ 3 d，其余大部凝冻日数在 1 d 以下。

2.6.2.4 黔西南州各站凝冻日数与对应站点海拔高度关系

分析黔西南州平均凝冻日数与海拔高度的关系（图 2.75）发现，黔西南州凝冻日数随海拔高度增加呈上升趋势。利用线性回归方法拟合海拔高度（x）与凝冻日数（y）的关系（$R^2=0.625$）表明，凝冻日数与海拔高度呈现较高的拟合度，即高度越高，凝冻日数越多，凝冻发生的概率也越大。

图2.74 1981—2010年黔西南州凝冻平均日数分布（单位：d）
（a）冬季；（b）12月；（c）1月；（d）2月

图2.75 黔西南州各站平均凝冻日数与海拔高度的变化特征

2.6.3 黔西南州凝冻异常年环流特征分析

2.6.3.1 EOF 分析

近59 a黔西南州年凝冻日数经EOF分解后得到的特征值中，前3个特征向量通过North检验，累计方差贡献率达到了97.09%，其中第一模态方差贡献率达到了88.50%（表2.6），能有效表征黔西南州凝冻日数的整体特征。

表 2.6　黔西南州冬季凝冻日数 EOF 第一模态特征值

特征向量场	特征值	方差贡献率 / %	$\lambda_i - \lambda_{i+1}$	特征值误差
第一模态	210.67	88.50	198.12	38.79

对黔西南州 8 个国家气象站 1961—2019 年冬季凝冻日数的距平场进行 EOF 分析（图 2.76），结果表明，EOF 第一模态在全州呈现同位相变化，由北向南逐渐递减，特征向量值在 0.00～0.61 之间，高绝对值中心位于普安县，低绝对值中心位于望谟县。EOF 第一模态的方差贡献率为 88.50%，收敛速度较快，表明 1961—2019 年黔西南州的凝冻日数变化趋势具有高度的一致性，即全州冬季呈现同增或同减的分布特征。

图 2.76　1961—2019 年黔西南州冬季凝冻 EOF 第一模态空间分布

2.6.3.2 异常年选取

以 1961—2019 年冬季凝冻日数第一时间系数的 ±0.75 倍标准差为凝冻强弱年划分依据，得到黔西南州 11 个强凝冻年（1964、1968、1969、1974、1977、1982、1984、1988、2008、2011、2018 年）和 9 个弱凝冻年（1961、1962、1971、1973、1999、2001、2009、2016、2017 年）（图 2.77）。

图 2.77　1961—2019 年黔西南州凝冻年等级划分

2.6.3.3 异常年环流特征分析

黔西南州近 59 a 的冬季凝冻日数与同期北半球 500 hPa 位势高度的相关分析（图 2.78a）表明，黔西南州冬季凝冻日数与同期北半球乌拉尔山—西伯利亚地区、赤道中东太平洋海域、纽芬兰岛的 500 hPa 位势高度呈正相关，与北美五大湖区呈显著负相关。

强凝冻年北半球高纬度地区北大西洋与阿拉斯加湾存在两个强大的高压脊（图 2.78b），裹挟极涡形成了倒 Ω 流型，随着两个高压脊向亚洲收缩，乌拉尔山高压脊建立，中高纬度地中海—乌拉尔山—渤海一线位势高度呈现 "－＋－" 分布，负距平地区通过 0.05 的显著性检验。弱凝冻年北半球中高纬地区位势高度场呈现与强凝冻年相反的配置（图 2.78c）。强弱凝冻年 500 hPa 位势高度距平的差值场（图 2.78d）上，欧亚大陆中高纬地区表现为 "北正南负" 的分布形势，经向环流加强，西北气流引导冷空气沿乌拉尔高压不断向我国输入。

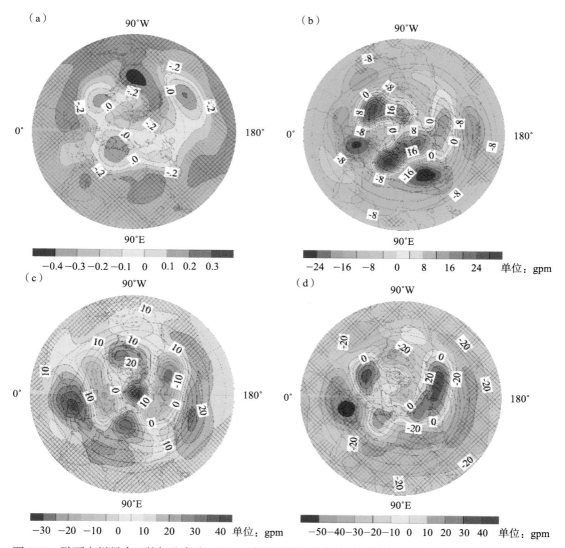

图 2.78　黔西南州凝冻日数与北半球 500 hPa 高度场相关分布（a）、强（b）和弱（c）凝冻年的北半球 500 hPa 高度场距平合成场、强弱凝冻年的北半球 500 hPa 高度场距平差值场（d）（网格区域：通过 0.05 的显著性检验）

　　黔西南州凝冻日数与秋季海温的相关性分析表明（图 2.79a），黔西南州凝冻日数与澳大利亚西岸海域、南极洲罗斯海、威德尔海的海温呈正相关，与东北太平洋、夏威夷群岛、库克群岛—马罗蒂里群岛、中亚美利加海沟、东南太平洋、澳大利亚以南海盆至塔斯曼海、阿拉伯海、孟加拉湾、红海、地中海、几内亚湾、好望角以南海域以及我国的南海、渤海、0°—30°N 大西洋、里奥格兰德海丘、伊比利亚海盆、巴芬湾、拉布拉多海盆海域海温呈显著负相关。强弱凝冻年秋季海温距平进行合成分析发现，强凝冻年澳大利亚以南海盆至塔斯曼海、孟加拉湾、红海、地中海、几内亚湾、好望角以南海域阿拉斯加湾、墨西哥湾、中亚美利加海沟为负距平（图 2.79b），且通过 0.05 的显著性检验，负距平中心位于阿拉斯加湾。弱凝冻年海温距平分布与强凝冻年相反（图 2.79c）。强弱凝冻年海温距平的差值场上，负距平区与凝冻日数显著负相关区域基本吻合（图 2.79d），中心位于白令海、赤道中东太平洋、巴芬湾、拉布拉多海盆、百慕大海域。

图 2.79　黔西南州凝冻日数与秋季海温相关性分布（a）、强（b）和弱凝冻年（c）的秋季海温距平合成场、强弱凝冻年（d）的秋季海温距平差值场（网格区域：通过 0.05 的显著性检验）

　　从图 2.80 可以看出，在 200 hPa 上，西伯利亚冷空气在强大反气旋作用下向我国输送，孟加拉湾、阿拉伯海水汽在里海—巴尔喀什湖气旋的抽吸影响下聚集，在此过程中受地形影响四川盆地上空气流下沉，并由此向贵州辐散。在 500 hPa 上，西伯利亚异常反气旋，一方面，携温带急流在地形支配下循喜马拉雅山脉向南与来自阿拉伯海西南气流相遇在青藏高原西侧产生切变，另一方面，受巴尔喀什湖气旋影响，越过阿尔泰山向东南方向影响我国，日本海强烈的气旋发展促使冷空气南下。而在 850 hPa 上，南海及周边受异常反气旋环流系统控制，南海暖湿水汽与西风引导下的孟加拉湾水汽一道经北部湾向北进入贵州，黄河气旋影响下偏北强风南下在贵州境内自东北向西南生成低空冷锋，冷暖气流在黔西南州交汇造成凝冻发生维持。

图 2.80 欧亚地区 200 hPa（a）、500 hPa（b）、850 hPa（c）强弱年风场、涡度距平差值场（网格区域：通过 0.05 的显著性检验；风场单位：m/s；涡度单位：S^{-1}）

2.6.4 黔西南州凝冻风险等级区划

2.6.4.1 凝冻天气的气象要素阈值条件分析

根据 1961—2019 年黔西南州 8 个国家气象站凝冻发生时各气象要素（平均气温、最高气温、最低气温、相对湿度）的情况，统计出各气象要素的分布概率和累计概率（图 2.81）。由图可以看出，凝冻发生时平均气温（图 2.81a）的范围为 −3 ～ 2℃，平均气温在 1.0℃ 以下的累计概率超过 95%；最高气温（图 2.81b）低于 5.0℃ 的累计概率超过 95%；最低气温（图 2.81c）在 0℃ 以下的累计概率达到 100%；相对湿度（图 2.81d）的数值跨度相对较大，范围在 70% ～ 100%，但当相对湿度大于 90% 时，各个等级出现的概率随着湿度的升高而增大。综合上述分析初步得到影响黔西南州形成凝冻天气的气象要素阈值条件为：日平均气温 ≤ 1.0℃、日最高气温 ≤ 5.0℃、日最低气温 ≤ 0℃、相对湿度 ≥ 90%。通过对 2011—2020 年

图 2.81 黔西南州凝冻发生时各气象要素的发生概率（柱形）及累计概率（实线）分布
（a）平均气温；（b）最高气温；（c）最低气温；（d）相对湿度

399 个区域自动气象站要素筛选，黔西南州境内符合以上条件的共有 398 个区域自动气象站。

2.6.4.2 区域站凝冻强度特征分析

根据黔西南州凝冻天气的气象要素阈值条件，得到黔西南州 2011—2020 年 398 个区域自动气象站冬季各月平均凝冻日数空间分布及时间序列（图 2.82）。从凝冻日数空间分布可以看出，黔西南州凝冻日数呈西多东少的分布特点。12 月凝冻大值区位于兴义西部的七舍镇，月平均凝冻日数在 5.0 d 左右，该地区海拔高度在 2000 m 以上，州内地势西高东低，造成望谟、册亨等地部分站点月平均凝冻日数不足 1.0 d。1 月凝冻日数增多，兴义和普安为大值区，月平均凝冻日数在 3.0 d 以上，主要是因为地势相比周围较高造成。2 月除海拔最高的兴义七舍镇凝冻日数大于 4.0 d 外，其余地区均在 3.0 d 以下。从趋势上看，黔西南州 12 月凝冻站数呈增多的趋势，其中以 2018 年凝冻站数最多；1 月和 2 月凝冻呈波动上升或下降，凝冻站数整体呈略减少的趋势。

图 2.82　黔西南州区域站冬季各月平均凝冻日数空间分布（左列，单位：d）
以及气温与凝冻站数时间序列（右列）

2.6.4.3 凝冻风险等级区划分析

根据黔西南州 8 个国家气象站建站以来实际观测发生凝冻日数、过程发生频次、过程平均最低气温、最长持续天数 4 个指标的多年平均归一化值，并确定各个指标的权重系数，进行权重求和得到凝冻综合指数。根据凝冻随海拔高度增高而增多的特点，将凝冻综合指数与海拔进行了相关性分析（图 2.83），相关系数为 0.839，通过 0.01 的显著性检验。

图 2.83 黔西南州凝冻综合指数与海拔的相关性分析

根据黔西南州 DEM 数据，按照凝冻综合指数与海拔的线性相关方程（图 2.83）进行计算，再利用 ArcGIS 插值得到黔西南州各地区凝冻综合指数，最后采用自然间断点法对凝冻综合指数进行分级，将凝冻划分为高、较高、中、低 4 个风险等级。从凝冻风险等级区划图（图 2.84）可以看出，高风险区包括兴义西部、兴仁西南部、安龙西北部、晴隆、普安大部；较高风险区包括安龙、兴仁、兴义大部、贞丰西北部、望谟东部、册亨西部；除海拔较低的贞丰东南部、望谟西部南部为低风险区外，其余地区为中风险区。

图 2.84 黔西南州凝冻风险等级区划

2.7 安顺市凝冻灾害气候特征

2.7.1 安顺市冬季气候概况

安顺市位于贵州省中西部，属亚热带季风性湿润气候。安顺市冬季平均气温为6.7℃，其中1月最冷，月平均气温为5.3℃，2月最暖，月平均气温为7.6℃。冬季平均降水量为63.7 mm，其中2月降水最多，月平均降水量为24.3 mm，12月最少，月平均降水量为17.4 mm。

2.7.2 安顺市冬季凝冻日数时空变化特征

2.7.2.1 安顺市凝冻日数月际变化

从安顺市月平均凝冻日数变化图（图2.85）可见，安顺市凝冻主要出现在12月至翌年3月，集中在1—2月，其中1月凝冻日数最多，平均为2.5 d；2月次之，平均为1 d。

图2.85　1981—2010年安顺市月平均凝冻日数变化

2.7.2.2 安顺市凝冻日数年际变化

利用小波分析及功率谱方法对安顺市凝冻日数周期变化特征进行分析。从1961—2019年安顺市凝冻日数的小波系数实部等值线图和功率谱（图2.86）可以看出，安顺市凝冻日数

图2.86　安顺市凝冻日数的小波分析（a）及功率谱分析（b，绿线：5%信度检验；红色：红噪声；蓝线：95%信度检验）

主要存在 2～3 a、3～4 a 的年际变化周期。其中 3～4 a 为第一主周期，主要在 20 世纪 70 年代中期至 80 年代中期表现较明显，2～3 a 为第二主周期，主要是在 21 世纪 00 年代末期至 10 年代表现较为明显。

2.7.2.3 安顺市凝冻日数空间分布

从安顺市凝冻初日多年平均分布可见（图 2.87a），安顺市中部凝冻开始最早，平均在 1 月上旬前期开始，东北部及西部开始最晚，平均在 1 月下旬前期开始，其余大部地区凝冻平均在 1 月中旬后期开始。从安顺市凝冻终日多年平均分布可见（图 2.87b），镇宁和紫云凝冻结束最早，平均在 1 月下旬前期结束，其余各地凝冻平均在 1 月下旬后期结束。

图 2.87　1981—2010 年安顺市凝冻平均初日（a）及终日分布（b）

从图 2.88a 可知，安顺市冬季凝冻平均日数分布呈现自西向东北逐渐递增，东北部的安顺最多（9 d），西南部的关岭最少（1 d）。从冬季逐月凝冻平均日数分布（图 2.88b～d）来看，1 月凝冻日数范围最大，12 月凝冻范围最小，其中 12 月除安顺凝冻日数为 1 d 外，其余地区均在 1 d 以下；1 月凝冻日数分布与冬季凝冻日数分布相似，大值区位于安顺市的东北部，其中安顺最多（5 d），低值区域位于关岭一带（1 d 以下）；2 月东北部的安顺、平坝一带凝冻日数在 1～3 d，其余地区均在 1 d 以下。

2.7.2.4 安顺市各站凝冻日数与对应站点海拔高度关系

分析安顺市平均凝冻日数与海拔高度的关系（图 2.89）发现，安顺市凝冻日数随海拔高度增加呈上升趋势。利用线性回归方法拟合海拔高度（x）与凝冻日数（y）的关系（R^2=0.8438）表明，凝冻日数与海拔高度拟合度高，即高度越高，凝冻日数越多，凝冻发生的概率也越大。

2.7.3 安顺市凝冻异常年环流特征分析

2.7.3.1 EOF 分析

近 59 a 安顺市年凝冻日数经 EOF 分解后得到的特征值中，前 6 个特征向量通过 North 检验，累计方差贡献率达到了 99.64%，其中第一模态方差贡献率达到了 84.26%（表 2.7），能有效表征安顺市凝冻日数的整体特征。

图 2.88   1981—2010 年安顺市凝冻平均日数分布（单位：d）
（a）冬季；（b）12 月；（c）1 月；（d）2 月

图 2.89   安顺市各站平均凝冻日数与海拔高度的变化特征

表 2.7 安顺市冬季凝冻日数 EOF 第一模态特征值

特征向量场	特征值	方差贡献率 / %	$\lambda_i - \lambda_{i+1}$	特征值误差
第一模态	138.79	84.26	125.69	25.55

对安顺市 6 个国家气象站 1961—2019 年冬季凝冻日数的距平场进行 EOF 分析（图 2.90），结果表明，EOF 第一模态在全市呈现同位相变化，由西南向东北逐渐递减，特征向量值在 0.17 ~ 0.63，高绝对值中心位于安顺市西秀区，低绝对值中心位于关岭县。EOF 第一模态的方差贡献率为 84.26%，收敛速度较快，表明 1961—2019 年间安顺市的凝冻日数变化趋势具有高度的一致性，即全市冬季呈现同增或同减的分布特征。

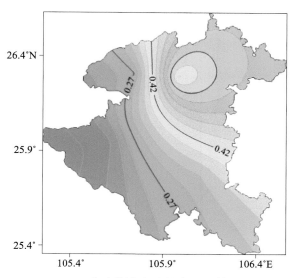

图 2.90 1961—2019 年安顺市冬季凝冻 EOF 第一模态空间分布

2.7.3.2 异常年选取

以 1961—2019 年冬季凝冻日数第一时间系数的 ±0.75 倍标准差为凝冻强弱年划分依据，得到安顺市 9 个强凝冻年（1964、1967、1968、1974、1977、1984、2008、2011、2012 年）和 5 个弱凝冻年（1971、1987、2001、2017、2019 年）（图 2.91）。

图 2.91 1961—2019 年安顺市凝冻年等级划分

2.7.3.3 异常年环流特征分析

安顺市近 59 a 的冬季凝冻日数与同期北半球 500 hPa 位势高度的相关分析（图 2.92a）表明，安顺冬季凝冻日数与同期北半球东欧平原至乌拉尔山脉、东北太平洋 500 hPa 位势高度呈显著正相关，与美国五大湖区呈显著负相关。

强凝冻年北半球高纬度地区北大西洋与阿拉斯加湾存在两个强大的高压脊（图 2.92b），裹挟极涡形成了倒 Ω 流型，随着两个高压脊向亚洲收缩，乌拉尔山高压脊建立，中高纬度地中海—乌拉尔山—渤海一线位势高度呈现"+－+"分布，负距平地区通过 0.05 的显著性检验。弱凝冻年北半球中高纬地区位势高度场呈现与强凝冻年相反的配置（图 2.92c）。强弱凝冻年 500 hPa 位势高度距平的差值场（图 2.92d）上，欧亚大陆中高纬地区表现为"北正南负"的分布形势，经向环流加强，西北气流引导冷空气沿乌拉尔高压不断向我国输入。

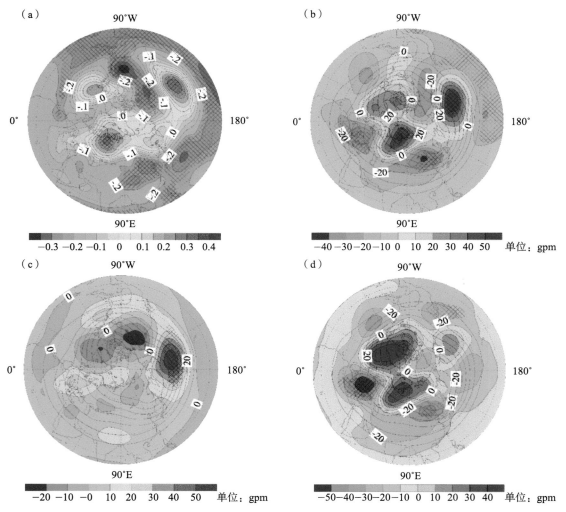

图 2.92 安顺市凝冻日数与北半球 500 hPa 高度场相关分布（a）、强（b）和弱（c）凝冻年的北半球 500 hPa 高度场距平合成场、强弱凝冻年的北半球 500 hPa 高度场距平差值场（d）（网格区域：通过 0.05 的显著性检验）

安顺市凝冻日数与秋季海温的相关性分析表明（图 2.93a），安顺凝冻日数与西北太平洋鄂霍次克海、澳大利亚西岸海域海温呈显著正相关，与夏威夷群岛、库克群岛—马罗蒂里群岛、墨西哥湾、里奥格兰德海丘、澳大利亚以南海盆至塔斯曼海、红海、好望角以南海域海温呈显著负相关。强弱凝冻年秋季海温距平进行合成分析发现，强凝冻年夏威夷群岛以东海域、白令海峡—阿拉斯加湾为负距平（图2.93b），且通过0.05的显著性检验，负距平中心位于阿拉斯加湾。弱凝冻年太平洋海温距平分布与强凝冻年大致相反（图2.93c）。强弱凝冻年海温距平的差值在西北太平洋为正距平（图2.93d），中心位于鄂霍次克海，中国南海、菲律宾海、澳大利亚以南海盆至塔斯曼海、孟加拉湾、墨西哥湾、哈德逊湾、伊比利亚海盆为负距平且达到了显著性水平，负距平中心位于哈德逊湾。

图2.93 安顺市凝冻日数与秋季海温相关性分布（a）、强（b）和弱（c）凝冻年的秋季海温距平合成场、强弱凝冻年（d）的秋季海温距平差值场（网格区域：通过0.05的显著性检验）

从图2.94可以看出，在200 hPa上，新西伯利亚群岛受冷高压控制，极地冷空气经外兴

图2.94 欧亚地区200 hPa（a）、500 hPa（b）、850 hPa（c）强弱年风场、涡度距平差值场（网格区域：通过0.05的显著性检验；风场单位：m/s；涡度单位：S^{-1}）

安岭、萨彦岭汇入巴尔喀什湖冷低压，配合蒙古气旋造成新疆冷空气东移南下，孟加拉湾水汽在中南半岛反气旋作用下向我国西南地区辐散。同 200 hPa 相比，500 hPa 上的蒙古气旋强盛，外兴安岭冷空气南下辐合更为显著，南支槽建立打通孟加拉湾水汽通道。而在 850 hPa 上，孟加拉湾及周边受异常气旋环流系统控制，云贵高原东北部（贵州中东部）受低空急流影响，水汽上升条件较好，南支槽造成降水，利于锋后低温持续、锋区增强，同时来自西北冷空气南下，槽前偏南暖湿气流回暖，加大温度降幅。

2.7.4 安顺市凝冻风险等级区划

2.7.4.1 凝冻天气的气象要素阈值条件分析

根据 1961—2019 年安顺市 6 个国家气象站凝冻发生时各气象要素（平均气温、最高气温、最低气温、相对湿度）的情况，统计出各气象要素的分布概率和累计概率（图 2.95）。由图可以看出，凝冻发生时平均气温（图 2.95a）的范围为 −3 ～ 2℃，平均气温在 1.0℃ 以下的累计概率超过 95%；最高气温（图 2.95b）低于 5.0℃ 的累计概率超过 95%；最低气温（图 2.95c）在 0℃ 以下的累计概率达到 100%；相对湿度（图 2.95d）的数值跨度相对较大，范围在 70% ～ 100%，但当相对湿度大于 85% 时，各个等级出现的概率随着湿度的升高而增大。综合上述分析初步得到影响安顺形成凝冻天气的要素阈值条件为：日平均气温 ≤ 1.0℃、日最高气温 ≤ 5.0℃、日最低气温 ≤ 0℃、相对湿度 ≥ 85%。通过对 2011—2020 年 213 个区域自动气象站要素筛选，安顺市境内符合以上条件的共有 212 个区域自动气象站。

图 2.95　安顺市凝冻发生时各气象要素的发生概率（柱形）及累计概率（实线）分布
（a）平均气温；（b）最高气温；（c）最低气温；（d）相对湿度

2.7.4.2 区域站凝冻强度特征分析

根据安顺市凝冻天气的气象要素阈值条件，得到安顺市 2011—2020 年 212 个区域自动气象站冬季各月平均凝冻日数空间分布及时间序列（图2.96）。从凝冻日数空间分布可以看出，安顺凝冻日数呈北多南少分布特征，凝冻日数大值区主要集中在普定、西秀、平坝大部、关岭西部、镇宁东北部、紫云中部及北部地区，月平均凝冻日数为 2 ～ 4 d，这与海拔高度和地形密切相关。从趋势上看：冬季各月凝冻站数整体呈减少的趋势，其中1月凝冻偏重，出现站数最多，大部地区平均凝冻站数在6站以上，但减少的趋势最为明显，12月和2月平均凝冻站数在4站以上。

图 2.96　安顺市区域站冬季各月平均凝冻日数空间分布（左列，单位：d）
以及气温与凝冻站数时间序列（右列）

2.7.4.3 凝冻风险等级区划分析

根据安顺市6个国家气象站建站以来实际观测发生凝冻日数、过程发生频次、过程平均最低气温、最长持续天数4个指标的多年平均归一化值，并确定各个指标的权重系数，进行权重求和得到凝冻综合指数。根据凝冻随海拔高度增高而增多的特点，将凝冻综合指数与海拔进行了相关性分析（图2.97），相关系数为0.912，通过0.01的显著性检验。

图2.97　安顺市凝冻综合指数与海拔的相关性分析

根据安顺市 DEM 数据，按照凝冻综合指数与海拔的线性相关方程（图2.97）进行计算，再利用 ArcGIS 插值得到安顺市各地区凝冻综合指数，最后采用自然间断点法对凝冻综合指数进行分级，将凝冻划分为高、较高、中、低4个风险等级。从凝冻风险等级区划图（图2.98）可以看出，高风险区包括关岭中部以北、镇宁东部、西秀中部以北、平坝北部、普定东南部和西部；较高风险区包括平坝、西秀、普定大部、镇宁中部以北；除海拔较低的镇宁南部、关岭东南部为低风险区外，其余地区为中风险区。

图2.98　安顺市凝冻风险等级区划

2.8 六盘水市凝冻灾害气候特征

2.8.1 六盘水市冬季气候概况

六盘水市位于贵州省西部，属亚热带季风性湿润气候。六盘水市冬季平均气温为 6.2℃，其中 1 月最冷，月平均气温为 4.8℃，2 月最暖，月平均气温为 7.2℃。冬季平均降水量为 61.8 mm，其中 1 月降水最多，月平均降水量为 22.7 mm，12 月最少，月平均降水量为 16.8 mm。

2.8.2 六盘水市冬季凝冻日数时空变化特征

2.8.2.1 六盘水市凝冻日数月际变化

从六盘水市月平均凝冻日数变化图（图 2.99）可见，六盘水市凝冻出现在 11 月至翌年 3 月，集中在 1—2 月，其中 1 月凝冻日数最多，平均为 5.2 d；2 月次之，平均为 2.6 d。

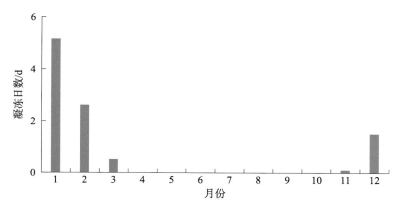

图 2.99　1981—2010 年六盘水市月平均凝冻日数变化

2.8.2.2 六盘水市凝冻日数年际变化

利用小波分析及功率谱方法对六盘水市凝冻日数周期变化特征进行分析。从 1961—2019 年六盘水市凝冻日数的小波系数实部等值线图和功率谱（图 2.100）可以看出，六盘水市凝冻日数主要存在 2～3 a、3～4 a 和 7～8 a 的年际变化周期，其中 3～4 a 为第一主周期，主要在 20 世纪 80 年代表现较为明显，2～3 a 主要在 20 世纪 70 年代中后期和 21 世纪 00 年代后期至 10 年代初表现较为明显，7～9 a 主要在 20 世纪 70 年代至 80 年代初表现较为明显。

2.8.2.3 六盘水市凝冻日数空间分布

从六盘水市凝冻初日多年平均分布（图 2.101a）可见，六盘水市的北部地区凝冻开始最早，平均在 1 月上旬后期开始，其余地区凝冻平均在 1 月中旬前期开始。从图 2.101b 可见，六盘水市凝冻终日多年平均分布呈现自南向北逐渐推迟，北部水城凝冻结束最晚，平均在 2 月中旬结束，其余大部地区凝冻平均在 1 月下旬至 2 月上旬结束。

图 2.100　六盘水市凝冻日数的小波分析（a）及功率谱分析（b，绿线：5%信度检验；红色：红噪声；蓝线：95%信度检验）

图 2.101　1981—2010 年六盘水市凝冻平均初日（a）及终日分布（b）

从图 2.102a 可知，六盘水市冬季凝冻平均日数分布呈现出自南向北逐渐递增，大值区位于北部的水城一带（19 d），低值区位于东部的六枝（4 d）；从逐月凝冻平均日数分布来看（图 2.102b～d），各月凝冻日数分布均与冬季凝冻分布相似，1 月凝冻范围最大，12 月凝冻范围最小。其中 12 月以水城最多（4 d），其余地区均在 1 d 以下；1 月水城最多（10 d），其余大部地区为 2～3 d；2 月水城最多（6 d），其余地区为 1 d 左右。

2.8.2.4　六盘水市各站凝冻日数与对应站点海拔高度关系

分析六盘水市平均凝冻日数与海拔高度的关系（图 2.103）发现，六盘水市凝冻日数随海拔高度增加呈上升趋势。利用线性回归方法拟合海拔高度（x）与凝冻日数（y）的关系（$R^2=0.029$）表明，凝冻日数与海拔高度拟合度较差。冬半年北方冷空气常从贵州的北部及东北部入侵，再自东北向西南逐渐推进，贵州省位于云贵高原东部，地势上东低西高，

图 2.102　1981—2010 年六盘水市凝冻平均日数分布（单位：d）
（a）冬季；（b）12 月；（c）1 月；（d）2 月

图 2.103　六盘水市各站平均凝冻日数与海拔高度的变化特征

受高原阻挡，常常迫使冷锋在贵州西南部（威宁县西部至盘州县北部）形成准静止锋，虽然盘州县海拔高，但常处于锋前，所以导致凝冻日数少的原因。

2.8.3 六盘水市凝冻异常年环流特征分析

2.8.3.1 EOF 分析

近 59 a 六盘水市年凝冻日数经 EOF 分解后得到的特征值中，前 3 个特征向量均通过 North 检验，其中第一模态方差贡献率达到了 85.06%（表 2.8），能有效表征六盘水市凝冻日数的整体特征。

表 2.8　六盘水市冬季凝冻日数 EOF 第一模态特征值

特征向量场	特征值	方差贡献率 / %	$\lambda_i - \lambda_{i+1}$	特征值误差
第一模态	162.59	85.06	138.09	29.94

对六盘水市 3 个国家气象站 1961—2019 年冬季凝冻日数的距平场进行 EOF 分析（图 2.104），结果表明，EOF 第一模态在全市呈现同位相变化，由东南向西北逐渐递减，特征向量值在 0.40 ～ 0.80，高值中心位于六枝特区，低值中心位于水城区西部。EOF 第一模态的方差贡献率为 85.06%，收敛速度较快，表明 1961—2019 年间六盘水市的凝冻日数变化趋势具有高度的一致性，即全市冬季呈现同增或同减的分布特征。

图 2.104　1961—2019 年六盘水市冬季凝冻 EOF 第一模态空间分布

2.8.3.2 异常年选取

以 1961—2019 年冬季凝冻日数第一时间系数的 ±0.75 倍标准差为强弱凝冻年划分依据，得到六盘水市 13 个强凝冻年（1964、1967、1968、1969、1974、1977、1984、1985、1989、1996、2008、2011、2012 年）和 9 个弱凝冻年（1973、1987、1991、2001、2003、2010、2015、2017、2019 年）（图 2.105）。

图 2.105 1961—2019 年六盘水市凝冻年等级划分

2.8.3.3 异常年环流特征分析

六盘水市近 59 a 的冬季凝冻日数与同期北半球 500 hPa 位势高度的相关分析（图 2.106a）表明，六盘水冬季凝冻日数与同期北半球乌拉尔山—西伯利亚—新地岛地区、30°N 中东太平洋海域的 500 hPa 位势高度呈显著正相关，与哈德逊湾—五大湖区、青藏高原东麓、日本岛呈显著负相关。

强凝冻年北半球中高纬度地区乌拉尔山—西伯利亚、阿拉斯加一带正距平 0 ~ 8 gpm（图 2.106b），乌拉尔山阻塞高压建立，亚洲地区维持东高西低形势，经向环流明显。我国位势高度呈现"北高南低"分布，负距平中心位于东北亚，有利于高压脊发展，极涡南压，东亚大槽引导冷空气不断南下。弱凝冻年北半球中高纬地区位势高度场呈现与强凝冻年相反的配置（图 2.106c）。强弱凝冻年 500 hPa 位势高度距平的差值场（图 2.106d）上，极涡偏南，中高纬欧亚大陆地区为正距平，我国西南地区为负距平，表现为"北正南负"的分布形势，强凝冻年里海—黑海位于低压槽内，在西风带作用下槽线向东移动，并在乌拉尔山堆集，乌拉尔山阻塞高压脊前来自新地岛气流不断南下，并与原槽内冷空气合并向我国输入。

六盘水市凝冻日数与秋季海温的相关性分析表明（图 2.107a）：六盘水凝冻日数与澳大利亚西岸海域、南极洲罗斯海、威德尔海海温呈正相关，与东北太平洋、赤道太平洋中东部、东南太平洋、澳大利亚以南海盆至塔斯曼海、阿拉伯海、孟加拉湾以及我国的南海、渤海、0°—30°N 大西洋、里奥格兰德海丘、开普海盆、巴芬湾、拉布拉多海盆海域海温呈显著负相关。强弱凝冻年秋季海温距平进行合成分析发现，强凝冻年赤道中东太平洋、澳大利亚以南海盆至塔斯曼海、墨西哥湾海温为负距平（图 2.107b），且通过 0.05 的显著性检验。弱凝冻年阿拉伯海、孟加拉湾以及我国的南海、渤海、巴芬湾、拉布拉多海盆、佛得角海盆、几内亚海盆、里奥格兰德海丘海域海温为显著的正距平（图 2.107c）。强弱凝冻年海温距平的差值（图 2.107d）与弱凝冻年基本相反，负距平中心位于哈德逊湾、戴维斯海峡、白令海。

从图 2.108 可以看出，200 hPa 上，在孟加拉湾东北反气旋、阿拉伯海气旋、巴尔喀什湖气旋共同作用下，西南水汽越过喜马拉雅山脉向我国输送。在 500 hPa 上，温带急流经西西伯利亚在地形支配下沿喜马拉雅山脉向南与来自阿拉伯海西南气流相遇产生切变，长江中下游受冷低涡控制，裹挟冷气流南下。而在 850 hPa 上，15°—30°N 自阿拉伯海、孟加拉湾在

图 2.106　六盘水市凝冻日数与北半球 500 hPa 高度场相关分布（a）、强（b）和弱（c）凝冻年的北半球 500 hPa 高度场距平合成场、强弱凝冻年的北半球 500 hPa 高度场距平差值场（d）（网格区域：通过 0.05 的显著性检验）

反气旋影响下向我国西南输送水汽，赤道至 40°N 沿 110°E 经向环流明显，在暖平流引导下持续北上，同时河套地区气旋发展，导致冷空气南下。在北支西风、黄河气旋及南支槽的共同影响下六盘水凝冻得以形成发展。

2.8.4 六盘水市凝冻风险等级区划

2.8.4.1 凝冻天气的气象要素阈值条件分析

根据 1961—2019 年六盘水市 3 个国家气象站凝冻发生时各气象要素（平均气温、最高气温、最低气温、相对湿度）的情况，统计出各气象要素的分布概率和累计概率（图 2.109）。由图可以看出，凝冻发生时平均气温（图 2.109a）的范围为 $-3 \sim 3℃$，平均气温在 1.0℃以下的累计概率超过 95%；最高气温（图 2.109b）低于 6.0℃的累计概率超过 95%；最

图 2.107　六盘水市凝冻日数与秋季海温相关性分布（a）、强（b）和弱（c）凝冻年的秋季海温距平合成场、强弱凝冻年（d）的秋季海温距平差值场（网格区域：通过 0.05 的显著性检验）

图 2.108　欧亚地区 200 hPa（a）、500 hPa（b）、850 hPa（c）强弱年风场、涡度距平差值场（网格区域：通过 0.05 的显著性检验；风场单位：m/s；涡度单位：S⁻¹）

低气温（图 2.109c）在 0℃以下的累计概率达到 100%；相对湿度（图 2.109d）的数值跨度相对较大，范围在 70% ～ 100%，当相对湿度大于 85% 时，各个等级出现的概率随着湿度的升高而增大。综合上述分析初步得到影响六盘水形成凝冻天气的要素阈值条件为：日平均气温 ≤ 1.0℃、日最高气温 ≤ 6.0℃、日最低气温 ≤ 0℃、相对湿度 ≥ 85%。通过对 2011—2020 年 302 个区域自动气象站要素筛选，六盘水市境内符合以上条件的共有 301 个区域自动气象站。

2.8.4.2　区域站凝冻强度特征分析

六盘水位于贵州省西部，是省内地势最高的地区，常受滇黔静止锋影响，出现长时间的阴冷天气，各站点所处的地理位置与海拔高度不同，凝冻天气差异显著，其中水城又是重凝

图 2.109　六盘水市凝冻发生时各气象要素的发生概率（柱形）及累计概率（实线）分布
（a）平均气温；（b）最高气温；（c）最低气温；（d）相对湿度

冻区之一。根据六盘水市凝冻天气的气象要素阈值条件，得到六盘水市 2011—2020 年 301 个区域自动气象站冬季各月平均凝冻日数空间分布及时间序列（图 2.110）。从凝冻日数空间分布可以看出，六盘水北部地区为凝冻频发区域，12 月凝冻日数大值中心位于水城区北部的纸厂，该地区海拔高度在 2000 m 以上，年平均凝冻日数为 8.5 d。次大值中心是钟山区东部的青林，该地区海拔高度在 1800 m 以上，年平均凝冻日数为 6.9 d。1 月和 2 月凝冻日数大值区主要集中在水城北部、钟山区大部、六枝特区中部及盘州北部和南部局地。从趋势上看，12 月到 2 月凝冻站数均呈波动上升或下降，整体均呈减少的趋势，其中 2 月减少趋势相对明显。

2.8.4.3 凝冻风险等级区划分析

根据六盘水市 3 个国家气象站建站以来实际观测发生凝冻日数、过程发生频次、过程平均最低气温、最长持续天数 4 个指标的多年平均归一化值，并确定各个指标的权重系数，进行权重求和得到凝冻综合指数。根据凝冻随海拔高度增高而增多的特点，将凝冻综合指数与海拔进行了相关性分析（图 2.111），相关系数为 0.333，通过 0.01 的显著性检验。

根据六盘水市 DEM 数据，按照凝冻综合指数与海拔的线性相关方程（图 2.111）进行计算，再利用 ArcGIS 插值得到六盘水市各地区凝冻综合指数，最后采用自然间断点法对凝冻综合指数进行分级，将凝冻划分为高、较高、中、低 4 个风险等级。从凝冻风险等级区划图（图 2.112）可以看出，高风险区包括水城中北部、钟山局部、盘州西部和北部；较高风险区包括盘州、钟山大部、水城北部；除海拔相对较低的六枝大部、水城东南部和西南部局地为低风险区外，其余地区为中风险区。

图 2.110 六盘水市区域站冬季各月平均凝冻日数空间分布（左列，单位：d）
以及气温与凝冻站数时间序列（右列）

图 2.111 六盘水市凝冻综合指数与海拔的相关性分析

图 2.112　六盘水市凝冻风险等级区划

2.9 毕节市凝冻灾害气候特征

2.9.1 毕节市冬季气候概况

毕节市位于贵州省西北部，属亚热带季风性湿润气候。毕节市冬季平均气温为 4.7℃，其中 1 月最冷，月平均气温为 3.3℃，2 月最暖，月平均气温为 5.5℃。冬季平均降水量为 56.5 mm，其中 1 月降水最多，月平均降水量为 20.7 mm，12 月最少，月平均降水量为 16.4 mm。

2.9.2 毕节市冬季凝冻日数时空变化特征

2.9.2.1 毕节市凝冻日数月际变化

从毕节市月平均凝冻日数变化图（图 2.113）可见，毕节市凝冻主要出现在 11 月至翌年 3 月，集中在 12 月至翌年 2 月，其中 1 月凝冻日数最多，平均为 7.8 d；2 月次之，平均为 4.6 d。

2.9.2.2 毕节市凝冻日数年际变化

利用小波分析及功率谱方法对毕节市凝冻日数周期变化特征进行分析。从 1961—2019 年毕节市凝冻日数的小波系数实部等值线图和功率谱（图 2.114）可以看出，毕节市凝冻日数主要存在 3～4 a、7～8 a 的年际变化周期，其中 3～4 a 为第一主周期，主要在 20 世纪 70 年代中期至 80 年代中期、21 世纪 00 年代后至 10 年代初表现较为明显，且该周期通过 95% 的信度检验，7～8 a 为第二主周期，主要在 20 世纪 70—80 年代表现较为明显。

2.113　1981—2010年毕节市月平均凝冻日数变化

图 2.114　毕节市凝冻日数的小波分析（a）及功率谱分析（b，绿线：5% 信度检验；红色：红噪声；蓝线：95% 信度检验）

2.9.2.3 毕节市凝冻日数空间分布

从毕节市凝冻初日多年平均分布可见（图 2.115a），毕节市西部的威宁和中东部的大方凝冻开始最早，其中威宁凝冻平均在 12 月中旬开始，大方凝冻平均在 12 月下旬开始，其余地区凝冻平均在 1 月上旬至中旬开始。从毕节市凝冻终日多年平均分布可见（图 2.115b），西部的威宁和中东部凝冻结束最晚，其中威宁凝冻平均在 3 月上旬结束，大方凝冻平均在 2 月中旬结束，毕节市东部地区凝冻在 1 月下旬结束，其余大部地区凝冻在 2 月上旬结束。

从图 2.116a 可知，毕节市冬季凝冻平均日数分布存在两个大值区域，主大值区位于西部的威宁一带（39 d），中东部的大方一带为次大值区（28 d），其余地区凝冻日数为 4 ～ 15 d，其中东部金沙最少，为 4 d。从逐月凝冻平均日数分布来看（图 2.116b ～ d），各月凝冻日数分布均与冬季凝冻日数分布相似，即最大中心位于威宁，次中心位于大方，其中 12 月以威宁最多（10 d），大方（6 d）次之，其余大部地区凝冻日数为 1 ～ 2 d；1 月威宁最多（17 d），大方次之（14 d），其余大部地区凝冻日数为 2 ～ 6 d；2 月威宁最多（11 d）、大方次之（8 d），其余大部地区凝冻日数为 2 ～ 4 d。

图 2.115　1981—2010 年毕节市凝冻平均初日（a）及终日分布（b）

图 2.116　1981—2010 年毕节市凝冻平均日数分布（单位：d）
（a）冬季；（b）12 月；（c）1 月；（d）2 月

2.9.2.4　毕节市各站凝冻日数与对应站点海拔高度关系

分析毕节市平均凝冻日数与海拔高度的关系（图 2.117）发现，毕节市海拔落差较大，东部海拔高度在 1000 ～ 1500 m，西部达 2000 m 以上，毕节市凝冻日数自东向西随海拔高度增加呈上升趋势。利用线性回归方法拟合海拔高度（x）与凝冻日数（y）的关系（R^2=0.769）表明，凝冻日数与海拔高度拟合度高，即高度越高，凝冻日数越多，西部凝冻发生的概率较东部大。

图 2.117　毕节市各站平均凝冻日数与海拔高度的变化特征

2.9.3 毕节市凝冻异常年环流特征分析

2.9.3.1 EOF 分析

近 59 a 毕节市年凝冻日数经 EOF 分解后得到的特征值中，前 8 个特征向量均通过 North 检验，其中第一模态方差贡献率达到了 81.58%（表 2.9），能有效表征毕节市凝冻日数的整体特征。

表 2.9　毕节市冬季凝冻日数 EOF 第一模态特征值

特征向量场	特征值	方差贡献率 / %	$\lambda_i - \lambda_{i+1}$	特征值误差
第一模态	591.79	81.58	519.20	108.96

对毕节市 8 个国家气象站 1961—2019 年冬季凝冻日数的距平场进行 EOF 分析（图 2.118），结果表明，EOF 第一模态在全市呈现同位相变化，由威宁至赫章为递增，赫章至大方、黔西为递减，大方以东至金沙为递增，特征向量值在 0.20 ～ 0.47，高绝对值中心位于威宁草海、大方城区，低绝对值中心位于金沙东北部。EOF 第一模态的方差贡献率为 81.58%，收敛速度较快，表明 1961—2019 年间毕节市的凝冻日数变化趋势具有高度的一致性，即全市冬季呈现同增或同减的分布特征。

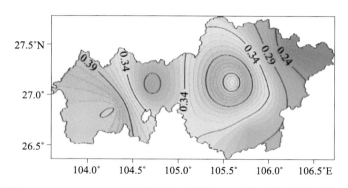

图 2.118　1961—2019 年毕节市冬季凝冻 EOF 第一模态空间分布

2.9.3.2 异常年选取

以 1961—2019 年冬季凝冻日数第一时间系数的 ±0.75 倍标准差为强弱凝冻年划分依据，得到毕节市 15 个强凝冻年（1962、1964、1967、1968、1969、1974、1977、1983、1984、1985、1989、1996、2008、2011、2012 年）和 10 个弱凝冻年（1987、1991、2001、2002、2003、2010、2015、2016、2017、2019 年）（图 2.119）。

图 2.119　1961—2019 年毕节市凝冻年等级划分

2.9.3.3 异常年环流特征分析

毕节市近 59 a 的冬季凝冻日数与同期北半球 500 hPa 位势高度的相关分析（图 2.120a）表明，毕节冬季凝冻日数与同期北半球乌拉尔山—西伯利亚—新地岛地区 500 hPa 位势高度呈显著正相关，与五大湖区、青藏高原东麓呈显著负相关。

强凝冻年北半球高纬度地区极涡被切断（图 2.120b），负距平中心位于阿尔卑斯山、东北亚，乌拉尔山以东及贝加尔湖地区为东北—西南向长波脊，鄂霍次克海为暖性高压脊，东亚形成了东亚地区的倒 Ω 流型。中高纬位势高度距平场呈现"北高南低"分布，维持稳定的经向环流，来自新地岛西北气流及鄂霍次克海的东北气流不断南下。弱凝冻年北半球中高纬地区位势高度场呈现与强凝冻年相反的配置（图 2.120c）。强弱凝冻年 500 hPa 位势高度距平的差值场（图 2.120d）上，极涡南压，冷空气不断南下，距平场为"北正南负"，易造成我国大范围持续低温。

毕节市凝冻日数与秋季海温的相关性分析表明（图 2.121a），毕节凝冻日数与澳大利亚西岸海域、南极洲罗斯海、威德尔海海温呈正相关；太平洋：白令海—阿拉斯加湾、渤海、东海、黄海、南海、日本海、菲律宾至马里亚纳海沟以东海域、夏威夷群岛、库克群岛—马罗蒂里群岛、中亚美利加海沟、智利海岭东南西风漂流带流经海域、澳大利亚以南海盆至塔斯曼海；大西洋：除纽芬兰海盆的北大西洋、里奥格兰德海丘、阿根廷海盆；印度洋：除澳大利亚西岸、西印度洋海岭的海域；北冰洋：除喀拉海至门捷列夫海岭的 80°N 狭长海域等海域的海温与毕节凝冻日数呈显著负相关。强弱凝冻年秋季海温距平进行合成分析发现，强凝冻年赤道中东太平洋、阿拉斯加湾、墨西哥湾、直布罗陀海峡、亚丁湾为负距平（图 2.121b），且通过 0.05 的显著性检验，负距平中心位于阿拉斯加湾。弱凝冻年海温距平分布与强凝冻年相反（图 2.121c）。强弱凝冻年海温距平的差值与凝冻负相关海域基本重合（图 2.121d），在白令海—阿拉斯加湾、哈德逊湾、巴芬湾、拉布拉多寒流与墨西哥湾暖流交汇地带最为显著。

图 2.120 毕节市凝冻日数与北半球 500 hPa 高度场相关分布（a）、强（b）和弱（c）凝冻年的北半球 500 hPa 高度场距平合成场、强弱凝冻年的北半球 500 hPa 高度场距平差值场（d）（网格区域：通过 0.05 的显著性检验）

从图 2.122 可以看出，在 200 hPa 上，我国东海异常气旋携带水汽向我国南方输送，中南半岛有反气旋异常中心，水汽在青藏高原南麓高空辐合，孟加拉湾南部印度洋海域表现为显著的涡度正距平。在 500 hPa 上，切尔斯基山脉、上扬斯克山脉异常气旋，来自新地岛冷空气由此折返，偏北气流引导冷空气在西伯利亚堆积，为寒潮暴发南下创造必要条件，阿拉伯海、孟加拉湾有双反气旋生成，在协同作用下水汽辐合旺盛，南支槽得以发展维持。而在 850 hPa 上，乌拉尔山脉以东巴尔喀什湖地区为显著涡度负距平，冷空气在此不断堆积，随着乌拉尔高压脊东移发展，脊前冷空气越过天山自西北向东南影响我国南方，南沙群岛异常反气旋作用下南海—北部湾为显著涡度正距平，配合南支西风将低空水汽向西北方向输送，在乌蒙山西段遇南下冷气流引起凝冻发生发展。

图 2.121　毕节市凝冻日数与秋季海温相关性分布（a）、强（b）和弱（c）凝冻年的秋季海温距平合成场、强弱凝冻年（d）的秋季海温距平差值场（网格区域：通过 0.05 的显著性检验）

图 2.122　欧亚地区 200 hPa（a）、500 hPa（b）、850 hPa（c）强弱凝冻年风场、涡度距平差值场（网格区域：通过 0.05 的显著性检验；风场单位：m/s；涡度单位：S^{-1}）

2.9.4　毕节市凝冻风险等级区划

2.9.4.1　凝冻天气的气象要素阈值条件分析

根据 1961—2019 年毕节市 8 个国家气象站凝冻发生时各气象要素（平均气温、最高气温、最低气温、相对湿度）的情况，统计出各气象要素的分布概率和累计概率（图 2.123）。由图可以看出，凝冻发生时平均气温（图 2.123a）的范围为 −6 ～ 4℃，平均气温在 2.0℃ 以下的累计概率超过 95%；最高气温（图 2.123b）低于 11.0℃ 的累计概率超过 95%；最低气温（图 2.123c）在 0℃ 以下的累计概率达到 100%；相对湿度（图 2.123d）的数值跨度相对较大，范围在 60% ～ 100%，当相对湿度大于 85% 时，各个等级出现的概率随着湿度的升高而增大。综合上述分析初步得到影响毕节形成凝冻天气的气象要素阈值条件为：日平均气温 ≤ 2.0℃、日最高气温≤11.0℃、日最低气温≤0℃、相对湿度≥85%。通过对2011—2021年488个区域自动气象站要素筛选，毕节市境内符合以上条件的共有487个区域自动气象站。

图2.123　毕节市凝冻发生时各气象要素的发生概率（柱形）及累计概率（实线）分布
（a）平均气温；（b）最高气温；（c）最低气温；（d）相对湿度

2.9.4.2　区域站凝冻强度特征分析

根据毕节市凝冻天气的气象要素阈值条件，得到毕节市2011—2020年487个区域自动气象站冬季各月平均凝冻日数空间分布及时间序列（图2.124）。从凝冻日数空间分布可以看出，毕节冬季凝冻日数呈西多东少分布特征，西部为凝冻高发中心，尤其是威宁、赫章、大方最多，平均凝冻日数高达11～19 d，以上地区海拔较高，因此凝冻日数较其他地区偏多。从趋势上看：毕节是贵州全省凝冻发生最多、持续日数最长的地区，冬季平均凝冻站数均在20个站以上，12月到翌年2月凝冻站数均呈波动上升或下降，整体均呈减少的趋势。

2.9.4.3　凝冻风险等级区划分析

根据毕节市8个国家气象站建站以来实际观测发生凝冻日数、过程发生频次、过程平均最低气温、最长持续天数4个指标的多年平均归一化值，并确定各个指标的权重系数，进行权重求和得到凝冻综合指数。根据凝冻随海拔高度增高而增多的特点，将凝冻综合指数与海拔进行了相关性分析（图2.125），相关系数为0.901，通过0.01的显著性检验。

根据毕节市DEM数据，按照凝冻综合指数与海拔的线性相关方程（图2.125）进行计算，再利用ArcGIS插值得到毕节市各地区凝冻综合指数，最后采用自然间断点法对凝冻综合指数进行分级，将凝冻划分为高、较高、中、低4个风险等级。从凝冻风险等级区划图（图2.126）可以看出，高风险区包括威宁大部、赫章北部和南部；较高风险区包括赫章、纳雍大部、大方中部、织金西部、七星关中西部；除海拔相对较低的金沙、黔西大部、七星关北部为低风险区外，其余地区为中风险区。

图 2.124　毕节市区域站冬季各月平均凝冻日数空间分布（左列，单位：d）
以及气温与凝冻站数时间序列（右列）

图 2.125　毕节市凝冻综合指数与海拔的相关性分析

图 2.126 毕节市凝冻风险等级区划

第3章 贵州省凝冻事件形成的成因分析

3.1 2008 年与 2011 年两次超强凝冻过程对比分析

3.1.1 资料

根据本书中区域性凝冻过程的定义，2008 年 1 月 13 日—2 月 14 日、2011 年 1 月 1 日—2 月 1 日，贵州省出现了持续天数分别达 33 d 和 32 d 的超强凝冻过程。

本节使用的资料有：①国家气候中心整编的贵州 85 个国家气象站对应时段内逐日观测资料；②美国国家环境预报中心和国家大气研究中心（NCEP/NCAR）的对应时段内每日 4 次水平分辨率为 1°×1° 的温度场、风场的再分析资料，以及水平分辨率为 2.5°×2.5° 的逐日高度场的再分析资料；③美国国家海洋和大气管理局（NOAA）的逐月海表温度资料，水平分辨率为 2.0°×2.0°。本章中所述"某年的冬季"是指当年 12 月至翌年 2 月，气候态是指 1981—2010 年均值。

3.1.2 降温幅度和影响站次对比分析

从两次区域性凝冻过程对应时段内贵州省各站平均气温距平分布（图 3.1）来看，2008 年 1 月 13 日—2 月 14 日这次凝冻过程造成全省平均气温偏低 4.1 ～ 8.0℃，其中北部以南的大部地区偏低 5℃以上（图 3.1.a），全省共计 77 个县站受到影响，占比达 90.6%，平均每天受影响县站数达 45 站。2011 年 1 月 1 日—2 月 1 日的凝冻过程造成全省平均气温偏低 2.8 ～ 6.7℃，其中偏低 5℃以上区域主要集中在中部及西部地区（图 3.1.b），全省共计 78 个县站受到影响，占比达 91.8%，平均每天受影响县站数为 36 站。另外，从两次区域性凝冻过程逐日影响站次时间序列来看，2008 年 1 月 13 日—2 月 14 日这次凝冻过程平均影响 44.5 站次/d（图 3.2.a），1 月 19 日—2 月 2 日连续 15 d 受影响站次在 50 站次以上，其中 1 月 29 日全省共计 73 站发生了凝冻，而 2011 年 1 月 1 日—2 月 1 日这次凝冻过程平均影响 35.9 站次/d（图 3.2.b），1 月 1—4 日仅 4 d 连续出现影响站次在 50 站次以上的情况，其中发生凝冻站次最多的一天出现在 1 月 3 日，为 69 站。总体来说，两次过程持续天数和影响总站次数相差不大，但无论是从温度距平还是平均每天受影响站次来看，2008 年的区域性凝冻过程较 2011 年的明显偏强。

3.1.3 海温场对比分析

从海温场对比分析来看，两次超强凝冻过程均发生在中东太平洋拉尼娜气候事件背景之下，其中 2007 年 8 月开始的拉尼娜事件于 2008 年 1 月达到峰值，于 2008 年 5 月结束，峰值强度为 −1.7℃，持续时间为 10 个月，而 2010 年 6 月开始的拉尼娜事件于 2010 年 12 月达

图3.1 2008年1月13日—2月14日（a）和2011年1月1日—2月1日（b）贵州省各县站平均气温距平分布（℃）

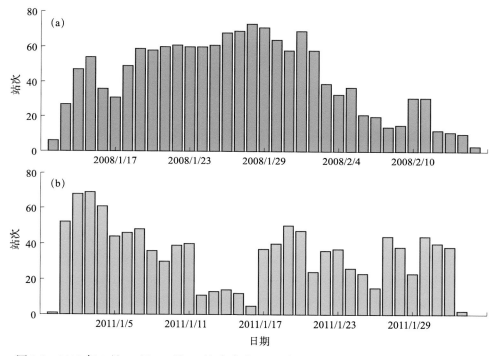

图 3.2 2008 年 1 月 12 日—2 月 15 日（a）和 2010 年 12 月 31 日—2011 年 2 月 2 日（b）
逐日凝冻站次时间序列

到峰值，于 2011 年 5 月结束，峰值强度为 −1.6℃，持续时间为 12 个月。根据《厄尔尼诺 /
拉尼娜事件判别方法》（QX/T 370—2017）的标准来看，两次拉尼娜事件均为中等强度的东
部型拉尼娜事件。从冬季海温距平分布（图3.3）来看，2007/2008 年冬季的冷海温异常区呈
带状分布，大值区位于赤道地区 130°W 附近，中心值在 −2.0℃ 左右，而 2010/2011 年冬季的
冷海温异常区呈舌状分布，大值区位于（110°W，27°N）附近，中心值在 −2.0℃ 左右，次值
中心位于（120°W，20°S）附近，中心值在 −1.6℃ 左右。研究表明，海温异常可以通过海气
相互作用影响大气环流异常，进而导致异常气候事件的发生，受赤道中东太平洋拉尼娜事件
影响，东亚冬季风偏强、中高纬环流经向度特征显著，冷空气活动较频繁，因此拉尼娜是贵

州省两次超强凝冻过程事件的重要外强迫因子。

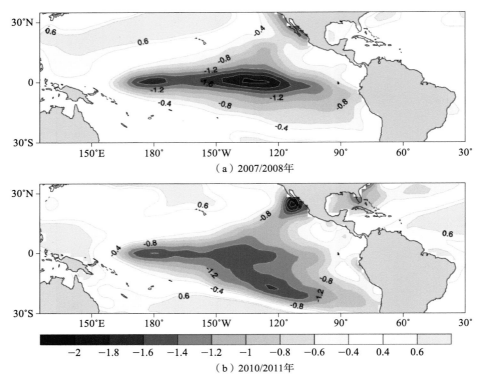

（a）2007/2008年

（b）2010/2011年

图3.3　2007/2008年冬季（a）和2010/2011年冬季（b）海温距平分布（单位：℃）

3.1.4 高度场对比分析

图3.4给出了两次超强凝冻过程500 hPa平均高度场及距平场。在中高纬度地区，两次过程的平均高度场上均存在明显的阻塞形势，阻塞高压位于乌拉尔山附近，而在阻塞高压的前侧存在切断低涡或横槽，主要位于贝加尔湖至巴尔喀什湖一带，在鄂霍次克海附近为强盛的东亚大槽。在这种形势场下，中高纬度以经向环流为主，有利于冷空气堆积并从西路入侵我国，与南支槽前偏西南气流相遇，造成降温降雨/雪过程。但从对比来看，2008年的过程其阻塞形势没有2011年的明显，在巴尔喀什湖附近表现为切断低涡，而2011年对应为横槽。东亚大槽的位置和强度也有所差异，2008年过程中东亚大槽位置更偏西，但2011年的有闭合中心，中心强度为510 dagpm。另外，从500 hPa高度场的距平场来看，2008年的过程东亚地区自北向南呈现"-+-"的距平分布，而2011年呈现北高南低的"+-"距平分布。

3.1.5 环流场对比分析

为进一步对比分析两次超强凝冻过程，对两次超强凝冻过程不同层次的风场进行对比分析。850 hPa平均风场上（图3.5），两次超强凝冻过程均存在河南—湖北—湖南—贵州一线的偏东北风回流，且二者风速相当，另外，在贵州的南侧均存在来自南海的偏南风，且2008年过程的偏南风明显强于2011年的过程，表明该过程的暖湿气流更为强盛，这也是导致2008年凝冻过程偏重的原因。两次过程中偏东北风和偏南风导致的切变线基本位于贵州南

图 3.4 两次超强凝冻过程 500 hPa 平均高度场及距平场
（a）2008 年 1 月 13 日—2 月 14 日；（b）2011 年 1 月 1 日—2 月 1 日

部—广西北部—湖南南部—江西南部一线，使地面有华南静止锋出现，只是 2008 年过程切变线位置较 2011 年略微靠北，主要是对应的偏南风更为强盛的原因。研究表明，切变线北侧的偏东风回流起着冷垫的作用，使得在凝冻过程期间，其稳定的层结结构使变温不显著，持续维持低温状态。而在贵州西侧的云南大部地区受偏南风和西南风控制，导致在贵州与云南交界出现云贵准静止锋，并与华南准静止锋连在一起，造成贵州、湖南等地出现持续凝冻天气，南方大范围出现阴雨或雨雪天气。

图 3.5 两次超强凝冻过程 850 hPa 平均风场（单位：m/s；矩形区域：贵州凝冻频发带；"△"：贵阳）
（a）2008 年 1 月 13 日—2 月 14 日；（b）2011 年 1 月 1 日—2 月 1 日

由于低层（850 hPa）风场上存在着东北风回流和暖湿的偏南风，对应地面出现华南准静止锋和云贵准静止锋，那么在中低层上（700 hPa）气流的活动又是怎样的呢？在 700 hPa 平均风场上（图 3.6），两次超强凝冻过程均存在一支平均风速在 12 m/s 之上的西南急流，急流控制区域为云南南部—贵州南部—湖南南部—江西南部一线以南的我国南方地区，且急流中心均位于贵州西南部—广西西北部一线，贵州凝冻频发区位于该急流中心的左侧。对比两次凝冻过程来看，2008 年的过程中平均风速大于 12 m/s 和 16 m/s 的区域均明显大于 2011 年，并且 2008 年的平均风速中心强度达 20 ～ 24 m/s，而 2011 年的中心强度则为 16 ～ 20 m/s，表明 2008 年的凝冻过程中的西南急流更为强盛。研究表明，西南急流携带暖湿气流不断北上，且在其底层至近地面层为一冷垫，在急流爬升过程中其有利的水汽条件和温度条件使凝冻和阴雨（雪）天气稳定维持。

图 3.6　两次超强凝冻过程 700 hPa 平均风场（单位：m/s；矩形区域：贵州凝冻频发带；"Δ"：贵阳；填色区：大于 12 m/s）
（a）2008 年 1 月 13 日—2 月 14 日；（b）2011 年 1 月 1 日—2 月 1 日

3.1.6 温度场对比分析

为探究两次超强凝冻过程的温度结构特征，本节将从温度场的空间分布和垂直剖面进行对比分析。从两次超强凝冻过程 850 hPa 温度场的空间分布（图 3.7）对比可以看出，两次过程均存在逆温区，逆温区的大值中心均位于贵州省中东部，即贵州凝冻频发带东部。同时 850 hPa 温度场 0℃线均南压至贵州西部—广西北部—湖南南部—江西南部一线。结合850 hPa 风场（图 3.5）和温度场来看，两次过程中贵州大部受偏东北风回流控制，表明贵州低层有明显冷平流。而二次过程不同之处是，首先 2008 年过程的逆温区面积和强度均强于 2011 年，2008 年逆温区控制着贵州大部、广西北部、湖南、湖北南部、江西北部等江南地区，逆温区中心强度为 4 ～ 6℃，而 2011 年逆温区控制着贵州中东部、广西北部、湖南大部以及江西西部边缘，逆温区中心强度为 2 ～ 4℃。其次，2008 年过程温度场（图 3.7a）上，−6℃线位于贵州省东北部，而 2011 年的位于湖南北部（图 3.7b），另外，滇黔交界处2008 年过程的等温度密集度也明显强于 2011 年的。因此，虽然 850 hPa 风场上盛行的偏东北风风速势力相当，但 2008 年过程的温度梯度却明显大于 2011 年，表明 2008 年低层冷平流强度也相对较强，因此云贵静止锋也偏强。最后，虽然两次过程 850 hPa 温度场 0℃线南压位置基本相同，但 2008 年过程的 700 hPa 温度场 0℃线位置却比 2011 年的明显偏北，且对应的 850 hPa 和 700 hPa 温度场 0℃线相交面积也明显偏大，这主要是因为 2008 年过程中 700 hPa 风场上其偏南风更为强盛。以上这些不同之处均是 2008 年过程影响更为明显的原因。

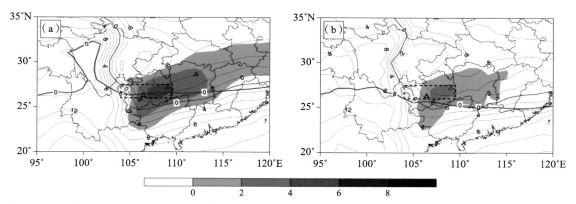

图 3.7　两次超强凝冻过程 850 hPa 温度场（单位：℃；矩形区域：贵州凝冻频发带；"Δ"：贵阳；红 / 蓝粗线：850/700 hPa 温度场 0℃线；红色实线：850 hPa 平均温度场；填色区：逆温区）
（a）2008 年 1 月 13 日—2 月 14 日；（b）2011 年 1 月 1 日—2 月 1 日

由于贵州省凝冻频发带位于 26°—28°N，104°—109.5°E，因此对比分析两次过程温度在该范围内的高度－时间演变特征，进一步探讨凝冻过程中温度的垂直结构。从两次过程的温度随高度和时间的剖面图（图 3.8）的对比可以看出，两次过程中均存在冷－暖－冷的夹心结构，暖心结构出现在 600 ~ 800 hPa，表明在该层有高于 0℃的融化层。2008 年过程的暖心结构于 1 月 17 日出现，于 1 月 25 左右达到峰值，暖中心强度为 4℃，且暖心结构介于 600 ~ 800 hPa，于 1 月 27 日左右消失，持续时间达 11 d。而 2011 年的暖心结构于 1 月 1 日出现，于 1 月 4 日和 1 月 8 日左右分别达到峰值，暖心结构分别介于 700 ~ 800 hPa、600 ~ 700 hPa 之间，暖中心强度均为 2℃，于 1 月 9 日左右消失，持续时间达 9 d。另外，在 2011 年 1 月 26 日左右，有一弱的暖心结构出现在 600 ~ 700 hPa，暖中心强度为 1℃，持续时间仅 1 ~ 2 d。这些对比均表明 2008 年过程的融化层厚度、持续时间、融化层中心温度均较 2011 年的明显偏强。另外从图 3.8 中可以看出，在近地面层，2008 年过程的低层温度较 2011 年过程的偏低，这也是 2008 年冬季凝冻过程造成的影响更为明显的原因之一。

将两次过程温度随高度和时间的剖面图（图 3.8）与逐日凝冻站次时间演变图（图 3.2）对比可以发现，暖心结构出现时间与凝冻发生站次最多的时段基本匹配，即温度场暖心结构出现时间对应凝冻过程影响范围最广、灾情最重的时间段。尽管在 2008 年过程中暖心结构消失后的一段时间，即 1 月 28 日至 2 月 2 日，其凝冻发生站次仍然居高不下，这主要是因为近地面层有一强度较强的冷平流活动，其冷中心强度达 −6℃。表明暖心结构并不是贵州凝冻过程发生的必要条件，若近地面层有较强的冷平流过程，仍有可能导致凝冻过程的发生。

3.1.7　小结

本节通过对 2008 年和 2011 年两次超强凝冻过程的降温幅度、影响站次、海温场、形势场、环流场、温度场等进行了全面的对比分析，得到以下结论：

（1）虽然两次过程持续天数和影响总站数相差不大，但 2008 年过程的平均气温距平和

图 3.8 两次超强凝冻过程温度在 26°—28°N，104°—109.5°E 范围内的高度－时间演变（单位：℃；黑线：0℃线）

（a）2008 年 1 月 13 日—2 月 14 日；（b）2011 年 1 月 1 日—2 月 1 日

平均每天受影响站数均较 2011 年的明显偏强；

（2）中等强度的东部型拉尼娜事件是两次过程的有利气候背景，500 hPa 西高东低形势场、近地面静止锋和 850 hPa 切变线稳定维持、700 hPa 西南急流、温度场上逆温区以及温度垂直剖面图的 600 ~ 800 hPa 之间的融化层均是两次过程的有利的环境场条件，为其提供了充足水汽条件和动力条件；

（3）基于两次过程的对比分析可以看出，2008 年过程对应的切变线位置更为靠北，并且其西南急流范围 / 强度、逆温区面积 / 强度、冷平流强度、融化层厚度 / 持续时间 / 中心温度均较 2011 年的明显偏强，这是导致 2008 年冬季凝冻过程影响更为明显的原因；

（4）虽然温度场融化层出现时间对应两次凝冻过程影响范围最广、灾情最重的时间段，但它并不是贵州凝冻过程发生的必要条件，若近地面层有较强的冷平流过程，仍有可能导致凝冻过程的发生。

3.2 贵州冬季凝冻时空分布及其异常的大气环流特征

3.2.1 资料与方法

本节所用的资料有：国家气候中心整编的贵州 84 个国家气象站逐日观测资料和 74 项大气环流指数，NCEP/NCAR 月平均再分析资料以及英国哈得来（Hadley）中心的全球逐月海温资料，研究时段为 1961—2019 年，共 59 a，本节中冬季定义为当年 12 月至翌年 2 月，如 1961 年冬季指 1961 年 12 月至 1962 年 2 月。

本节所用的方法有：经验正交函数（Empirical Orthogonal Function，EOF）分解、Morlet 小波和功率谱分析、相关分析、合成差值以及统计检验等常规气候统计方法。

3.2.2 平均凝冻日数

图 3.9 显示了贵州省 84 个测站冬季及各个月份凝冻日数的气候态分布，贵州省 12 月的凝冻日数在 0 ~ 3 d 居多，占比 89.3%，只有威宁在 10 d 以上；1 月贵州中部一线凝冻日数增加至 3 d 以上，占比 36.9%，10 d 以上的站数增至 4 站（5%），是冬季凝冻日数发生最多的月份；2 月的分布特征较 1 月一致，凝冻日数在 3 d 以上的测站分布在贵州中部，占比 27.4%，较 1 月略有减少；从冬季分布来看，贵州省平均凝冻日数呈"西多东少，中部多、南北少"的分布特征，其中威宁的凝冻日数最多，其次是大方和万山。过去 59 a，贵州从未出现过凝冻天气的共有 3 站（仅 3.7%），分别是位于遵义市的赤水站、位于黔西南州的望谟站及位于黔南州的罗甸站。

全省 84 个测站的冬季平均凝冻日数与本站的经度、纬度和海拔的相关分析结果（表略）显示，站点海拔与凝冻日数的相关系数达到 0.64，通过了 99.9% 的信度检验，表明测站的海拔越高，则凝冻日数越多。此外，由于贵州地势总体呈现西高东低的分布特征，因此站点的经度与凝冻日数之间同样存在显著的相关关系（相关系数 -0.3，通过 95% 的信度检验），即经度越小（越偏西），凝冻日数越多。

图 3.9 贵州省 84 个测站凝冻日数的气候态分布（单位：d）
（a）12 月；（b）1 月；（c）2 月；（d）冬季

3.2.3 凝冻日数极值

从全省凝冻日数极大值所出现的月份（图略）来看，全省 81 个出现过凝冻天气的观测站中，除了有 9 个站出现在 2 月，2 个站出现在 12 月，其余 70 个站均出现在寒冬 1 月，占到全省有凝冻日数站点的 96.4%。

图 3.10 贵州省单月（a）、季（b）凝冻日数极大值的空间分布（单位：d）

从空间分布上（图 3.10）可见，贵州单月凝冻日数极大值有很明显的纬向分布特征，呈东西向带状分布，极大值中心集中在贵州西部，分布较广，其中极值中心出现在开阳和大方，均达到了 31 d，且都出现在 2011 年 1 月。同月的威宁凝冻日数亦达到了 30 d，而黔东北和黔南地区的凝冻日数极值稍小，普遍低于 15 d；而针对整个冬季来说，贵州冬季凝冻日数的极值出现在 1976 年的威宁，总共达到了 66 d，其次是出现在 2011 年的大方，达到了 62 d。再次是 2004 年的万山，凝冻日数达到 55 d。上述三个测站均是全省 81 个测站中冬季凝冻日数极值超过 50 d 的地区，而其余地区的冬季凝冻日数极大值均在 30 d 以下。与月凝冻日数极大值的空间分布相比，尽管季节尺度上贵州中部一线的高海拔地区同样容易出现凝冻天气，但除了威宁和大方外，其余大部地区没有出现时间超过 1 个月的持续性凝冻天气，这与贵州呈西高东低的地势有很大的关系。

此外，贵州冬季凝冻日数单月和冬季凝冻日数极大值的气候统计结果如表 3.1 和图 3.11所示。可以看出，对于单月而言，贵州凝冻日数极大值主要集中在 5 个年份，分别是 1963、1976、1983、2007、2010 年，其中 2010 年单月凝冻测站数最多为 33 站，主要分布在贵州中西部，占比 40.7%，平均日数达 22.6 d，是影响范围最大的一年，其次是占比 37% 的 2007 年，出现凝冻日数极值的测站数为 30 站，平均日数为 13.5 d，与 2010 年相反，该年的空间分布主要集中在贵州中部以东，最后，贵州南部和北部边缘站点的冬季单月凝冻日数极值则分别集中在 1963、1976 年和 1983 年。

表 3.1 贵州单月和冬季凝冻日数极大值出现年份及站数的统计结果

单月凝冻日数极大值				冬季凝冻日数极大值			
排序	年份	站数	占比 /%	平均日数 /d	排序	年份	站数	占比 /%	平均日数 /d
1	2010	33	40.7	22.6	1	2007	25	30.9	16.7
2	2007	30	37.0	13.5	2	1976	22	27.2	26.6
3	1963	8	9.9	13.9	3	1983	16	19.8	26.6
4	1976	4	4.9	12.3	4	1963	5	6.2	13.0
5	1983	3	3.7	7.0	5	1968	4	4.9	24.3
					6	2011	3	3.7	43.3

图 3.11 贵州省单月（a）、冬季（b）凝冻日数极大值出现年份的空间分布

而对于整个冬季来说，与单月有所不同，贵州冬季凝冻日数极大值则主要出现在 6 个年份，分别为 1963、1968、1976、1983、2007、2011 年，其中 2007 年的凝冻日数极大值出现站数为 25 站，占比 30.9% 最多，平均日数为 16.7 d，主要分布在贵州中部以东；其次是平均日数均为 26.6 d 的 1976、1983 年，出现站数占比分别为 27.2%、19.8%，大多分布在贵州中部以西，有意思的是 2011 年，有 3 个站的冬季凝冻日数值极大值出现在该年，尽管只有 3.7% 的占比，但此 3 个站的平均凝冻日数达到 43.3 d，持续时间最长，表明了 2011 年冬季强冷空气对贵州的影响有很强的局地性。

值得注意是，经过对于 2007/2008 年冬季（2008 年初）和 2010 年冬季（2011 年初）影响贵州的凝冻天气过程进行对比发现，尽管单月和冬季的贵州凝冻日数极大值所出现的年份有所区别，但由于 2007/2008 年冬季的凝冻天气过程始于 2008 年 1 月 10 日，结束于 2 月中旬，而 2010 年冬季的凝冻天气过程始于 2010 年 12 月 31 日，整个过程贯穿 1 月，持续至 2 月 1 日，所以导致在月极值的分布上，2011 年 1 月有重要贡献。这与前人研究（吴古会 等，2012；张润琼 等，2009）所得到的 2010 年贵州的凝冻天气过程影响范围最大，而 2007 年（2008 年初）则是受到多股冷空气补充影响，其强度最强、持续时间亦是最长的结论相一致。

3.2.4 冬季凝冻日数的时空分布

本节对贵州 84 个国家气象站 1961—2019 年共 59 a 的冬季凝冻日数做 EOF 分析，以便于从空间场上分析凝冻的主要特征，其前 3 个特征向量场的方差贡献如表 3.2 所示，第一、第二模态均通过了 North 准则检验，其所代表的空间分布型也能较完整地体现贵州凝冻日数的典型分布结构。

表 3.2 贵州冬季凝冻日数 EOF 分解前 3 个模态结果统计

模态	特征值 λ_i	方差 / %	累计方差 / %	$\lambda_i - \lambda_{i+1}$	e_i
1	3108.05	65.04	65.04	2792.97	572.24
2	315.08	6.59	71.63	87.92	58.01
3	227.16	4.75	76.38	15.06	41.82

3.2.4.1 空间分布

图 3.12 为贵州冬季凝冻日数的前两个 EOF 模态。表 3.2 表明，前 3 个特征向量场的累计方差贡献率达到 76.38%，其中贵州凝冻日数的第一特征向量场（EOF1）占总方差的 65.04%，呈全区一致型的分布特征（图 3.12a），其中在贵州中部存在大值中心。第二特征向量场（EOF2）占总方差的 6.59%，呈现出贵州冬季凝冻日数东—西反位相的分布特征（图 3.12b），为东部重（轻），西部轻（重）的分布型，这与冷空气入侵贵州省的路径有关，即当冷空气从东北路径入侵贵州时，更容易造成贵州东部地区凝冻天气偏重，而当冷空气从北方路径或西北路径入侵贵州时，更容易造成贵州中西部地区凝冻日数偏多。

图 3.12 贵州冬季凝冻日数 EOF 分析的前两个特征向量分布
（a）第一模态；（b）第二模态

3.2.4.2 年（代）际变化

将第一、第二模态时间系数与空间分布相联系，如图 3.13 所示。第一模态时间系数呈现出显著的年代际和年际变化特征，当时间系数为正（负）时，贵州省凝冻偏重（轻），高值区位于贵州省中部，而且其极大（或极小）值对应的年份也表示凝冻异常的年份，从年代际的变化上来看，20 世纪 60 年代至 80 年代中期及 21 世纪初期为贵州冬季凝冻偏重时期，20世纪 80 年代中期后呈减弱趋势，其减弱趋势维持到 2007 年，这可能与全球变暖的大气候背景以及连续多年暖冬密切相关，总体来看，贵州凝冻日数的变化近 59 a 来呈减弱的趋势，但减弱趋势并不十分显著。

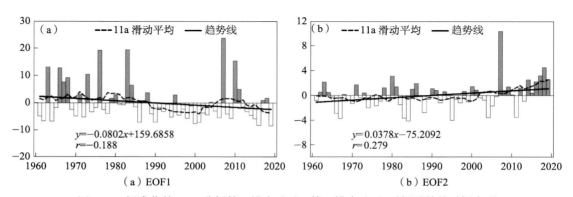

图 3.13　标准化的 EOF 分析第一模态（a）、第二模态（b）时间系数的时间序列

　　第二模态时间系数则表明了与贵州凝冻日数东—西反位相的分布特征相联系的时间变化，值得注意的是，时间系数在21世纪初期以前以负位相居多，2007年以后基本呈正位相，且近59 a来呈现出显著的增加趋势，相关系数（$r=0.279$）亦通过了99.9%的显著性 t 检验，与第一模态时间系数所呈现出来的结果相对比可知，贵州近年来发生全域性的大范围凝冻事件的频次在逐渐降低，而开始更多地出现东部重、西部轻的空间分布。这是否与全球变暖导致冬季云贵静止锋平均位置逐渐东移，贵州西部冬季温度逐渐偏高存在一定的联系，还有待开展进一步的研究。

3.2.4.3 周期活动

　　为进一步分析贵州冬季凝冻日数前两个空间模态中的周期变化特征，对第一、第二模态的时间系数的小波方差及全时域功率谱进行了分析。Morlet 小波是复数形式的子波，其实部和虚部分别可以作为两个子波函数对待，其实部用来判别信号不同时空尺度的结构及其突变点的位置。该小波分析的定义是在傅里叶变换的基础上引入窗口函数，将一个一维的气象信号在时间和频率两个方向上展开，因而可以更好地反映信号的局地化特征。第一模态时间系数的小波分析结果显示（图3.14），贵州冬季凝冻在20世纪60年代中期与70年代中期存在准2.5 a周期，70年代末至80年代中后期开始出现3～4 a的显著周期，2006—2012年还表现出一定的2～4 a周期。而全时域功率谱的分析结果与小波分析较为一致，即贵州冬季凝冻的第一模态存在显著的准2.5 a和准4 a的变化周期。

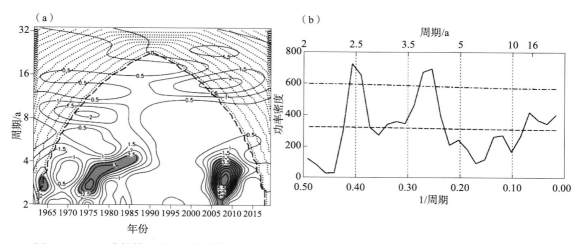

图 3.14　EOF 分析第一模态时间系数的 Morlet 小波分析（a，阴影表示通过90%水平的信度检验）和全时域功率谱（b）

　　第二模态时间系数的小波分析结果显示（图3.15），贵州冬季凝冻反位相特征在20世纪80年代中期存在4～6 a的显著周期，21世纪初期至2010年则以准2～3 a和准8 a的变化周期为主，其余时段的周期活动特征相对较弱。而全时域功率谱的分析结果也表明贵州冬季凝冻的第二模态存在显著的2.5 a及准8 a的变化周期，其中准2.5 a的活动周期较弱。

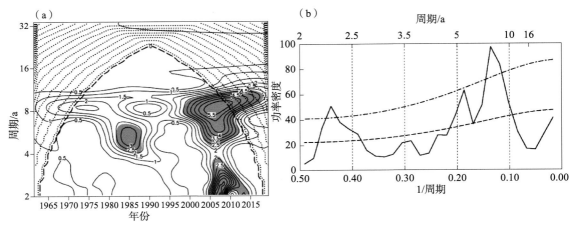

图 3.15　同图 3.14，但为 EOF 分析第二模态时间系数

3.2.5 凝冻日数异常年的大气环流特征

因为 EOF 分析第一模态所解释的方差占到 65.04%，同时全区一致型的分布能够更好地反映贵州整体冬季凝冻日数的变化特征，因此将采用第一模态的时间系数来选取贵州冬季凝冻日数的典型偏多年和偏少年，并对产生上述异常年份大气环流特征及其差异进行分析。

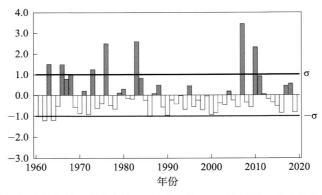

图 3.16　滤除长期线性趋势后的贵州冬季凝冻日数 EOF 分析第一模态的标准化时间序列

因此，这里将贵州冬季凝冻日数 EOF 分析第一模态的时间序列进行标准化后，滤除其长期变化趋势。选取 ±0.95 倍标准差作为标准（图 3.16），分别挑选出贵州冬季凝冻日数典型偏多年共 8 年（1963、1966、1968、1973、1976、1983、2007、2010 年），典型偏少年共 5 年（1961、1962、1964、1986、1990 年），值得注意的是，在 13 个典型年份中，20 世纪 60 年代就有 6 a，接近所有典型年份的一半，在一定程度上反映出了 20 世纪 60 年代贵州冬季气候的极端异常性。下一节对有关气象要素进行合成分析时，所有的气象要素均已滤除其长期线性趋势，除特别说明外，文中的距平均指由异常年份的合成值减去冬季气候态所得到的距平值。

3.2.5.1 大尺度环流指数

通过分析贵州凝冻偏多年与偏少年的大尺度环流指数差异（表 3.3）可见，偏少年的西太平洋副高指数、北大西洋副高指数的面积和强度均较偏多年大，结合北界位置来看，表明偏多年的西太平洋副高及北大西洋副高强度偏弱，面积偏小，西太平洋副高略偏北，北大西洋副高明显偏南；偏多年的亚洲极涡指数、纬向环流指数强度和东亚大槽指数小于偏少年，东亚大槽位置基本相同，表明虽然偏少年极涡强度、东亚大槽强度较强，但极涡面积较小，纬向环流比较平直，冷空气多以纬向风的短波槽进行传播，南下影响贵州的冷空气较弱，而偏多年的亚洲极涡面积较大，经向环流更明显，东亚大槽直接引导冷空气南下影响贵州。

表 3.3　贵州冬季凝冻日数异常偏多年和偏少年有关环流指数的合成差值统计

	西太平洋副高指数			北大西洋副高指数			亚洲极涡指数		亚洲纬向环流	东亚大槽指数	
	面积 /dagpm	强度 /dagpm	北界 /°	面积 ** /dagpm	强度 * /dagpm	北界 /°	面积 *** /dagpm	强度 /dagpm	指数 *** /dagpm	位置 /°	强度 * /dagpm
偏多年	5.7	8.2	16.9	1.2	1.5	16.5	223.8	59.3	104.3	143.5	84.1
偏少年	7.9	11.3	16.1	4.9	6.9	19.1	212.4	89.8	132.5	143.4	97.7
差值	-2.2	-3.1	0.8	-3.7	-5.4	-2.6	11.4	-30.5	-28.2	0.1	-13.6

注：*、**、*** 分别表示通过水平信度 90%、95% 和 99% 的显著性检验。

3.2.5.2　500 hPa 位势高度

由贵州冬季凝冻日数偏多年 500 hPa 位势高度合成分析及其距平（图 3.17a）可见，极涡呈单极型分布，位于极区附近上空，强度较强；乌拉尔山地区及北大西洋与格陵兰岛附近为位势高度的显著正异常区，且还有一个强度稍弱的正异常区位于西太平洋附近，表明阻塞高压脊较常年偏强，尤其是乌拉尔山高压脊，整个欧亚中高纬地区为负异常区，东亚大槽位于（60°N，150°E）附近，且大槽北部有闭合低涡中心相配合，位置较常年偏南、偏西，强度偏强，在北美东岸为显著负异常区，且在西欧沿岸存在一个强度稍弱的负异常区，这种"北高南低"的环流形势背景下，有利于欧亚中高纬形成深厚的阻塞环流形势，亚洲地区维持稳定的经向环流，东亚大槽南北经向度大，引导强冷空气持续南下，较易引起贵州省凝冻天气。

图 3.17　贵州冬季凝冻日数异常偏多年（a）和偏少年（b）500 hPa 位势高度的合成分析（等值线）及其距平（阴影）（单位：dagpm，交叉斜线区域表示距平通过 90% 的信度检验）

　　而在偏少年中（图 3.17b），极涡位于极区附近上空，呈单极型分布，强度偏弱；乌拉尔山以西及北美东部为负异常区，整个太平洋中部为较强的负异常区，而太平洋北部及北大西洋为显著正异常区，贝加尔湖以西欧亚中高纬地区为正距平区控制，欧洲北部为负距平区，呈现"北低南高"的环流形势，冷空气影响比较偏北，东亚大槽强度偏弱，位置偏北、偏西，因而亚洲中高纬呈现比较平直的西风带环流，盛行纬向环流，则在亚洲中低纬多短波槽东移影响，不利于强冷空气的南下，使得贵州凝冻日数偏少。

3.2.5.3 200 hPa 高空急流

　　分析贵州冬季凝冻日数偏多年 200 hPa 纬向风合成分析及其距平图（图 3.18a）可知，极区为正距平，欧亚中高纬呈负距平，亚洲中低纬为显著正距平，大值中心位于亚洲东部，风速达 70 m/s，高空急流强度较强，低纬度地区为负距平，在赤道有一弱的负值中心，纬向风异常在北半球从高纬到低纬呈现"+-+-"的分布型，纬向分布比较均匀。

　　而对于贵州冬季凝冻日数偏少年（图 3.18b），极区有弱的负距平，欧亚中高纬为显著正距平，亚洲北部为显著负距平，中低纬为正距平，且来自西欧沿岸风速中心为 50 m/s 的西风急流在亚洲地区产生南、北两支分别沿欧亚中高纬及副热带地区向下游地区频散，南支急流入海后风速增强，位于太平洋西部 20°N 附近纬向风正值中心风速达 70 m/s，使得纬向风在经向上具有明显的不对称性。

图 3.18　同图 3.17，但为 200 hPa 纬向风（单位：m/s）

3.2.5.4 海平面气压

　　冬季凝冻过程的形成与冷空气强度及活动频率息息相关，在贵州冬季凝冻日数异常偏多年和偏少年的欧亚地区海平面气压的合成分析（图 3.19）中可见，阿留申低压、蒙古冷高压和冰岛低压等大气活动中心稳定存在，其中对中国有直接影响的蒙古冷高中心强度均在 1036 hPa 以上，其中在凝冻日数异常偏多年，平均中心强度甚至达到了 1040 hPa。

图 3.19　同图 3.17，但为海平面气压（单位：hPa）

而在海平面气压距平分布上，凝冻异常偏多年（图 3.19a）的欧亚大陆的中高纬地区均为海平面气压的正距平区域，其中在西伯利亚地区的正距平中心值超过 6 hPa，导致了冰岛低压异常偏西，蒙古冷高压异常偏强，亦表明了欧亚中高纬地区存在强冷空气的堆积，并在蒙古冷高压底部的东北气流引导下南下影响我国，为贵州凝冻天气的维持持续补充北方冷空气，而在青藏高原地区还可以发现存在海平面气压的异常负距平中心，表明青藏高原上空的冷空气活动异常偏弱。低压活动相对增多，在印度半岛和孟加拉湾北部的高压系统同样异常偏弱，从而使得青藏高原东侧出现异常南风分量，从而有利于将孟加拉湾的水汽向我国西南地区输送，为贵州凝冻天气的维持提供水汽条件。与异常偏多年明显不同，贵州冬季凝冻日数异常偏少年的海平面气压距平分布中，除蒙古冷高压强度偏弱、冰岛低压明显偏东外，整个欧亚中高纬地区的正距平区域亦完全消失，相比之下，东北亚和北太平洋区域的"南负北正"偶极性分布更加显著，表明阿留申低压位置明显偏南，极地冷空气的活动范围更多地集中在东北亚地区。此外，孟加拉湾地区受到高压系统的控制，水汽条件不足，最终导致贵州地区冬季冷空气活动较少、降水条件匮乏，凝冻日数出现异常偏少。

3.2.6 前期海温演变特征

众多的研究表明，大范围海温能够通过海气相互作用影响全球大气环流的异常变化，进而对区域气候特征产生影响，但海温对大气环流的影响存在一定的滞后作用。因此，这里分别对贵州冬季凝冻日数异常偏多年和偏少年的前期春季（3—5 月）、夏季（6—8 月）、秋季（9—11 月）和同期冬季的全球中低纬度海温距平和 850 hPa 风场异常分布进行了合成分析（图 3.20），以期寻找与贵州冬季凝冻日数异常可能存在联系的海温关键区和重要影响时段。

图 3.20　贵州冬季凝冻日数偏多年（a,c,e,g）和偏少年（b,d,f,h）发生前期（a,b: 春季；c,d: 夏季；e,f: 秋季；g,h: 冬季）的全球中低纬海温距平（阴影，单位：℃）和 850 hPa 风场（箭头，单位：m/s）的异常分布

　　对于贵州冬季凝冻日数异常偏多年（图 3.20a,c,e,g）而言，可以看到赤道中东太平洋存在拉尼娜事件的发生与发展，太平洋海温负距平区从春季开始便自南美洲西海岸逐渐向北向西发展延伸，尤其是进入秋季以后，中太平洋的海温距平已经达到了 −0.5℃，并最终在当年冬季达到鼎盛，而在海温负距平中心南北两侧则分别有对称的正距平中心对的发展，并在经向上形成"正 − 负 − 正"的三极型分布，其中以南太平洋的过程性发展最为显著，而北太平洋的海温正距平更多地呈现向西扩展的趋势，并最终导致西太平洋菲律宾以东洋面和东印度洋的海温逐渐向正距平区域发展。与海温的异常变化相对应，赤道中东太平洋低空风场亦经历了由异常偏西风向偏东风的转变，并同样在南、北太平洋区域分别形成了一个异常反气旋和气旋环流中心，随着北太平洋异常反气旋底部异常东风逐渐向西北太平洋运动并转为偏南风气流，使得东亚地区的低层水汽输送条件增强，而原本中国大陆的异常气旋中心消失转为弱反气旋式环流，表明冷空气的渗透影响作用逐渐显著，最终冷暖空气在我国西南地区交汇，造成贵州冬季凝冻日数异常偏多。

　　在贵州冬季凝冻日数异常偏少年（图 3.20b,d,f,h）的合成分析上可见，与异常偏多年的拉尼娜事件的发生发展不同，异常偏少年份的赤道中东太平洋地区存在的拉尼娜事件的减弱和消亡，在前期春季，整个东太平洋地区均为海温负距平区域，其中在赤道东太平洋、北美西海岸和南美西海岸分别存在超过 −0.5℃ 的海温负距平中心，而到了秋季，负距平区域大面

积减小, 负距平中心则完全消失, 到了冬季, 甚至开始出现向暖海温区转变的趋势。相比之下, 北太平洋地区的海温正距平中心异常强大且呈现增强趋势, 中心值一直维持在 0.5℃以上, 而包含中国南海、东海在内的西北太平洋地区并未像异常偏多年出现海温距平的转变, 整个冬季前期仍为负距平控制。同样与此相对应, 在北太平洋出现了异常强大的气旋式环流发生发展, 并在冬季时期达到强盛, 异常气旋西侧的偏北气流向西延伸至中国东部, 表明了冷空气活动异常偏东, 这也与前文的分析一致, 最终导致贵州地区冷空气活动不足, 水汽条件偏差, 冬季凝冻日数异常偏少。

综上所述, 赤道中东太平洋地区的拉尼娜现象与西太平洋和印度洋地区的海温异常分布对贵州冬季凝冻天气过程的发生发展有着密切联系。因此, 加强对于上述地区的海温异常监测, 可为贵州冬季凝冻事件的长期预测提供线索和理论依据。

3.2.7 小结

本节研究了贵州冬季凝冻日数的气候分布特征, 并对贵州冬季凝冻日数异常偏多年和偏少年之间的大气环流异同进行了分析, 得到了如下结论。

（1）冬季贵州省平均凝冻日数空间分布呈"西多东少, 中部多、南北少"的分布特征, 其中威宁的凝冻日数最多, 其次是大方和万山, 这与海拔高度及冷空气路径的关系密不可分。

（2）贵州凝冻指数场 EOF 展开前 2 个特征向量场的累计方差贡献率达 71.63%, 其中第一特征向量场占总方差的 65.04%, 呈全区一致型分布; 第二特征向量场占总方差的 6.59%, 呈贵州省东—西反位相分布特征, 即东部重（轻）、西部轻（重）型; 贵州冬季凝冻主要模态在近 59 a 来呈减弱的趋势, 且还具有明显的年（代）际变化特征。

（3）贵州凝冻日数偏多年的大尺度环流具有明显的经向环流特征, 东亚大槽南北经向度大, 高空纬向风分布比较均匀, 亚洲上空有大值风速中心, 冬季冷空气活动偏强偏多, 冷暖气流在中国西南地区上空交汇; 反之, 当亚洲中高纬呈现比较平直的西风带环流, 盛行纬向环流, 纬向风在经向上具有明显的不对称性, 冷空气活动偏弱偏东, 从而导致贵州冬季凝冻日数偏少。

（4）当前期赤道中东太平洋存在拉尼娜事件的发生发展, 且西太平洋和东印度洋地区存在海温距平由负转正的异常变化时, 贵州冬季凝冻日数易出现异常偏多。而当赤道中东太平洋出现拉尼娜事件的减弱消亡和西北太平洋海温正距平的维持时, 贵州冬季凝冻日数易出现异常偏少。

3.3 贵州省不同强度区域性凝冻过程对比分析

3.3.1 资料

根据表 1.6 中 1961—2019 年贵州省区域性凝冻过程的分级情况, 选出 2000 年以后的前 9 次强的区域性凝冻过程与 9 次一般强度的区域性凝冻过程进行对比分析（表 3.4）, 以探究不同强度区域性凝冻过程的形势场特征, 为后期做好贵州省凝冻过程的延伸期预报奠定基础。

本节使用的资料有：①国家气候中心整编的贵州 85 个国家气象站对应时段内逐日观测

资料；②美国国家环境预报中心和国家大气研究中心（NCEP/NCAR）的对应时段内每日 4 次水平分辨率为 1°×1° 的温度场、风场的再分析资料，以及水平分辨率为 2.5°×2.5° 的逐日高度场的再分析资料；③美国国家海洋和大气管理局（NOAA）的逐月海表温度资料，水平分辨率为 2.0°×2.0°。

3.3.2 降温幅度、持续天数和影响站数对比分析

从 2000 年以后贵州省不同强度区域性凝冻过程统计表（表 3.4）可以看出，9 次强区域性凝冻过程的持续天数和平均每天影响站数均明显多于一般区域性凝冻过程。具体来看，强区域性凝冻过程的持续天数均在 7 d 以上，而一般区域性凝冻过程的持续天数基本在 5 d 以下。此外，强区域性凝冻过程平均每天影响站数均在 20 站以上，而一般区域性凝冻过程平均每天影响站数基本在 20 站以下。

表 3.4　2000 年以后贵州省不同强度区域性凝冻过程统计表

序号	9 次强区域性凝冻过程			9 次一般区域性凝冻过程		
	开始时间 / 结束时间	持续天数 /d	平均每天影响站数	开始时间 / 结束时间	持续天数 /d	平均每天影响站数
1	2008-01-13/2008-02-14	33	44.5	2005-01-20/2005-01-22	3	16
2	2011-01-01/2011-02-01	32	35.9	2013-12-28/2013-12-30	3	9.3
3	2018-01-25/2018-02-08	15	27.9	2000-01-16/2000-01-18	3	18.3
4	2014-02-06/2014-02-19	14	20.4	2009-01-5/2009-01-08	4	11.5
5	2000-01-25/2000-02-05	12	28.2	2009-01-24/2009-01-27	4	18
6	2013-01-03/2013-01-11	9	30.4	2006-01-20/2006-01-24	5	16.6
7	2018-12-28/2019-01-03	7	36.3	2018-01-06/2018-01-09	4	13.8
8	2004-12-23/2005-01-02	11	20.3	2019-02-09/2019-02-11	3	21
9	2012-01-20/2012-01-30	11	24.5	2005-02-10/2005-02-13	4	16

从贵州省 9 次强区域性凝冻过程对应的平均气温距平分布（图 3.21）可以看出，9 次强区域性凝冻过程造成全省不同程度的降温，基本上造成全省平均气温偏低 1.6 ～ 8.6℃。其中 2008 年 1 月 13 日（图 3.21a）、2014 年 2 月 6 日（图 3.21d）以及 2018 年 12 月 28 日（图 3.21g）开始的凝冻过程造成气温偏低的幅度最强，而 2012 年 1 月 20 日（图 3.21i）开始的凝冻过程造成气温偏低的幅度最弱。9 次过程中气温距平大值中心基本上位于中西部（图 3.21a,b,c,e,f,i）和中东部（图 3.21d,g,h）。而 9 次一般区域性凝冻过程均造成部分地区不同程度的降温（图 3.22），偏低的幅度在 0 ～ 8.9℃，其中气温距平分布型基本为东低西高型（图 3.22a,c,d,g,h,i）和西低东高型（图 3.22b,e,f）。二者对比来看，9 次强过程对应的偏低幅度和偏低范围均明显强于 9 次一般过程。

图 3.21 贵州省 9 次强区域性凝冻过程对应的平均气温距平分布（单位：℃）
（a）2008/1/13—2008/2/14/；（b）2011/1/1—2011/2/1；（c）2018/1/25—2018/2/8；（d）2014/2/6—2014/2/19；
（e）2000/1/25—2000/2/5；（f）2013/1/3—2013/1/11；（g）2018/12/28—2019/1/3；（h）2004/12/23—
2005/1/2；（i）2012/1/20—2012/1/30

图 3.22　同图 3.21，但为一般区域性凝冻过程（单位：℃）
（a）2005/1/20—2005/1/22；（b）2013/12/28—2013/12/30；（c）2000/1/16—2000/1/18；（d）2009/1/5—
2009/1/8；（e）2009/1/24—2009/1/27；（f）2006/1/20—2006/1/24；（g）2018/1/6—2018/1/9；（h）2019/2/9—
2019/2/11；（i）2005/2/10—2005/2/13

　　从贵州省 9 次强区域性凝冻过程期间各站凝冻发生天数分布图（图 3.23）可以看出，9 次强凝冻过程造成全省各站出现不同程度的凝冻发生。其中 2008 年 1 月 13 日、2011 年 1 月 1 日开始的过程造成凝冻发生天数最多、范围最广，贵州省西部部分地区过程期间出现 30 d 以上的凝冻，两次过程的凝冻天数大值区集中在 27°N 纬度带附近。而其余 7 次过程大值区的凝冻天数基本为 7～15 d，而 2013 年 1 月 3 日开始的凝冻过程造成凝冻发生天数最少。9 次强凝冻过程中凝冻发生天数大值中心位于贵州中西部（图 3.23a～f,i）和中东部（图 3.21g,h）。而 9 次一般区域性凝冻过程也造成部分地区不同程度的凝冻发生（图 3.24），其中凝冻发生天数的分布型基本为中部型（图 3.24a,c）、西部型（图 3.24b,e）、中西部型（图 3.24d,f）、中东部型（图 3.24g,h,i），大值区的凝冻天数基本为 3～5 d。二者对比看，9 次强过程对应的凝冻出现天数和范围均明显强于 9 次一般过程。

　　从贵州省 9 次强区域性凝冻过程对应的逐日影响站次时间序列（图 3.25）来看，无论是持续时间还是影响站次，2008 年和 2011 年的两次凝冻过程均明显强于其他几次过程，其中 2008 年 1 月 13 日—2 月 14 日这次凝冻过程中连续 15 d 受影响站次在 50 站次以上（图 3.25a），1 月 29 日全省共计 73 站发生了凝冻。2011 年 1 月 1 日—2 月 1 日这次凝冻过程中有 4 d 连续出现影响站次在 50 站次以上的情况（图 3.25b），发生凝冻站次最多的一天出现在 1 月 3 日，为 69 站次。另外，从峰值的形态来说，基本上属于单峰型（图 3.25a,c,e,f,g,h,i）和双峰型（图 3.25b,d），但无论是哪种类型，其峰值均超过 40 站次。从贵州省 9 次一般区域性凝冻过程对应的逐日影响站次时间序列（图 3.26）来看，2006 年 1 月 20 日开始的凝冻过程的持续时间最长，而 2005 年 1 月 20 日开始的凝冻过程的持续时间最短且每日影响的站次也最少。由于 9 次一般区域性凝冻过程的持续时间基本在 3～5 d，因此其峰值形态特征不明显，9 次一般过程的峰值基本在 10～30 站次。总体来说，9 次强过程对应的持续时间和逐日影响站次均明显强于 9 次一般过程。

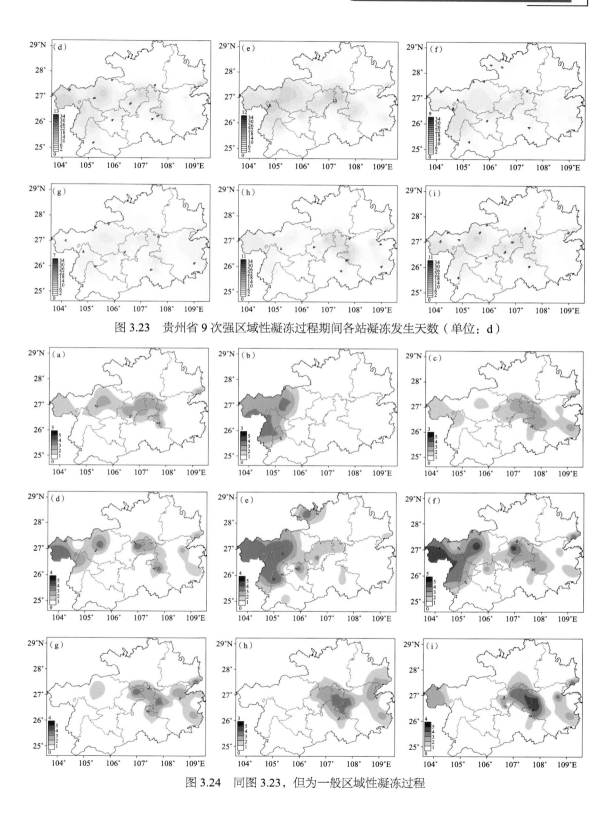

图 3.23　贵州省 9 次强区域性凝冻过程期间各站凝冻发生天数（单位：d）

图 3.24　同图 3.23，但为一般区域性凝冻过程

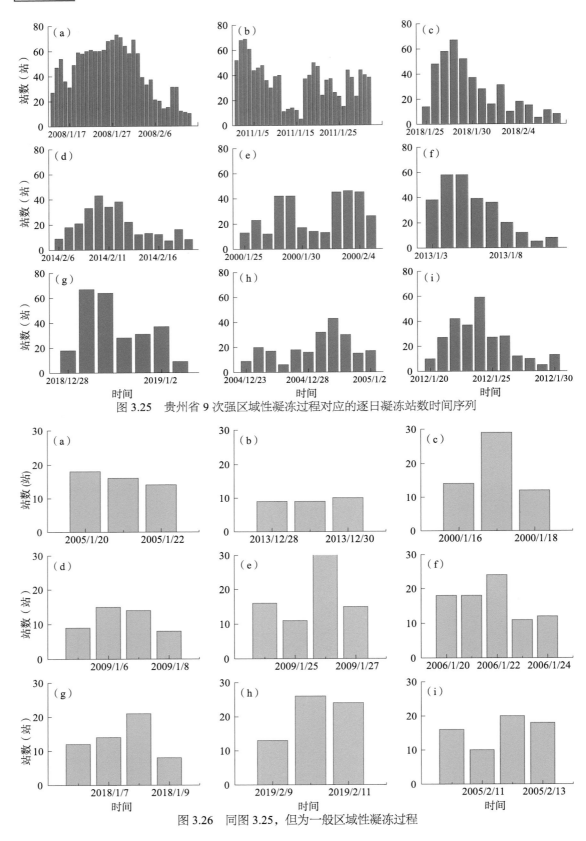

图 3.25 贵州省 9 次强区域性凝冻过程对应的逐日凝冻站数时间序列

图 3.26 同图 3.25，但为一般区域性凝冻过程

3.3.3 环流场对比分析

为进一步对比分析不同强度区域性凝冻过程，对9次强凝冻过程和9次一般凝冻过程不同层次的风场进行对比分析。850 hPa平均风场上，9次强凝冻过程均存在自河南—湖北—湖南—贵州一线的偏东北风回流（图3.27），研究表明，偏东北风回流起着冷垫的作用，使得在凝冻过程期间，其稳定的层结结构使变温不显著，持续维持低温状态。其中，2001年1月25日（图3.27e）和2004年12月23日（图3.27h）开始的过程其东北风回流相对较弱。另外，在贵州的南侧均存在来自南海的偏南风，其中2008年1月13日（图3.27a）、2011年1月1日（图3.27b）、2014年2月6日（图3.27 d）、2013年1月13日（图3.27f）、2018年12月28日（图3.27g）和2012年1月12日（图3.27i）开始的过程其偏南风相对明显，表明这些过程对应的暖湿气流更为强盛，且这6次过程中偏东北风和偏南风导致的切变线基本位于贵州南部—广西北部—湖南南部—江西南部一线，使地面有华南静止锋出现。而2018年1月25日（图3.27c）开始的过程其偏北风相对偏南风更为强劲，使得切变线的位置相对更靠南，位于广西中部—广东中部一线。2000年1月25日（图3.27e）和2018年12月28日（图3.27g）开始的过程其偏北风和偏南风均相对较弱，故切变线也基本位于贵州南部—广西北部—湖南南部—江西南部一线。9次过程中在贵州西侧的云南大部地区受偏南风和西南风控制，导致在贵州与云南交界出现云贵准静止锋，并与华南准静止锋连在一起，有利于贵州地区出现持续凝冻天气。

9次一般凝冻过程有6次过程存在偏东北风回流（图3.28b~g），而另3次过程（图3.28a,h,i）中来自南海的偏南风异常强盛，导致在850 hPa平均风场我国南方大部地区盛行偏南风。9次过程中有3次过程（图3.28d,e,g）存在明显的由偏南风和偏北风导致的切变线，切变线位置基本位于贵州南部—广西北部—湖南南部—江西南部一线。9次过程中在贵州西侧的云南大部地区受偏南风和西南风控制。

将不同强度区域性凝冻过程的850 hPa平均风场对比发现，9次强区域性凝冻过程中在河南—湖北—湖南—贵州一线均存在偏北风回流，贵州南侧均存在偏南风，并且均存在切变线。而9次一般区域性凝冻过程中偏北风、偏南风和切变线并不存在统一的特征。无论是哪种强度的过程，贵州西侧的云南大部地区均受偏南风和西南风控制，这是二者的统一特征。

由于9次强区域性凝冻过程中低层（850 hPa）风场上存在着东北风回流和暖湿的偏南风，对应地面出现华南准静止锋和云贵准静止锋，那么在中低层上（700 hPa）气流的活动又是怎样的呢？在700 hPa平均风场上（图3.29），9次强过程均存在一支平均风速在12 m/s之上的西南或西风急流，急流控制区域为云南—贵州—湖南—江西一线以南的我国南方地区，且急流中心均位于贵州西南部—广西西北部一线，贵州凝冻频发区位于该急流中心的左侧。其中有4次过程（图3.29a,d,f,i）对应的平均风速大于12 m/s的区域明显更广，甚至出现中心强度达20 m/s以上。研究表明，西南急流携带暖湿气流不断北上，若在其底层至近地面层为一冷垫，在急流爬升过程中其有利的水汽条件和温度条件使凝冻和阴雨（雪）天气稳定维持。9次强过程对应的850 hPa风场（图3.27）上均存在东北风回流和切变线，因此在700 hPa之下底层至近地面层之间存在一冷垫，加之700 hPa风场的西南急流，有利于贵州出现区域性凝冻过程。

9次一般区域性凝冻过程对应的700 hPa平均风场来看（图3.30），9次一般过程均存在一支平均风速在12 m/s之上的西南或西风急流，急流控制区域为华南和江南地区。由于2019年2月9日开始的过程（图3.30h）中其西南急流过于强盛，中心风速达24 m/s以上，导致该

图 3.27　9 次强凝冻过程对应的 850 hPa 平均风场（单位：m/s；　矩形区域：贵州凝冻频发带；"Δ"：贵阳）

图 3.28　同图 3.27，但为一般区域性凝冻过程

急流中心位于贵州凝冻频发区的左侧，除该次过程外，其余 8 次过程的急流中心基本位于贵州凝冻频发区的右侧。其中有 5 次过程（图 3.30a,b,g,h,i）对应的平均风速大于 12 m/s 的区域

明显更广，甚至出现中心风速达 24 m/s 以上。将不同强度区域性强凝冻过程的 700 hPa 平均风场对比发现，无论是哪种强度的过程，在江南至华南一带，均存在一支平均风速 12 m/s 之上的西南或西风急流，急流中心基本位于贵州凝冻频发区的右侧。

图 3.29 9 次强凝冻过程对应的 700 hPa 平均风场（单位：m/s；矩形区域：贵州凝冻频发带；"△"：贵阳；填色区：大于 12 m/s）

图 3.30 同图 3.29，但为一般区域性凝冻过程

3.3.4 温度场对比分析

为探究不同强度区域性强凝冻过程的温度结构特征，本节将从温度场的空间分布和垂直剖面进行对比分析。从 9 次强区域性凝冻过程 850 hPa 温度场的空间分布（图 3.31）可以看出，9 次过程均存在逆温区，逆温区强度为 2 ~ 6℃，逆温区的大值中心基本位于贵州省中东部，即贵州凝冻频发带的东部。其中 2008 年 1 月 13 日（图 3.31a）和 2018 年 12 月 28 日（图 3.31g）开始的过程对应的逆温区范围最广，强度最强，而 2018 年 1 月 25 日（图 3.31c）开始的过程对应的逆温区范围最小，强度最弱。另外，9 次过程中 850 hPa 温度场 0℃线均南压至贵州西部—广西北部—湖南南部—江西南部一线。结合 850 hPa 风场（图 3.27）和温度场来看，9 次过程中贵州大部为偏东北风回流，表明贵州低层有明显冷平流。其中 2008 年 1 月 13 日（图 3.31a）和 2018 年 12 月 28 日（图 3.31g）开始的过程在贵州东部对应等温线更为密集，其冷平流强度也相对较强，这也是造成这两次过程对应逆温区范围强度偏强的原因。9 次过程中有 3 次过程（图 3.31c,e,h）对应的 700 hPa 温度场 0℃线位置相对其他 6 次过程明显偏南，这主要是因为这 3 次过程对应的 700 hPa 风场（图 3.29c,e,h）中西南急流相对更弱。9 次过程中有 7 次过程（图 3.31a,b,d,f,g,h,i）对应向北推的 850 hPa 温度场 0℃线与向南推的 700 hPa 温度场 0℃线有交叉，且交叉面积越大，其对应逆温区的强度越强，范围越广。

从 9 次一般区域性凝冻过程对应的 850 hPa 温度场来看（图 3.32），9 次过程中有 7 次过程出现了逆温区（图 3.32a,b,c,e,f,h,i），逆温区强度为 2 ~ 8℃，其中以 2019 年 2 月 9 日开始的过程（图 3.32h）逆温区的范围最广，强度最强。7 次过程中逆温区的大值中心位置均不统一，其中 2005 年 1 月 20 日（图 3.32a）和 2013 年 12 月 28 日（图 3.32b）开始的过程对应逆温区均未在贵州省范围内，2009 年 1 月 24 日（图 3.32e）和 2006 年 1 月 20 日（图 3.32f）开始的过程对应逆温区大值中心位于贵州省的南部或西南部，其余 3 次过程（图 3.32c,h,i）逆温区大值中心位于贵州省的东部或东北部。另外，9 次过程中有 2 次过程（图 3.32e,f）的 850 hPa 温度场 0℃线南压至贵州西部—广西北部—湖南南部—江西南部一线，有 5 次过程（图 3.32b,c,d,g,h）的 850 hPa 温度场 0℃线南压至贵州西北部—湖南中南部—江西中南部一线，另外 2 次过程（图 3.32a,i）的 850 hPa 温度场 0℃线南压至贵州东北部—湖南中北部—江西北部一线。9 次过程中有 3 次过程（图 3.32a,h,i）的 700 hPa 温度场 0℃线北推至贵州省北部—湖南北部一线，这主要是由这几次过程对应 850 hPa 风场（图 3.28）的偏南风更强盛所导致。其余 6 次过程温度场 0℃线基本位于贵州中南部—湖南南部—江西南部一线。9 次过程中有 4 次过程（图 3.32e,f,h,i）的 850 hPa 温度场 0℃线向北推，与 700 hPa 温度场 0℃线向南推有交叉，同样地，交叉面积越大，其对应逆温区的强度越强，范围越广。

将不同强度区域性强凝冻过程的 850 hPa 温度场对比发现，强区域性凝冻过程均存在逆温区，逆温区大值中心基本位于贵州凝冻频发带的东部，850 hPa 温度场 0℃线基本上南压至贵州西部—广西北部—湖南南部—江西南部一线。而 9 次一般区域性凝冻过程中是否存在逆温区、逆温区大值中心位置和 850 hPa 温度场 0℃线南压的位置等均不存在统一的特征。但无论是哪种强度的过程，若区域性过程中对应向北推的 850 hPa 温度场 0℃线与向南推的 700 hPa 温度场 0℃线有交叉，其交叉面积越大，其对应逆温区的强度越强，范围越广。

图 3.31 9 次强凝冻过程对应的 850 hPa 温度场（单位：℃；矩形区域：贵州凝冻频发带；"Δ"：贵阳；红 / 蓝粗线：850/700 hPa 温度场 0℃线；红色实线：850 hPa 平均温度场；填色区：逆温区）

图 3.32 同图 3.31，但为一般区域性凝冻过程

由于贵州省凝冻频发带位于 26°—28°N，104°—109.5°E，因此对比分析不同强度区域性凝冻过程温度在该范围内的高度－时间演变特征，进一步探讨凝冻过程中温度的垂直结构。从 9 次强区域性凝冻过程的温度随高度和时间的剖面图（图 3.33）可以看出，9 次过程中有

5 次过程（图 3.33a,b,f,g,i）存在冷 - 暖 - 冷的夹心结构，暖心结构出现在 600 ～ 800 hPa，表明在该层有高于 0℃的融化层。其中 2008 年 1 月 13 日开始的过程（图 3.33a）其暖心结构中心强度最强为 5℃，持续时间最长达 11 d。2011 年 1 月 1 日开始的过程（图 3.33b）总共出现了 2 次暖心结构，第一次持续时间为 9 d，第二次持续时间仅 1 ～ 2 d，2 次过程暖心结构中心温度为 2℃。而另外三次过程暖心结构持续时间仅 2 ～ 3 d，暖心结构中心强度为 1 ～ 3℃。9 次过程中近地面层 0℃线（黑实线）最低位置基本在 900 hPa 等压线以下，其中有 4 次过程（图 3.33a,b,c,f）近地面层 0℃线（黑实线）基本维持在 900 hPa 等压线附近。将 9 次过程温度随高度和时间的剖面图与逐日凝冻站次时间演变图（图 3.25）对比可以发现，当近地面层 0℃线（黑实线）位置在 900 hPa 等压线以下位置时或出现暖心结构时，基本与凝冻发生站次最多的时段对应，即地面出现最强冷平流或温度场中层（600 ～ 800 hPa）出现暖心结构的时间对应凝冻过程影响范围最广、灾情最重的时间段。

图 3.33　9 次强凝冻过程对应的温度在 26°—28°N，104°—109.5°E 范围内的高度 - 时间演变（黑实线：0℃线）

　　从 9 次一般区域性凝冻过程对应的温度随高度和时间的剖面图（图 3.34）可以看出，9 次过程中只有 1 次过程（图 3.34f）出现冷 - 暖 - 冷的夹心结构，暖心结构出现在 500 ～ 700 hPa，暖心结构中心强度最强为 3℃，持续时间为 3 d。9 次过程中近地面层 0℃线（黑实线）最低位置相对 9 次强区域性过程明显偏高，基本在 900 hPa 等压线以上，其中有 2 次过程（图 3.34h,i）近地面层 0℃线（黑实线）基本维持在 650 hPa 等压线附近。将 9 次过程温度随高度和时间的剖面图与逐日凝冻站次时间演变图（图 3.26）对比同样可以发现，当近地面层 0℃线（黑实线）位置最低时或出现暖心结构时，基本与凝冻发生站次最多的时段对应，即地面出现最强冷平流或温度场出现暖心结构的时间对应凝冻过程影响范围最广、灾情最重的时间段。

将不同强度区域性凝冻过程的温度随高度和时间的剖面图对比发现，强区域性凝冻过程中出现冷 - 暖 - 冷的夹心结构的次数较一般性区域过程的偏多，其暖心结构中心强度和持续时间也相对较强和较长。强区域性过程中近地面层 0℃线（黑实线）最低位置较一般区域性过程明显偏低，表明近地面冷平流的强度相对较强。但无论是哪种强度的过程，当近地面层 0℃线（黑实线）位置最低时或出现暖心结构时，基本与凝冻发生站次最多的时段对应，即地面出现最强冷平流或温度场出现暖心结构的时间对应凝冻过程影响范围最广、灾情最重的时间段。

3.3.5 高度场对比分析

图 3.35 给出了 9 次强区域性凝冻过程 500 hPa 平均高度场及距平场。在中高纬度的亚洲东部区域（70°—180°E，50°—75°N），7 次过程（图 3.35a ～ c，e ～ h）的高度距平场呈现"-+"的分布形势，在贝加尔湖以西地区为阻塞高压，而在贝加尔湖以东地区为深厚的大槽形势，其中 2008 年（图 3.35a）和 2011 年（图 3.35b）这两次过程由于过程持续时间长，其平滑作用导致其"-+"的分布形势相对不显著。而 2014 年（图 3.35d）和 2012 年（图 3.35i）这两次过程的高度距平场呈现"+-+"的分布形势，在贝加尔湖地区为低槽，而在其东西两侧为高压脊，在这种形势场下，低槽移动速度较慢，冷空气易堆积。在中纬度的中国东部区域（90°—120°E，25°—45°N），8 次过程（图 3.35a ～ f,h,i）的高度距平场为负距平，而 2018 年（图 3.35g）该区域高度距平场为正距平，主要是由于贝加尔湖高压脊异常强盛所导致。9 次过程中，从贝加尔湖至中国华北地区（90°—120°E，30°—60°N）500 hPa 等高线的形势来看，9 次过程以经向环流为主。

从 9 次一般区域性凝冻过程对应的 500 hPa 平均高度场及距平场（图 3.36）可以看出，由于 9 次过程持续时间较短，基本在 3 ～ 5 d，时间平滑作用较小，导致其距平场异常中心个数相对强区域性凝冻过程的多，中心强度也相对更大。在中高纬度的亚洲东部区域（80°—120°E，40°—65°N），9 次过程高度场均有一高压脊，而在其右侧为低槽。其中 2005 年（图 3.36a）、2013 年（图 3.36b）、2006 年（图 3.36g）和 2005 年（图 3.36i）这 4 次过程在巴尔喀什湖附近均存在切断低槽，低槽移动速度较慢，冷空气易堆积。在中纬度的中国东部区域（90°—120°E，25°—45°N），5 次过程（图 3.36b ～ e,g）的高度距平场为负距平。9 次过程中，从贝加尔湖至中国华北地区（90°—120°E，30°—60°N）500 hPa 等高线的形势来看，9 次过程以经向环流为主。

将不同强度区域性凝冻过程的 500 hPa 平均高度场及距平场对比发现，无论是哪种强度的过程，在中高纬度的亚洲东部区域高度距平场呈现"-+"的分布形势或有切断低槽分布，贝加尔湖至中国华北地区盛行以西北风为主的经向环流，均是有利于贵州出现区域性凝冻过程的形势分布。

图 3.34　同图 3.33，但为一般区域性凝冻过程（注：因过程持续时间较短，其对应时间有所延长）

图 3.35　9 次强凝冻过程对应的 500 hPa 平均高度场及距平场（单位：dagpm）

图3.36 同图3.35，但为一般区域性凝冻过程

3.3.6 结论与讨论

本节通过对贵州省不同强度区域性凝冻过程的降温幅度、持续天数、影响站次、环流场、温度场、高度场等进行了全面的对比分析，得到以下结论。

（1）9次强区域性过程对应的偏低幅度和范围、凝冻出现天数和范围、逐日影响站次均明显强于9次一般过程。

（2）环流场上，9次强区域性凝冻过程中在河南—湖北—湖南—贵州一线均存在偏北风回流，贵州南侧均存在偏南风，并且均存在切变线。而9次一般性区域过程中偏北风、偏南风和切变线并不存在统一的特征。无论是哪种强度的过程，贵州西侧的云南大部地区均受偏南风和西南风控制，并且在江南至华南一带，均存在一支平均风速12 m/s之上的西南或西风急流，急流中心基本位于贵州凝冻频发区的右侧。

（3）温度场上，强区域性凝冻过程均存在逆温区，逆温区大值中心基本位于贵州凝冻频发带的东部，850 hPa温度场0℃线基本上南压至贵州西部—广西北部—湖南南部—江西南部一线。而9次一般性区域过程中是否存在逆温区、逆温区大值中心位置和850 hPa温度场0℃线南压的位置等均不存在统一的特征。但无论是哪种强度的过程，若区域性过程中对应向北推的850 hPa温度场0℃线与向南推的700 hPa温度场0℃线有交叉，其交叉面积越大，其对应逆温区的强度越强，范围越广。

（4）温度随高度和时间的剖面图上，强区域性凝冻过程中出现冷－暖－冷的夹心结构的次数较一般区域性凝冻过程的偏多，其暖心结构中心强度和持续时间也相对较强和较长。强区域性过程中近地面层0℃线（黑实线）最低位置较一般区域性过程明显偏低，表明近地面冷平流的强度相对较强。但无论是哪种强度的过程，当近地面层0℃线（黑实线）位置最低时或出现暖心结构时，基本与凝冻发生站次最多的时段对应，即地面出现最强冷平流或温度场出现暖心结构的时间对应凝冻过程影响范围最广、灾情最重的时间段。

（5）无论是哪种强度的过程，在中高纬度的亚洲东部区域高度距平场呈现"-+"的分布

形势或有切断低槽分布，贝加尔湖至中国华北地区盛行以西北风为主的经向环流，均是有利于贵州出现区域性凝冻的形势分布。

3.4 贵州省不同类型区域性凝冻过程对比分析

3.4.1 全省型凝冻过程

个例1：2012年1月20日—1月30日（较强区域性凝冻过程）

从地表温度的时间平均场上（图3.37a）看，0℃线已经压至贵州中部，中北部地区平均气温在0℃附近，东北部地区低于0℃。探空图上，云层高度普遍在700 hPa左右，云顶温度≥−10℃。平均温度平流随时间演变方面（图3.37b），近地面多为冷平流控制（中心强度（8～10）×10^{-5}℃·s^{-1}），有时出现弱暖平流影响，中层600～800 hPa附近长时间以暖平流为主（中心强度（16～20）×10^{-5}℃·s^{-1}），且暖平流强度普遍强于低层的冷平流，700 hPa以上多有冷空气切入影响，使得中高层600 hPa以上出现冷暖平流相间的特征。再看温度随时间的演变情况（图3.37c），凝冻过程近地面的平均气温在0～4℃范围浮动，中后期650～800 hPa附近存在明显逆温层，最高温度在650 hPa附近，约为4℃。

（a）地表温度/℃

（b）温度平流/(10^{-5}℃·s^{-1})

（c）温度/℃

图3.37　2012年1月20—30日凝冻过程的平均地表温度（a）、温度平流垂直剖面（b）和温度垂直剖面（c）

从平均水汽通量散度随时间的变化上（图3.38a）来看，近地面至750 hPa多为水汽通量散度负值区，偶有间隔弱的水汽通量散度正值区；500～750 hPa转为正值区，表明当前水汽的低层辐合与高层辐散特征。其中，凝冻初期水汽的辐合辐散最强，800～850 hPa的辐合中心强度为$(-12\sim-14)\times10^{-9}$ g·hPa^{-1}·cm^{-2}·s^{-1}，600～700 hPa的辐散中心强度为8$\times10^{-9}$ g·hPa^{-1}·cm^{-2}·s^{-1}，有利于凝冻天气的发生和维持。凝冻中后期水汽辐合辐散逐渐减弱，强度多在$\pm4\times10^{-9}$ g·hPa^{-1}·cm^{-2}·s^{-1}以内。对比平均比湿场来看（图3.38b），整个过程700 hPa以下比湿维持在（3～5）g·kg^{-1}，其中大值区集中在800～850 hPa，凝冻初期低层水汽强辐合时段有5 g·kg^{-1}的比湿最大值。

(a) 水汽通量散度/(10^{-9}g·hPa^{-1}·cm^{-2}·s^{-1})　　　　　(b) 比湿/(g·kg^{-1})

图3.38　2012年1月20—30日特重级凝冻过程的水汽通量散度垂直剖面（a）和比湿的垂直剖面（b）

本次过程锋面（图3.39a）自北向南南压，后维持在云南东部，贵州大部地区受锋生作用影响。贵州境内锋生函数值在0.35×10^{-14}℃·s^{-1}以内，锋面发展最高达到580 hPa，锋生函数最大值位于105°E的近地面，为三类特重级凝冻天气中锋生函数作用最强。从平均经向风随时间的演变特征看（图3.39c），贵州850 hPa以下北风为主，中前期中高层北风输送较强，中后期850 hPa以上转为南风为主。再从垂直速度配合相对湿度的演变特征可知（图3.39c），贵州600 hPa以下的湿度大值区配合有弱上升运动，凝冻中前期上升运动偶尔会超过600 hPa。

个例2：2011年1月1日—2月1日（特强区域性凝冻过程）

从地表温度的时间平均场上（图3.40a）看，0℃线已经压至贵州南部，全省大部地区的平均地表温度在0℃上下浮动，从探空图看，云层高度普遍在700 hPa左右，云顶温度≥−10℃。平均温度平流随时间演变方面（图3.40c），从整体上看，近地面至800 hPa以冷平流控制为主（中心强度$(-10\sim-12)\times10^{-5}$℃·s^{-1}），有时出现弱暖平流影响；中层600～800 hPa多为暖平流控制（中心强度30×10^{-5}℃·s^{-1}），且暖平流强度普遍强于低层的冷平流，当中高层冷空气增强补充时，中层有时会出现弱冷平流影响；到600 hPa以上，冷暖平流相间更加频繁，且随着凝冻趋于结束，温度平流强度整体减弱。从平均温度随时间演变的情况看（图3.40c），凝冻初期近地面平均温度0～4℃，600～850 hPa有明显逆温层存在，最高温度在700 hPa附近，约为4℃；凝冻中期，0℃层先是在850 hPa附近，后随着冷空气补充增强，温度进一步降低，近地面气温维持在0℃以下，逆温层强度明显减弱；凝冻后期，冷空气有所减弱，0℃层又再次上升至850 hPa左右。

(a) 锋生函数/(10^{-14}·°C·s^{-1})

(b) 经向风/(m·s^{-1})

(c) 垂直速度/(Pa·s^{-1})和相对湿度/%

图 3.39　2012 年 1 月 20—30 日凝冻过程的锋生函数垂直剖面（a）、平均经向风（b）和垂直速度配合相对湿度的垂直剖面（c）

(a) 地表温度/℃

(b) 温度平流/(10^{-5}·°C·s^{-1})

(c) 温度/℃

图 3.40　2011 年 1 月 1 日—2 月 1 日特重级凝冻过程的平均地表温度（a）、温度平流垂直剖面（b）和温度垂直剖面（c）

从平均水汽通量散度随时间变化上（图 3.41a）来看，近地面至 700 hPa 以水汽的辐合为主，偶尔出现辐散现象；中层 500 ~ 700 hPa 多为水汽的辐散，偶有水汽弱辐合的情况；500 hPa 以上同层水汽的辐合辐散相间特征更加频繁，且随着凝冻趋于结束，水汽的辐合辐散强度整体减弱。其中，凝冻初期水汽的低层辐合和高层辐散为全过程最强，850 hPa 有水汽辐合大值区（中心强度 -16×10^{-9} g·hPa^{-1}·cm^{-2}·s^{-1}），650 hPa 有水汽辐散大值区（中心强度 10×10^{-9} g·hPa^{-1}·cm^{-2}·s^{-1}），有利于凝冻天气的发生和维持。对比平均比湿场来看（图 3.41b），近地面至 700 hPa 比湿最大值出现在凝冻初期，即水汽辐合辐散最强时段，比湿值为 4 ~ 5 g·kg^{-1}，中后期减弱至 3 ~ 4 g·kg^{-1}，末期继续减弱，比湿仅 3 g·kg^{-1} 左右。

(a) 水汽通量散度/(10^{-9}g·hPa^{-1}cm^{-2}·s^{-1})

(b) 比湿/(g·kg^{-1})

图 3.41　2011 年 1 月 1 日—2 月 1 日特重级凝冻过程的水汽通量散度垂直剖面（a）和比湿的垂直剖面（b）

本次过程锋面（图 3.42a）自东北向西南南压，后在贵州西部边缘摆动，贵州大部地区受锋生作用影响。贵州境内锋生函数值在 0.2×10^{-14} ℃·s^{-1} 以内，锋面发展最高达到 770 hPa，锋生函数最大值位于 105°E 的近地面。平均经向风随时间的演变方面（图 3.42b），贵州 800 hPa 以下北风为主，随着北风补充加强，700 hPa 以上呈南北风交替特征。从垂直速度配合相对湿度的演变看（图 3.42c），贵州 600 hPa 以下的湿度大值区配合有弱上升运动，凝冻中期上升运动有时超过 600 hPa。

(a) 锋生函数/($10^{-14} \cdot \text{℃} \cdot \text{s}^{-1}$) 　　(b) 经向风/($\text{m} \cdot \text{s}^{-1}$)

(c) 垂直速度/($\text{Pa} \cdot \text{s}^{-1}$)和相对湿度/%

图3.42　2011年1月1日—2月1日凝冻过程的锋生函数垂直剖面（a）、平均经向风（b）和垂直速度配合相对湿度的垂直剖面（c）

3.4.2 中西部型凝冻过程

个例：2004年1月18—28日

从地表温度的时间平均场上（图3.43a）看，0℃线在贵州中西部摆动，全省大部地区的平均气温在0℃上下浮动，从探空图上来看，云层发展高度在550 hPa左右，降雪时云顶温度在$-17 \sim -13$℃。平均温度平流随时间演变方面（图3.43b），凝冻中前期，近地面至$750 \sim 800$ hPa有冷平流持续影响，且冷平流层比前两类更深厚（中心强度$(-10 \sim -8) \times 10^{-5}$℃$\cdot$s^{-1}），$550 \sim 750$ hPa转为暖平流控制（中心强度12×10^{-5}℃$\cdot$s^{-1}），偶有冷空气切入，在550 hPa以上层结形成冷暖平流相间特征；凝冻中后期，冷空气输送减弱，贵州大气中高层逐渐转变为完全受暖平流控制。平均温度场上（图3.43c），0℃层大部分时间在850 hPa上下摆动，中后期短时间存在浅薄的逆温层，近地面平均气温$0 \sim 4$℃，凝冻末期随着低层暖平流增强，0℃层抬高至700 hPa附近，近地面回暖至6℃左右。

从平均水汽通量散度随时间的变化上（图3.44a）来看，由于凝冻覆盖面积少于前两类，

（a）地表温度/℃　　　　　　　　　（b）温度平流/（10^{-5}·℃·s^{-1}）

（c）温度/℃

图 3.43　2004 年 1 月 18—28 日特重级凝冻过程的平均地表温度（a）、温度平流垂直剖面（b）和温度垂直剖面（c）

水汽辐合辐散的整体强度也都弱于前两类。凝冻初期低层水汽通量负散度中心位于 800 hPa 附近（中心强度 -6×10^{-9} g·hPa^{-1}·cm^{-2}·s^{-1}），对应 450～700 hPa 有水汽通量散度正值区，正散度中心位于 600～700 hPa（中心强度（4～5）$\times 10^{-9}$ g·hPa^{-1}·cm^{-2}·s^{-1}）。随着凝冻过程持续，大气各层结水汽通量散度出现正负相间特征，强度变化不大。对比平均比湿场可知（图 3.44b），比湿在各层结的分布变化不大，700 hPa 以下比湿值为 3～4 g·kg^{-1}，最大值出现在水汽辐合辐散的最强时段。

　　本次过程锋面（图 3.45a）自东北向西南南压，后维持在贵州西部边缘，贵州大部地区受锋生作用影响。贵州境内锋生函数值在 0.1×10^{-14} ℃·s^{-1} 以内，锋面发展最大高度为 700 hPa，锋生函数最大值位于 105°E 的近地面，为三类特重级凝冻天气中锋生函数作用最弱。从平均经向风随时间的演变方面（图 3.45b）来看，贵州中前期中高层北风输送较强，整层大气以北风为主，中后期 850 hPa 以上转为以南风为主。再从垂直速度配合相对湿度的演变特征（图 3.45c）可知，贵州 550 hPa 以下的湿度大值区配合有弱上升运动，上升运动时常超过 600 hPa，有时也超过 500 hPa。

(a) 水汽通量散度/(10⁻⁹g·hPa⁻¹cm⁻²·s⁻¹)　　　　　(b) 比湿/(g·kg⁻¹)

图 3.44　2004 年 1 月 18—28 日特重级凝冻过程的水汽通量散度垂直剖面（a）和比湿的垂直剖面（b）

(a) 锋生函数/(10⁻¹⁴·℃·s⁻¹)　　　　　(b) 经向风/(m·s⁻¹)

(c) 垂直速度/(Pa·s⁻¹)和相对湿度/%

图 3.45　2004 年 1 月 18—28 日凝冻过程的锋生函数垂直剖面（a）、平均经向风（b）和垂直速度配合相对
湿度的垂直剖面（c）

3.4.3 中部型凝冻过程

个例1：2008年12月22日—24日

从地表温度的时间平均场上（图3.46a）看，0℃线在贵州中北部摆动，其中贵州省东北部平均气温低于0℃。探空图上，云层高度普遍在700 hPa左右，云顶温度≥−10℃。从平均温度平流随时间演变上看（图3.46b），全过程近地面至800 hPa受冷平流持续影响（中心强度−18×10⁻⁵℃·s⁻¹），凝冻中前期300～800 hPa转为受暖平流控制（中心强度10×10⁻⁵℃·s⁻¹），凝冻后期温度平流强度整体减弱，近地面至400 hPa整体为弱冷平流控制。平均温度场上（图3.46c），凝冻中前期，贵州整层大气的平均温度低于0℃，中后期冷空气减弱，0℃层抬升至600 hPa上下，近地面平均气温2～6℃。

(a) 地表温度/℃ (b) 温度平流/(10⁻⁵℃·s⁻¹)

(c) 温度/℃

图3.46 2008年12月22—24日轻级凝冻过程的平均地表温度（a）、温度平流垂直剖面（b）和温度垂直剖面（c）

从平均水汽通量散度随时间的变化上（图3.47a）来看，水汽的辐合、辐散整体偏弱。凝冻中前期，近地面至700 hPa为持续的水汽通量散度负值区，700～850 hPa附近中心强度−5×10⁻⁹ g·hPa⁻¹·cm⁻²·s⁻¹，有利于水汽的辐合上升；对应500～700 hPa转为水汽通量散度正值区，550～600 hPa附近中心值4×10⁻⁹ g·hPa⁻¹·cm⁻²·s⁻¹，有利于对低层水汽的抽吸。后期凝冻过程衰减，水汽的辐合辐散明显减弱，甚至近地面出现了水汽的弱辐散。对比平均比湿场（图 3.47b）来看，近地面至 650 hPa 的比湿值为 $3 \sim 5 \ \mathrm{g \cdot kg^{-1}}$，其中低层辐合最强时段对应比湿维持在最大值（$5 \ \mathrm{g \cdot kg^{-1}}$），而后随着凝冻衰减，各层结比湿值整体出现小幅降低。

(a) 水汽通量散度/$(10^{-9} \mathrm{g \cdot hPa^{-1} cm^{-2} \cdot s^{-1}})$ (b) 比湿/$(\mathrm{g \cdot kg^{-1}})$

图 3.47　2008 年 12 月 22—24 日轻级凝冻过程的水汽通量散度垂直剖面（a）和比湿的垂直剖面（b）

本次过程锋面（图 3.48a）压至云南东部，贵州大部地区受锋生作用影响，强度在 $0.2 \times 10^{-14} \ \mathrm{℃ \cdot s^{-1}}$ 以内，境内锋面发展最高达到 700 hPa，锋生函数最大值位于 105°E 的近地面。从平均经向风随时间的演变特征（图 3.48b）看，贵州近地面为弱的北风控制，850 hPa 之上以南风为主。再从垂直速度配合相对湿度的演变特征（图 3.48c）可知，贵州 600 hPa 以下的湿度大值区配合有弱上升运动，云层发展高度也低于 600 hPa。

个例 2：2005 年 1 月 20—22 日

从地表温度的时间平均场上看（图 3.49a），0℃线在贵州省北部边缘摆动，东北部地区平均气温在 0℃ 及以下。探空图上，云层高度普遍在 700 hPa 左右，云顶温度 $\geq -8℃$。平均温度平流随时间演变方面（图 3.49b），整个凝冻过程，近地面至 600 hPa 为持续的暖平流（中心强度 $16 \times 10^{-5} \ \mathrm{℃ \cdot s^{-1}}$），600 hPa 以上转为冷平流影响，其中中前期中心强度 $-8 \times 10^{-5} \ \mathrm{℃ \cdot s^{-1}}$。后期冷空气补充加强，中高层冷平流强度增强至 $-20 \times 10^{-5} \ \mathrm{℃ \cdot s^{-1}}$ 以上，对应低层暖平流强度逐渐减弱。从平均温度场上（图 3.49c）看，整个凝冻过程 0℃ 层在 700 hPa 附近浮动，近地面平均气温多在 $2 \sim 4℃$，凝冻后期，0℃ 层升高至 650 hPa 附近，近地面平均气温升高至 8℃ 左右。

从平均水汽通量散度随时间的变化（图 3.50a）来看，水汽的辐合辐散整体较强。凝冻中前期，近地面至 750 hPa 为持续且较强水汽通量散度负值区，辐合中心位于 850 hPa 附近（中心强度 $-13 \times 10^{-9} \ \mathrm{g \cdot hPa^{-1} \cdot cm^{-2} \cdot s^{-1}}$），水汽的辐合上升作用较强；对应 $500 \sim 750$ hPa 转为水汽通量散度正值区，650 hPa 附近有多个辐散中心（中心强度 $(9 \sim 13) \times 10^{-9} \ \mathrm{g \cdot hPa^{-1} \cdot cm^{-2} \cdot s^{-1}}$），可见中层对低层水汽的抽吸作用较强。凝冻后期，水汽通量散度整体开始减弱，1 月 22 日上午近地面甚至出现了水汽辐散。对比平均比湿场（图 3.50b）来看，近地面至 650 hPa 的比湿值为 $4 \sim 5 \ \mathrm{g \cdot kg^{-1}}$，其中低层辐合最强时段对应比湿维持在最大值 $5 \ \mathrm{g \cdot kg^{-1}}$，后随着凝冻衰减，1 月 22 日上午大气中低层的比湿出现

(a) 锋生函数/(10^{-14}℃·s^{-1})   (b) 经向风/(m·s^{-1})

(c) 垂直速度/(Pa·s^{-1})和相对湿度/%

图 3.48   2008 年 12 月 22—24 日轻级凝冻过程的锋生函数垂直剖面（a）、平均经向风（b）和垂直速度
配合相对湿度的垂直剖面（c）

明显下降。

本次过程锋面（图 3.51a）位于贵州西部边缘，贵州中西部受锋生作用影响，强度在 0.25×10^{-14} ℃·s^{-1} 以内，贵州境内锋面发展最高达到 820 hPa，锋生函数最大值位于 107°—110°E 的近地面。从平均经向风随时间的演变特征（图 3.51b）看，贵州整层大气以南风为主，凝冻末期有北风补充。垂直速度配合相对湿度的演变特征（图 3.51c）方面，贵州 600 hPa 以下的湿度大值区配合有弱上升运动，云层发展高度也低于 600 hPa，凝冻末期由于冷空气补充，上升运动和云层发展高度进一步降低。

(a) 地表温度/℃   (b) 温度平流/(10^{-5} ℃·s^{-1})

(c) 温度/℃

图 3.49　2005 年 1 月 20—22 日轻级凝冻过程的平均地表温度（a）、温度平流垂直剖面（b）
和温度垂直剖面（c）

(a) 水汽通量散度/(10^{-9}g·hPa^{-1}·cm^{-2}·s^{-1})   (b) 比湿/(g·kg^{-1})

图 3.50　2005 年 1 月 20—22 日轻级凝冻过程的水汽通量散度垂直剖面（a）和比湿的垂直剖面（b）

（a）锋生函数/（$10^{-14}°C·s^{-1}$）

（b）经向风/（$m·s^{-1}$）

（c）垂直速度/（$Pa·s^{-1}$）和相对湿度/%

图 3.51　2005 年 1 月 20—22 日轻级凝冻过程的锋生函数垂直剖面（a）、平均经向风（b）和垂直速度配合相对湿度的垂直剖面（c）

3.4.4 西部型凝冻过程

个例：2013 年 12 月 28—30 日

从地表温度的时间平均场上（图 3.52a）看，0℃线在贵州省西部边缘和北部边缘摆动，全省大部地区的平均气温在 0℃以上。探空图上，云层高度普遍在 700 hPa 左右，云顶温度 ≥ -8℃。平均温度平流随时间演变（图 3.52b）方面，整个凝冻过程整层大气从低到高呈"冷-暖-冷-暖"结构，凝冻中前期，近地面至 800 hPa 附近以弱冷平流影响为主（中心强度 $-4×10^{-5}·℃·s^{-1}$），600 ~ 800 hPa 转为暖平流控制（中心强度（10 ~ 12）× $10^{-5}℃·s^{-1}$），400 ~ 600 hPa 又转为冷平流控制（中心强度（-14 ~ -12）× $10^{-5}℃·s^{-1}$）；凝冻后期，中层暖平流减弱，大气逐渐转为整体的弱冷平流控制。再从平均温度场上看（图 3.52c），整个凝冻过程 0℃层在 850 hPa 左右，近地面气温在 2 ~ 4℃，凝冻前期 550 ~ 600 hPa、中后期 600 ~ 700 hPa 受逆温影响表现为暖层，末期冷空气减弱近地面气温在 4 ~ 6℃。

（a）地表温度/℃　　　　（b）温度平流/（10⁻⁵℃·s⁻¹）

（c）温度/℃

图 3.52　2013 年 12 月 28—30 日轻级凝冻过程的平均地表温度（a）、温度平流垂直剖面（b）和温度垂直剖面（c）

　　从平均水汽通量散度随时间的变化（图 3.53a）来看，近地面至中高空呈正负区相间特征，强度均在 ±3×10⁻⁹ g·hPa⁻¹·cm⁻²·s⁻¹ 以内，可见整个凝冻过程水汽的辐合辐散较弱。对比平均比湿场（图 3.53b）来看，比湿随时间的变化幅度不大，近地面至 700 hPa 维持在 3～4 g·kg⁻¹。

　　本次过程锋面（图 3.54a）在云南东部边缘摆动，贵州西部地区受锋生作用影响，强度在 0.15×10⁻¹⁴ ℃·s⁻¹ 以内，为四类轻级凝冻中锋生作用最弱，锋面在贵州境内发展最高达到 820 hPa，锋生函数最大值位于 105°E 的近地面。从平均经向风随时间的演变特征（图 3.54b）看，贵州 700 hPa 以下南风为主，500～700 hPa 转为以北风为主，500 hPa 以上再转南风。垂直速度配合相对湿度的演变特征（图 3.54c）方面，贵州 600 hPa 以下的湿度大值区配合有弱上升运动，云层发展高度多低于 650 hPa。

（a）水汽通量散度/(10^{-9}g·$hPa^{-1}cm^{-2}$·s^{-1})   （b）比湿/(g·kg^{-1})

图 3.53 2013 年 12 月 28—30 日轻级凝冻过程的水汽通量散度垂直剖面（a）和比湿的垂直剖面（b）

（a）锋生函数/(10^{-14} ℃·s^{-1})   （b）经向风/(m·s^{-1})

（c）垂直速度/(Pa·s^{-1})和相对湿度/%

图 3.54 2013 年 12 月 28—30 日轻级凝冻过程的锋生函数垂直剖面（a）、平均经向风（b）和垂直速度
配合相对湿度的垂直剖面（c）

3.4.5 中东部型凝冻过程

个例：2019 年 2 月 9—11 日

从地表温度的时间平均场上（图 3.55a）看，0℃线压至贵州省东部，东北部地区平均气温在 0℃以下。探空图上，700 hPa 以下有逆温层存在，700 ~ 850 hPa 之间通常有暖层。平均温度平流随时间演变（图 3.55b）方面，整个凝冻过程整层大气从低到高呈"冷 - 暖 - 冷 - 暖"结构，凝冻中前期近地面至 850 hPa 为持续的冷平流（中心强度（ -16 ~ -12 ）× 10^{-5} ℃·s^{-1}），650 ~ 850 hPa 为持续的强暖平流，其中 750 hPa 附近持续表现为大值中心（中心强度超过 30×10^{-5} ℃·s^{-1}），400 ~ 650 hPa 又转为冷平流控制；凝冻后期，由于冷空气减弱，中低层冷暖平流的强度有所减弱，高层冷平流逐渐转为弱暖平流。从平均温度场上（图 3.55c）看，由于凝冻程度较轻，影响范围较小，故中低层平均气温较高，0℃层位于 550 ~ 650 hPa，700 hPa 附近有超过 10℃的大值区，近地面气温在 2 ~ 8℃。

（a）地表温度/℃   （b）温度平流/（10^{-5}℃·s^{-1}）

（c）温度/℃

图 3.55　2019 年 2 月 9—11 日轻级凝冻过程的平均地表温度（a）、温度平流垂直剖面（b）
和温度垂直剖面（c）

从平均水汽通量散度随时间的变化上（图3.56a）来看，水汽的辐合辐散整体较强，整个过程近地面至800 hPa为持续且较强水汽通量散度负值区，辐合中心位于850 hPa附近（中心强度超过 -17×10^{-9} g·hPa^{-1}·cm^{-2}·s^{-1}）；对应600～800 hPa转为持续且较强的水汽通量散度正值区，650～750 hPa附近有多个辐散中心（中心强度（10～15）$\times10^{-9}$ g·hPa^{-1}·cm^{-2}·s^{-1}），说明整个凝冻过程的水汽低层辐合与中高层辐散都较强，水汽的持续输送有利于凝冻天气的发生和持续。对比平均比湿场来看（图3.56b），比湿随时间的变化波动较大，比湿值也为四类中最大，近地面至700 hPa的比湿值为4～6 g·kg^{-1}，大值与低层水汽通量辐合大值区相对应，800～850 hPa维持在6 g·kg^{-1}左右。

(a)　水汽通量散度/（10^{-9}g·hPa^{-1}·cm^{-2}·s^{-1}）　　(b)　比湿/（g·kg^{-1}）

图3.56　2019年2月9—11日轻级凝冻过程的水汽通量散度垂直剖面（a）和比湿的垂直剖面（b）

本次过程锋面（图357a）位于贵州西部地区，中东部受锋生作用影响，强度在 0.7×10^{-14} ℃·s^{-1}以内，为四类轻级凝冻中锋生作用最强，锋面在贵州境内的锋面发展最高达到750 hPa，锋生函数最大值位于107°E的近地面。从平均经向风随时间的演变特征（图3.57b）看，贵州整层大气以南风为主。垂直速度配合相对湿度的演变特征（图3.57c）方面，凝冻中前期贵州700 hPa以下的湿度大值区配合有弱上升运动，后期升高至650 hPa左右，云层发展高度整体不超过700 hPa。

3.5　2021/2022年冬季贵州凝冻阶段性特征成因分析

3.5.1　资料

本节使用的资料有：①国家气候中心整编的贵州84个国家气象站对应时段内逐日观测资料；②美国国家环境预报中心和国家大气研究中心（NCEP/NCAR）的FNL（global final analysis）资料在对应时段内每日4次水平分辨率为1°×1°的温度场、风场、比湿场、位势高度场；③美国国家海洋和大气管理局（NOAA）的高分辨率海温数据（OISS TV2），水平分辨率为0.25°×0.25°。

(a) 锋生函数/(10⁻¹⁴ ℃·s⁻¹)

(b) 经向风/(m·s⁻¹)

(c) 垂直速度/(Pa·s⁻¹)和相对湿度/%

图 3.57 2019 年 2 月 9—11 日轻级凝冻过程的锋生函数垂直剖面（a）、平均经向风（b）
和垂直速度配合相对湿度的垂直剖面（c）

3.5.2 2021/2022 年冬季贵州省气候异常特征

2021/2022 年冬季，贵州省平均气温为 5.7℃，较常年同期（6.6℃）偏低 0.9℃。从平均气温距平空间分布（图 3.58a）可以看出，全省大部地区气温较常年同期偏低 0.5℃以上，其中贵州省东北部、西部以及南部等地气温偏低 1～2℃，盘州市偏低 2.7℃。2021/2022 年冬季，贵州省平均降水量 142.5 mm，较常年同期（84 mm）偏多 69.6%，为 1961 年以来历史同期最多。从降水量距平百分率空间分布（图 3.58b）可以看出，降水量空间分布不均，呈现北少南多的分布特征，除桐梓、道真、开阳 3 站降水量偏少外，其余大部地区降水量偏多 2成以上，其中贵州省中部以南、西部部分地区降水量偏多 1 倍以上。

2021/2022 年冬季，贵州省平均气温起伏大，阶段性变化特征明显，呈现前冬异常偏暖，后冬异常偏冷。从贵州省平均气温的逐日演变（图 3.59）可以看出，2021 年 12 月 1—25 日，贵州省总体偏暖，偏暖时段累计 25 d，最高日平均气温距平达到 6.2℃；2021 年 12 月 26 日以后全省迅速转冷，累计偏冷天数达 53 d，其中 2022 年 1 月 28 日—2 月 3 日为冬季气温最低阶段，最低日平均气温距平达到 −7.4℃。

图 3.58 2021/2022 年冬季贵州省平均气温距平（a，单位：℃）和降水距平百分率（b，%）

图 3.59 2021/2022 冬季贵州省日平均气温及其距平逐日变化

3.5.3 2021/2022 年冬季贵州省凝冻概况

在 2021/2022 年冬季气候湿冷的背景下，贵州省平均发生凝冻 4.9 d，较常年同期（5.3 d）偏少 0.4 d。全省共计 55 站出现凝冻，凝冻日数大值区主要集中出现在贵州省中部一线地区（图 3.60a），具有中部重、南北轻的分布特点，其中最大凝冻日数为威宁的 29 d。从凝冻日数距平空间分布（图 3.60b）来看，除贵州省中部一线 32 站凝冻日数略偏多外，其

图 3.60 2021/2022 年冬季贵州省凝冻日数（a）及其距平（b）空间分布（单位：d）

余大部地区偏少，其中毕节市大部、遵义市西部偏少 4 d 以上，毕节站偏少 11 d。

从贵州省凝冻站次的逐日演变（图 3.61）可以看出，2021/2022 年冬季凝冻的阶段性特征明显，呈现前期偏轻后期偏重。根据表 1.6，2021/2022 年冬季共有 2 次一般强度和 1 次较强强度的区域性凝冻过程影响贵州省。2021 年 12 月 1—25 日，贵州省总体偏暖，凝冻偏轻，仅 2021 年 12 月 17—19 日有 4 站次出现凝冻。12 月 26 日开始，受冷空气过程影响，贵州省出现第一次区域性凝冻过程（表 3.5），该次过程持续天数 4 d，于 12 月 29 日结束，影响总站数 45 站，其中 12 月 27 日影响站数最多，共计 32 站发生凝冻。12 月 30 日之后，无明显冷过程影响，温度起伏变化不大，截至 2022 年 1 月 24 日，贵州无区域性凝冻过程发生。1月 21 日开始，受冷空气过程影响，平均气温出现负距平（图 3.59），1 月 25 日开始有 1 站次凝冻出现，至 1 月 31 日连续 3 d 有 8 站以上凝冻过程发生，达到区域性凝冻过程标准，该次过程持续天数 5 d，于 2 月 4 日结束，影响总站数 35 站。2 月 14—17 日，受短暂升温过程影响，贵州无凝冻过程发生，2 月 17 日开始，受冷空气过程影响，平均气温出现负距平，至2 月 19 日连续 3 d 有 8 站以上凝冻过程出现，达到区域性凝冻过程标准，该次过程持续天数5 d，于 2 月 23 日结束，影响总站数 38 站。

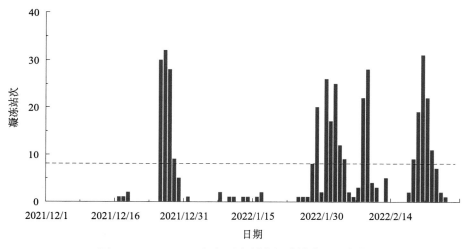

图 3.61　2021/2022 年冬季贵州省凝冻站次逐日变化

表 3.5　2021/2022 年冬季贵州省区域性凝冻过程统计表

序号	开始时间	结束时间	持续天数 / d	影响总站数 / 站
1	2021-12-26	2021-12-29	4	45
2	2022-01-31	2022-02-04	5	35
3	2022-02-19	2022-02-23	5	38

3.5.4 2021/2022 年冬季赤道太平洋海温背景

ENSO 是热带海汽系统的重要信号，其海温异常将通过海气相互作用影响大气环流，研究表明强 La Niña 事件将会导致西伯利亚高压和冬季风偏强，中高纬度地区维持经向环流为主，使冷空气活动频繁。从 Niño3.4 指数逐月演变（图 3.62）可以看出，2021 年 10 月起，Niño3.4 指数 3 个月滑动平均值 <−0.5℃，且持续超过 5 个月，根据《厄尔尼诺／拉尼娜事件

判别方法》（GB/T 33666—2017），判定此次为一起中等强度的 La Niña 事件。此次事件于 2022 年 3 月达到峰值，峰值强度为 −1.17℃，截至 2022 年 6 月已持续 9 个月，虽有所减弱但仍在持续，并且在 2020 年 8 月至 2021 年 3 月中东太平洋也发生了一次中等强度的 La Niña 事件。从 Niño3.4 指数与南方涛动指数（SOI）逐月演变来看，2020 年 7 月起 Niño3.4 负指数对应 SOI 正指数，表明热带大气与赤道地区海温异常高度耦合，热带大气对海温异常的响应明显。从 2021/2022 年冬季赤道太平洋海表温度距平场的空间分布（图 3.63）可以看出，日界线以东赤道以南的中东太平洋地区为负海温距平，负距平中心位于 120°W 至 90°W 的赤道地区，中心强度低于 −1.5℃。

图 3.62　2019 年 1 月至 2022 年 6 月 Niño3.4 指数和南方涛动指数（SOI）逐月演变

图 3.63　2021/2022 年冬季赤道太平洋海表温度距平场（单位：℃）

3.5.5 2021/2022 年冬季贵州省凝冻阶段性特征成因分析

在中等强度的 La Niña 事件背景下，2021/2022 年冬季贵州省气温偏低，降水偏多，而全省平均发生凝冻 4.9 d，较常年同期偏少 0.4 d，共有 3 次轻级程度区域性凝冻过程，凝冻总体略偏轻，但阶段性特征明显，呈现前轻后重。因此将分别从高度场、风场、水汽条件、温度场等方面对凝冻阶段性特征成因进行分析。

研究表明，在中低纬度地区，南支锋区的活跃程度可以用 500 hPa 位势高度的降低和副热带西风急流增强来判断。这里副热带西南急流的建立以 500 hPa 高度场上风速 ≥ 28 m/s 来表示。从 2021/2022 年冬季 500 hPa 平均位势高度和大于 28 m/s 风速的逐日演变（图 3.64）

可以看出，500 hPa 平均位势高度阶段性特征明显，前期平均位势高度偏高，后期偏低，以564 dagpm 为特征线的位势高度在 2021 年 12 月 1 日—2022 年 1 月 19 日虽有南北的摆动，但稳定维持在 30°N 以北，2022 年 1 月 20 日之后，南压明显，截至 2 月 22 日维持在 28°N 附近，2 月 23 日开始明显向北摆动。副热带西风急流也呈现前弱后强的阶段性变化特征，尤其是在 2022 年 1 月 24 日—2 月 6 日、2 月 8—12 日、2 月 15—22 日，其中 2 月 9—12 日、2 月 16—20 日风速在 36 m/s 以上。因此，南支锋区 4 个活跃期，分别出现在 2021 年 12 月 15—18 日、12 月 26—28 日、1 月 9—14 日、1 月 21 日—2 月 22 日。由于南支锋区上偏南气流加强，对应贵州地区区域平均水汽通量（图 3.65）也呈现前弱后强的阶段性活跃特征，并且南支锋区活跃期与贵州省凝冻出现时间（图 3.61）吻合，其中 1 月 21 日—2 月 22 日南支锋区异常活跃，持续时间长，对应贵州省持续凝冻天气，导致该阶段温度持续偏低。因此高层南支锋区的建立、维持与贵州省凝冻天气密切相关，2021/2022 年冬季南支锋区前弱后强为贵州省凝冻阶段性特征提供了有利的背景。

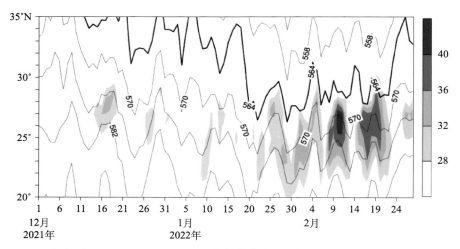

图 3.64　2021/2022 年冬季 103°—110°E 500 hPa 平均位势高度（单位：dagpm，粗实线：564 dagpm）、风速大于 28 m/s（阴影区，单位：m/s）的纬度－时间剖面

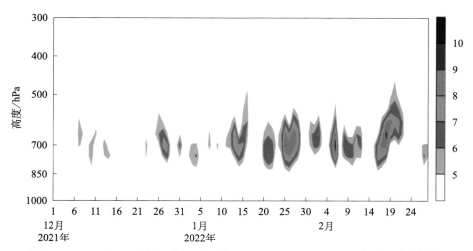

图 3.65　2021/2022 年冬季贵州地区（24°—29°N，103°—110°E）平均水汽通量（单位：g·cm^{-1}·hPa^{-1}·s^{-1}）的高度－时间剖面

在高层南支锋区建立的有利背景下，低层风场对凝冻天气的影响显著。图 3.66 给出了 2021/2022 年冬季 850 hPa 平均风矢量、偏南 / 北风风速及 0℃ 温度线在 103°—110°E 范围内的纬度 - 时间剖面情况。从图中可以看出，2021 年 12 月 26 日前后、2022 年 1 月 26 日—2 月 19 日期间存在明显的低层切变线，切变线南侧为暖湿的偏南气流，切变线北侧为干冷的偏北气流。从偏南气流的强度来看，前弱后强的阶段性特征明显，尤其是在 2022 年 1 月 20 日之后。而偏北气流在 2021 年 12 月 16—18 日、12 月 26 日前后及 2022 年 1 月 26 日—2 月 11 日、2 月 18—24 日 4 个阶段明显偏强。伴随偏北气流的增加，冷空气势力增强，导致 0℃ 温度线明显南压，其中 2 月 18—24 日偏北气流最为强盛，导致 0℃ 温度线南压至 25°N。1 月 26 日之后，切变线稳定维持、偏北气流强盛，使 0℃ 温度线南压明显、偏南气流与偏北气流势力相当，使得对流层低层长时间维持水汽辐合，导致该阶段温度持续偏低，出现持续凝冻天气过程。

图 3.66　2021/2022 年冬季 850 hPa 平均风矢量（箭头）、偏南 / 北风风速（阴影区）及 0℃ 温度线（黑实线）在 103°—110°E 范围内的纬度 - 时间剖面

另外，由于 2021/2022 年冬季 850 hPa 贵州范围内偏南气流呈前弱后强的分布，导致低层水汽辐合也呈现前弱后强的分布（图 3.67）。2022 年 1 月 19—28 日、2 月 5—12 日、2 月 14—19 日对流层低层出现较强的水汽辐合中心，中心强度达 $-20.09 \times 10^{-8} \, \mathrm{g \cdot cm^{-2} \cdot hPa^{-1} \cdot s^{-1}}$，主要出现在 850 hPa 附近，而在其上空 700 hPa 附近对应有较强的辐散中心，在垂直方向上自下而上形成低层辐合中层辐散的结构，并且对流层低层出现较强的水汽辐合中心时段与贵州出现持续凝冻过程时段吻合。因此，2022 年 1 月 19 日之后，偏南气流持续增强，对流层低层水汽辐合也迅速增强，并维持低层辐合中层辐散的不稳定层结和上升运动，触发长时间的低温雨雪天气，导致 2021/2022 年冬季贵州凝冻呈现前弱后强的分布特征。

从 2021/2022 年冬季贵州地区（24°—29°N，103°—110°E）区域平均温度的高度 - 时间剖面变化（图 3.68）可以看出，在 2021 年 12 月 25—28 日、2022 年 1 月 29 日—2 月 5 日、2 月 19—23 日期间高层冷空气势力明显，导致 0℃ 温度线（黑实线）位置出现在 850 hPa 等压线以下位置，降温明显，并且该时段与贵州凝冻最强时段吻合。其时间演变可以看出，在 2021/2022 年冬季，前期暖层较为深厚，0℃ 温度线（黑实线）可延伸至 600 hPa，而冷空气势力前弱后强，因此导致贵州省冬季温度距平和凝冻的阶段性分布特征明显。研究表明，深厚

而稳定的逆温层是区域性凝冻过程出现的直接原因。而从区域平均温度的高度－时间剖面变化可以看出，整个冬季未见逆温层的存在。由于没有深厚而稳定的逆温层，虽然2021/2022年冬季贵州省出现了3次区域性凝冻过程，但强度较常年均偏轻。

图 3.67　同图 3.65，但为水汽通量散度（单位：$10^{-8}g \cdot cm^{-2} \cdot hPa^{-1} \cdot s^{-1}$）

图 3.68　2021/2022 年冬季贵州凝冻频发地区（24°—29°N，103°—110°E）区域平均温度的高度－时间剖面
（单位：℃，黑实线：0℃温度线）

3.5.6 结论

2021/2022 年冬季在中等强度的 La Niña 事件背景下，贵州省气温偏低、降水偏多，而凝冻天数偏少，呈现前弱后强的阶段性分布特征。本小节分别从高度场、风场、水汽条件、温度场等方面对凝冻阶段性特征成因进行分析，得到以下结论。

（1）2021/2022 年冬季，高层南支锋区有 4 个活跃期，分别出现在 2021 年 12 月 15—18 日、12 月 26—28 日及 2022 年 1 月 9—14 日、1 月 21 日—2 月 22 日，总体呈现前弱后强，由于南支锋区上偏南气流加强对应贵州地区区域平均水汽通量也呈现前弱后强形势，为贵州省凝冻阶段性特征提供了有利的大尺度环流背景。

（2）2022年1月26日之后，对流层低层切变线稳定维持、偏北气流异常强盛使温度0℃线南压明显，同时偏南气流与偏北气流势力相当，偏南气流持续增强，对流层低层水汽辐合也迅速增强，并维持低层辐合中层辐散的不稳定层结和上升运动，触发长时间的低温雨雪天气，为贵州省凝冻阶段性特征提供了有利的水汽条件。

（3）温度垂直剖面场上，在2021年12月25—28日，2022年1月29日—2月5日、2月19—23日期间高层冷空气势力明显，温度0℃线位置异常偏低，该时段与贵州凝冻最强时段吻合。前期暖层较为深厚，冷空气势力前弱后强，为贵州省凝冻阶段性特征提供了有利的温度条件。

第4章 气候预测模式产品对凝冻过程的预测能力评估及延伸期预测试验

4.1 气候预测模式产品对 2008 年超强凝冻过程的预测能力评估

4.1.1 资料

本节利用提前 1 d、4 d 和 7 d 不同起报日的 NCEP 气候预测模式产品，对 2008 年 1 月 13 日—2 月 14 日的凝冻过程的风场、温度场、位势高度场进行预测，并与对应的实况场进行对比，以评估不同起报日的气候预测模式产品对此次过程的预测能力，为今后开展区域性凝冻过程预测奠定基础。

4.1.2 850 hPa 风场预测能力评估

研究表明，凝冻过程中切变线北侧的偏东风回流起着冷垫的作用，使得在凝冻过程期间，其稳定的层结结构使变温不显著，持续维持低温状态。因此，将 NCEP 不同起报日的 850 hPa 平均风速的预测场与实况场进行对比，评估其对 850 hPa 平均风速预测能力。

从 2008 年 1 月 13 日—2 月 14 日 850 hPa 平均风速的实况场（图 4.1a）来看，此次凝冻过程在河南—湖北—湖南—贵州一线存在偏东北风回流，在贵州的南侧存在来自南海的偏南风，在贵州西侧的云南大部地区受偏南风和西南风控制，导致在贵州与云南交界出现云贵准静止锋，并与华南准静止锋连在一起，造成贵州、湖南等地出现持续凝冻天气，南方大范围出现阴雨或雨雪天气。而从 NCEP 不同起报日对该过程 850 hPa 平均风速的预测场来看，提前 1 d 的预测场（图 4.1b）上在河南—湖北—湖南—贵州一线存在偏东北风回流，但与实况相比，东北风风速略偏小。而提前 4 d 和 7 d 的预测场（图 4.1c,d）上，在河南—湖北一线存在弱的偏东北风回流，湖南—贵州一线为平直的东风，并且与实况相比，东北风风速明显偏弱。提前 1 d、4 d、7 d 的预测场，在贵州的南侧均存在来自南海的偏南风，但与实况相比，提前 1 d 的偏南风风速明显偏小，而提前 4 d 和 7 d 的偏南风风速势力与实况相当。提前 1 d、4 d、7 d 的预测场，在贵州西侧的云南大部地区均受偏南风和西南风控制，但与实况相比，偏南风和西南风风速均明显偏小。在东北风和南风的环流配置下，提前 1 d、4 d、7 d 的预测场均存在云贵准静止锋和华南准静止锋，只是华南准静止锋的位置略有差异，其中提前 1 d 的预测场上，华南准静止锋的位置与实况最为接近，基本接近于贵州与广西的交界处；在提前 4 d 的预测场上，华南准静止锋的位置位于贵州中部一线；在提前 7 d 的预测场上，华南准静止锋的位置位于贵州北部地区。因此可以看出，提前 1 d 对该过程 850 hPa 平均风速的预测效果明显优于提前 4 d 和 7 d 的效果。

图 4.1　2008 年 1 月 13 日—2 月 14 日 850 hPa 平均风速的实况场（a）和 NCEP 不同起报日对该过程的预测场（b～d：分别为提前 1 d、4 d、7 d 的预测场；单位：m/s；矩形区域：贵州凝冻频发带；"△"：贵阳）

4.1.3　700 hPa 风场预测能力评估

研究表明，西南急流携带暖湿气流不断北上，且在其底层至近地面层为一冷垫，在急流爬升过程中其有利的水汽条件和温度条件使凝冻和阴雨（雪）天气稳定维持。因此将 NCEP 不同起报日的 700 hPa 平均风速的预测场与实况场进行对比，评估其对 700 hPa 平均风速预测能力。

从 2008 年 1 月 13 日—2 月 14 日 700 hPa 平均风速的实况场（图 4.2a）来看，此次凝冻过程存在一支平均风速在 10 m/s 以上的西南急流，急流控制区域为云南大部—贵州大部—湖南大部—江西南部一线以南的我国南方地区，且急流中心位于贵州西南部—广西西北部地区，贵州凝冻频发区位于该急流中心的左侧。而从 NCEP 不同起报日对该过程 700 hPa 平均风速的预测场来看，提前 1 d 的预测场（图 4.2b）上也存在一支平均风速在 7 m/s 以上的西南急流，急流控制区域为云南南部—贵州南部—湖南南部—江西南部一线以南的我国南方地区，且急流中心位于贵州西南部—广西西北部一线，贵州凝冻频发区位于该急流中心的左侧。而提前 4 d 和 7 d 的预测场（图 4.2c,d）上，平均风速在 10 m/s 以上的西南急流的控制区域较提前 1 d 的明显偏小。虽然提前 1 d、4 d 和 7 d 均能预测出 2008 年 1 月 13 日—2 月 14 日期间 700 hPa 平均风速风场上西南南部与华南大部盛行西南风，但与实况相比，其西南风风速较实况明显偏小，尤其是提前 4 d 和 7 d。因此可以看出，提前 1 d 对该过程 700 hPa 平均风速的预测效果明显优于提前 4 d 和 7 d 的效果。

图 4.2　2008 年 1 月 13 日—2 月 14 日 700 hPa 平均风速的实况场（a）和 NCEP 不同起报日对该过程的预测场（b～d：分别为提前 1 d、4 d、7 d 的预测场；单位：m/s；矩形区域：贵州凝冻频发带；"Δ"：贵阳；填色区：风速大于 12 m/s）

4.1.4　850 hPa 温度场预测能力评估

　　从 2008 年 1 月 13 日—2 月 14 日 850 hPa 温度场的实况场（图 4.3a）来看，此次凝冻过程存在逆温区，逆温区控制着贵州大部、广西北部、湖南、湖北南部、江西北部等江南地区，逆温区的大值中心位于贵州省中东部，中心强度为 4～6℃，850 hPa 温度场 0℃线南压至贵州西部—广西北部—湖南南部—江西南部一线。偏南风和西南风将 700 hPa 温度场 0℃线位置北推至贵州南部一线，与 850 hPa 温度场 0℃线相交。而从 NCEP 不同起报日对该过程 850 hPa 温度的预测场来看，提前 1 d 和 4 d 的温度预测场（图 4.3b,c）中存在逆温区，逆温区控制着贵州中部以北地区，与实况场对比逆温区的面积明显偏小，强度也明显偏弱。但提前 7 d 的温度预测场（图 4.3d）中不存在逆温区。而从 850 hPa 温度场 0℃线位置来看，提前 1 d 的 850 hPa 温度场 0℃线位置基本与实况接近，但其温度梯度却明显小于实况。提前 4 d 的 850 hPa 温度场 0℃线位置基本较实况略偏北，且温度梯度明显小于实况。提前 7 d 的 850 hPa 温度场 0℃线位置基本较实况明显偏北，且温度梯度明显小于实况。提前 1 d、4 d 和 7 d 的 700 hPa 温度场 0℃线位置与实况相比明显偏南，其中提前 7 d 的偏南最为明显。因此可以看出，提前 1 d 对该过程 850 hPa 温度场的预测效果明显优于提前 4 d 和 7 d 的效果。

图 4.3　2008 年 1 月 13 日—2 月 14 日 850 hPa 温度的实况场（a）和 NCEP 不同起报日对该过程的预测场
（b～d：分别为提前 1 d、4 d、7 d 的预测场；单位：℃；矩形区域：贵州凝冻频发带；"Δ"：贵阳；
红 / 蓝粗线：850/700 hPa 温度场 0℃线；红色实线：850 hPa 平均温度场；填色区：逆温区）

4.1.5 逐日整层温度的预测能力评估

由于贵州省凝冻频发带位于 26°—27.5°N，104°—109.5°E，因此分析 2008 年 1 月 13 日—2 月 14 日凝冻过程温度在该范围内的高度－时间演变特征的实况场和预测场的差异，以评估 NCEP 对逐日整层温度的预测能力。

从 2008 年 1 月 13 日—2 月 14 日温度随高度和时间的实况场（图 4.4a）来看，此次凝冻过程存在冷－暖－冷的夹心结构，暖心结构出现在 600～800 hPa，于 1 月 17 日出现，在 1 月 25 日左右达到峰值，暖中心强度为 4℃，暖心结构于 1 月 27 日左右消失，持续时间达 11 d。1 月 28 日至 2 月 2 日，近地面层有一强度较强的冷平流活动，其冷中心强度达 −6℃。0℃线的位置基本维持在 900 hPa 附近，表明低层冷层结构稳定维持。而从 NCEP 不同起报日对该过程温度随高度和时间剖面的预测场来看，提前 1 d、4 d、7 d 的预测场（图 4.4b～d）上，均未出现冷－暖－冷的夹心结构。提前 1 d 的 0℃线的位置基本维持在 900 hPa 以下的近地面层，与实况相比 0℃线的位置偏低；提前 4 d 的 0℃线的位置基本维持在 900 hPa 附近，与实况接近；提前 7 d 的 0℃线的位置起伏变化较大，与实况相比 0℃线的位置偏高。从整层温度剖面的强度来看，提前 1 d、4 d、7 d 的 500～700 hPa 的温度强度与实况相比明显偏强，表明模式对中高层温度的预测偏强，而提前 1 d、4 d 的 700～900 hPa 的温度强度与实况较为接近，表明对中低层温度的预测效果较好。因此可以看出，提前 1 d、4 d 对该过程逐日整层温度的预测效果明显优于提前 7 d 的效果。

图 4.4　2008 年 1 月 13 日—2 月 14 日温度在 26°—28°N，104°—109.5°E 范围内的高度－时间演变实况（a）和 NCEP 不同起报日对该过程的预测情况（b～d：分别为提前 1 d、4 d、7 d 的预测场；单位：℃；黑实线：0℃线）

4.1.6 500 hPa 位势高度场的预测能力评估

　　研究表明，在中低纬度地区，南支锋区的活跃程度可以用 500 hPa 位势高度的降低和副热带西风急流增强来判断。这里副热带西南急流的建立以 500 hPa 高度场上风速 ≥ 28 m/s 来表示。因此，将 NCEP 不同起报日的 500 hPa 平均位势高度和风速大于 28 m/s 的纬度－时间演变的预测场与实况场进行对比，评估其对 500 hPa 位势高度场预测能力。

　　从 2008 年 1 月 13 日—2 月 14 日 500 hPa 平均位势高度和风速大于 28 m/s 的纬度－时间演变实况（图 4.5a）来看，500 hPa 平均位势高度阶段性特征明显，以 564 dagpm 为特征线的位势高度在 2008 年 1 月 19—21 日向南摆动明显，位置维持在 30°N 附近，之后 564 dagpm 特征线又明显向北摆动，而在 1 月 28 日—2 月 4 日 564 dagpm 特征线又明显向南摆动，位置维持在 27°N 附近，2 月 5 日之后 564 dagpm 特征线虽略有北抬，但位置基本在 30°N 以南。副热带西风急流呈现前弱后强的阶段性变化特征，尤其是在 2008 年 1 月 19—21 日、1 月 27 日—2 月 5 日、2 月 8—13 日存在 3 个活跃期，其风速在 40 m/s 以上。而从 NCEP 不同起报日对该过程 500 hPa 平均位势高度和风速大于 28 m/s 的纬度－时间演变的预测场来看，提前 1 d 的预测场（图 4.5b），在 564 dagpm 特征线向南摆动的时间上，前两次时间基本与实况相近，但最后一次过程其位置明显偏南。副热带西风急流的阶段性变化特征明显，在 2008 年 1 月 18—24 日、1 月 27 日—2 月 1 日、2 月 4—14 日存在 3 个活跃期，急流出现的时间大致与实况相近，但其风速与实况相比，明显偏弱。提前 4 d 的预测场（图 4.5c），在 564 dagpm 特征线向南摆动的时间上，前两次时间基本与实况相近，但最后一次过程其位置明显偏南。副热带西风急流也存在明显阶段性变化特征，在 2008 年 1 月 19—24 日、1 月 29 日—2 月 6 日、2 月 10—14 日存在 3 个活跃期，急流出现的时间大致与实况相近，但其风速与实况相比，明显偏弱。提前 7 d 的预测场（图 4.5d），在 564 dagpm 特征线向南摆动的时间上，前 1 次时间基本与实况相近，但中间一次过程时间明显偏长，其位置略偏南。副热带西风急流也存在明显阶段性变化特征，存在多个活跃期，每次活跃期的时间较短，并且风速与实况相比，明显偏弱。因此可以看出，提前 1 d、4 d 对该过程 500 hPa 平均位势高度和风速大于 28 m/s 的纬度－时间演变的预测效果明显优于提前 7 d 的效果。

图 4.5　2008 年 1 月 13 日—2 月 14 日 500 hPa 平均位势高度和风速大于 28 m/s 的纬度－时间演变实况（a）以及 NCEP 不同起报日对该过程的预测情况（b ～ d：分别为提前 1 d、4 d、7 d 的预测场；单位：dagpm；粗实线：564 dagpm；填色区：风速大于 28 m/s 区域，单位：m/s）

4.2 气候预测模式产品对 2011 年超强凝冻过程的预测能力评估

4.2.1 资料

本节利用提前 1 d、4 d 和 7 d 不同起报日的 NCEP 气候预测模式产品，对 2011 年 1 月 1 日—2 月 1 日凝冻过程的风场、温度场、位势高度场进行预测，并与对应的实况场进行对比，以评估不同起报日的气候预测模式产品对此次过程的预测能力。

4.2.2 850 hPa 风场预测能力评估

从 2011 年 1 月 1 日—2 月 1 日 850 hPa 平均风速的实况场（图 4.6a）来看，此次凝冻过程在河南—湖北—湖南—贵州一线存在偏东北风回流，在贵州的南侧存在来自南海的偏南风，在贵州西侧的云南大部地区受偏南风和西南风控制，导致在贵州与云南交界处出现云贵准静止锋，并与华南准静止锋连在一起，造成贵州、湖南等地出现持续凝冻天气，南方大范围出现阴雨或雨雪天气。而从 NCEP 不同起报日对该过程 850 hPa 平均风速的预测场来看，提前 1 d、4 d、7 d 的预测场（图 4.6b～d）上在河南—湖北—湖南—贵州一线存在偏东北风回流，但与实况相比，东北风风速略偏弱。提前 1 d、4 d、7 d 的预测场，在贵州的南侧均存在来自南海的偏南风，但与实况相比，提前 1 d、4 d 的偏南风风速明显偏弱，而提前 7 d 的偏南风风速势力与实况相当。提前 1 d、4 d、7 d 的预测场，在贵州西侧的云南大部地区均受偏南风和西南风控制，但与实况相比，偏南风和西南风风速相近。在东北风和南风的环流配置下，提前 1 d、4 d、7 d 的预测场均存在云贵准静止锋和华南准静止锋，只是华南准静止锋的位置略有差异，其中提前 1 d、7 d 的预测场上，华南准静止锋的位置与实况最为接近，

图 4.6 2011 年 1 月 1 日—2 月 1 日 850 hPa 平均风速的实况场（a）和 NCEP 不同起报日对该过程的预测场（b～d：分别为提前 1 d、4 d、7 d 的预测场；单位：m/s；矩形区域：贵州凝冻频发带；"△"：贵阳）

基本接近于贵州与广西的交界处，在提前 4 d 的预测场上，华南准静止锋的位置位于广西中部一线。因此可以看出，提前 1 d、7 d 对该过程 850 hPa 平均风速的预测效果略优于提前 4 d 的效果。

4.2.3　700 hPa 风场预测能力评估

从 2011 年 1 月 1 日—2 月 1 日 700 hPa 平均风速的实况场（图 4.7a）来看，此次凝冻过程存在一支平均风速在 10 m/s 之上的西南急流，急流控制区域为云南东部—贵州南部—湖南南部—江西南部一线以南的我国南方地区，且急流中心位于贵州西南部—广西西北部一线，贵州凝冻频发区位于该急流中心的左侧。而从 NCEP 不同起报日对该过程 700 hPa 平均风速的预测场来看，提前 1 d、4 d 的预测场（图 4.7b,c）上均存在一支平均风速在 7 m/s 之上的西南急流，急流控制区域为云南南部—贵州南部—湖南南部—江西南部一线以南的我国南方地区，且急流中心位于贵州南部边缘—广西北部地区，贵州凝冻频发区位于该急流中心的左侧。而提前 7 d 的预测场（图 4.7d）上，平均风速在 7 m/s 之上的西南急流的控制区域较提前 1 d、4 d 明显偏小。虽然提前 1 d、4 d 和 7 d 均能预测出 2011 年 1 月 1 日—2 月 1 日期间 700 hPa 平均风速风场上西南南部与华南大部盛行西南风，但与实况相比，其西南风风速较实况明显偏小，尤其是提前 7 d。因此可以看出，提前 1 d、4 d 对该过程 700 hPa 平均风速的预测效果明显优于提前 7 d 的效果。

图 4.7　2011 年 1 月 1 日—2 月 1 日 700 hPa 平均风速的实况场（a）和 NCEP 不同起报日对该过程的预测场（b～d：分别为提前 1 d、4 d、7 d 的预测场；单位：m/s；矩形区域：贵州凝冻频发带；"Δ"：贵阳；填色区：大于 12 m/s）

4.2.4 850 hPa 温度场预测能力评估

从 2011 年 1 月 1 日—2 月 1 日 850 hPa 温度场的实况场（图 4.8a）来看，此次凝冻过程存在逆温区，逆温区控制着贵州大部、广西北部、湖南大部等地区，逆温区的大值中心位于贵州省东部，中心强度为 3℃，850 hPa 温度场 0℃线南压至贵州西部—广西北部—湖南南部—江西南部一线。偏南风和西南风将 700 hPa 温度场 0℃线位置北推至贵州南部一线，与 850 hPa 温度场 0℃线相交。而从 NCEP 不同起报日对该过程 850 hPa 温度的预测场来看，提前 1 d、4 d、7 d 的温度预测场（图 4.8b ~ d）中均不存在逆温区。而从 850 hPa 温度场 0℃线位置来看，提前 1 d 的 850 hPa 温度场 0℃线位置基本与实况接近，但其温度梯度却明显小于实况。提前 4 d 的 850 hPa 温度场 0℃线位置基本较实况略偏北，且温度梯度明显小于实况。提前 7 d 的 850 hPa 温度场 0℃线位置基本较实况明显偏北，且温度梯度明显小于实况。提前 1 d、4 d 和 7 d 的 700 hPa 温度场 0℃线位置与实况相比明显偏南。因此可以看出，提前 1 d 对该过程 850 hPa 温度场的预测效果明显优于提前 4 d 和 7 d 的效果。

图 4.8 2011 年 1 月 1 日—2 月 1 日 850 hPa 温度的实况场（a）和 NCEP 不同起报日对该过程的预测场（b ~ d：分别为提前 1 d、4 d、7 d 的预测场；单位：℃；矩形区域：贵州凝冻频发带；"△"：贵阳；红 / 蓝粗线：850/700 hPa 温度场 0℃线；红色实线：850 hPa 平均温度场；填色区：逆温区）

4.2.5 逐日整层温度的预测能力评估

从 2011 年 1 月 1 日—2 月 1 日温度随高度和时间的实况场（图 4.9a）来看，此次凝冻过程存在冷 - 暖 - 冷的暖心结构，第一个暖心结构于 1 月 1 日出现，于 1 月 4 日和 1 月 8 日左右分别达到峰值，暖心结构位于 700 ~ 800 hPa 之间，暖中心强度均为 2℃，于 1

月9日左右消失，持续时间达9 d。第二个弱暖心结构出现在2011年1月26日左右，位于600～700 hPa之间，暖中心强度为1℃，持续时间仅1～2 d。0℃线的位置基本维持在900 hPa附近，表明低层冷层结构稳定维持。而从NCEP不同起报日对该过程温度随高度和时间剖面的预测场来看，提前1 d、4 d、7 d的预测场（图4.9b～d）上均未出现冷－暖－冷的夹心结构。提前1 d的0℃线的位置在2011年1月2—22日基本维持在900 hPa以下的近地面层，与实况相比0℃线的位置偏低；提前4 d、7 d的0℃线的位置起伏变化较大，与实况相比0℃线的位置偏高。从整层温度剖面的强度来看，提前1 d、4 d、7 d的500～700 hPa的温度强度与实况相比明显偏强，表明模式对中高层温度的预测偏强，而提前1 d的700～900 hPa的温度强度与实况较为接近，表明对中低层的温度的预测效果较好。因此可以看出，提前1 d对该过程逐日整层温度的预测效果明显优于提前4 d、7 d的效果。

图4.9 2011年1月1日—2月1日温度在26°—28°N，104°—109.5°E范围内的高度－时间演变实况（a）和NCEP不同起报日对该过程的预测情况（b～d：分别为提前1 d、4 d、7 d的预测场；单位：℃；黑实线：0℃线）

4.2.6 500 hPa 位势高度场的预测能力评估

从 2011 年 1 月 1 日—2 月 1 日 500 hPa 平均位势高度和风速大于 28 m/s 的纬度－时间演变实况（图 4.10a）来看，500 hPa 平均位势高度阶段性特征明显，以 564 dagpm 为特征线的位势高度在 2011 年 1 月 8 日开始明显向南摆动，1 月 10—21 日位置维持在 30°N 以南，之后 564 dagpm 特征线又明显向北摆动，位置维持在 30°N 附近。副热带西风急流阶段性变化特征明显，在 2011 年 1 月 4—11 日、14—17 日、19—29 日存在 3 个活跃期，其风速在 28 m/s 以上。而从 NCEP 不同起报日对该过程 500 hPa 平均位势高度和风速大于 28 m/s 的纬度－时间演变的预测场来看，在提前 1 d 的预测场（图 4.10b）上，以 564 dagpm 为特征线的位势高度在 1 月 1—21 日位置维持在 30°N 以南，之后 564 dagpm 特征线又略向北摆动，而在 1 月 25—26 日、1 月 28 日—2 月 1 日 564 dagpm 特征线又明显向南摆动，位置维持在 28°N 以南。在 564 dagpm 特征线向南摆动的时间上，与实况相近，但前期其位置明显偏南。副热带西风急流的阶段性变化特征明显，在 2011 年 1 月 3—18 日、

图 4.10　2011 年 1 月 1 日—2 月 1 日 500 hPa 平均位势高度和风速大于 28 m/s 的纬度－时间演变实况（a）以及 NCEP 不同起报日对该过程的预测情况（b～d：分别为提前 1 d、4 d、7 d 的预测场；单位：dagpm；粗实线：564 dagpm；填色区：风速大于 28 m/s 区域，单位：m/s）

1月21—27日、1月31日—2月1日存在3个活跃期，在急流出现的时间大致与实况相近，但其风速与实况相比，明显偏强。在提前4 d的预测场（图4.10c）上，以564 dagpm为特征线的位势高度在1月1—18日位置维持在30°N以南，之后564 dagpm特征线又略向北摆动。在整个凝冻时段均有副热带西风急流，其风速与实况相比，明显偏强。在提前7 d的预测场（图4.10d）上，以564 dagpm为特征线的位势高度在1月1—12日位置维持在28°N附近，之后564 dagpm特征线又略向北摆动，位置维持在30°N附近。副热带西风急流也存在明显阶段性变化特征，在1月1—13日、1月20日—2月1日存在2个活跃期，其风速与实况相比明显偏强。因此可以看出，提前1 d对该过程500 hPa平均位势高度和风速大于28 m/s的纬度-时间演变的预测效果略优于提前4 d、7 d的效果。

4.3 气候预测模式产品对2018年弱凝冻过程的预测能力评估

4.3.1 资料

本节利用提前1 d、4 d和7 d不同起报日的NCEP气候预测模式产品，对2018年1月6—9日的弱凝冻过程的风场、温度场、位势高度场进行预测，并与对应的实况场进行对比，以评估不同起报日的气候预测模式产品对此次过程的预测能力。

4.3.2 850 hPa风场预测能力评估

从2018年1月6—9日850 hPa平均风速的实况场（图4.11a）来看，此次凝冻过程在湖南—江西—浙江一线以北地区为强盛的西北风，表明冷空气势力强劲。在湖南西部—贵州东部存在偏东北风回流，在贵州的南侧存在来自南海的偏南风，导致在贵州与广西交界处出现华南准静止锋。而在贵州西侧的云南大部地区受西南风控制，导致在贵州与云南交界处出现云贵准静止锋，造成贵州、湖南等地出现持续凝冻天气。而从NCEP不同起报日对该过程850 hPa平均风速的预测场来看，提前1 d、4 d、7 d的预测场（图4.11b,c）上在湖北—湖南—贵州一线存在偏东北风回流，但与实况相比，湖北—安徽一线以北地区西北风风速均较实况明显偏弱，提前1 d、4 d在湖南西部—贵州东部的东北风较实况偏强，提前7 d的与实况相近。而提前1 d、4 d、7 d的预测场，在贵州的南侧均存在来自南海的偏南风，但与实况相比，提前1 d、4 d的偏南风风速略偏强，而提前7 d的偏南风风速势力与实况相当。提前1 d、4 d、7 d的预测场，在贵州西侧的云南大部地区均受偏南风和西南风控制，但与实况相比，偏南风和西南风风速相近。在东北风和南风的环流配置下，提前1 d、4 d、7 d的预测场均存在云贵准静止锋和华南准静止锋，只是华南准静止锋的位置略有差异，其中提前1 d、7 d的预测场上，华南准静止锋的位置与实况最为接近，基本接近于贵州与广西的交界处，在提前4 d的预测场上，华南准静止锋的位置位于广西中部一线。因此可以看出，提前1 d、7 d对该过程850 hPa平均风速的预测效果略优于提前4 d的效果。

图4.11　2018年1月6—9日850 hPa平均风速的实况场（a）和NCEP不同起报日对该过程的预测场（b～d：分别为提前1 d、4 d、7 d的预测场；单位：m/s；矩形区域：贵州凝冻频发带；"Δ"：贵阳）

4.3.3 700 hPa 风场预测能力评估

从2018年1月6—9日700 hPa平均风速的实况场（图4.12a）来看，此次凝冻过程存在一支平均风速在10 m/s之上的西南急流，急流控制区域为云南中部—贵州北部—湖南北部一线以南、以东的我国南方地区，贵州凝冻频发区位于该急流中心的左侧。而从NCEP不同起报日对该过程700 hPa平均风速的预测场来看，提前1 d、4 d、7 d的预测场（图4.12b～d）上均存在一支平均风速在7 m/s之上的西南急流，急流控制区域基本为云南中部—贵州北部—湖南南部一线以南、以东的我国南方地区，但急流中心控制区域较实况均明显偏小，其中提前7 d的偏小最为明显，但贵州凝冻频发区均位于该急流中心的左侧。因此可以看出，提前1 d对该过程700 hPa平均风速的预测效果优于提前4 d、7 d的效果。

4.3.4 850 hPa 温度场预测能力评估

2018年1月6—9日850 hPa温度场的实况场（图4.13a）来看，此次凝冻过程不存在逆温区。偏南风和西南风将700 hPa温度场0℃线位置北推至贵州南部一线，东北风将850 hPa温度场0℃线位置南推至贵州中北部一线，但700 hPa温度场0℃线没有与850 hPa温度场0℃线相交。而从NCEP不同起报日对该过程850 hPa温度的预测场来看，提前1 d、4 d、7 d的温度预测场（图4.13b～d）中均存在逆温区。从850 hPa温度场0℃线位置来看，提前1 d、7 d的850 hPa温度场0℃线位置位于贵州中部略偏南，较实况略偏南，提前4 d的850 hPa温度场0℃线位置位于贵州南部边缘地区，较实况明显偏南。提前1 d、7 d的700 hPa温度场0℃线位置位于贵州中部略偏北，较实况略偏北，提前4 d的700 hPa温度场0℃线位置位

图 4.12 2018 年 1 月 6—9 日 700 hPa 平均风速的实况场（a）和 NCEP 不同起报日对该过程的预测场
（b～d：分别为提前 1 d、4 d、7 d 的预测场；单位：m/s；矩形区域：贵州凝冻频发带；"△"：贵阳；填色
区：大于 12 m/s）

图 4.13 2018 年 1 月 6—9 日 850 hPa 温度的实况场（a）和 NCEP 不同起报日对该过程的预测场
（b～d：分别为提前 1 d、4 d、7 d 的预测场；单位：℃；矩形区域：贵州凝冻频发带；"△"：贵阳；
红 / 蓝粗线：850/700 hPa 温度场 0℃线；红色实线：850 hPa 平均温度场；填色区：逆温区）

于贵州中南部地区，较实况接近。提前 1 d、4 d 和 7 d 的 700 hPa 温度场 0℃线与 850 hPa 温度场 0℃线相交。导致出现逆温区。因此可以看出，提前 1 d、4 d、7 d 对该过程 850 hPa 温度场的预测效果相关不大。

4.3.5 逐日整层温度的预测能力评估

从 2018 年 1 月 6—9 日温度随高度和时间的实况场（图 4.14a）来看，此次凝冻过程不存在冷 – 暖 – 冷的暖心结构。0℃线的位置在前 2 d 基本维持在 600 ～ 700 hPa 附近，之后，冷平流强度增强，导致 0℃线的位置向下压至 800 ～ 900 hPa 附近。而从 NCEP 不同起报日对该过程温度随高度和时间剖面的预测场来看，提前 1 d、4 d、7 d 的预测场（图 4.14b ～ d）上均未出现冷 – 暖 – 冷的夹心结构。提前 1 d、4 d 的 0℃线的位置变化特征与实况相符，均表现为前期位置较高、后期位置较低，但提前 4 d 的 0℃线向低层变化的时间略有提前。0℃线位置基本位于 900 hPa 以下，表明地面整层温度也较实况偏低。提前 7 d 的 0℃线的位置转换特征与实况不符。因此可以看出，提前 1 d 对该过程逐日整层温度的预测效果明显优

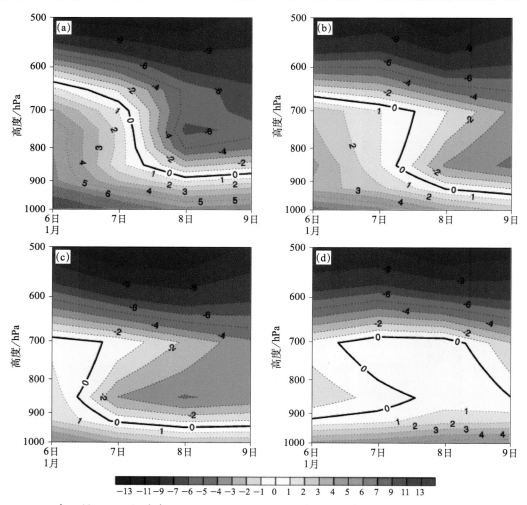

图 4.14　2018 年 1 月 6—9 日温度在 26°—28°N，104°—109.5°E 范围内的高度 – 时间演变实况（a）和 NCEP 不同起报日对该过程的预测情况（b ～ d：分别为提前 1 d、4 d、7 d 的预测场；单位：℃；黑实线：0℃线）

于提前 4 d、7 d 的效果。

4.3.6 500 hPa 位势高度场的预测能力评估

从 2018 年 1 月 6—9 日 500 hPa 平均位势高度和风速大于 28 m/s 的纬度 – 时间演变实况（图 4.15a）来看，500 hPa 平均位势高度阶段性特征明显，以 564 dagpm 为特征线的位势高度在 2018 年 1 月 6—8 日位置维持在 30°N 以南，之后 564 dagpm 特征线又明显向北摆动，位置在 30°N 以北，表明冷空气势力减弱，凝冻结束。副热带西风急流 2018 年 1 月 6—9 日风速均在 28 m/s 以上，在 7—8 日风速在 36 m/s 以上。而从 NCEP 不同起报日对该过程 500 hPa 平均位势高度和风速大于 28 m/s 的纬度 – 时间演变的预测场来看，在提前 1 d、4 d 的预测场（图 4.15b,c）上，以 564 dagpm 为特征线的位势高度的摆动特征与实况相符，在 2018 年 1 月 6—8 日位置维持在 30°N 以南，之后 564 dagpm 特征线又明显向北摆动，位置在 30°N 以北。在提前 1 d 的预测场上，副热带西风急流 2018 年 1 月 6—9 日风速均在 28 m/s 以上，在 7—8 日风速在 36 m/s 以上，与实况接近。在提前 4 d 的预测场上，副热带西风急流 2018 年 1 月 6—9 日风速均在 28 m/s 以上，在 8—9 日风速在 36 m/s 以上，其最大风速出现时间较实

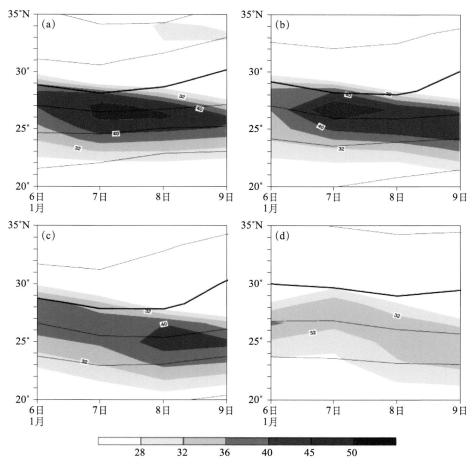

图 4.15 2018 年 1 月 6—9 日 500 hPa 平均位势高度和风速大于 28 m/s 的纬度 – 时间演变实况（a）以及 NCEP 不同起报日对该过程的预测情况（b ～ d：分别为提前 1 d、4 d、7 d 的预测场；单位：dagpm；粗实线：564 dagpm；填色区：风速大于 28 m/s 区域，单位：m/s）

况偏晚 1～2 d。在提前 7 d 的预测场（图 4.15d）上，以 564 dagpm 为特征线的位势高度在整个凝冻过程期间基本位置维持在 30°N 附近。副热带西风急流在 2018 年 1 月 6—9 日风速虽均在 28 m/s 以上，但风速与实况相比明显偏弱。因此可以看出，提前 1 d 对该过程 500 hPa 平均位势高度和风速大于 28 m/s 的纬度－时间演变的预测效果略优于提前 4 d、7 d 的效果。

4.4 气候预测模式产品对 2019 年弱凝冻过程的预测能力评估

4.4.1 资料

本节利用提前 1 d、4 d 和 7 d 不同起报日的 NCEP 气候预测模式产品，对 2019 年 2 月 9—11 日的弱凝冻过程的风场、温度场、位势高度场进行预测，并与对应的实况场进行对比，以评估不同起报日的气候预测模式产品对此次过程的预测能力。

4.4.2 850 hPa 风场预测能力评估

从 2019 年 2 月 9—11 日 850 hPa 平均风速的实况场（图 4.16a）来看，此次凝冻过程在湖北—湖南北部—贵州北部一线地区为东北风，而在这一线以东、以南地区为强盛的南风和西南风，导致在贵州中部一线出现华南准静止锋。而在贵州西侧的云南大部地区受西南风控制，导致在贵州与云南交界处出现云贵准静止锋，造成贵州、湖南等地出现持续凝冻天气。而从 NCEP 不同起报日对该过程 850 hPa 平均风速的预测场来看，提前 1 d、4 d、7 d 的预测场（图 4.16b,c）上在湖北—湖南北部—贵州北部一线地区为东北风和偏东风，与实况相比，其风速较实况明显偏强。而在这一线以东以南地区为强盛的南风和西南风，与实况相比，其风

图 4.16　2019 年 2 月 9—11 日 850 hPa 平均风速的实况场（a）和 NCEP 不同起报日对该过程的预测场（b～d：分别为提前 1 d、4 d、7 d 的预测场；单位：m/s；矩形区域：贵州凝冻频发带；"Δ"：贵阳）

速与实况相近，西南风和东北风导致在贵州中部略偏南一线出现华南准静止锋，华南准静止锋出现位置较实况略偏南。因此可以看出，提前 1 d、7 d 对该过程 850 hPa 平均风速的预测效果略优于提前 4 d 的效果。

4.4.3　700 hPa 风场预测能力评估

从 2019 年 2 月 9—11 日 700 hPa 平均风速的实况场（图 4.17a）来看，此次凝冻过程存在一支平均风速在 10 m/s 之上的西南急流，急流控制区域为云南东部—贵州—湖南一线以南、以东的我国南方地区，贵州凝冻频发区位于该急流中心。而从 NCEP 不同起报日对该过程 700 hPa 平均风速的预测场来看，提前 1 d、4 d、7 d 的预测场（图 4.17b ～ d）上均存在一支平均风速在 7 m/s 以上的西南急流，急流控制区域基本为云南东部—贵州大部—湖南一线以南、以东的我国南方地区，但急流中心控制区域较实况均明显偏小，其中提前 7 d 的偏小最为明显，但贵州凝冻频发区均位于该急流中心。因此可以看出，提前 1 d 对该过程 700 hPa 平均风速的预测效果相对优于提前 4 d、7 d 的效果。

图 4.17　2019 年 2 月 9—11 日 700 hPa 平均风速的实况场（a）和 NCEP 不同起报日对该过程的预测场（b ～ d：分别为提前 1 d、4 d、7 d 的预测场；单位：m/s；矩形区域：贵州凝冻频发带；"Δ"：贵阳；填色区：大于 12 m/s）

4.4.4　850 hPa 温度场预测能力评估

从 2019 年 2 月 9—11 日 850 hPa 温度场的实况场（图 4.18a）来看，此次凝冻过程存在逆温区，逆温区控制着贵州大部、湖南大部等地区，逆温区的大值中心位于贵州省中东部和中北部，中心强度在 5℃以上。偏南风和西南风将 700 hPa 温度场 0℃线位置北推至贵州北部

以北地区，东北风将 850 hPa 温度场 0℃线位置南推至贵州中部一线，导致 700 hPa 温度场 0℃
线与 850 hPa 温度场 0℃线相交。而从 NCEP 不同起报日对该过程 850 hPa 温度的预测场来看，
提前 1 d、4 d、7 d 的温度预测场（图 4.18b ～ d）中均存在逆温区，从逆温区的强度和面积
来看，提前 1 d 的预测效果最好，提前 7 d 的预测效果最差。从 850 hPa 温度场 0℃线位置来
看，提前 1 d、4 d、7 d 的 850 hPa 温度场 0℃线位置均位于贵州东北部，均较实况偏北，其
中提前 7 d 的偏北最明显。提前 1 d、4 d 的 700 hPa 温度场 0℃线位置均位于贵州北部以北地
区，与实况接近，而提前 7 d 的 700 hPa 温度场 0℃线位置位于贵州北部一线地区，较实况偏
南。提前 1 d、4 d 和 7 d 的 700 hPa 温度场 0℃线与 850 hPa 温度场 0℃线均相交，导致出现逆
温区。因此可以看出，提前 1 d 对该过程 850 hPa 温度场的预测效果明显优于提前 4 d、7 d 的
效果。

图 4.18　2019 年 2 月 9—11 日 850 hPa 温度的实况场（a）和 NCEP 不同起报日对该过程的预测场
（b ～ d：分别为提前 1 d、4 d、7 d 的预测场；单位：℃；矩形区域：贵州凝冻频发带；"Δ"：贵阳；
红/蓝粗线：850/700 hPa 温度场 0℃线；红色实线：850 hPa 平均温度场；填色区：逆温区）

4.4.5 逐日整层温度的预测能力评估

从 2019 年 2 月 9—11 日温度随高度和时间的实况场（图 4.19a）来看，此次凝冻过程不
存在冷 - 暖 - 冷的暖心结构。0℃线的位置在过程期间基本维持在 600 hPa 附近。而从 NCEP
不同起报日对该过程温度随高度和时间剖面的预测场来看，提前 1 d、4 d、7 d 的预测场（图
4.19b ～ d）上，均未出现冷 - 暖 - 冷的夹心结构。提前 1 d 的 0℃线位置变化特征与实况相符，
而提前 4 d、7 d 的 0℃线在过程期间基本维持在 600 hPa 以下位置。因此可以看出，提前 1 d
对该过程逐日整层温度的预测效果明显优于提前 4 d、7 d 的效果。

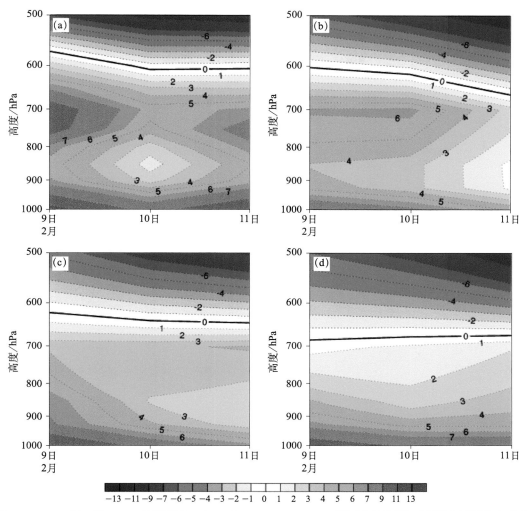

图 4.19　2019 年 2 月 9—11 日温度在 26°—28°N，104°—109.5°E 范围内的高度 - 时间演变实况（a）和 NCEP 不同起报日对该过程的预测情况（b ~ d：分别为提前 1 d、4 d、7 d 的预测场；单位：℃；黑实线：0℃线）

4.4.6 500 hPa 位势高度场的预测能力评估

从 2019 年 2 月 9—11 日 500 hPa 平均位势高度和风速大于 28 m/s 的纬度 - 时间演变实况（图 4.20a）来看，500 hPa 平均位势高度阶段性特征明显，以 564 dagpm 为特征线的位势高度在 2019 年 2 月 9—10 日位置维持在 34°N 以南，之后 564 dagpm 特征线又明显向北摆动，位置在 35°N 以北，表明冷空气势力减弱，凝冻结束。副热带西风急流 2019 年 2 月 9—10 日风速均在 28 m/s 以上，最大风速在 36 m/s 以上。而从 NCEP 不同起报日对该过程 500 hPa 平均位势高度和风速大于 28 m/s 的纬度 - 时间演变的预测场来看，在提前 1 d、4 d 的预测场（图 4.20b,c）上，以 564 dagpm 为特征线的位势高度的摆动特征与实况相符，在 2019 年 2 月 9—10 日位置维持在 34°N 以南，之后 564 dagpm 特征线又明显向北摆动，位置在 35°N 以北。在提前 1 d、4 d、7 d 的预测场上，副热带西风急流在 2019 年 2 月 9—11 日风速均在 28 m/s 以上，但最大风速较实况略偏弱。因此可以看出，提前 1 d、4 d 对该过程 500 hPa 平均位势高度和风速大于 28 m/s 的纬度 – 时间演变的预测效果略优于提前 7 d 的效果。

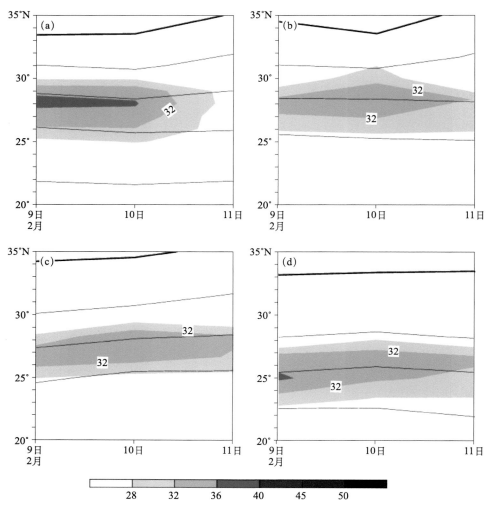

图 4.20　2019 年 2 月 9—11 日 500 hPa 平均位势高度和风速大于 28 m/s 的纬度 – 时间演变实况（a）以及 NCEP 不同起报日对该过程的预测情况（b ～ d：分别为提前 1 d、4 d、7 d 的预测场；单位：dagpm；粗实线：564 dagpm；填色区：风速大于 28 m/s 区域，单位：m/s）

4.5 2020/2021 年冬季凝冻过程的延伸期预测试验

4.5.1 资料

本节利用 NCEP 气候预测模式产品，对 2020/2021 年冬季凝冻过程开展延伸期预测试验。具体方法：根据每月底最后一天 NCEP 气候预测模式产品对未来 30 d 温度在 26°—28°N，104°—109.5°E 范围内的高度 – 时间演变实况、500 hPa 平均位势高度和风速大于 28 m/s 的纬度 – 时间演变实况，来判定未来 30 d 贵州冬季凝冻过程的情况，最后结合凝冻过程实况检验其预测准确率。

4.5.2 2020 年 11 月 30 日起报的延伸期预测试验

根据NCEP气候预测模式2020年11月30日对未来30 d温度在26°—28°N，104°—109.5°E范围内的高度–时间演变情况（图4.21b）来看，在2020年12月2—11日、15—23日、27—30日中层以上冷空气势力强劲，对应地面将有强降温过程发生。从实况（图4.21a）的温度的高度–时间演变情况来看，在12月1—8日、13—21日、29—30日中层以上冷空气势力强劲。与预测场对比来看，实况场中温度的起伏变化明显比NCEP模式预测场大，但二者冷空气势力强劲阶段基本相符。从2020年12月1日—2021年2月28日贵州省日平均气温及其距平逐日变化图（图4.22）来看，2020年12月1—9日、13—21日、29—31日有强降温过程，模式预测场中强降温过程与实况基本对应。

图 4.21　2020 年 12 月 1—30 日温度在 26°—28°N，104°—109.5°E 范围内的高度 – 时间演变情况
（a）实况场；（b）NCEP 气候预测模式 2020 年 11 月 30 日起报场（单位：℃；黑实线：0℃线）

图 4.22　2020 年 12 月 1 日—2021 年 2 月 28 日贵州省日平均气温及其距平逐日变化

根据 NCEP 气候预测模式 2020 年 11 月 30 日对未来 30 d 500 hPa 平均位势高度和风速大于 28 m/s 的纬度 – 时间演变情况（图 4.23b）来看，在 2020 年 12 月 2—13 日、16—21 日、

28—30 日冷空气势力强劲，对应地面将有强降温过程发生。从实况（图 4.23a）的温度的高度－时间演变情况来看，在 12 月 2—8 日、12—20 日、26—30 日冷空气势力强劲，并且在 13—19 日、24—30 日副热带西风急流强盛，虽然实况场中温度的起伏变化明显比 NCEP 模式预测场大，且模式对副热带西风急流的预测效果也较差，但二者冷空气势力强劲阶段基本相符，且基本与实况的强降温时段（图 4.23）基本对应。

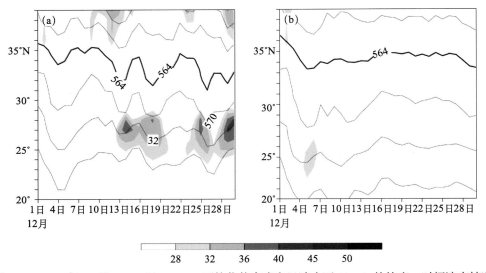

图 4.23　2020 年 12 月 1—30 日 500 hPa 平均位势高度和风速大于 28 m/s 的纬度－时间演变情况
（a）实况场；（b）2020 年 11 月 30 日 NCEP 气候预测模式预报场（单位：dagpm；粗实线：564 dagpm；
填色区：风速大于 28 m/s 区域，单位：m/s）

因此，综合 NCEP 气候预测模式 2020 年 11 月 30 日对未来 30 d 温度在 26°—28°N，104°—109.5°E 范围内的高度－时间演变情况以及 500 hPa 平均位势高度和风速大于 28 m/s 的纬度－时间演变情况判定，未来 30 d 内在 2020 年 12 月 2—11 日、16—21 日、28—30 日贵州将出现强降温过程，预计在贵州中东部高海拔地区及西部地区将有凝冻过程的发生。

4.5.3　2020 年 12 月 31 日起报的延伸期预测试验

根据 NCEP 气候预测模式 2020 年 12 月 31 日对未来 30 d 温度在 26°—28°N，104°—109.5°E 范围内的高度－时间演变情况（图 4.24b）来看，在 2021 年 1 月 1—3 日、6—12 日中层以上冷空气势力强劲，对应地面将有强降温过程发生。从实况（图 4.24a）温度的高度－时间演变情况来看，1 月 1—5 日在 600 ～ 700 hPa 之间出现了暖心结构，之后 6—11 日、17—18 日中层以上冷空气势力强劲。与预测场对比来看，实况中温度的起伏变化明显比 NCEP 模式预测场大，但二者前两次冷空气势力强劲阶段基本相符。从 2020 年 12 月 1 日—2021 年 2 月 28 日贵州省日平均气温及其距平逐日变化图（图 4.23）来看，2021 年 1 月 1—12 日、17—18 日、25—27 日有强降温过程，模式预测场中前两次强降温过程与实况基本对应，而 17—18 日的降温过程在预测场中没有体现出来，故而漏报。

图 4.24 2021 年 1 月 1—30 日温度在 26°—28°N，104°—109.5°E 范围内的高度－时间演变情况
（a）实况场；（b）NCEP 气候预测模式 2020 年 12 月 31 日起报场（单位：℃；黑实线：0℃线）

根据 NCEP 气候预测模式 2020 年 12 月 31 日对未来 30 d 500 hPa 平均位势高度和风速大于 28 m/s 的纬度－时间演变情况（图 4.25b）来看，在 2021 年 1 月 1—11 日、16—19 日、27—28 日冷空气势力强劲，对应地面将有强降温过程发生，并且在 1—10 日、13—17 日副热带西风急流强盛。从实况（图 4.25a）温度的高度－时间演变情况来看，在 12 月 6—13 日、19—22 日、27 日冷空气势力强劲，并且在 1—7 日、9—13 日、24—30 日副热带西风急流强盛。虽然实况中温度的起伏变化明显比 NCEP 模式预测场大，且模式对 1 月下半月副热带西风急流的预测效果也较差，但二者冷空气势力强劲阶段基本相符，且与实况的强降温时段（图 4.23）基本对应。

因此，综合 NCEP 气候预测模式 2020 年 12 月 31 日对未来 30 d 温度在 26°—28°N，104°—109.5°E 范围内的高度－时间演变情况以及 500 hPa 平均位势高度和风速大于 28 m/s 的纬度－时间演变情况判定，未来 30 d 内在 2021 年 1 月 1—3 日、6—12 日、16—19 日、27—28 日贵州将出现强降温过程，预计在贵州中东部高海拔地区及西部地区将有凝冻过程发生。

4.5.4 2021 年 1 月 31 日起报的延伸期预测试验

根据 NCEP 气候预测模式 2021 年 1 月 31 日对未来 30 d 温度在 26°—28°N，104°—109.5°E 范围内的高度－时间演变情况（图 4.26b）来看，在 2021 年 2 月 1—3 日、13—18 日中层以上冷空气势力强劲，对应地面将有强降温过程发生。从实况（图 4.26b）的温度的高度－时间演变情况来看，在 1 月 1—3 日、8—10 日、16—19 日、26—27 日中层以上冷空气势力强劲。与预测场对比来看，实况中温度的起伏变化明显比 NCEP 模式预测场大，但二者冷空气势力强劲阶段基本相符。从 2020 年 12 月 1 日—2021 年 2 月 28 日贵州省日平均气温及其距平逐日变化（图 4.23）来看，2021 年 2 月 8 日、16—19 日、26—27 日有强降温过程，模式预测场中前两次强降温过程与实况基本对应，而 26—27 日的降温过程在预测场中没有

体现出来，故而漏报。

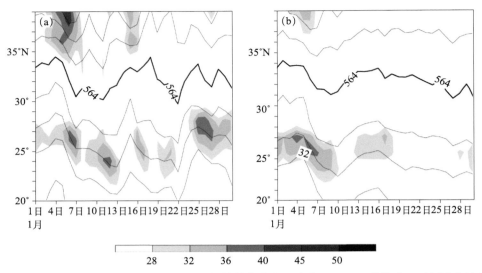

图 4.25　2021 年 1 月 1—30 日 500 hPa 平均位势高度和风速大于 28 m/s 的纬度－时间演变情况
（a）实况场；（b）2020 年 12 月 31 日 NCEP 气候预测模式预报场（单位：dagpm；粗实线：564 dagpm；
填色区：风速大于 28 m/s 区域，单位：m/s）

图 4.26　2021 年 2 月 1 日—3 月 2 日温度在 26°—28°N，104°—109.5°E 范围内的高度－时间演变情况
（a）实况场；（b）NCEP 气候预测模式 2021 年 1 月 31 日起报场（单位：℃；黑实线：0℃线）

根据 NCEP 气候预测模式 2021 年 1 月 31 日对未来 30 d 500 hPa 平均位势高度和风速大于 28 m/s 的纬度－时间演变情况（图 4.27b）来看，在 2021 年 2 月 1—2 日、8—16 日、26 日—3 月 2 日冷空气势力强劲，对应地面将有强降温过程发生，并且在 1—6 日副热带西风急流强盛。从实况（图 4.27a）的温度的高度－时间演变情况来看，在 2 月 1—6 日、13—16 日，2 月 24 日—3 月 2 日冷空气势力强劲，并且在 2 月 1—7 日副热带西风急流强盛。虽然实况中温度的起伏变化明显比 NCEP 模式预测场大，但二者冷空气势力强劲阶段基本相符，且对 2

月上旬前期副热带西风急流的预测效果也较好。由于 2 月整体气温偏高，冷空气势力整体较弱，导致预测的强降温时段与实况的强降温时段（图 4.23）差异较大。

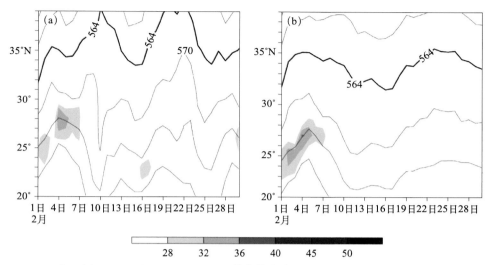

图 4.27　2021 年 2 月 1 日—3 月 2 日 500 hPa 平均位势高度和风速大于 28 m/s 的纬度 - 时间演变情况
（a）实况场；（b）2021 年 1 月 31 日 NCEP 气候预测模式预报场（单位：dagpm；粗实线：564 dagpm；
填色区：风速大于 28 m/s 区域，单位：m/s）

因此，综合 NCEP 气候预测模式 2021 年 1 月 31 日对未来 30 d 温度在 26°—28°N，104°—109.5°E 范围内的高度 - 时间演变情况以及 500 hPa 平均位势高度和风速大于 28 m/s 的纬度 - 时间演变情况判定，未来 30 d 内在 2021 年 2 月 1—3 日、8—16 日、26—27 日贵州将出现强降温过程，预计在贵州中东部高海拔地区及西部地区将有凝冻过程发生。

4.5.5　2020/2021 年冬季凝冻过程的延伸期预测试验检验结果

2020/2021 年冬季在北极海冰减少的气候背景下，反射率将减弱，导致极地涡旋偏弱。在拉尼娜的气候背景下，东亚冬季风偏强、中高纬环流经向度特征显著，冷空气活动较频繁。但当冷空气南下时，南方无南支槽配合，水汽条件也较差，故 2020/2021 年冬季以干冷为主，凝冻过程总体偏弱。

根据本书对贵州省区域性凝冻过程的定义判定，2020/2021 年冬季以来全省共计出现了 3 次区域性凝冻过程（表 4.1）。其中 2020 年 12 月 14—20 日的过程持续天数最长，为 7 d，该次区域性凝冻过程是以威宁—大方—开阳为中心的中西部型凝冻过程（图 4.28），受影响的总站数达 44 站，属较强强度；2020 年 12 月 31 日—2021 年 1 月 2 日的过程持续天数最短，为 3 d，该次过程是以威宁为中心的西部型凝冻过程，受影响的总站数有 9 站，该次过程造成的降温幅度最小，其综合强度也最弱，属一般强度；2021 年 1 月 6—11 日的过程持续天数与 2020 年 12 月 14—20 日过程接近，为 6 d，但其受影响的总站数最多，达 58 站，该次过程是以威宁—大方—开阳为中心的全省型凝冻过程，其过程强度较第一次过程略强，属于较强强度。

表 4.1　2020/2021 年冬季贵州省区域性凝冻过程统计表

开始时间	结束时间	持续天数 / d	影响总站数 / 站	平均温度负距平 / ℃	区域性过程分型	等级
2020-12-14	2020-12-20	7	44	-7.78	中西部型	较强
2020-12-31	2021-01-02	3	9	-6.2	西部型	一般
2021-01-06	2021-01-11	6	58	-7.72	全省型	较强

图 4.28　2020/2021 年冬季贵州省三次区域性凝冻过程持续天数（单位：d）空间分布
（a）2020 年 12 月 14—20 日；（b）2020 年 12 月 21 日—2021 年 1 月 2 日；（c）2021 年 1 月 6—11 日

　　根据 2020/2021 年冬季贵州省实际降温过程及凝冻过程的发生时间，对基于 NCEP 气候预测模式开展的降温过程及凝冻过程的延伸期预测试验进行检验（表4.2），由检验结果可知，基于 NCEP 气候预测模式开展的未来 30 d 降温过程预测准确率达 80%，基于 NCEP 气候预测模式开展的未来 30 d 凝冻过程预测准确率达 30%。表明可以基于 NCEP 气候预测模式开展未来 30 d 降温过程预测，而在凝冻过程的预测中还需参考更多的要素分析结果，进一步提高其准确率。

表 4.2　2020/2021 年冬季贵州省降温过程及凝冻过程的延伸期预测试验检验结果

起报时间	实际降温过程	实际凝冻过程	降温 / 凝冻过程预测结果	降温过程检验结果	凝冻过程检验结果
11 月 30 日	12 月 1—9 日、13—21 日、29—31 日	12 月 14—20 日	12 月 2—11 日、16—21 日、28—30 日	3 次基本正确，时间上前后略有差异	空报 2 次、正确 1 次
12 月 31 日	1 月 1—12 日、17—18 日、25—27 日	12 月 31 日—1 月 2 日、1 月 6—11 日	1 月 1—3 日、6—12 日、16—19 日、27—28 日	4 次基本正确，时间上前后略有差异	空报 2 次、正确 2 次
1 月 31 日	2 月 8 日、16—19 日、26—27 日	无	2 月 1—3 日、8—16 日、26—27 日	正确 1 次，错误 2 次	空报 3 次

参考文献

白慧，柯宗建，吴站平，等，2016. 贵州冬季冻雨的大尺度环流特征及海温异常的影响 [J]. 高原气象，35（5）：1224-1232.

白慧，吴战平，龙俐，等，2011. 贵州省 2 次重凝冻过程初期低空逆温的三维特征分析 [J]. 云南大学学报（自然科学版），33（S1）：61-69.

丁一汇，王遵娅，宋亚芳，等，2008. 中国南方 2008 年 1 月罕见低温雨雪冰冻灾害发生的原因及其与气候变暖的关系 [J]. 气象学报，66（5）：158-175.

杜小玲，高守亭，彭芳，2014. 2011 年初贵州持续低温雨雪冰冻天气成因研究 [J]. 大气科学，38（1）：63-74.

杜小玲，高守亭，许可，等，2012. 中高纬阻塞环流背景下贵州强冻雨特征及概念模型研究 [J]. 暴雨灾害，31（1）：15-22.

杜小玲，彭芳，武文辉，2010. 贵州冻雨频发地带分布特征及成因分析 [J]. 气象，36（5）：94-99.

方荻，白慧，李浪，等，2020. 贵州冬季冻雨研究综述 [J]. 中低纬山地气象，44（4）：19-26.

甘文强，蓝伟，杜小玲，等，2018. 2018 年 1 月底至 2 月初贵州低温雨雪天气成因初探 [J]. 暴雨灾害，37（5）：20-30.

高守亭，张昕，王瑾，等，2014. 贵州冻雨形成的环境场条件及其预报方法 [J]. 大气科学，38（4）：645-655.

高辉，陈丽娟，贾小龙，等，2008. 2008 年 1 月我国大范围低温雨雪冰冻灾害分析 Ⅱ. 成因分析 [J]. 气象，34（4）：101-106.

顾雷，魏科，黄荣辉，2008. 2008 年 1 月我国严重低温雨雪冰冻灾害与东亚季风系统异常的关系 [J]. 气候与环境研究，13（4）：405-418.

黄菲，高聪晖，2012. 东亚冬季气温的年际变化特征及其与海温和海冰异常的关系 [J]. 中国海洋大学学报（自然科学版），42（9）：11-18.

江漫，于甜甜，钱维宏，2014. 我国南方冬季低温雨雪冰冻事件的大气扰动信号分析 [J]. 大气科学，38（4）：813-824.

赖鑫，卞林根，江燕如，2011. 贵州一次严重冰冻雨雪过程环境场分析 [J]. 气象科技，39（2）：190-196.

雷之雨，郑佳锋，朱克云，等，2018. 一次冻雨天气的云雷达回波特征分析 [J]. 气象科技，46（6）：1232-1239.

黎惠金，韦江红，覃昌柳，等，2008. 2008 年广西罕见低温雨雪冰冻天气成因及数值预报产品性能分析 [J].

气象研究与应用，29（1）16-19.

李崇银，杨辉，顾薇，2008. 中国南方雨雪冰冻异常天气原因的分析 [J]. 气候与环境研究，13（2）：113-122.

李登文，乔琪，魏涛，等，2009. 2008 年初我国南方冻雨雨雪天气环流及垂直结构分析 [J]. 高原气象，28（5）：1140-1148.

李丽丽，肖天贵，黄金全，等，2013. 2011 年 1 月贵州冻雨天气成因分析 [J]. 气象科技，41（6）：1116-1121.

李玉柱，许炳南，2001. 贵州短期气候预测技术 [M]. 北京：气象出版社 .

李忠燕，张东海，严小冬，等，2020. 贵州省单站凝冻过程的指标订正及特征分析 [J]. 高原山地气象研究，40（4）：60-64.

刘蕾，张凌云，李宜爽，等，2020. 广西两次典型低温雨雪天气过程的成因对比分析 [J]. 气象科技，48（1）：107-114.

刘明歆，李艳，吕春艳，2021. 中国冬季两类极端低温事件特征及其大气环流成因分析 [J]. 高原气象，40（3）：603-620.

苗春生，赵瑜，王坚红，2010. 080125 南方低温雨雪冰冻天气持续降水的数值模拟 [J]. 大气科学学报，33（1）：25-33.

欧建军，周毓荃，杨棋，等，2011. 我国冻雨时空分布及温室结构特征分析 [J]. 高原气象，30（3）：692-699.

彭京备，孙淑清，2017. 我国南方持续性低温与东亚冬季风"北弱南强"模态的关系 [J]. 大气科学，41（4）：691-701.

施宁，布和朝鲁，2015. 中国大范围持续性极端低温事件的一类平流层前兆信号 [J]. 大气科学，39（1）：210-220.

施宁，布和朝鲁，纪立人，等，2008. 2008 年初我国南方雨雪低温天气的中期过程分析 II：西太平洋副热带高压的特征 [J]. 气候与环境研究，13（4）：434-445.

宋丹，唐延婧，白慧，等，2015. 贵州冻雨初终日的气候变化及其异常年环流特征 [J]. 中国农学通报，31（20）：213-218.

孙建华，赵思雄，2008a. 2008 年初南方雨雪冰冻灾害天气静止锋与层结结构分析 [J]. 气候与环境研究，13（4）：368-384.

孙建华，赵思雄，2008b. 2008 年初南方雨雪冰冻灾害天气的大气层结和地面特征的数值模拟 [J]. 气候与环境研究，23（4）：510-519.

唐延婧，宋丹，2008. 2008 年初贵州低温雨雪凝冻灾害天气成因分析 [J]. 气象科学，28（S1）：78-83.

陶诗言，卫捷，2008. 2008 年 1 月我国南方严重冰雪灾害过程分析 [J]. 气候与环境研究，13（4）：337-350.

陶玥，史月琴，刘卫国，2012. 2008 年 1 月南方一次冰冻天气中冻雨区的层结和云物理特征 [J]. 大气科学，36（3）：507-522.

王东海，柳崇健，刘英，等，2008. 2008 年 1 月中国南方低温雨雪冰冻天气特征及其天气动力学成因的初步分析 [J]. 气象学报，66（3）：405-422.

王艳兰，伍静，唐桥义，等，2022. 广西长低温雨雪冰冻过程环流特征及低温扰动分析 [J]. 气象科技，50（1）：75-84.

王玥彤，2017. 中国西南地区冻雨的气候异常特征及其影响因子 [D]. 南京：南京信息工程大学 .

吴古会，彭芳，崔庭，等，2012. 2011 年冬季贵州低温雨雪冰冻天气的成因分析 [J]. 气象，38（3）：291-299.

吴哲红，陈贞宏，白慧，2013. 2011 年与 2008 年贵州低温雨雪冰冻天气锋区特征对比 [J]. 干旱气象，31（4）：763-770.

吴战平，严小冬，古书鸿，等，2015. 前期高度场和海温场变化对贵州冬季冻雨的影响 [J]. 高原山地气象研究，35（1）：41-47.

肖平，王文，胡灿明，等，2018. 1983—2015 年湖南雨淞时空分布特征及影响因子 [J]. 气象科技，46（3）：515-523.

许炳南，2001. 贵州冬季凝冻预测和预测模型研究 [J]. 贵州气象，5（4）：3-6.

许丹，罗喜平，2001. 贵州典型凝冻年及无凝冻年的环流特征分析 [J]. 贵州气象，3：15-16.

许丹，罗喜平，2003. 贵州凝冻的时空分布特征和环流成因分析 [J]. 高原气象，22（4）：401-404.

杨贵名，孔期，毛冬艳，等，2008. 2008 年初"低温雨雪冰冻"灾害天气的持续性原因分析 [J]. 气象学报，66（5）：836-849.

杨晓君，张楠，陈宏，等，2019. 一次回流型降雪过程的成因和相态判据分析 [J]. 气象科技，47（1）：98-105.

袁媛，李崇银，杨崧，2014. 与厄尔尼诺和拉尼娜相联系的中国南方冬季降水的年代际异常特征 [J]. 气象学报，72（2）：237-255.

严小冬，吴战平，古书鸿，2009. 贵州冻雨时空分布变化特征及其影响因素浅析 [J]. 高原气象，28（3）：222-229.

曾明剑，陆维松，梁信忠，等，2008. 2008 年初中国南方持续性冰冻雨雪灾害形成的温度场结构分析 [J]. 气象学报，66（6）：1043-1052.

张峻，王海军，2013. 我国南方冰冻天气过程低空逆温层特征 [J]. 气象科技，41（1）：103-107，145.

张庆云，宣守丽，彭京备，2008. La Nina 年冬季亚洲中高纬环流与我国南方降雪异常关系 [J]. 气候与环境研究，13（4）：52-61.

张润琼，刘艳雯，姚刚，等，2009. 2008 年贵州罕见低温雨雪冰冻灾害成因及影响分析 [J]. 热带地理，29（4）：15-19.

张迎新，侯瑞宝，张保守，2007. 回流暴雪过程的诊断分析和数值试验 [J]. 气象，33（9）：25-32.

赵恕，1987. 贵州省短期天气预报指导手册 [M]. 北京：气象出版社.

赵思雄，孙建华，2008. 2008 年初南方雨雪冰冻天气的环流场与多尺度特征 [J]. 气候与环境研究，13（4）：351-367.

朱乾根，等，1992. 天气学原理和方法 [M]. 北京：气象出版社.

宗海锋，张庆云，布和朝鲁，等，2008. 黑潮和北大西洋海温异常在 2008 年 1 月我国南方雪灾中的可能作用的数值模拟 [J]. 气候与环境研究，13（4）：491-499.

宗志平，马杰，张恒德，等，2013. 近几十年来冻雨时空分布特征分析 [J]. 气象，39（7）：813-820.

BENNETT W J, 1913. The sleet storm in northern New York, March 25-27[J]. Mon Wea Rev,41:372-373.

BRANICK M L, 1997. A climatology of significant winter-type weather events in the contiguous United States,1982-94[J]. Wea Forecasting, 12:193-207.

BUEH C, SHI N, XIE Z W, 2011. Large-scale circulation anomalies associated with persistent low temperature over southern China in January 2008[J]. Atmos Sci Lett,12（3）:273-280.

CHANGNON S A, KARL T R, 2003.Temporal and spatial variations of freezing rain in the contiguous UnitesStates: 1948-2000[J]. J Appl Meteor, 42:1302-1315.

CORTINAS JR J V, BERNSTEIN B C, Robbins C C, et al, 2004. An analysis of freezing rain, freezing drizzle, andice pellets across the United States and Canada: 1976-90[J]. Wea Forecasting, 19（2）:377-390.

FEI Z, YUAN Y, DING Y H, et al, 2022. The 2020/21 extremely cold winter in China influenced by the synergistic effect of La Niña and Warm Arctic[J]. Adv Atmos Sci,39:546-552.

GAY D A, DAVIS R E, 1993. Freezing rain and sleet climatology of the southeastern USA[J]. Climate Res,3:209-220.

HU A, XIE W, LI N et al, 2014. Analyzing regional economic impact and resilience: A case study on electricity outages caused by the 2008 snowstorms in southern China[J]. Natural Hazards,70（2）：1019-1030.

HUFFMAN G J, NORMAN G A JR, 1988. The supercooled warn rain process and the specification of freezing precipitation[J]. Mon Wea Rev,116:2172-2182.

RAUBER R M, OLTHOFF L S, RAMAMURTHY M K, et al, 2000. The relative importance of warm rain and melting processes in freezing precipitation events[J].J Appl Meteor, 39:1185-1195.

RAUBER R M, OLTHOFF L S, RAMAMURTHY M K, et al, 2001. Further investigation of a physically based, nondimensional parameter for discriminating between lacations of freezing rain and ice pellets[J]. Wea Forecasting,16:185-191.

SANG H K, HI R B, CHANG K P, et al, 2016. On the freezing precipitation in korea and the basic schemes for its potential prediction[J]. Asia-Pacific Journal of Atmospheric Sciences,52（3）:35-50.

WANG B, WU R G，Fu X H, 2000. Pacific-East Asian teleconnection：How does ENSO affect east Asian climate[J]? J Climate,13（9）:1517-1536.

XU QIN, GAO SHOUTING, FIEDLER B H, 1996. A theoretical study of cold air damming with upstream cold air inflow[J]. J Atmos. Sci, 53（2）:312-326.

ZHOU W, CHAN J C L, CHEN W, et al, 2009. Synoptic-scale controls of persistent low temperature and icy weather over southern China in January 2008[J]. Mon Wea Rev, 137（11）:3978-3991.

全 球 普 洱 茶 十 大 杰 出 人 物
台湾普茶庄·经典普洱创始人石昆牧先生著作

钻石版

迷上普洱

石昆牧　著

中央编译出版社
Central Compilation & Translation Press

徐晋燕 摄

序

许多人迷上普洱茶都有缘由

因为健康

因为品茗

因为朋友

因为增值

因为无法预测的变化

因为可以掌控的可能

因为能一起成长一起变老

因为无限的因为……

引言

喜欢与不喜欢

　　今天早上吃早餐喝咖啡，小儿子看到玻璃杯里的马来西亚怡保白咖啡的颜色，笑说："哦！怎么像'大便'的颜色，好恶心。"全家大笑。听了小儿子这句话，让我想到我小时候有很多"不喜欢"的事物。不喜欢"黄绿色、红色"，不喜欢"葱、蒜、苦瓜、香菜、辛辣"，不喜欢"横条纹、格子的衣服"，不喜欢……不喜欢……在小时候很多不适应与不喜欢！！

　　不知道什么时候，我的很多"不喜欢"随着年纪渐长而越来越少。吃的，只要不危害生命健康和牛、狗之外，能端上桌的我都吃。穿的，人家送的和家人买的也都穿；以前有许多的自我与坚持，渐渐消失。

　　这让我想到我的学习品茶过程也是如此，从1973年开始喝茶，原本有很多坚持与喜好，1986年浸润在普洱茶世界里，更是有许多概念与想法，排斥许多自己所不习惯的味道。至今，随着修习心性，虽然仍偏好普洱，但，只要是茶，无碍健康的，我都不排斥。总觉得，各有优点，学着欣赏。

　　命理与宗教的概念，就是要不断地修行、涵养。但，修的是什么？

　　命理中有阴阳五行，人的修持应该就是要修成"无阴阳、无五行生克"。没有癖好，没有执著，随之淡然。

　　很喜欢证严法师题给父母亲的墨宝："君子如水，随方归圆，无不自在。"

　　　　　　　　　　2011年2月10日于冈山

图书在版编目(CIP)数据

迷上普洱 / 石昆牧著． —— 北京 ：中央编译出版社，
2018.1（2022.1重印）
　　ISBN 978-7-5117-3443-3

　　Ⅰ．①迷…　Ⅱ．①石…　Ⅲ．①普洱茶－基本知识
Ⅳ．①TS272.5

中国版本图书馆CIP数据核字(2017)第274672号

迷上普洱

责任编辑： 邓永标
责任印制： 刘　慧
出版发行： 中央编译出版社
地　　址： 北京西城区车公庄大街乙5号鸿儒大厦B座 （100044）
电　　话： （010）52612345（总编室）　（010）52612371（编辑室）
　　　　　　（010）52612316（发行）　（010）52612369（网站）
传　　真： （010）66515838
经　　销： 全国新华书店
印　　刷： 鸿博昊天科技有限公司
开　　本： 889毫米×1194毫米　　16开
字　　数： 295千字　插图271幅
印　　张： 19.75
版　　次： 2018年1月第1版
印　　次： 2022年1月第5次印刷
定　　价： 128.00元

新浪微博： @中央编译出版社　　　微　　信：中央编译出版社(ID:cctphome)
淘宝店铺： 中央编译出版社直销店 (http://shop108367160.taobao.com)　(010)52612322

本社常年法律顾问： 北京市吴栾赵阎律师事务所律师　闫军　梁勤
凡有印装质量问题，本社负责调换，电话： (010) 52612322

C目 录
ontent

序

引言

C目 录
Content

C 目 录
ontent

C目 录
Content

C目 录
Content

C 目 录
Content

C目 录
ontent

C目 录
Content

C目 录
ontent

C目 录
ontent

C目 录
ontent

C目 录
Content

从台湾看普洱

C 目 录
Content

C目　录
ontent

注：书中图片除署名外，均为作者本人所摄。

茶之艺

六大茶类

中国茶品种类繁多，基本上依制程可分做六大茶类：绿茶类、白茶类、黄茶类、青茶类、红茶类、黑茶类。目前中国茶叶学界将普洱茶（渥堆熟茶）归类为黑茶，而将晒青毛茶视为绿茶类。本书中会将普洱茶（包含生熟制品）制程完整说明，读者会了解渥堆熟茶与黑茶制程有所差异，普洱生茶与绿茶也完全不同，甚至可以说在许多特质上是涵盖六大茶类，所以目前有许多云南学者与笔者都认为，在实质与意义上都应该将普洱茶独立一类。

（一）白茶

制程：鲜叶→萎凋→烘青→干燥

白茶的特点是叶嫩白毫多、汤色浅黄、嫩毫香味重。制作时不炒、不揉，萎凋时间长，再文火烘焙（或日晒干燥），足干后便告完成。在鲜叶萎凋的过程中，有菌类参与氧化，故萎凋后叶脉呈咖啡红，因而有红妆素裹之称。代表性茶品，如：福建的福鼎大白、政和白牡丹、白毫银针、贡眉、寿眉等。

（二）黄茶

制程：鲜叶→炒青→揉捻→闷黄→干燥

黄茶的特点是叶黄汤黄，制法基本上与绿茶类似，闷黄是黄茶的制作特点。闷黄，鲜叶杀青、揉捻后将茶叶盖布，保持茶叶在较高的温度和湿度下，产生菌类催化茶叶氧化，因而使茶叶变黄。代表性茶品，如：湖南君山银针、安徽黄大茶、霍山黄芽等。

（三）绿茶

制程：鲜叶→炒（蒸）青→揉捻→干燥

绿茶的特点是汤清叶绿，在整个制作过程中，尽量少发生发酵或氧化作用。杀青是绿茶的制作重点，目的在于迅速破坏茶叶中酵素酶的活性，停止茶叶的发酵。杀青后的茶叶，藉由揉捻使茶叶表面与内部细胞组织破坏，组织液体附着于茶菁表面，利于冲泡时增加香气口感，以及让内涵物质均匀释出。代表性茶品，如：杭州龙井、安徽太平猴魁等。

（四）青茶

制程：鲜叶→日光萎凋→静置搅拌→炒青→揉捻→干燥

青茶的特性，在于日光萎凋与静置搅拌导致茶菁色泽青褐色、汤金黄、绿叶镶红边。制作关键在于静置搅拌的工序，俗称"做青"；"做青"是将适度日光萎凋的茶叶放在竹筛盘中，来回摇动，茶叶在反复相互挤压碰撞之后，叶的边缘因碰撞而破裂，因而促进茶叶边缘的氧化作用，形成绿叶镶红边的状态。静置搅拌后，立即以锅炒杀青、揉捻、干燥。代表性茶品，如：早期台湾乌龙茶、台湾北埔膨风乌龙茶（东方美人）、武夷岩茶、安溪铁观音、凤凰单枞等。

台湾乌龙茶（青茶）

云南滇红

（五）红茶

制程：鲜叶→萎凋→揉捻→补足发酵（渥红）→干燥

　　红茶的质量特点是汤红叶红，重要工序在于发酵。红茶发酵，主要在儿茶素之氧化作用，在低温高湿的环境才能有优质茶品。发酵温度过高、速度过快，会导致茶叶酸变或产生腐败酸臭的滋味。依季节、环境、设备、茶菁嫩度等不同状况，掌控发酵时间也有差异，大约时间在 90 ～ 150 分钟。由于红茶制作不经杀青工序，保持酵素酶的高度活性，才能令叶片完全变红。代表性茶品，如云南滇红、安徽祁门红茶等。

（六）黑茶

制程：鲜叶→炒青→揉捻→渥堆→干燥→蒸压→成型干燥

　　1973 年以后，黑茶包含现代的渥堆普洱熟茶，然以目前云南学业界都认为，渥堆熟茶有别于黑茶制程，应该独立一类。在此，黑茶的说明将不涵盖普洱茶在内。

　　黑茶的特点，叶色黑褐油润，渥堆是黑茶的制作特点。渥堆方法是将茶叶杀青、揉捻后，控制在湿度和温度适合的环境下，进行增温，产生适当的菌类进行发酵，一般需渥堆五至六天，有时还需要更长的时间。黑茶主要供边区少数民族饮用，因此多制成不同形状的紧压茶。代表性茶品，如广西六堡茶、湖南安化茯砖、黑砖等。

广西　陈年六堡茶

初识普洱

美丽云南

普洱茶产于地处中国西南边陲的"云之南"，国内北邻西藏、四川，东邻贵州、广西，西与南则国接缅甸、老挝、越南。为低纬度高原地区，因地理的特殊性，与贵州合称"云贵高原"。位于北纬 $21°8'22''$ ～ $29°1'58''$ 和东经 $97°31'39''$ ～ $106°11'47''$ 之间，总面积达

39.4 万平方千米。4000 多万人口，有 51 个少数民族，为中国三个少数民族超过 1000 万人口的省份之一。

北回归线横贯临沧市南端、普洱市中南部地区，同时通过广西、广东及台湾，所以在纬度上是接近的。地势北高南低，从迪庆藏族自治州、怒江傈僳族自治州、丽江地区，呈现扇形走向，由高而低扩散，普洱市、西双版纳傣族自治州、红

云南省政区图（中国地图出版社出版）

河哈尼族彝族自治州等，为平均较为低势地区，高低差悬殊达 6663 米。这种高纬度、高海拔，低纬度、低海拔的一致性，加上地理位置特殊、地形复杂，其主要表现特点为：区域性差异分明，垂直变化十分明显。年温差小、日温差大。雨量充沛、旱雨季分明，降雨量北少南多，分布不均。如此特点，亦造就不同产区普洱茶茶质与口感明显差异。

云南幅员辽阔，整个省涵盖大陆型热带、亚热带高原型不同气候类型，严格说来，云南省并没有四季之分，与江南地区的二十四节气区分有天壤之别，所以不能以节气之"明前茶""谷花茶"来命名、区分普洱。每年 10 月底至次年 5 月受伊朗印巴地区和沙漠地区气流影响，日照充足、空气干燥、降雨偏少，为明显旱季。6 月至 10 月中旬受赤道海洋西南季风和热带海洋东南季风影响，温度高、湿气重，降雨日多且量大，为明显雨季。近年世界气候异常，温室效应、圣婴现象，尤其 2002 年之后云南省干雨季的规律严重失常，导致近年茶菁质量上的差异。土壤为砖红壤与赤红壤为主，PH 值 4.5～5.5 之间，疏松腐质土深厚，有机含量特高，十分适合茶树生长。气候地理条件的优异，造就云南普洱茶的特殊性。

2004 年统计，全省茶叶总种植面积达 287 万亩，居全国第一位。所有茶叶产量达到 9 万余吨，仅次于福建、浙江两省，居全国第三位。茶叶总产值约 40 亿元人民币。云南省 2006—2007 年茶叶产量，包含绿茶、红茶、普洱茶等总产量已经突破 10 万吨。

普洱茶的前世与今生

"普洱"（Pu-er 或 Pu-erh）为云南少数民族哈尼族语，意指"水湾寨"，有亲切家园之意。景迈山布朗族石碑记载，茶树种植始于傣历五十七年（公元 696 年），至今 1300 余年。"普洱茶"为中国十大名茶之一，以其集散地与原产地之一的普洱命名之。唐朝时普洱名为步日，属银生节度。唐朝咸通三年（公元 862 年）樊绰出使云南，其所著的《蛮书》卷七记载："茶出银生城界诸山，散收无采造法。蒙舍蛮以椒姜桂和烹而饮之。"证明唐代已经生产银生茶，是为普洱茶的前身，于元朝时称之为普茶，明朝万历年间才定名为普洱茶。"普洱

少数民族

茶"一词始见于明代谢肇淛《滇略》："士庶所用，皆普茶也，蒸而成团。""普茶"即普洱茶，此时已有紧压茶加工工艺。雍正年间，普洱茶入贡清朝宫廷，贡茶历史约130年，古六大茶山在清朝时达极盛时期，《檀萃滇海虞衡志》记载："周八百里，入山作茶者数十万人。"可知当时盛况，宫廷贵族与风雅人士饮用普洱茶蔚为风潮，有"夏喝龙井，冬喝普洱"的风俗雅兴。当时，以现今普洱市与西双版纳州一带为其主要原料生产地区，而普洱（今宁洱县）即成为加工和集散中心之一。明清时期以普洱为中心向外辐射六条茶马古道，除中国本土外，还将普洱茶营销至越南、缅甸、泰国等地，并转运到东南亚，甚至欧洲。至今，茶叶已成为中华文化与其他西方文明的桥梁。

普洱茶传说，可以追溯到东汉时期，民间有"武侯遗种"（武侯是指三国时期的丞相诸葛亮）的传说，故普洱茶的种植、利用至少已有1700多年的历史。

在我国，有许多少数民族奉诸葛孔明为茶祖，深信武侯植茶树为事实，并世代相传。相传基诺族祖先随孔明南征，因途中贪睡而被"丢落"，而相传附会为"攸乐"的来源。孔明赐以基诺人茶籽，命他们好生种茶为生，如戏剧中孔明帽的竹楼亦是得到孔明的启示建造的。另一传说孔明南征时途经西双版纳，士兵见土地肥沃，气候温和，有愿在此落籍，孔明视其气候、土质适宜种茶，遂令军民种植，教以种制。虽经考证孔明并未到过西双版纳，但不因此影响诸葛孔明在当地少数民族心中的地位。据传，古六大茶山也是以孔明遗器而得名；《普洱府志·古迹》记载："旧时武侯遍历六山，留铜锣于攸乐，置镈于莽枝，埋铁砖于蛮砖，遗木梆于倚邦，埋马镫于革登，置撒袋于曼撒，因以名其山。"

何谓普洱茶

2004 年以前官方教科书仍将普洱茶归类于黑茶类，甚至市场上将广东、广西、湖南、湖北、四川、安徽各省份的后发酵茶，都涵盖在广义的普洱茶内。笔者认为，只要是普洱茶真正的爱好者，

应不会认同如此笼统模糊的说法与归类。

每一种茶都有其历史地理环境背景，以及特有的香气口感。笔者个人认为，所谓云南普洱茶，应为：云南大叶茶类经低温制程晒青毛茶、紧压成品与人工渥堆发酵成品，且未经高温杀青、干燥、烘焙。以这个基调来谈普洱茶，应该就能厘清市面上所误导观念。然而，必须强调的是，并非说广云贡饼、六安茶、六堡茶、千两茶、黑砖等不是好茶，而是说明其并非传统定义之云南普洱茶。

2006 年 7 月 1 日由云南省质量技术监督局发布，2006 年 10 月 1 日实施的云南省地方标准《普洱茶》定义："普洱茶是云南特有的地理标志产品，以符合普洱茶产地环境条件的云南大

普洱生茶

叶种晒青茶为原料，按特定的加工工艺生产，具有独特质量特征的茶叶。"普洱茶分为普洱茶（生茶）和普洱茶（熟茶）两大类型。

2008 年 6 月 17 日，国家出台了普洱茶国家标准《地理标志产品 普洱茶》，明确了普洱茶的概念，即普洱茶必须以地理标志保护范围内的云南大叶种晒青茶为原料，并在地理标志保护范围内采用特定的加工工艺制成。

普洱茶（生茶）是以符合普洱茶产地环境条件下生长的云南大叶种茶树鲜叶为原料，经杀青、揉捻、日光干燥、蒸压成型等工艺制成的紧压茶。其质量

普洱熟茶

特征为：外形色泽墨绿、香气清纯持久、滋味浓厚回甘、汤色绿黄清亮、叶底肥厚黄绿。

普洱茶（熟茶）是以符合普洱茶产地环境条件的云南大叶种晒青茶为原料，采用特定工艺，经后发酵（快速后发酵或缓慢后发酵）加工形成的散茶和紧压茶。其质量特征为：外形色泽红褐，内质汤色红浓明亮，香气独特陈香，滋味醇厚回甘，叶底红褐。

在《地理标志产品 普洱茶》国家标准文件中，明确普洱茶必须以地理标志保护范围内的云南大叶种晒青茶为原料，并在地理标志保护范围内采用特定的加工工艺制成。国家质检总局规定，普洱茶地理标志产品保护范围是：云南省普洱市、西双版纳傣族自治州、昆明市等州市所属的639 个乡镇。非上述地理标志保护范围内的地区生产的茶不能叫普洱茶，云南茶企业到上述地理标志保护范围外购买茶叶做成的茶也不能叫普洱茶。

紧压茶

将茶叶经过高温、高湿与压力蒸压的方式加工成饼型、砖型、团型等等，

重庆沱茶

称之"紧压茶",早年多数以云南、湖南、湖北、广西等省份所生产的滇青、黑毛茶为原料加工。普洱茶、千两茶、茯砖、黑砖、六堡茶等均为代表性紧压茶品。紧压加工中的蒸压方式与古代蒸青饼茶的做法相似,紧压茶生产历史悠久,大约于11世纪前后,四川的茶商即将绿毛茶蒸压成饼,运销西北等地。

古代紧压茶崇尚制作工艺,在茶面上紧压成多种图形,蔚为风潮。明太祖朱元璋认为蒸青饼茶过于奢华,一度废团为散;于洪武二十四年(1391年)下一道诏令:"⋯⋯罢造龙团,惟采芽茶以进,其品有四,曰探春、先春、次春及紫笋"。紧压茶自此消失于朝野,唯有边销茶仍以紧压方式存在;也因此时代背景,百姓们认为边销茶都是次级、低档茶品,从此紧压茶成为非主流茶品。清朝,普洱茶成为贡茶后，更使得紧压工艺进一步发展。近代，紧压茶多为边疆少数民族主要植物营养素来源，也是华人世界药用茶品；此时紧压的原因，主要在于方便运输与长期储存，符合茶品实际需求。

1999年开始，台湾兴起普洱茶热潮，紧接2002年大陆经济发展带动消费水平，对于云南普洱茶的注目超乎预期。新一波热潮更引发新、马、日、韩等国的注意，"云南普洱茶"从此成为紧压茶的代表。

● 普洱茶文化的思维

曾于2005年说过"普洱茶还未凸显其文化"，这句话来源是因为笔者提出质疑普洱茶没有完整的自有体系，2005年以前普洱茶审评标准极其怪异，生茶是绿茶标准、熟茶类似红茶评鉴，品鉴及冲泡器具使用绿茶与乌龙茶类的盖碗、紫砂壶，甚至连何谓普洱茶都搞得沸沸扬扬，香港人说"云南只是生产半成品"，云南人说"普洱茶云南人说了算"，都是名与利的纠葛。

绝大多数人无法辨识云南阿萨姆种与中国小叶种，在茶种都无法辨识的情形下，普洱茶谁说了算？至今如此。近年又争议纯料与拼配，我则不断询问"谁品鉴得出纯料"？在无人能答的情况下，拼配与纯料有意义吗？纯料就代表普洱茶精髓与文化？以前的"布朗山茶区纯料"涵盖现在的布朗山、广别、贺开、班盆、老曼娥、班章等现在的"村寨纯料"，真能分辨这些村寨？以前的"南糯山茶区纯料"包括现在半坡新老寨、石头新老寨、姑娘寨、丫头寨等"村寨纯料"，谁能区分？以前"景迈茶区纯料"包含现在的勐本、景迈（大坪掌）、翁基翁洼、芒景芒洪、帮坡几个"村寨纯料"，谁能区分？怎样才是拼配？如何的标准才是纯料？自己都没有办法区分，如何说纯料好或是拼配优？

目前见到市场上许多茶商所标榜的推广普洱茶文化，我则时常问"普洱茶文化是什么"？无法辨识茶种（阿萨姆）、不了解制程、未经历陈化与仓储、更不懂审评，我真不知道他们追求的文化为何？把毛茶收过来，请精制厂代工紧压后销售，这就是普洱茶文化？

所谓"文化"就是文明的总和，在我理解的"文化"说得直白些，就是在了解物质的本质之后，进行说明、包装、推广、广告、营销，也就是一连串的商业行为所组成某种精神性"文化"；没有文化的商业是俗不可耐的市侩，没有商业的文化则难以支持，甚至无法存在。不需要太过于道貌岸然地鄙视商业，而商业也不能没有专业、品位，过于近视短利。

普洱茶，没有专业则只是商品，没有文化则只是农副产品，而普洱茶文化的体现不只是收购毛料、紧压的茶贩行为，而应该彻底了解普洱茶本质之后所做的推广营销。试想一下"红酒文化"可以借鉴，为何市场追求年份（与长短无直接关系）、酒庄（制程仓储）、品饮器皿、品饮环境、存放环境？事实上，普洱茶也都应该如此要求，只是目前都未被凸显。喝茶的人您了解多少？卖茶的人又能说明与推广多少？还在争议干湿仓、纯料拼配的，都还不知道自己了解什么、不清楚什么，就好像是在超市、小摊位卖红酒的酒贩，难以找到普洱茶文化的真谛。透彻了解普洱茶茶区、茶种、生长型态、制程、环境、仓储、冲泡等等形而下，才是进入普洱茶文化的开始。

2009 年 4 月 26 日于景洪

人活着
要有自信
也要有容人雅量
活着
不要像一只斗牛
只想找目标争斗

当自己时时与人比较
就永远陷在这圈子里
不是别人框住你
是自己绑住自己

当自己只与自己的昨日、过去
比较
就已经登上高峰
没有敌人　没有对手
只有不断超越自己

当自己圈住自己双臂
紧握不放
你的世界就只有你的两臂间
当您放开胸怀
您就拥有全世界

2008 年 7 月 19 日

专有名词
～紧压茶型～

紧压，成就普洱茶之美。因应各类茶菁特色与地方需求，将茶菁经过蒸压成形，除方便储存、运输之外，展现团茶的高贵、饼茶的圆满、沱茶的秀丽、砖茶的粗犷。

龙团凤饼

在远古祖先仅仅是把茶叶当作药物，茶叶具有清热解毒、提神、醒脑等功能，至今仍被某些地区的群众当作药用。秦汉时，将制好的茶饼在火上炙烤，然后捣碎研成细末，冲入开水，再加葱、姜、橘子等调和，有如云南傣族饮的"烤茶"，就是在陶罐中冲泡茶叶后，加入椒、姜、桂、盐、香糯竹等调和而成。

唐宋时期，当时人们最推崇福建将茶压成团饼形的茶，制作十分精巧，茶饼的表面上分别压有龙凤图案，称为"龙团凤饼"，这也是紧压茶的始祖。饮茶时先将团茶敲碎、碾细、细筛，置于盏杯之中，冲入沸水后品饮。

明太祖朱元璋有感于制作龙团凤饼劳民伤财，于是下诏："罢造龙团，惟芽茶以进"开启中国茶文化一大变革，散制成为茶叶制作与品饮主流文化。云南普洱紧压茶仿佛停留在古代，延续着一千多年前"龙团凤饼"，传承紧压茶工艺的美。

沱茶

名称来源众多，据说因多销售于四川沱江地区，故名。另一说法，于清光绪二十八年（1902）下关永昌祥、复春等茶商，将团茶转变成碗状沱茶，因创制于下关，故又名下关沱茶。原由下关厂主要生产，每个净重100克与250克两种规格（历史上曾经出现125克规格），原料以一二级茶菁为主、拼配三至六级叶，生茶、渥堆熟茶均有生产。

1992年商检下关甲级沱

七子饼茶

　　七在中国是一个吉利的数字，七子作为多子多福象征，七子饼茶形似圆月，为云南传统出口港澳与东南亚一带，为华侨所喜爱作为彩礼或赠送亲友，所以有侨销圆茶，侨销七子饼茶之称。圆有团圆意涵，七子为多子多孙多福气之意。一筒七饼，每饼净重357克，直径约七寸，筒身高约七寸。计划经济时代至1990年代末期，

1988—1990 年　七子饼茶

国营勐海茶厂所生产饼茶一直是市场主流茶品，原料以三至六级为主，生茶、渥堆熟茶品都有生产。

　　七子的规制是起自清代，《大清会典事例》载："雍正十三年（公元1735年）提准，云南商贩茶，系每七圆为一筒，重四十九两（合今3.6市斤，1.8公斤），征税银一分，每百斤给一引，应以茶三十二筒为一引，每引收税银三钱二分。于十三年为始，颁给茶引三千。"这里，清政府规定了云南藏销茶为七子茶，但当时还没有这个提法。清代前期和中期，七圆一筒原是清政府为了规范计量，规范生产和运输所制定的一个标准。

　　清末，由于茶叶的形制变多，如宝森茶庄出现了小五子圆茶，为了区别，人们将每七个为一筒的圆茶包装形式称为"七子圆茶"，但它并不是商品或商标名称。民国初期，面对茶饼重量的混乱，竞争的压力，一些地区成立茶叶商会，试图统一。如思茅茶叶商会在民国十年左右商定：每圆茶底料不得超过6两，但财大气粗又有政界背景的"雷永丰"号却生产每圆6两五钱每筒8圆的"八子圆茶"，不公平的竞争下，市场份额一时大增。

　　政权交替后，茶叶国营，云南茶叶公司所属各茶厂用中茶公司的商标生产"中茶牌"圆茶。1970年代初，云南茶叶进出口公司希望找到更有号召力、更利于宣传和推广的名称，他们改"圆"为"饼"，形成了这个吉祥的名称"七子饼茶"。从此，中茶牌淡出，圆茶的称谓也退出舞台，成就了七子饼的紧压茶霸主地位。（《"七子"

何时"圆"成"饼"》，杨凯）

紧茶

　　与沱茶起源相同，由团茶演变而来。因团茶中心过厚而紧压，原先销至西藏的团茶因长途跋涉时常产生发霉现象。佛海茶厂于民国元年至六年（1912—1917）将团茶改为带把的心脏型，取名宝焰牌紧茶。宝焰牌紧茶全为手工团揉精制，每个净重238克，七个为一筒，每个紧茶之间留有空隙，使水分能继续散发而不导致霉变。1967年改为长方

勐海小紧茶

形砖茶后停止生产。因班禅的重视，下关茶厂于1986年恢复生产心脏型紧茶至今，规格为250g。使用原料较为粗老，三至八级铺面、九至十级为里茶。市场亦称之女儿茶、香菇头、蘑菇头、牛心沱。生茶、渥堆熟茶两种都有生产。1986—1990年间每年所制作紧茶量很少，均运往西藏，未曾大量流入市面；笔者于2006年只见几个从西藏高僧宝塔中取出回流至昆明，个人均建议不要饮用。

砖茶

"文革"后期砖

　　属紧茶类，1967年心脏型紧茶改为长方形砖片，采用机器压制，每片重250克，规格为14厘米×9厘米×2.5厘米，使用中茶牌商标。70年代以后，以昆明茶厂7581砖茶为市场主流，使用茶菁较为粗老，与紧茶配方接近；勐海茶厂7562、下关7563等也较为少量生产，茶菁级数较为细嫩，类似饼茶，三者都是属于渥堆熟茶。

四喜方茶

　　于《云南省茶叶进出口公司志》提到，中华人民共和国成立后在砖面压印"中茶"二字，背面压印"普洱方茶"四字，然此批茶在近年市场上并未见过。市场所谓"福、禄、寿、喜"四喜砖，重量有250克与500克两种。昆明茶厂于1980年代初期，为庆祝

建国 40 周年所压制，使用一至四级茶菁，重量 500 克 ×4，一盒净重 2 公斤，外销时以十盒一箱，每箱净重 20 公斤，以渥堆熟茶为主。1980 年代四喜砖渥堆熟茶，多数销往日本。除昆明茶厂外，下关、勐海、德宏州南宝等茶厂亦都有生产四喜砖，亦有单一片包装，生、熟茶都有生产。

1992 年四喜方砖

方砖

市场主要见到的小方砖规格为 100 克与 250 克，都是独立包装，以勐海茶厂为主，生产时间应推至 80 年代后期就有生产，至于 80 年代初期勐海茶厂是否就有生产小方砖，还待考证！商标有分"八中茶""孔雀之乡"等，最著名茶品为 92 方砖。

下关茶厂依厂志记载，1960 年代就开始生产方茶，重量 125 克；然因销往内蒙、新疆等地，在市场上并未见到踪迹。2000 年以后，重新大量生产 100 克小方砖。

茶膏

1950 年省茶司生产一批 3500 市斤（1750 公斤）茶膏交进入西藏部队，分别由省茶司、下关茶厂、顺宁茶厂制作。以低档副料毛茶（梗、末均可）放置大锅煎熬，滤出茶汤后继续以中、小锅熬煮。直至拉长不黏手、色起淡褐色为止。当时试验结果，一市斤（500 克）毛茶，可熬茶膏 20 克～25 克。茶叶、枝梗、末等经过长时间熬煮，多数活性物质已经消失，基本没有茶叶本质，只能当药用。

1992 年　小方砖

历史沿革

茶马古（商）道

　　唐代以来沟通川、滇、藏边三角地区的古商道，以藏族地区的马匹、皮毛、药材等特产和四川、云南的茶叶、盐、糖、布、线、粉丝等生活日用品交易的商业信道，主要依靠马帮在山谷、驿道中长途跋涉来运输货品，故称"茶马古道"，亦称"茶马商道"。自唐、宋以后，汉藏物资依赖茶马古道持续往来1000多年，维系了两地物资与文化的交流，并在抗战时期达到了古道（特指滇藏茶马古道）的最繁忙时期，抗战结束后，随多条进藏公路的修筑而渐渐没落。

　　茶马古道蜿蜒于我国大西南横断山脉的高山峡谷中，是中国西南民族经济文化交流的走廊。古代滇藏主要路线是从云南的西双版纳、思茅、普洱、临沧、保山、大理、丽江，经迪庆及西藏的昌都、拉萨等地后，进入印度、尼泊尔等南亚地区。另一条是从四川的雅安出发，经凉山后，交汇云南丽江，再经迪庆、西藏等地后，进入尼泊尔。这条茶马古道横贯藏、川、滇高原横断山脉的三江（金沙江、澜沧江、怒江）流域，蜿蜒4000余千米。后因云南经济持续发展，清代、民国时期共开拓多条内外通道：昆洛前路茶马道、滇西后路茶马道、思茅易武茶马道、思茅澜沧茶马道、思茅江城茶商道、普洱思茅通外茶马商道、佛海通外茶马商道等等。（《普洱茶文化》，黄桂枢）

江内

　　云南省西双版纳自治州，澜沧江之东面古六大茶山地区（曼撒、蛮砖、攸乐、倚邦、莽枝、革登），为今勐腊县中北部地区。清朝时期普洱为贡茶，当时以澜沧江为分界，称为"江内"，为上贡朝廷茶品原料主要来源。

江外

　　云南省西双版纳自治州，澜沧江之西面，今勐海县、景洪市地区为"江外"。清朝时期普洱为贡茶，当时以澜沧江为分界，西部尚未开发，不被重视。涵盖目前南糯、布朗（新、老班章）、巴达、勐龙、勐宋等茶区。有江外六大茶山之称：南糯茶山、勐海茶山、景迈茶山、巴达茶山、南峤茶山和勐宋茶山，这些茶山在口感、香气明显较江内浓强。

以目前所开发、了解的茶区，江外的茶树龄、面积都在江内之上，加上历史佐证，当时江内所使用，已经大量调用江外原料，目前可见的号称百年号字古董茶，从叶底观察也明确使用不少江外原料。

古六大茶山

1660年，清顺治平定云南，"以所属普洱等处六大茶山，纳地设普洱府"。普洱茶产于六大茶山最早的文献，于1799年《滇海虞衡志》书中提到："普茶明重于天下，此滇之所以为产而资利赖者也，出普洱所属六茶山，一曰攸乐、二曰革登、三曰倚邦、四曰莽枝、五曰蛮砖、六曰曼撒，周八百里，入山作茶者数十万人"。《南诏备考》："普洱茶产曼撒、蛮砖、攸乐、倚邦、莽枝、革登等六茶山，而以倚邦、蛮砖者味较盛……"古六大茶山茶区有五茶山位于今西双版纳勐腊县中北部，攸乐（基诺山）位于景洪市境内。今易武茶区隶属古曼撒山。

目前蛮砖、曼撒、攸乐均以大叶茶为主，香气饱满、口感均布、滑顺甜水；倚邦、革登、莽枝则以中小叶茶居多，香气扬、口感较集中、刺激性稍高。

易武茶区

现今狭义的"易武茶区"只称易武与曼撒，广义的"易武茶区"涵盖范围包括易武、基诺山、攸乐、倚邦等茶区。清朝普洱茶极盛时期即以普洱为集散地，所依赖为名的即江北的六大山茶，就是所谓的澜沧江以北的江内茶，涵盖当时六大茶山。长久以来易武茶区并无大型制茶厂，然因有古老历史制茶传统与神话，茶区中还有许多古树茶与少许野生茶、大量野放茶园及少数民族栽培茶园，目前坊间仍有大量标榜易武茶区的茶品为消费者所喜爱。此茶区因人工栽培茶园历史悠久，目前尚有许多百年左右之古茶园；也因此，许多古茶园变异茶种甚多，在茶种与茶性、茶质上的特色较难分辨，只能以地理气候环境造成的特质加以分析。纬度与海拔最低，气温最高、雨量最多，古老原始茶种种类多。

勐海茶区

"勐海"是西双版纳傣族自治州下辖的一个县。"勐"为早期行政单位的名称，"海"是人名，叫"岩海"，又称"召相海"，是最先管理统辖勐海地区的一位傣族首领，也因此有人称"海"为勇者居住的地方，为2004年以前，勐海茶厂主要茶菁收购地区。清代以前普洱茶的集散地以普洱为主，清朝末年普洱茶的制作技术向南传递，由普洱、思茅到倚邦、易武、勐海等地区。至民国初年，因种种政经因素、交通问题，加之瘟疫肆虐，茶叶的贸易重心完全由勐海地区所取代。

目前勐海茶区涵盖西双版纳地区澜沧江以南的范围，包括景洪、巴达、布朗山、班章、南糯山、勐龙、勐宋、勐遮等地区；广义勐海茶区，涵盖至勐海茶厂收购毛料茶区，如临沧地区南部、普洱西南部茶区。纬度与海拔较低，气温稍高、雨量较多，茶性强、茶质重、香气扬，是此茶区茶菁主要特色。

下关茶区

为2004年以前，下关茶厂主要茶菁收购地区。目前所谓下关茶区为早期顺宁及景谷茶区，也就是现今普洱市、保山市与临沧市北部，涵盖保山、昌宁、云县、景东、景谷、墨江、镇沅等县市，此茶区的共通点为高纬度与高海拔，日照少、气温低、雨量较少，质重、水甜柔、香气较

沉、带微苦、微酸，是此茶区茶菁的特色。

目前主要普洱产区

目前云南四大主要滇青茶产区，由北而南分别为保山市、临沧市、普洱市及西双版纳州，其气候地理条件分述如下：

保山

地处云南省西部，北纬24°08′～25°05′，地势北高南低，最高海拔3915米，最低海拔535米；主要河川怒江由北而南贯穿、澜沧江则通过东部。年平均温度14℃～20℃，年平均相对湿度75%～84%，年平均降雨量700毫米～2000毫米。在云南四个主要产茶区中，纬度最高、平均海拔最高、气温最低、雨量最少。辖区保山市、昌宁、腾冲、龙陵、施甸等地，都有茶叶生产，除晒青茶外，昌宁县亦生产滇红。茶叶、甘蔗、烟、咖啡为保山地区骨干产业。

临沧

地处云南省西南部，北纬23°29′～24°16′，地势北高南低、东西两侧高，最高海拔3429米，最低海拔730米；怒江支流由东北走向西南、澜沧江由北而南延县境东南侧流过。年平均温度15℃～20℃，

保山茶区分布图 林福莹 绘制

临沧地区示意图 曾却华 绘制

年平均相对湿度 70% ~ 82%，年平均降雨量 920 毫米 ~ 1800 毫米。辖区临沧、凤庆、云县、永德、镇康、双江、耿马、沧源等地，都有茶叶生产，除晒青茶外，凤庆与云县所生产的滇红更为云南省知名特产，属于国际知名红茶产区。为目前云南省所有茶叶产量（含普洱茶）最多的地区。近年以勐库地区为市场所关注，为一新兴茶区，尤以冰岛、昔归古树料为市场追捧。

普洱

地处云南省南部，北纬 22°02′ ~ 24°50′，为云南省面积最大地区。北部山势排列紧密，往南向东南、西南散开，呈扫帚状，北高南低；最高海拔 3370 米，最低海拔 317 米。主要河川澜沧江由北部临沧边境贯穿境内西南部。北回归线从中部景谷、墨江附近穿越，将全区大致分成南北二大部分。年平均温度 15℃ ~ 20℃，年平均相对湿度 77% ~ 85%，年平均降雨量 1100 毫米 ~ 2200 毫米。在十个辖区县市中，每个县市均有生产茶叶，其中以镇沅、景东、景谷、澜沧、江城等地为主要生产县市，滇绿、滇青均有大量生产，尤以澜沧县邦崴、景迈茶区，以及宁洱县困鹿山最为有名。

普洱地区示意图　林福莹 绘制

西双版纳

地处云南省最南端,北纬 21°10′ ~ 22°40′,地势北高南低。最高海拔 2429 米,最低海拔 477 米,澜沧江由北而南贯穿境内。年平均温度 18℃ ~ 21℃,年平均相对湿度 80% ~ 82%,年平均降雨量 1200 毫米 ~ 2400 毫米。为云南省四个主要产茶区中纬度最低、平均海拔最低、温度最高、降雨量最高,但却是普洱茶生产历史最悠久、产量最高的区域。全境位于北回归线以南,属亚热带气候。日照充足、相对湿度大、雨量充沛,土质以砖红壤和赤红壤为主,土层深厚、有机质含量高,非常适合茶树生长。得天独厚的条件使勐海享有"大叶茶故乡"的美誉,也被尊称为"普洱茶的原产地"。辖区景洪市、勐海县、勐腊县,以及 11 个国有农场。境内还有全世界唯一在北回归线附近的热带雨林区,在国内外享有"植物王国""动物王国""药物王国"的美誉,为全世界少有的动植物基因库,1993 年被联合国科教文组织接纳为生物保护区成员。境内知名茶山,有南糯、布朗山、老班章、易武等,都是为市场所追捧纯料茶区。

西双版纳地区示意图 林福莹 绘制

● 普洱茶农残

在新浪微博，有铁观音茶商质疑普洱茶农残问题，我如此回应。

今年初，韩国为打击普洱茶，在媒体说普洱茶检出农残与六六粉，其中还包括国际有机茶。我听了好笑，他们是在与国际有机认证对抗，不是针对中国普洱茶，我只通知厂家。厂家乐了，说："欢迎他们来检验，要打开韩国市场，就靠韩国政府打压了。"这就是国际有机普洱茶的自信，后来，韩国果然无声无息了，真遗憾！

普洱台地茶一年洒一次，古树茶没有办法洒，就像岩茶四大名枞母株一样。中国农业部检验普洱茶四十多年来，普洱茶从来没有农残超标过，真正古树茶也从来没有检出。在 2005 年欧盟全力打压中国农产品时，使用十倍商检标准，全中国的茶叶几乎都无法出口，但云南茶叶依旧直销欧洲等西方国家。所以现在许多普洱茶产地，是欧盟、日本 jas、美国 USD A 有机食品基地。

2010 年 5 月 21 日于勐海

2007 年有机茶~鑫昀晟

徐晋燕 摄

● 山岚

晨曦穿过林间
山岚拂面
群山茶林千年沧桑
濮傣世居茶树与伴
人生近百
我是过客

静·谧
是山，是茶树，是人，是心
是一杯好茶溶入了一切

2006 年春　于景迈山

云之乡　滇之南

主要茶山简介

　　云南主要茶山简介起源于笔者于2001—2004 年间多次下茶山心得，恰逢 2005 年昌泰茶厂成立集团公司特出版"十六茶山正源版"纪念套装，笔者为之所撰写之十六茶山说明书，于网络广为流传的是笔者随后增订公布的"二十茶山简介"。于今，在经过笔者近几年多次下茶山深入考察各茶山寨，再度将茶山信息、口感做一修正补遗。

　　云南地形气候环境特殊，高纬度、高海拔，低纬度、低海拔的一致性，加上地理位置特殊、地形复杂，其主要表现特点为：区域性差异分明，垂直变化十分明显。年温差小、日温差大。雨量充沛、旱雨季分明，降雨量北少南多，分布不均。

这样条件下，加上部分茶种与生长型态不同，各茶山茶菁茶质有明显不同特质。若以相同茶种、生长形态、制程等相同客观条件下，云南茶区出现"北苦南涩""东柔西刚"的特质。

本文所介绍各茶区茶质特色，多数以手工制作之栽培野生茶、野放茶为主。在正常制程、春茶、一心一叶与一心二叶的状况下，所评鉴出的茶质特色。因涉及笔者个人口感好恶，所陈述之观感仅供读者

参考，并非绝对标准。

曼撒

茶区位置：云南省西双版纳州勐腊县中北部，古六大茶山茶区。

简介：

位于勐腊县易武乡东北，离易武镇内约 20 千米，与老挝交界。茶区内地形复杂、落差大，最高的海拔为 1950 米，最低的为 750 米。

清朝乾隆年间，曼撒茶山开始进入最辉煌的时期，据史料记载，年产达万担以上。当时生产出茶叶，多集中在曼

困鹿山老茶林

茂盛的古茶树

撒老街进行交易；曼撒在鼎盛时期，有300多户居民。同治十三年，曼撒老街遭遇关键性的第一次大火，光绪十三年，曼撒再次遭遇第二次大火，无情的大火瞬间毁灭繁荣的小镇，而第三次火灾与疫病，更是使曼撒成为颓圮之荒城。此时，离曼撒20千米外的易武，立即取代曼撒的地位。这也说明为何清光绪以后的普洱府志上，易武替代曼撒，成为六大茶山中重要的茶山。古代行政区域划分，曼撒属易武土司管辖，并且易武与曼撒茶区相近，因此很难严格区分二者之间的差异。以致在坊间，有不少厂方与业者将二茶区所产茶菁同属"易武"茶区。

大叶栽培古树茶特色：

香扬水柔，在香甜茶系列中最具特色茶品；舌面与上颚中后段香气饱满、韵长，优质茶品甘韵扩及两颊，味较易武稍苦；近年因过度采摘与季节因素，汤质较薄。

易武

茶区位置：云南省西双版纳州勐腊县。

简介：请参阅"曼撒"，原属古代曼撒茶区。目前易武茶区栽培野生茶年产约60吨，台地茶约300余吨。主要产区有麻黑、三合村、落水洞、高山、张家湾等，麻黑因汉人栽植管理，口感较

易武茶马古道

为刺激而香，与其他少数民族管理古树韵广而柔有所区别；而刮风寨坊间亦列入易武茶区，但外形、口感均有所区别。

大叶栽培古树茶特色：

属曼撒茶区，香气口感类似曼撒，香扬而更广，水柔韵长、刺激性较低的茶品；与曼撒茶区原因相同，近年汤质较薄。

倚邦

茶区位置：云南省西双版纳州勐腊县中北部，古六大茶山茶区。

简介：

位于西双版纳傣族自治州勐腊县象明乡。倚邦在傣语中，被称为"唐腊"，倚邦，即茶井的意思。在六大茶山中，倚邦茶山的海拔最高，360多平方千米的面积几乎全是高山。与易武茶山相比，倚邦茶山的海拔差异更大，海拔最高达到1950米，而最低处为江河交汇处海拔只有565米。倚邦茶山境内有大叶茶与中小叶茶，然根据有关专家测定，倚邦的中小叶茶不同且优于其他省份的小叶茶，而又优于大叶茶类。

明末清初石屏人落居倚邦，以茶为生，开辟茶园、建茶号。清朝初、中期向朝廷纳贡茶上百担普洱茶，即以倚邦茶为主，普洱茶的名气可以说是从倚邦开始的。

勐宋古树茶林

清朝初年至民国初年的倚邦，可说是倚邦茶区的鼎盛时期，官府衙门、大庙会堂等，一栋栋建得巍峨辉煌，交易热络、人声鼎沸、骡马塞道，晚上灯火通明宛如不夜城。清朝中后期，普洱茶制茶交易中心迁往易武，倚邦茶业开始没落，然倚邦成为茶马重镇的历史地位已经字字记载了史册。倚邦茶山最后关键，是1942年的一场战乱，引发大火将倚邦烧成颓圮瓦砾，倚邦从此元气大伤。随后的瘟疫使茶商、百姓再度大举迁离；后来又经过70年代的搬迁，现在倚邦村仅有30多户人家，100多人口，交通不便，成为一个贫穷的农业小镇；近年，普洱茶再度崛起，倚邦这古代茶马重镇，又重新受到瞩目。

中小叶栽培古树茶特色：

中小叶茶类以特殊香型著称，口感较窄、上颚香甜微蜜感、稍苦，舌面中后段带苦有甘韵。

革登

茶区位置：云南省西双版纳州勐腊县，古六大茶山茶区。

简介：

位于古六大茶山的东北部，东连孔明山、南与基诺茶山隔江相望、西接蛮砖茶山、北与倚邦茶山为邻，革登古茶山包括今象明新发寨、新酒房、菜阳河一带。也是古代较闻名的茶区，当时年产茶量在500担以上。史料记载,清嘉庆年间(1796—1820)革登八角树寨附近有茶王树，传说为诸葛孔明所栽种，春茶一季可产干茶一担，已枯死；茶王树根茎腐化后留下的洞穴尚存，横向370厘米，纵向390厘米。至今革登茶区老茶树所剩无几，仅存茶房、秧林、红土坡等几片古茶园，累计不足500亩，剩下的只有断碣残碑。以目前革登茶山实际的状况，可说很难量产茶品，名列六大茶山，可说名存实亡。

中小叶栽培古树茶特色：

中小叶以特殊香型著称，口感较窄、上颚香甜微蜜感、微苦，舌尖甜味明显、中后段微苦有甘韵，汤质稍薄，类似倚邦。

莽枝

茶区位置：云南省西双版纳州勐腊县，古六大茶山茶区。

简介：

位于革登茶山西南方、蛮砖茶山西面，传说是诸葛亮埋铜（莽）之地，因此取名莽枝茶山，主要市集在牛滚塘街。古代都由外来生意人从事茶叶买卖，早年繁荣景象，如今也都只剩下残檐断壁。在原始林中，还有许多大、中小叶茶类老茶树

古树茶园

错落其间，也不乏数十米高的巨大茶树。所生产茶菁，多数集中收购交至其他地区，或由某些大厂指定专人收购。

中小叶栽培古树茶特色：

中小叶以特殊香型著称，与倚邦、革登香型口感类似。上颚香甜微蜜感、汤柔、舌面刺激感较强。

蛮砖

茶区位置：云南省西双版纳州勐腊县，古六大茶山茶区。

简介：

位于倚邦、革登、曼撒、易武四大茶山之间，蛮砖古茶山包括曼林和蛮砖等地。过去蛮砖的茶叶年产量至少在万担以上，大部运往易武加工、销售。虽同列六大茶山，但以往一直不如其他茶区被重视，或许也因如此，茶区才得以保存较为完整。古茶林集中在蛮砖、曼林二地，蛮砖有 500 余亩、蛮林有 1000 多亩，茶树生长较好、密度较高，每亩约 100 株以上，其中最大的茶树高 3.9 米，基径 34 厘米，树龄 300 年以上。少被采摘过度，所以目前蛮砖茶区的茶质还保持一定水平。

大叶栽培古树茶特色：

相较其他古六大茶山，与曼撒古树类似，茶菁色泽较深；舌面与上颚中后段口感厚质香滑、舌面微苦。口感香气较沉，不若曼撒、易武香扬，近年茶质表现仍在水准之上。

攸乐

茶区位置：云南省西双版纳州景洪市，古六大茶山茶区，唯一不在勐腊县的正山。

简介：

古名攸乐，今称基诺山，攸乐即基诺的音译。六大茶山中，唯一不在勐腊县境，位于景洪市辖区内，东西长 75 千米，南北宽 50 千米，其面积是古六大茶山中比较广的，这里的古茶园面积达到了一万亩左

攸乐龙帕古树茶

右。海拔在 575 米至 1691 米之间，年平均气温 18℃～20℃。年降雨量在 1400 毫米左右。隔罗梭江上游之小黑江与革登茶山相望，今龙帕村、司土老寨遗存的古茶园（树）仍有 2000 余亩，茶树基径大多在 80 厘米以上。自古以来，攸乐茶山民间加工少量的竹筒茶，茶叶大多被易武、倚邦等外地茶商以散茶收购。目前因为交通方便，

攸乐茶区的茶品多由专人定点收购。

大叶栽培古树茶特色：

香型口感与曼撒、易武接近，茶菁色泽较深，香扬水柔、舌面苦涩度稍高，口感较聚、茶性较烈。

巴达

茶区位置：云南省西双版纳自治州勐海县西部。

简介：

位于勐海城西 58 千米，巴达茶山有野生茶树群落和栽培型古茶园两大资源。1961 年在巴达大黑山发现一株高达 50 余米的巨大茶树"巴达茶树王"，树龄

巴达大黑山野生茶

1700多年,成为巴达茶区特殊资源景观。

大叶栽培古树特色:

舌面后段与上颚后段微苦涩,口感聚、不广,平均茶质较为薄水,舌面与上腭中后段有特殊气味。

布朗

茶区位置:云南省西双版纳州勐海县,原属国营勐海茶厂初制所所在地。

简介:

位于勐海县南方八十几千米路程,面积1016平方千米,以布朗族为主约10000多居民,居住在海拔为2082米的三垛山和最低海拔为535米的南腊河与南桔河交汇处之间的坡地上。布朗族为古代濮

布朗古树新芽

人后裔,可说是茶艺的始祖,是他们最早栽培、制作和饮用茶叶。布朗山乡的南部和西部与缅甸接壤,是全国唯一的布朗族乡。据文化学者调查,布朗族与柬埔寨的高棉人是同一种族;高棉人创造了吴哥文明,而布朗人却成了西双版纳最早的原住民之一,也是茶文化的一个源头。

国营勐海茶厂时期布朗山茶区初制所,包含布朗山与新、老班章,一年可收鲜叶300多吨,大约可制成晒青毛茶八十几吨;目前因大量种植,总产量大增,可达一二百吨毛茶产量。

大叶栽培古树茶特色:

古树茶多以苦茶为主,舌面与上颚中后段稍苦,类似老曼娥、吉良古树。不适合做纯料,以拼配为主。

布朗古树茶

野放茶特色：

野放茶品种与古树茶不同，刺激性强、涩味重，香浓味重，区别于古树茶。为传统国营勐海茶厂拼配原料区，以往因制程上问题，有浓厚烟熏味，为"勐海味"生茶特征主因。

班章

茶区位置：云南省西双版纳州勐海县。

简介：

位于勐海县南方约六十几千米路程，平均海拔约 1700 米。原属于国营勐海茶厂旧有布朗山初制所所在地，有新、老班章茶区之分。国营勐海茶厂于 1988 年于

新班章现址，种植 3502 亩新茶园。栽培型的古茶园数千亩，主要分布在老班章、老曼娥等地。老班章村寨内古树茶只有三四千公斤，荒地茶台地茶于 2003 年后大量栽植，有三四十吨以上产量。目前坊间所谓有老班章特色之班章茶区，涵盖老班章、老曼娥、吉良、贺开等地，古树产量可达百吨以上，可说是大班章地区。

大叶栽培古树茶特色：

老班章茶有甜、苦两种，分属帕沙、老曼娥，所以市场有老班章很苦或不苦的说法。质较重、韵较广而深，气味特殊，香气下沉，舌尖与上腭表现不明显；与老曼娥、吉良等有明显差距。正常仓储下，老班章纯料于五年左右口感全无，只剩韵感、气感。若以拼配料使用，则可达画龙

老班章古茶树

老班章古树新芽

南糯半坡老寨 800 年古茶树

点睛之神效，为拼配优质茶不可或缺。

因老班章过度炒作，农民采摘都以大小树混采方式，所谓老班章纯料是指台地古树混合口感，口感靠前、涩度偏高。所以市场所谓老班章苦涩度非常高，是因为拼配小树、荒地所导致。

南糯

茶区位置：云南省西双版纳州勐海县，原属国营勐海茶厂初制所所在地。

简介：

位于勐海县东侧，平均海拔 1400 米。

在傣语里面，南糯的涵义是"笋酱"。古代南糯山居民以哈尼族为主，族人将吃不完的竹笋制作成笋酱，为当时地方首领所喜爱，要求该山寨每年进贡笋酱，后来就把此山称作南糯山。

僾伲族人（哈尼族支系）在 1100 多年前的唐代南诏时期，就开始定居南糯山。而在僾伲人定居南糯山之前，已有浦蛮人在此居住。浦蛮人即今天的布朗族，是古代濮人的后裔，是他们最早在南糯山上开始种植茶叶。目前南糯茶区保留着 1000 多公顷混生的古老茶园，应是 1000 多年以前布朗族所栽种、荒废遗留的茶园。目前主要古树产地有半坡老、新寨，姑娘寨、丫头寨、石头新老寨，以半坡老寨产量相对大。

大叶栽培古树茶特色：

香扬清甜、口感涩感、刺激性较高的代表性茶品；上颚中段舌尖甜香、甘韵在舌面中段，汤质滑，苦涩度稍高。

景迈

茶区位置：云南省普洱（思茅）市澜沧县。

简介：

地处云南省思茅市澜沧县，景迈茶区涵盖澜沧县景迈村与芒景村，是一片具有上千年种植历史的万亩栽培型古茶园，是目前云南省所发现最大规模的古茶园。有勐本、大坪掌、帮波、翁基翁洼、芒景等，为主要古树产区，口感各有差异。

根据专家学者考证景迈茶区的历史根源，他们认为这片古茶山早在公元 696 年即由布朗族的祖先开始种植，距今 1200 多年，后来经过几个朝代的连片开垦种植，至今已达一万多亩的规模。古茶林内，老茶树上所寄生之石斛科植物螃蟹脚，具有清热解毒之效；据了解，

景迈　大坪掌的螃蟹脚

2006 年以前以为只有景迈茶区的特殊环境与百年老茶树才有寄生螃蟹脚，目前在邦崴、南糯都有发现螃蟹脚的存在。

中小叶栽培古树茶特色：

茶菁颜色偏青绿，条索较短，以轻发酵甜香著称之茶区；口感较聚、上颚中后段的清甜略带花香为其特色，与舌面中段甘韵表现佳，汤质滑、稍薄。

勐库

茶区位置：云南省临沧市双江县。

简介：

临沧的勐库栽培古茶树群落，是目前全世界发现的海拔最高、密度最大的茶种群落。生长群落地处双江县大雪山中上

部，分布面积约 12000 多亩，海拔高度为 2200 米～2750 米。勐库野生古茶树属于野生型野生茶，在进化形态上，比普洱茶种还原始。该茶树种具有茶树一切形态特征和茶树功能性成份（茶多酚、氨基酸、咖啡碱等），可以制茶饮用；由于基因原始、产于高海拔寒冷地区，该茶种特具抗逆性强，抗寒性尤强等特点，是抗性育种和分子生物学研究的宝贵资源。而勐库特有种，是距今三百多年前由西双版纳引种

至勐库后变种，遂有现今勐库大叶种。以致，勐库种栽培古树茶口感香型与易武茶区类似，因气候地理上的差异，汤质较为刚强。约分为东、西半山，市场所追捧的昔归、冰岛、邦东等茶质上与其他勐库古树并没有太大区别。

栽培古树茶特色：

叶质肥厚宽大，香型特殊、劲扬，不若六大茶区汤质滑柔；舌面甘韵与上颚中后段香气饱满，口感较聚、刺激性稍高。

景迈古树茶园

邦崴

茶区位置：云南省思茅市澜沧县。

简介：

位于澜沧县富东乡邦崴村，村里附近有数百亩老茶林，产量不大。村内有一棵世界闻名的1000多年过渡型茶树，古茶树生长在海拔1900米的邦崴村新寨，而邻近地区亦有数万亩的栽培古树茶林。邦崴村及周围村寨曾发现大量新石器时代先民所制作的石斧等器具。有学者认为，在邦崴古茶树生长以前，古代濮人就已遍植茶树，后因各种自然或人为因素，至今只剩下最耐寒霜、树龄最老的一棵。也就是说，澜沧邦崴地区种植茶树的历史应不止千年。

大叶栽培茶特色：

香甜质重饱满，舌面与上颚中后段微苦涩、甘韵强而集中于舌面，香型层次明显。

班章新解

2010年4月3日到达老班章，距离上一次2003年前来考察已经7年之隔，许多当年村寨样貌都已不复存在；较为平坦的交通、矛盾的建筑、过度整理的茶园等等，虽欢喜茶农有新生活，却也有些戚然。

2003年所见到的认知，因为当时并非名山大寨，没有仔细走访，认为老班章没有荒地、台地茶；今日所见，却让我哑口，不只有大量荒地茶（当时忽略），也在2003年底开始大量种植台地茶，此时才知道为何有人说"老班章产量二三十吨"。很详细了解状况，如果单纯以老班章120户农民所采摘寨内台地、荒地、古树，每户产量为100公斤～300公斤茶干（400公斤～1200公斤鲜叶），其产量可知。而喜爱纯料老班章古树最关心的古树产量，也确实只有三四吨的

邦崴古树

老班章荒地茶园

产能，与7年前所知差不多，古树资源是很难增长的；剩下二三十吨都是台地、荒地茶，还有其他茶区毛茶。茶友们可不要见到"老班章"，就一定认为是古树。

讽刺的是，新班章、班盆、广别老寨的茶价也非常高，甚至买不到，原因是，多数都当老班章卖了。不只是毛茶，连鲜叶都可以进入老班章寨内加工；只要有心模仿造假，外观条索、滋味都可以很接近。所以，若说老班章的茶产量（请注意不是古树茶产量），荒地、台地、古树、广别、班盆、新班章等都加起来，老班章是有五六十吨产量，甚至更高。2009年有一茶商在寨子内加工，却发现每天都能收到500公斤以上鲜叶，不到一星期就仓惶而逃。

当天行程进入新班章，2003年以为新班章没有古树，直至2006年才有听茶友说"新班章有一片古茶园与老班章相连接，但面积很小、产量不多"。下午进入新班章茶区，也开了眼界，新班章的古茶树林也不少。只是有些怪的是，因为以前所种植的台地茶多为云抗系，所以当掺有台地茶时，很容易看、品出来。

这次的班章之行，也多了见识，老班章有荒地、台地茶，新班章有大面积的古树。只是很奇怪的，2004年以后有那么多业界的人进入、追捧老班章，为什么没有人提到老班章有很大量荒地茶与台地茶呢？也不去提新班章有大量古树？想想心态，应该就能理解，莞尔一笑吧！

美丽的云南昆明市大观楼

悟——习 茶

习茶过程中

总想多了解一些

左看乌龙，铁观音

右看龙井，毛尖，碧螺春

基本的常识累积了，了解了

却也开始出现负担

不懂得放下

进入普洱茶的世界后

之前的经验累积有助于深入

如同登山前的准备

但最后想攀上高峰

必先抛弃之前的包袱

背负着之前的成见

只会增加自己的负担与障碍

高山峻岭顶上

通常只有身段柔软的竹与草

只有他们能抵得住劲风

越是宽广的湖海

越不容易被风激起大浪

懂得谦和

不因闲言语而动怒

尽是宽容

如此习茶

方得真味

共勉之!

2005 年 10 月 23 日

原始生态

茶树生长形态

以目前历史上记载的普洱茶区共 48 处之多，遍及西双版纳、普洱（思茅）、临沧、保山地区。古代产区六大茶山集中于现今景洪市与勐腊县；明清全盛时期扩展到景东、景谷、墨江、江城、下关、临沧、保山等十多个县市，这是现今野生大

茶树分布最多的区域；从河域来看，可发现分布于大理以下怒江与澜沧江流域的部分，甚至一直延伸到越南、老挝等，而这些东南半岛国家，在边境地带也采收许多栽培型野生茶贩卖到西双版纳地区。

云南学者 2002 年之前依据管理方式来做区分，将茶树生长形态分为"野生茶""台地茶"；"野生茶"又分为"野

未刻意管理的古树茶林

生型野生茶"与"栽培型野生茶"。早期云南先民用自己喜欢的茶树种以种子种植在杂树林中,而种植之后没有刻意修剪、管理,只在春秋之际少量采收自己(或族人)所需,这就是"栽培型野生茶"名称的来源,虽然是人为栽种,却完全没有刻意整理茶树、茶林,与所有树种共生、野化于丛林中,被归类"野生茶"有其原由。

然而在2004年之后,"栽培型野生茶"的崛起,市场关注、价格扬起,少数民族茶农认知到此"农作物"会带给他们相当利润,因此也开始"特别照顾":锄草、去杂、树冠修剪等等台地茶管理方式全用在这些"野生茶"上。因此市场与学者也都开始质疑"栽培型野生茶"这名词的适当性。

经过一段时间与多方讨论,2006年底在一次非正式会议上(茶会)笔者与其他与会成员一起品茶讨论后(茶会中还提及普洱茶归属茶类问题),与会者的共识如下:依生长、管理形态与树龄区分为

一、野生茶

不论树龄,原始茶种未经过驯化、育种、刻意管理之可饮用茶种。多为乔木,少部分为小乔木,树姿直立高耸。茶叶因种生而容易变异,在同一茶种中,常有多

野生茶树

达四五种变异茶种。嫩叶无毛或少毛,叶缘有稀钝齿,半展未开之三级芽叶长5～8厘米,成叶长可达10～20厘米,叶距较远。因叶片革质肥厚,不易揉捻成条索,毛茶颜色多呈墨绿色。主副叶脉粗壮而明显。茶性滑柔而质重,香气深沉而特异,口感刺激性很低,但水甜回甘长且稳定。许多野生型茶菁苦而不化,当地少数民族称之为苦茶,容易导致腹泻,并不适合饮用;野生型茶种能适合做茶品者反而较少。品种多属大理茶、厚轴茶等,均有微毒亦不适饮用。

二、古树茶

原学名为"栽培型野生茶",云南多数少数民族称"大树茶"。为树龄百年以上之阿萨姆种与其变异中小叶茶类。生长形态以小乔木居多,树枝多开展或半开展,树高 1.5 ~ 3 米。因有人工管理,茶叶因种生有时产生变异,在同一茶区中,约有二三种变异茶种。嫩叶多银毫,叶缘细锐齿,半展未开之三级芽 3 ~ 5 厘米,成叶长可达 6 ~ 15 厘米。灌木叶身较乔木薄,毛茶颜色多呈深绿或黄绿色。主副叶脉明显。茶性较野生型强烈而质相当,香气较扬,口感较野生型水略薄而刚烈。然,坊间所认为的栽培型野生茶,多为民

古树茶

荒地茶

国初年以后或是 50 年代种植而野放的茶园茶,真正茶龄达数百年的茶树所占比例不高。

三、荒地茶

早年云南许多晒青茶菁来源多属于野放茶,为茶园经栽种过后少有人工管理,不洒人工化肥与农药,只稍做锄草与翻土整理,现代称之为生态茶,树高约 1.5 ~ 2.0 米。茶种因种生而稍有变异,叶质肥厚、色泽较深。当地人称为老树茶,坊间称之野放茶、放荒茶。

四、台地茶

分为现代管理之茶园茶,以及人工栽培但无管理之荒地(野放)茶。茶科植物种生容易变异,为稳定茶菁品质,现代

台地茶园管理多以良种茶扦插无性生殖，少有种生苗。2003 年以前，高度人工管理的无性生殖良种茶，都属于滇红、滇绿茶园，少用于制作普洱茶原料；2003 年底开始，普洱茶大为盛行，滇绿与滇青价格贴近，许多茶贩收购改良种绿茶原料以滇青制程制作毛茶。

影响普洱茶品香气口感的因素，除制作与储存，最直接的就是茶品本质：茶种与生长形态。在产业界、学界、业界，一般将普洱茶品种与生长形态粗略分为"大叶茶、中小叶茶""群体种、改良种""野生茶、台地茶"等等。

小贴士："大叶茶、中小叶茶""群体种、改良种"是指茶树的品种。"野生茶、古树茶""荒地茶、台地茶（茶园茶、基地茶）"是指茶树的管理方式。

茶科所的茶园

茶种

云南大叶茶

1949 年云南茶树种类备受重视，先后被大陆各地茶区引种，因而出现笼统称呼"云南大叶种"。"种"，为生物学分类上的基础单位；云南茶树资源种类繁多，以"云南大叶种"统称容易造成误解，以"云南大叶茶"来统称云南茶种较为适当。市场称呼的"大叶种""小叶种"，并非以茶叶长短大小，而是以宽幅比例来区别。

困鹿山老茶林

1992 年中山大学张弘达教授认为大叶茶性状原始，形态特征、生化成分与茶（中国茶）有明显区别，应归入茶系，恢复成"种"，称之为普洱茶 Camellia. Assamica（Master.）Chang，Assamica（阿萨姆）纯属命名问题，与原产地无任何关联。也就是在植物学分类来说，云南大叶茶原属于 Assamica（阿萨姆），张教授将之独立分类为普洱种。

乔木

木本植物分乔木与灌木。乔木特征在于有高耸直立的枝干、分枝部位高，以及有主根系、分布较深。茶树为山茶科 Theacceae 山茶属 Genus camellia Linn. 茶组 Sect. Thea（L.）Dyer，乔木植物；从群体种以及野生型野生茶等种生茶树可以明显看出茶树的乔木形态。云南大叶茶类（阿萨姆种）都属于乔木，没有灌木，目前台地灌木是因为无性生殖、人工扦插而成，并非自然种生（实生）苗。

灌木

木本植物分乔木与灌木，灌木特征没有主根系、侧根发达、分布较浅，亦无高大直耸的主干，树冠矮小、分枝靠近地面根颈处。高度人工管理的茶园，为稳定茶质，以及便于管理与采摘，多为扦插繁

直径 25 公分的云抗 14 号

殖之无性生殖矮化灌木茶树；1985 年以后，新种植之改良品种多数为阡插灌木茶树。

群体种

群体种为早期种生苗品种，为多数变异种的总称，并非一个品种，为 1985 年以前国营厂茶品主要原料。1985 年后因良种茶的大量培植而渐被淘汰；主要特征为叶体肥厚，茶菁色泽墨绿，质重、香浓、苦涩度高，属于制作普洱茶之优质茶种。部分茶种一芽一叶呈现紫色，为当地居民称之"紫芽"。

1992 年勐海茶厂茶品 92 方砖、7542 等茶品掺有高比例之群体种，1997 年香港、台湾茶商订制之"老树圆茶"为第一批群体原始种纯料，2003 年勐海茶厂"勐海云梅春茶"为巴达山、布朗山群体种纯料。

良种茶

1951 年设立云南省茶叶科研所，现保存云南大叶种茶树资源 607 份，为中国第一个茶叶数据库，也收集全世界所发现的现有茶种。另于 1985 年成立云南省思茅茶树良种厂，作为云南大叶茶良种繁殖推广中心。精心培育云抗 10 号、14 号为国家级优良品种，长叶白毫、云选、云抗

2003 年 云梅春茶～优质群体种纯料

2003 年 云梅春茶汤色叶底

良种茶～云抗 14 号

良种茶～长叶白毫

良种茶～云选 9 号

43 号等为省级良种，近几年推广至西双版纳、临沧、保山、德宏等主要茶区。做普洱茶的适合品种，以茶的内涵物中作为氧化、聚合反应基质的茶多酚与氨基酸越多者，保留儿茶素、茶黄素、茶红素也越多的较适合。除了上述之外，易武绿芽茶、元江糯茶、云选 9 号、矮丰等也被许多精制厂视为适合品种。1985 年以后云南省所种植的现代茶园品种，以良种茶为主，扩及云南四大茶区。

紫娟

1985 年，云南省茶叶研究所科技人

员在该所 200 多亩栽有 60 多万株云南大叶种茶树的茶园中发现一株芽、叶、茎都为紫色的茶树，由其鲜叶加工而成的烘青绿茶，茶菁色泽为紫色，汤色亦为紫色，香气纯正，滋味浓强。因该茶树具有紫芽、紫叶、紫茎，并且所制烘青绿茶菁和茶汤皆为紫色，特取名为"紫娟"。紫娟茶树属小乔木型，大叶类中芽种，属于制作绿茶茶种。外形与群体原始种（紫芽）类似，然香气口感差异甚大，晒青制成口感不佳。

据云南省茶叶研究所生化室分析，由紫娟茶树品种春茶一芽二叶所制蒸青样中茶多酚含量为 35.52%，氨基酸 3.49%，水浸出物 44.58%；夏季红碎茶中茶黄素含量为 0.91%，茶红素 6.99%，茶褐素 5.86%，感官鉴定浓强度得分为 34.7 分，鲜爽度得分为 37.6 分。

1991 年经云南省药物研究所高级工程师林咏月等人用体重 2.5～3.5 公斤的家猫进行多次降压实验，结果表明，紫娟绿茶降压幅度为 35.53%，优于云南大叶种绿茶 (29.04%)。（云南省农业科学院茶叶科学研究所，张俊、包云秀、李冬）

螃蟹脚

石斛科，多年生寄生草本植物，以茎入药，有滋阴养胃、清热生津和滋肾明目的功效。治热病伤阴、口干烦渴、虚热不退等症。喜阴凉湿润环境，常附生于阴凉湿润的树上。目前在云南茶区，除澜沧县景迈茶区栽培野生古茶树上有生长，南糯等地也有发现。当地少数民族用此来当作清热解毒的草药。

勐库种

距今三百多年前由西双版纳引种至勐库，遂有现今勐库大叶种。勐库种栽培古树茶口感香型与易武茶区类似，因气候

茶科所　紫娟

景迈茶树上的螃蟹脚

地理上的差异，汤质较为刚强、香气较不
广。

景谷大白茶

勐库茶山的变种茶籽所育种而来，
香扬甜水为其特色。

● 同为百年茶树，不同价值

今天刚好见到中央电视台七频道播放有关潮州功夫茶——凤凰单枞。凤凰单枞，本人在上世纪 70 年代末期就品饮过其特有香型韵底，传统制程的凤凰单枞香带蜜韵，香广韵深而唇齿留香，一直到 90 年代初，凤凰单枞一直是个人每年品鉴茶品之一。而后，所有单枞制程偏向轻发酵、轻烘焙之后，才放弃追寻，转而全部以普洱茶为主。这样的品茶历程，几乎是所有老茶客的痛，一开始都是不得已才转向普洱茶，因为无茶可喝。

看着电视一开始就以价格切入主题，明显的……广告意图，这样的手法让这影片的文化价值削弱不少！虽然影片中拍摄出典型潮汕茶区的风貌，茶农制茶时的辛苦，也点缀出一些潮汕功夫茶的历史与特点；然而，从头到尾所贯穿的，都是茶商与茶农间的买卖、价格，看起来真有些不习惯。

其中，有一段会令普洱茶茶农与厂家感慨的，仍然是价格。潮州有些茶农拥有一棵百年以上老茶树，影片中所提及的茶农所拥有那一棵个人在以前就曾听过的"通天香"，茶农与茶商的对话中，说明是大约六百年以上树龄，每市斤人民币 45000 元。是因为树龄六百年以上？是数量稀少而珍贵？还是真的好喝，所以值 45000 元？

树量稀少，我想这不是真懂茶的人所追求。质优，可达这个价？！这就无法评论，个人喜好没有对错。如果说是因为树龄老……那可真的让云南茶树哭笑不得了，云南茶树龄数百上千年比比皆是，去年一公斤 1200 元就已经被国人骂翻了，何况是 45000 元呢！应该错在涨幅不合理，而不是价格问题；还有，怪就怪云南茶树……生错地方了吧！！

2008 年 4 月 29 日于北京

专有名词

~性质~

普洱茶品因产地、季节与制程不同，而产生茶质上的差异性。

翻压茶

早期称"再制茶""再压茶"，笔者于 2001 年底称之"翻压茶"。一般都是晒青毛茶（生茶）经过高温、高湿仓储后，再蒸压成紧压茶。茶菁、叶底类似老生茶，汤色介于生熟之间，香气口感却如熟茶，新压制时杂味重。90 年代中期有一批为数不少的云南滇青毛料与北越茶，以喷雾式加湿方式进行加速陈化，于 1999—2001 年紧压成饼、砖、沱等。

边境茶

一般市场称北越菁为边境茶，产区在云南与越南交界处。所指应为茶种，而非产地。普洱（思茅）地区江城附近亦有生产北越菁，越南北部境内亦有生产云南大叶茶。主要特色在于口感，无论生熟茶，上颚前端均有青味，虽经多年陈化或入仓亦难消除其异味。在茶叶特征上，叶脉分岔夹角较小，叶梗出现四方扁状与长条沟纹，与云南大叶野生茶有所区别。老茶以河内圆茶、陈宽记为代表。

另，缅甸菁与泰国菁亦有其特色。缅甸菁俗称乌金茶，色墨味淡香杂、枝梗叶脉不同于云南大叶茶，2005 年民营勐海茶厂乌金号为代表。泰国菁味苦而淡，以天信号、80 年代水蓝印、鸿泰昌为代表。

春茶

江南茶区阳历 2～4 月份采收春茶，清明节后 15 天内采收的春茶为上品。云南本应无春、夏、秋、冬四季之分，只区分干雨季。因受中原文化影响，而有四季茶品之分。因云南气候的特殊性，以致所谓春茶与一般江南茶区之季节稍有差异。云南所谓春茶，泛指农历春节后至雨季来临前，也就是 2～5 月中旬所采摘鲜叶都属于春茶。2006—2010 年古树茶春茶采摘时间约为 3 月下旬至 5 月中旬，茶树龄越大、发芽时间越晚，采摘次数也越少。

云南　孟连

谷花茶

　　江南茶区于农历七月三日"立秋"到了谷子开花，稻田一片金黄季节，继春茶、二水（夏茶）之后，第三次采摘的茶称为"谷花茶"。云南则称秋茶为"谷花茶"，与春茶相同理由，云南也应该没有所谓"谷花茶"。因为云南所称秋茶，应为雨季停止之后所采收，也就是应该在9月下旬至11月底之前，与江南地区"谷花"时节差异甚大。以个人观点，以云南气候特征，普洱古树茶第三季茶应还是雨季茶，第四季最后一采，即称"秋茶"较为恰当。

雨前茶

　　云南没有四季之分，只有干季和雨季。在10月到隔年5月底干季期间，4月上旬左右会下春雨，在此之前所采摘的茶菁，称之。因气候因素，低温、雨量少，"雨

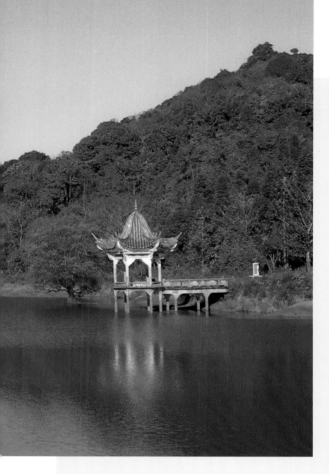

前茶"的特色为叶身薄而短、香气扬（带脂粉味）、味微苦，因休眠期长，性强质重。

有部分人认为雨前茶品质较好，此观念源自于江南茶区的概念。在云南，因为二三月份较为低温干燥，对于茶树生长与茶菁品质有负面影响。云南普洱茶区在2月至5月底，雨季来临前，共有三到四次采摘，茶菁品质最佳的时节，反而是4月初春雨过后第二次所采摘，也就是开春后第三次采摘。因雨后又助于土内养分的输送，气温提升、阳光普照有利于茶树生长，叶质也较于肥厚柔韧。将早春雨前茶与春雨后十天所采摘原料合堆，反倒有较优表现。

雨水茶

严格来说，只能称"雨水茶"，不能称"雨季茶"。坊间所称雨水茶，是指5月底至9月下旬雨季茶。云南气候只分干季、雨季，但在雨季时节并不是每天下雨，而干季时节也不是天天大太阳。所谓"雨水茶"是指在下雨的时间采茶、制茶。通常雨水茶的特色，汤色较为昏暗不清亮、茶汤偏绿、口感较苦、淡薄不厚重、香气不扬，叶梗较容易糜烂不柔韧。

因普洱茶制程分二阶段，从采摘到完成晒青毛茶是第一阶段，从晒青毛茶到紧压成品包装属于第二阶段。第一阶段如果碰到下雨，面临的是茶菁原料、杀青温度，以及毛茶干燥所面临的问题；第二阶段，则面临紧压成品如何干燥的问题。以现代观念与科技，都能克服多数难题，维持茶质一定的水平。

生茶与熟茶辨识

定义

简单地说，晒青毛茶经过洒水、喷雾、菌类等人工快速熟化方式的成品，即为普洱熟茶品；反之，晒青毛茶及其紧压制品则为生茶。

辨识

普洱茶辨识生与熟茶品，可说是最基本的入门。然，有些茶品制程以轻发酵制程，或是因制程失败而自然产生轻发酵，如此茶品易让刚入门的消费者错乱。此类茶品完全需看经验与实体辨识，很难以文字形容，所以笔者不在此冗述。还有些茶品入湿仓之后，因当初制程发酵不均或拼配老茶菁，或因湿仓潮水不均，叶底有黄红色与黑硬叶底夹杂，常有茶商与消费者误认此为生、熟料拼配；在2004年以前国有厂并没有生、熟料拼配方式，纯粹是信息不足的误判，现代私人茶厂才有出现

2010 年品鉴

生、熟拼配的做法。

以下针对生茶与熟茶品特征进行解说：

生茶酽选

生饼茶

制程：鲜叶采摘后，经杀青、揉捻、毛茶干燥，即为生散茶。再经紧压成型，成为紧压生茶品。

茶菁颜色：因茶种、生长形态与制程不同，茶菁以青绿、墨绿色为主，有些部分转黄绿、黄红色。

茶菁香气：通常新制茶饼味道不明显，若经高温则有烘干香甜味。

口感：台地茶口感强烈，苦涩度高。

古树茶性弱，茶质厚重甘甜。若经高温干燥，清香水甜而薄，微涩，如绿茶类栗香。因制程关系，有些有焦炭味或烟熏味。

汤色：以黄绿、黄红、金黄色为主。清亮油光为佳。

叶底：新制茶品以绿色、黄绿色为主，老茶则为红黄或枣红色；活性高、较柔韧有弹性。

外观

茶菁辨识

级数：茶菁细嫩者，级数高，冲泡后香气较清香，汤水滑甜、微苦，但不耐泡；口感层次变化少，陈化后汤水较薄。相对来说较肥壮的茶菁，口感厚重，苦涩

2009 年经典酽品

2010 年 天威德成～帕沙

新制生茶的茶菁～2007年经典普洱论坛开版纪念生茶

度高，较耐泡。但陈化后汤水香甜、有多层次变化。

颜色：相同制程下，茶菁墨绿色者，茶质较为厚重，适合长期陈放。碧绿或黄绿色者茶质较弱，有杀青过度或是干燥温度过高的可能性。

注意：三年内新制茶，若茶菁呈黄红色或转红者，通常是成品日晒干燥、通风过度，已出现过度氧化、汤质酸化、口感薄水等现象，则不利于后续陈化。

香气：低温制程的新生茶饼，一、二年内茶品并无特殊香味，时常带有低温杀青时所遗留的轻微青味。

注意：若新制茶品有明显甜香味，表示茶品极有可能经过高温干燥；若新制茶或一、二年茶品有不当微酸，也可能是因为杀青温度过高或是干燥温度过高所引起的回潮现象，因而产生酸化劣变，不利于后续陈化。

小贴士：新制生饼茶以墨绿色、无高香、甜香味者为佳。

专有名词
～茶菁色泽～

墨绿：台地、野放优质茶常有的颜色，深绿色泛黑而均匀，陈化后转油光黑亮。

翠绿：优质茶园茶色泽，翠玉带油光。

青绿：常见于杀青温度过高茶菁，青中带绿、无光泽。

黄绿：常见于叶质较薄的台地茶，或是因杀青温度不高的、稍有发酵度的栽培野生茶。

灰红：常见于新制生茶日晒干燥茶品，茶菁微红、无光泽、有日晒油耗味。

饼模与紧压度

铁模：一般而言，铁模的紧压度较高，相对陈化速度较慢，但茶质较易保存；以中茶牌铁饼为例，茶质重且容易出现花蜜香。

铁饼模～2003 年 下关 FT 小铁饼

饼模与紧压度有相关的因素，除了蒸气时间及压力之外，与茶菁的细嫩度、杀青温度、干燥温度也有关联，不同原因导致其间的差异。但紧压过度时，容易出现茶心焦心现象。

石模：因应不同的需求，石模有不同的形状与重量规格，饼型较古朴而圆润。通常石模压制的饼茶紧压度不较铁模般紧压，且较均匀，相对陈化速度较稳定而快，汤质较滑，但香气较弱。

小贴士：越是紧压，正常环境陈化后容易出现花蜜香，茶质保留度高；较松散者，则陈化较快、汤水滑，香气表现较不明显。

冲泡

茶汤

明亮度：原则上汤色必须清且亮，而有些新制茶品因为揉捻过度、水分含量较高等等因素，都可能导致汤色较浊，此现象经过一年左右就能转为清亮。然，因为高温制程，反而有些茶品新茶时汤色过于清澈而无油光，一、二年后反而变浊；此为标准劣变，往后滋味随即丧失。

机器模压制的生饼～2007 年经典普洱论坛开版纪念生茶

新制生饼汤色　2009 年品鉴

颜色：新制茶汤色以黄绿色为主。青绿色多表明有高温制程。若新茶汤色即为黄红色，可能有制前发酵之迹象。

小贴士：　黄绿色、清亮有油光，是为佳品。

专有名词
~汤色~

浅绿：完全高温制程的绿茶汤色。

碧绿：常见于高温杀青、高温干燥茶品，几乎完全没有发酵的状况下，呈现翠绿汤色，与绿茶类似。

黄绿：黄中带绿，新制普洱生茶常有的正常汤色。

绿黄：绿中带黄，其他制程正常下，可能与杀青温度偏高，亦或干燥温度偏高有关。

金黄：野生茶最优质汤色的表现，清澈透亮，有如黄金色泽。

黄红：黄中带红，稍有年份或是轻发酵制程新茶品，亦有可能与储存环境温湿度偏高有关，必须配合观察汤色清亮度与叶底。

红黄：红中带黄，稍有年份或是轻发酵制程新茶品，亦有可能与储存环境温湿度偏高有关，必须配合观察汤色清亮度与叶底。

暗红：红而不清亮，新制轻发酵渥堆熟茶，或是湿仓生茶品汤色。

红黑：红中偏黑、不清亮，新制高发酵渥堆熟茶汤色，或是湿仓严重、生茶品熟化之茶品汤色。

暗黑：黑而不清亮、有漂浮物，通常因渥堆时间过长或温度过高、茶菁炭化有关。

琥珀：有如琥珀透亮饱满，此汤色常出现在干净有年份生茶。

酒红：稍有年份的干仓熟茶，或是入仓老茶，较琥珀色偏暗红，颜色透亮但较不饱满。

凝乳（冷后浑 cream down）：通常为红茶审评标准特征之一。茶汤冷却后，出现浅褐色乳状浑汤现象，普洱茶中进行冷发酵的优质茶品容易出现。但不见得有凝乳现象就一定是优质茶，没有必然正相关系。

清亮：汤色清澈，泛饱满油光。

昏暗：汤色不清亮，但无悬浮物，通常与新制茶水分含量比例高有关。

混浊：有悬浮物或杂质，通常与揉捻过度，或是毛茶火烤干燥有关。

品茗

香气口感

香气：口腔内上颚、舌面舌下、两颊、咽喉间都可能有香气，依产区与制程差异，会有不同香气与感应位置。尤以吞咽间之香气，且能有层次变化是为上品。然，避免上颚前端有高温烘干之甜香味与其他杂味。

苦涩：苦涩味，代表茶性强烈与否，与茶区、茶种、制程有关。而苦化甘、涩转甜的转化速度，代表茶种的适用性与制作成败。

甘韵甜质：甘与甜，是令品茶者最回味的部分。若品茶完后三至五分钟，甚至更长时间仍有喉头与两颊的回韵甘甜，是为佳品。

小贴士：香气饱满、苦涩快速转化为甘甜，二者都相当持久耐泡，且于口腔内转变有层次感是为佳品。

新制生饼叶底 2008 年五福临门～醇品

新制生饼叶底 2010 年天威德成～老曼娥

鉴叶底

柔韧度：手轻捻柔韧性好、叶面有
光泽为佳。揉压即破，与季节、制程有关；
叶底色差较多者，可能为发酵不均或拼配

不当茶品。

枝梗碎末：杂质多者，不利于稳定
冲泡，口感较差，甚至影响后续陈化。

小贴士：叶面光泽油亮、柔韧度佳，
枝末等杂质少者为佳。

专有名词
～叶底～

柔韧： 柔软有弹性，一般为生茶叶底特征。

干硬： 多为红褐色，较无弹性。一般为轻发酵熟茶与湿仓生茶之叶底特征。

黑硬： 重发酵熟茶或是严重入仓生茶叶底，色黑无弹性，炭化象征。

糜烂： 手指压揉即成糜糊状。化学肥料、熟茶潮水不当、生茶发酵不当、雨水茶等
等都有可能发生。

2010 年 天威德成～布朗山

熟茶品鉴

熟饼茶

制程：鲜叶采摘后，经杀青、揉捻、毛茶干燥，即为生散茶。生散茶经人工快速后熟发酵、洒水渥堆工序，即为熟散茶（普洱散茶）。再经紧压成型，成为紧压熟茶品。

茶菁颜色：茶菁黑或红褐色，有些芽茶则暗金黄色。

茶菁香气：有明显渥堆味，发酵较轻者有类似龙眼味，发酵较重者有闷湿草席味。

口感：当发酵度充足时，汤质浓稠水甜而滑口，几乎不苦涩。发酵度较轻者，尚有回甘，香气明显、口感较重；若没有经过湿仓，陈化后口感容易转微酸。若发酵失败，新茶浸泡后带酸且苦而不化，存放后容易出现不讨喜之酸味。

汤色：发酵度较轻者多为深红色，发酵重者以红黑色为主。另与茶菁级数有关。

叶底：洒水渥堆，而发酵度较轻者叶底红棕色，但不柔韧。重发酵者叶底深褐色或黑色居多，较硬而易碎。发酵失败者，叶底轻揉即糜烂状。

熟茶分析

上世纪 50 年代末，为因应香港市场需求所发展的人工快速发酵工序，经洒水、加温、加湿方式，降低茶碱、多酚类等活性刺激性内涵物，使之口感较为滑顺、甜水。口感、香气有明显人工发酵之堆味，产生茶品即为坊间所称普洱熟茶。

2004 年以前的市场熟茶主流，是以下关系（7663、8663）、勐海系（7572、

2009 年　亦如是

73 厚砖　外包薄油纸

2001 年　7262 ~ 台湾仓储

80 年代末　7572 ~ 香港仓储

80 年代末　紫天 8592 ~ 香港仓储

8592、7262)、还有早期昆明系(7581)为代表。这几类茶所使用茶菁级数、发酵度、发酵地区都不相同，导致菌群差异所产生的口感、质感、气感都不相同。

国营厂结束之后，民营茶厂 2004 年底至今，仅一款 2005 年"金针白莲"因使用老厂旧料维持质量，其余均谈不上水平，使用茶菁来源亦令人质疑、诟病。

目前渥堆熟茶以勐海博友茶厂的茶品接续传统勐海味，平均制作工艺水平最高、质量最稳定、卫生条件最佳、市场普遍接受度高，但以高发酵 7572 为主，未见轻发酵茶品，为其缺憾。

勐海系

渥堆工艺，各地差异不大。市场多数人接受所谓"勐海味"(类似海鲜味)。勐海味以前只存在于改制前的国营勐海茶厂轻发酵渥堆茶品，现阶段因为老师傅四处散落，其他二、三线勐海地区茶厂也都能制作出"勐海味"。反而现在改制后的民营勐海茶厂只有来料加工的"金针白莲 501"曾经出现过经典勐海味。

"勐海味"基本上是因为水质、气候、工艺的关系导致，原料影响并不是主要关键(凤庆、景谷、永德料在勐海县加工，亦能有勐海味)，国营勐海茶厂渥堆亦大量使用勐库茶菁。7262、8592、7562 为典型勐海味代表，虽同为勐海系的主力量产茶品，7572 则不是非常明显，因为 7572 的发酵度较高。

销法沱茶

勐海系的轻发酵新茶品（南方储存五年内），"重手泡"时有堆味，口感微酸扩散二颊、微苦能化，优质茶品厚滑不带水味，喉感有韵底。7572 则较甜滑、不厚质，但堆味轻、较无杂味，无酸无苦；放置北方较干燥环境（如北京、西安），二三年左右会快速出现较明显药香，较粗老级数则出现枣香。

台湾人订制茶品，于 1999 年之前都是以常规茶为主，没有特殊配方茶品。待阮厂长上任后才有特殊包装与订制茶品、来料加工；在 2004 年 8 月台湾开放普洱茶进口以前，绝多数是"三无产品"的白板茶（即白纸包、无内飞、无生产厂家）。市场上许多号称台湾茶商订制茶品，绝大多数都是1999年底台湾市场兴起之后所制作，甚至许多粗老叶茶品（七、八级以上）也渲染成国营勐海茶厂加工（国营勐海茶厂时代没有制作过粗老叶茶砖、茶品），这些茶品多数是小作坊于昆明市郊所发酵、紧压、包装。

下关系

以饼茶8663、沱茶7663及四喜砖（销日）为代表，均为轻发酵茶品，比国营勐海茶厂轻发酵系的发酵度更轻。因大理地

区海拔高、水分低、气温低等气候特征，新制熟茶品酸杂味重、水薄为其特色，市场接受度无法与国营勐海厂相较。然香港地区以较湿环境仓储后，口感变化佳，厚度显、酸味降。

下关茶厂另一茶品为销法沱茶，应客户需求发酵度较高且掺碎红茶，这也是销法沱茶口感偏甜的原因。早期销法沱茶在国内并不多见，主要就是外销为主，口感也与7663差异不小；2001年之后，因为稍有名气而出现仿品，2003年起更出现大量仿品于市场。

1994年之前销法沱茶，因为发酵度较高，且掺碎红茶，所以口感较不酸薄，茶品本身较为松散，不似7663、8663等紧结。

昆明系

7581与"吉幸"牌为昆明茶厂主要熟茶品。7581于1992年昆明茶厂停产之前均以轻发酵为主，1994年停止销售。

清仓之后的7581均为其他厂家仿制（多数为昆明厂老员工制作），市场所谓白纸包激光标（正厂为白油纸包）绝多数非昆明茶厂制作；1996年以后，大量7581高发酵茶品出现，制程工艺与原料有明显差异，应为思茅（普洱）、临沧地

吉幸牌金瓜贡茶

博友 2007 年 天下云茶　　博友 2005 年　　0509

区原料为主。

　　1992 年停产前，以 5～8 级茶菁为主、轻发酵，口感微酸而不厚、聚而不广；"吉幸"牌则以沱茶、金瓜等茶菁级数较嫩，亦有明显酸味。口感较下关熟茶品明显没有杂味，口感较佳。传统香港湿仓茶砖以昆明砖为主。在选择入仓茶品上，香港的老茶人有着他们的经验法则。

博友系

　　博友茶厂成立于 2005 年，聘请国营勐海茶厂黄安顺老师傅为技术顾问，于经验与技术上能完全传承改制前勐海茶厂渥堆工艺。目前市场所追捧的茶品，以 2005 年所生产，储存于北方的茶品为主，已经完全没有堆杂味，厚滑爽口，为新手入门之好茶品。

　　唯一令老茶客稍微有意见之处，却也即是博友熟茶品的优点，因为高发酵、没有堆杂味，也导致回甘度、回韵感较轻发酵之茶品弱。

　　开发轻发酵茶品，且减弱其堆杂味，藉以满足老茶客族群，应是博友茶厂在茶品开发上后续要强化的部分；终究，目前的市场消费群体与文化，已经与 2003 年以前不同，应该要体察现在市场的多元性，跳脱旧有市场思路，以开创新格局。

菌类发酵

　　2001 年笔者首次见到菌类发酵熟茶之工艺流程与茶品，当时是这样评价："数据化控管，应能创造更佳质量，提升健康效益。但口感明显不同，市场接受度还需观察。"直至今年，菌类发酵茶品质量仍然不太稳定,甜滑带奶蜜香的优点虽然保持,但新制茶品汤色也因此无法清亮,呈现米汤状。

茶色素能抗氧化为茶学界所周知,相关国际医学报告论文不断提出证明对人体有益之临床证据。2005年台湾出现以特殊菌种与物质可以提升茶色素之含量,一般茶品至多在10%以下,而台湾开发新工艺菌种,所稳定水平可高达30%左右,但因为工艺繁复、产量低,目前仅限于少数人所使用。然其产品并无汤色混浊之缺点,且工艺、茶种稍作变化即能改变

气感,很令人讶异!而其中发明者与笔者提到两个特殊问题,他发现在所有茶种中,也是以云南大叶茶类所制作出来成品茶色素含量最高,另一特点是此种工艺仅能在无农残、化肥的茶叶中制作,否则糜烂、腐败,云南大叶茶多数仍符合此要求。这两点体会,也让笔者有所思。

菌类发酵属于现代开发工艺,在提升制作环境卫生与更加提升人体健康方面,绝对能开创新天地,但要挑战当前市场口感与稳定质量及量产方面,是其亟需突破的关卡,拭目以待!

专有名词
~发酵~

茶叶发酵

早期人们都认为茶叶发酵全是由微生物作用引起,但于19世纪末至20世纪初科学家发现茶叶能在无氧状态下进行转化,因此认为茶叶转化有部分环节是与氧化、微生物无关。在普洱茶的世界里,因为没有高温干燥,茶叶内的酵素与菌类都能维持一定的活动力,无论在制程中、还是完成成品后,仍能对茶叶产生发酵作用。

洒水渥堆发酵（热发酵）

上世纪1970年前后所发展的人工快速发酵工序,经潮水渥堆、加温加湿方式降低茶碱、多酚类等活性刺激性内涵物,使之口感较为滑顺、甜水。渥堆过程中,堆心温度高达60℃ −65℃,此为普洱茶热发酵制程,口感香气有明显渥堆味,产生茶品即为坊间所称普洱熟茶。

制前发酵（冷发酵）

在鲜叶萎凋、杀青、揉捻过程，或在揉捻后毛茶干燥前，使用特有手法在低温状态下将发酵度提高，茶品活性物质转化、氧化现象，不同于一般普洱茶后发酵程序，称之；因发酵过程不若渥堆发酵产生高温，所以亦称之冷发酵。

后发酵

茶品因制程差异分为不发酵（绿茶类）、发酵茶（乌龙、铁观音等），以及后发酵茶（普洱、六安、六堡、千两茶等）。后发酵的关键在于制程没有过度高温使酵素酶停止作用，散制或紧压成品后，利用茶叶本身无氧发酵以及氧化作用，茶品依旧能继续发酵陈化，经过多年自然环境陈放而不劣变，越陈越醇厚为后发酵茶的特质，与绿茶及乌龙类等发酵高温烘焙茶不同。

选购建议

普洱茶的陈化，茶区、茶种、制程、包装、储存等等因素都会影响茶品的香气与口感，甚至改变其外观、汤色与叶底。所以笔者以上所陈述的，只是针对一般性概论，不能以一概之，许多现象还是需要消费者依照自己的经验去判断。茶品除了健康需求外(任何仓储所产生的的菌类，在80℃以上水温冲泡下全数归零，对人体无害)，没有好坏与对错，全凭消费者个人感受与需求。

原则上来说，相同冲泡方式下，能

2010 经典韵品

台湾仓储熟茶

立即品饮的新制生茶，通常较清甜而不刺激，汤水较淡；而适合长存久放的茶品，则口感较为厚重，茶汤有胶质感、饱满感，回甘足而韵长。

个人提出上述之通论，应可作为多数消费者选择的基础，但绝不是唯一标准，还有许多弹性空间，消费者可依自己的喜好再做调整。

专有名词

～锁喉～

品茶过后，咽喉间有过于干燥、吞咽困难、紧缩发痒、疼痛等不舒适感。普洱茶锁喉感主因有六，导致的锁喉感觉各有差异。

1. 高冲

冲泡时高冲，包括出汤时高冲于公道杯，都会产生锁喉现象。

2. 紧压茶未醒

紧压茶拆剥后，未经适当时间与环境醒茶，亦会产生锁喉现象。

3. 仓储环境问题

高温高湿亦或不通风环境都可能导致。亦或者茶品没有包装与容器，放任置于空气中，快速氧化出现油耗味时，也会出现锁喉现象。

4. 制程高温干燥

成品高温干燥，或是刻意焙火加温也会导致锁喉。

5. 成品日晒干燥

成品单饼直接日晒干燥，亦或者未完全干燥前包装整筒干燥，都会引起锁喉症状。

6. 不当拼配

因拼配茶区所导致茶质冲突，亦会导致锁喉感。此种状况较为少见，只发生在新制生茶，待陈化数年后锁喉感会消失。

～收敛感～

品茶后，舌面与口腔四周出现紧绷感、高度苦涩感。此通常与制程或茶质有直接关联，为茶碱与酯型儿茶素大量溶出有关。此现象不代表茶质优劣。

● 优质茶与性价比

前几天一位朋友拿了几款茶来请我品鉴，有毛料有成品。喝了几款之后，我实在很难下评语，都还算可以，但也不是很符合我的标准。我就很勉为其难取了一款茶品与一款毛料说"这二款还不错"，那人很开心也有些遗憾地说："石老师果然品鉴能力很强，这二款就是四月古树春茶，价格比较高。其他古树料已经是六、七月的茶菁，价格都便宜些。"我想他可能要拉价格，也直说："但这二款茶不是四月初的，应该是四月底五月初的原料。"香不扬、味较苦，有部分梗长、茶干色也较黑。没想到他说："是的，所以价格也比四月初的春茶低。""什么价格？""30 元。"我愣了一下说："价格很不错啊！"这样的性价比，确实高；那么这茶要说好还是不好？！这让我回想到四月份，喝到六大茶山的二款古树料，整体表现差强人意，但听到价格是"50 元"的时候，我脱口而出"好茶！"什么是好茶？？！

前些时间，"经典普洱论坛"对于优质茶有一些争议，包括纯料、拼配与否，香气、口感、韵底等，连茶气也都拿出来争论不休。事实上在我的标准，茶只要无碍身体健康（先不谈有益），都是好茶。当然，好茶与优质茶还有一段差距，通常优质茶是不会考虑价格问题，性价比都放在最后一个考虑。但有时候碰到较特殊状况时，性价比应会放在第一位。

我定制茶品通常以优质茶为优先考虑，在选定茶菁之后再来讨论价格合理与否。但多数的茶商，是先找到性价比高的茶菁，而后再来讨论最后的销售手法与价格定位。以今年的茶品为例，因为雨水丰沛，茶质普遍不香、带苦，但在众多茶区与特定时间也会出现几款性价比极高的茶品，一公斤 30 ~ 50 元之间的古树春尾茶，如果质量到一定水平，不说是好茶，要怎么称呼呢？

新茶有如此现象，老茶也不例外。下关茶厂的老茶品通常只有勐海的一半价，但质量却相差不大；市场走容易辨识的名牌货，老茶客找好喝的茶。今年勐海毛茶的价格远低于六大茶山，除了老班章、老曼娥外，价格只有古六大茶山一半，懂茶的人会选哪里的料？相同的，有些春尾茶的价格只有春茶的一半以下，或许质量稍差一些，您会选择哪里的料？是性价比为主？还是绝对优质选择？没有对错，都只有自己的喜好，价值观与定位。

2008 年 7 月 24 日于昆明

● 生茶不是普洱？

今天又看到身为云南人的茶友在经典普洱论坛上转帖，云南领导又说"不能再让'生茶'冒充普洱茶忽悠老百姓"，这与有些香港人说"生茶是半成品，要经过香港仓储才是普洱"一样的荒谬。内容原意还是说"熟茶才是普洱茶，生茶要经过一段时间陈化，才称作普洱茶"。

我直白地在论坛上留言表明立场与思路：

"不要怪我们省外的人对云南人这样看法有意见！！

这样十足伤害云南产业的话，可不是我们'外人'所说出来的！！"

以下论坛部分网友的反应：

"哗众取宠！"

"我没有什么看法，为了产业化，官家怎么说都有理。反正我家祖上进贡给朝廷的肯定不是熟茶或是后发酵好了后再送去的。"

"我真为普洱茶现在这样的气候下，还有这样的人感到迷惑不解，到底什么是普洱茶啊？赶快给个官方权威的说法吧……"

"说得是理直气壮但内里却是忽悠消费者呢！这跟2003年当地订立的什么是普洱茶标准是一模一样。

他们一是要依据当年出口标准来订立'普洱'熟茶的地位，一是要否认外人所说的普洱茶，好让重拾这个过往连自己都不要的东西。这说明云南方面根本不知道他们的晒青茶是个宝，还说瞎推动了十年，这个领导早就要引咎辞职啦。

另一方面：要是普洱熟茶是正宗，那为什么当年在国内一样推不动呢？只可以推到国外呢？"

"这些人去年这个时候就跑出来说私人不能存放普洱茶。今年又来说'生茶'不是普洱茶。既不尊重历史又不尊重做茶人和消费者。让我看，就是属于严重找抽型！"

"官僚作风！普洱茶最早就是生茶，'普洱茶'名称的来历都不知道？历史上的普洱茶发酵过？简直是无稽之谈！一点不懂普洱茶的发展历史就乱开黄腔！有本事熟茶另取一名，不要和普洱茶混淆。"

"正确的说法应该颠倒过来才是：人工发酵熟茶不是普洱茶！"

"如果熟茶才是普洱茶的话，普洱茶的原料来源还是现在的甚至于边境料、省外菁都会滥竽充数地充当主角。原来的生熟二分天下的局面变成了一家独统了，所有茶区的晒、烘、纯、崴的原料都可以用来制作很难分辨原料质量优劣的熟茶，这样对市场更加不好。"

我曾不只一次公开质疑这些领导所站的立场，到底是因何原因说这些损害云南普洱茶产业的话。没有站在一定高度立场而来说这些没有依据，甚至违反历史、市场定律的话。

1. 如果只有熟茶才是普洱茶，那么普洱茶只有三十几年历史，何来千年？

2. 1970年代以前的茶品称做什么茶？云南清朝贡茶又是什么茶？

3. 经过陈化之后才称普洱茶，普洱茶在历史上何时才开始有品老茶的习惯？

4. 经过陈化之后才称普洱茶，几年时间？怎样的变化？汤色？口感？比如十年，是云南十年还是北京十年，亦或港台十年？无法量化的标准，能成为标准？

种种问题根本没有标准与答案，领导说这些话只是在破坏与模糊，不只对普洱茶产业没有帮助，反而让业界与市场看笑话。这与香港茶商说"只有经过湿仓才是普洱茶"，或是"只有南方能放普洱茶"的"定义"一样令人莞尔。只看到自己利益或是特定目的所说出来的话，时常令人喷饭，但当事者却还觉得自己很有说服力，一而再、再而三地用这一套说词。以少部分人认同的少部分茶品，企图来评断与改变历史，这是很荒谬的事情；就如最近的争论"香港仓储已被认同，应以此为标竿，其他不同于此地区的茶品口感，都是经不起考验的"。听到这话我只能无奈的摇摇头。

1. 香港仓储的好，只是被"部分的人"肯定"部分仓储"，而非全面，这点应该无争议。

2. 以"部分被肯定"来否定"未出现"的其他仓储，这是怎样的概念？少部分的事实来否定未知的可能性，这是怎样的人才有的概念？！

只有站在一定高度，不能只以自己的思路与逻辑，或只为自己的利益，才能长久经营。只为自己短期利益着想，消费者早晚会看清楚的；近视短利，第一伤害的是自己，而在上位者，将影响众人之利益，慎言！

2008 年 2 月 2 日于台湾高雄

● 选茶与看人

选茶与看人，在我的标准刚好是二极化：选茶挑缺点，看人找优点。

每一种茶只要是健康的，都有其优点，与人相同。然而，对茶品的要求，尽可能达到完美的要求，让茶品符合自己的期待，因为休闲品茗是为了善待与犒赏自己，不需要为了多余理由来勉强自己。与人相处，则刚好相反，为了彼此和谐对待，反而必须找到对方的优点与长处，改善自己的缺点。虽然二者方向不同，但都有一个目的，那就是为了"让自己的生活更完善、圆融"而努力，只是一个对外，一个对内。

如果不尽人意，买错茶或是找不到好茶喝，我会给自己这样一个心情"不是赚到、就是学到"，至少自己已经知道信息有误，有机会改正，总比错到底或是永远不知错的好。如果碰到对自己不友善的人，自己已经努力了但还是徒劳无功，那么转换个心情："他的知识成就远超越我，我没资格生气！""他的能力与见识不在我之上，我为何要跟他计较？"

　　人活着，就是想办法让自己与周遭的人更加幸福愉快，而不是用贪嗔痴来愤世嫉俗、折磨自己！从另一角度来看，关心您的人总希望您很快乐，您可忍心让大家为您忧心？而讨厌您、忌妒您的人希望您每天很痛苦，您为何要让他得意，每天忧愁、悲伤、痛苦，苦了自己而让他得意！？

　　拿得起，放得下的人

　　最快乐！

1999 简体云

茶好不好	年份
由自己的口感与荷包决定	不代表茶质
价格高低	但
由市场决定！！	与价格相关

2006 年 1 月 6 日

犷味制作

采摘、萎凋、杀青、揉捻、静置、干燥、渥堆、筛分、蒸压、成品干燥、包装

制 程

传统制程

将茶叶由树上采摘下来后，未经杀青、揉捻，直接日晒而成生晒散茶，这是云南最早、最传统、最简单的普洱茶，至今仍有云南少数民族如此品饮。

1953—1954 年间，云南省茶叶研究所调查傣族制作生产茶品工序，原则区分

采摘后无揉捻直接日晒干燥之散茶

出三种形态：

（一）杀青→揉捻→晒干

此即晒青毛茶，与一般认知的少数民族传统制法相同。将鲜叶放入热锅内手炒杀青，至颜色转深绿色时倒在竹席上以手揉条状，再摊均晒干。

滇青茶的杀青温度是依鲜叶实际情形来判断温度与时间，通常锅内壁温度 180℃ 左右，茶菁温度则在 60℃ ~ 80℃ 之间。

普洱茶揉捻目的主要在于使茶菁条索状，并使茶叶表面裂而不破，易使茶叶内含物均匀而充分释出。揉捻不足，条索成片、口感清淡；揉捻过度，茶菁无光泽、汤色混浊、苦涩度高，干燥储存后易有杂味。

（二）杀青→揉捻→后发酵→晒干

此制法的后发酵方式，是将杀青揉捻好的茶叶在干燥之前，先装入竹篓中进行后发酵，让茶叶转成红褐色，隔日才将茶叶日晒干燥。过程类似渥堆，但并无洒水增湿之步骤。此类做法茶叶成品为黑褐

锅炒杀青

手工揉捻

色，有些类似红茶，与晒青毛茶的香气、口感大有不同。

（三）杀青→初揉→后发酵→晒干→复揉→晒干

此制法在杀青完，第一次将 80% 以上茶菁揉捻成条后，即装入竹篓进行后发酵；隔日再摊均在竹席上，晒至半干时，

再将未完全揉成条状的偏老叶部分再揉一次，这就是复揉，而后再晒干即成。

这里所谓的"传统"，是指 70 年代以前全手工制程，包含现代少数民族保留之传统做法，手工采摘、铁锅手工杀青、

揉捻后待干的茶菁

晒青毛茶

迷上普洱

手工揉茶、毛茶日晒干燥、土灶蒸压、成品阴干或日晒干燥。所使用茶菁以野放茶、栽培野生茶（荒地茶、古树茶）为主。

所谓的"现代"，是指 70 年代以后，"中国土产畜产进出口公司云南省分公司"机械化制程，滚筒式杀青、机械式揉茶、锅炉蒸压、高温烘房。所使用茶菁以高度人工栽培茶园茶、良种茶为主。

少数民族用来制茶的木铲与竹篓

● 普洱与绿茶之说

在北京飞往广州的班机上随想，总觉得有人要把新制普洱生茶定位在"绿茶"是一个大阴谋！今天如果只是大家随口说说、闲聊，喝茶的人根本不用去管红、黑、白、青、绿、黄，只要好喝就好。但如果牵涉到制定国家标准与制程，甚至是市场规范与认同，就会出问题。

先假设普洱新制生茶已经被定位为"绿茶"，有几个问题思考一下：

一、以此类推，绿茶可以掺入当普洱？甚至，以绿茶紧压成型，一段时间后也可以称作普洱？

二、普洱茶制程中的杀青与干燥温度原本就模糊，没有实际量化，生茶称作绿茶之后，制程更加无法区隔，从此二者之间没有差异，最后产生的是市场混乱。

三、如果国家标准将新生茶定位在绿茶，不可能订定绿茶变成普洱的年限与标准，这对于市场销售实际上会发生问题，哪一饼是普洱？为什么？连茶商自己都无法明确说出理由时，如何销售？普洱茶市场极有可能因为自我矛盾而崩溃，谁最高兴？

四、否定普洱茶越陈越香，也就是将普洱茶制作工艺所产生的特性抹灭，等同于绿茶、乌龙茶类。普洱茶除了内含物质最高的健康优势外，就以越陈越香醇为茶友赞叹，没有这优势，普洱茶市场顿然消失大半。

五、如果加上普洱茶不一定是云南料的说法（虽然有些是正确的），那么云南普洱茶市场将彻底崩溃，全国各地只要是紧压茶、生茶类，都可以称作普洱茶。历史上，已经有湖南、湖北、广西、广东紧压茶因历史因素而也名为普洱茶，现在市场与信息渐明朗，相信绝大多数喜爱云南普洱茶特有浓酽、厚重的茶友，不乐见如此。

之前提过从历史角度来说明"普洱生茶是绿茶"的荒谬，而现在是从制程与市场的模糊导致混料的可能性加以说明，只不过现在思路没有十分清晰，只提概念，但这已经是无法响应的盲点。普洱茶界如果赞同或附和"新制普洱生茶是绿茶"的观点，基本上已经落入圈套，也让自己走入死胡同，希望他们能清醒些。

2008 年 3 月 28 日于台湾冈

少数民族的庆典

徐晋燕 摄

● 旅人

有人说你是一个孤独的旅者

千年来　浪迹天涯

以前为了找寻生命的秘密与意义

现在只是要完成该有的责任与使命

没有忧郁　没有悲伤

只是静静的承受着所有

是你的　你都承受

明知道总有一天所有快乐悲伤都将

离你而去

你仍然竭力的承受每一个值得活一

次的理由

背负着天命

视所有发生为必然

直到无法承受的那一天

漂泊的灵魂　是否真的寂寥

纵有多少无奈也只能托负于高山流

水

笑看人间　淡然从容　是何等情怀

众醉唯独醒　是该悲哀　还是释怀

生命　在你眼中

有如

掠过水面　波起片刻　却无痕

拾起　放下

等待下一次的际遇

2008 年 7 月 30 日于昆明

专有名词

～制程～

茶菁级数

　　青毛茶于 1979 年统一分为五级十等，逢双设样，二等一级。即 2、4、6、8、10 等分五级。一般而言，一级嫩茶菁通常拼配二级做散茶、沱茶、方砖之类；二级茶菁拼配三级制作饼茶，四五级茶菁则为砖茶主要原料。

　　目前市场上对茶菁级数分类与上述官方资料有些偏差，一般茶商茶人惯用"级"来称呼分类中的"等"，也就是将茶菁直接以十级称呼，而不用"等"。本书中所称呼的"级数"是指"一到十级"的市场习惯用法。

　　普洱茶的领域中，与一般绿茶、乌龙茶最大的不同，除了低温制成、后发酵特性，还有就是市场价值以青壮叶为优，而不追求细嫩叶。主要原因，还是市场上普洱茶以喝陈茶为主，在历经长时间陈放发酵后，细嫩级数茶质通常展现香扬而泡水短的特质，与青壮叶质重韵长、泡水长的特性有明显差异。所以在普洱茶世界里，中国人喜欢细嫩茶质的习性与价值观有明显的改变。

　　毛尖与一二级细嫩茶叶香扬、质轻、泡水较短，三至六级青壮叶质重、苦涩度高、泡水长，七至十级与级外茶质薄、味淡、水甜。每一种级数的茶菁都有其优缺点，取用于各种适合的制作茶品，做以拼配或纯料，没有优劣之分，端看价格与消费者喜好而定。

晒青毛茶

　　与绿茶、乌龙茶的毛茶干燥方式为炒干、烘干不同，普洱茶的鲜叶经萎凋、杀青、揉捻、摊晾后，经日晒干燥即成晒青毛茶，简称青毛茶、滇青；因日晒所产生的"太阳味"，是晒青毛茶无可取代之特殊风味。干燥后茶菁含水量 9% ～ 10% 左右（乌龙茶类 4% ～ 6%）。干燥时，温度更减缓残余酵素的作用；过于高温，将完全停止普洱茶陈化，甚至因回潮而产生劣变。

筛分

　　台地茶青毛茶以器械依细嫩度筛分五级十等，野生茶多以芽叶多寡、细嫩度区分级数。茶菁筛分后，以利后续茶菁分类储存与拼配使用。古树茶采摘时已分一心一叶、一心二叶分级，无法以器械筛分，只能以人工挑选碎枝梗末以及黄片。

萎凋

刚采摘下来的鲜叶水分含量高达75%～80%，萎凋主要目的在于减少鲜叶与枝梗的含水量，促进酵素产生复杂之化学变化。萎凋及发酵过程所产生的化学作用牵涉范围甚广，与茶叶香气、滋味、汤色有绝对相关。

鲜叶采摘后，应立即摊开静置，避免堆置。目前云南普洱茶制作，时常可见叶底红变的现象，这时常与不当堆置有关。避免发生类似情形，可将鲜叶置于储菁槽上，保持适当温湿度；依当时当地气候调整，正常静置萎凋时间最好在8～10小时之间，水气含量高的季节，萎凋时间则提高至10～12小时。

萎凋时间与方式依采摘时间、季节、天候、鲜叶嫩度、厂方设施与观念来决定，方式分为日晒萎凋、静置萎凋、摊晾萎凋、热风萎凋。

杀青

普洱茶主要杀青方式分为锅炒杀青、滚筒式杀青。大型厂或一般台地茶多为滚筒式机器杀青，少数民族与小厂对古树、野放茶则多为锅炒手工杀青。其他茶类杀青目的在于利用高温停止酵素酶继续作用，而普洱茶杀青则只是减缓、抑制其发酵速度并增加其柔软度以利揉捻，以及去除青味。滇青茶杀青温度依鲜叶实际情形来判断温度与时间，通常锅内壁温度180℃左右，茶菁温度则在60℃～80℃之间。

揉捻

揉捻，藉由外力使茶叶表面与内部细胞组织破坏，组织液体附着于茶菁表面，利于冲泡时增加香气口感，以及让内涵物质均匀释出。

少数民族与小厂多以手工揉茶，使用茶菁多为古树、野放茶；机器揉茶以盘式揉茶机，使用茶菁以台地茶为主。

复揉

早期手工揉茶时，因茶菁粗细、施力不均，粗老叶与梗容易揉不均、不成型；此时，必须重新以手工挑拣枝梗与粗老叶，再次揉捻，称之。

解块

鲜叶揉捻完毕后，尽快将纠结的茶叶分开，迅速降低温度，以避免产生闷味及干燥不足，产生闷酸现象。解块另一优点，能将多余的水气排除，快速冷却鲜叶，能使干燥后的茶菁保持翠绿有光泽。

成品干燥

降低茶品内水分含量到达9%～12%之间，以避免茶品发霉劣变。一般分低温干燥、日晒干燥、高温烘干三种方式，以低温干燥方式较符合普洱茶长存久放原则。若干燥不足则会产生霉变，干燥温度过高容易使茶品回潮质变，日晒干燥则易导致茶菁红变、酸化薄水。

成品日晒干燥

鲜叶经过萎凋、杀青、揉捻后，水分含量比例远比鲜叶大幅降低；在毛茶干燥工序时，茶叶本身可说没有温度与湿度可言，经过四五小时的日晒干燥与风干，茶质在短时间内并不产生日光臭与油耗味。此为毛茶日晒干燥不会产生劣变的原因，与毛茶经过蒸压完成后水分大增，经日晒干燥就会影响品质，是完全不同的状况。

茶品经过蒸压后，使茶叶内再次增加了温度（远比日光高的温度）、增加大量水分（远比原来茶菁内的水分高许多），更多了压力（再一次破坏茶叶表面与内质）。如果此时将未干燥的茶品经过日晒，会增加紫外线对叶绿素与儿茶素的"快速"破坏。请注意"快速"二字，因为就算是已经干燥的茶品，再长时间经过日晒与过度氧化，也是一样会产生日光臭与油耗味，只是时间慢一些。所以，任何茶在光线曝晒下或过于通风环境，只是时间长短而已，都会产生日光臭与油耗味。

烘焙

高温干燥方式将茶品水分烘干，可藉此将茶品香气进一步提升；然此方式会将茶品中酵素酶等益菌停止作用，并不适用于后发酵茶类。

普洱茶几个基本条件，云南生产、晒青毛茶等，最主要必须符合能长期存放、越陈越醇厚的特质。经过高温干燥，或是蓄意高温烘焙的茶品，能使茶品持续后发酵的因子都已消失，这类茶品只要叶质没有炭化，产生致癌物质，原则上都是好茶品，但已不能称之为普洱茶，因为已经无法继续陈化、后发酵。

现代普洱茶制作加工

鲜叶
⇓
杀青（锅炒或滚筒）
⇓
揉捻（盘式揉捻机）
⇓
干燥（烘干或日晒）
⇓

增湿渥堆 ⇐ 毛茶分级
⇓ ⇓
风干陈化（起堆） 紧压
⇓ ⇓
筛分拼配 干燥（烘干或日晒）
⇓
普洱熟散茶 ⇐ 灭菌
⇓
紧压干燥
⇓
普洱紧压熟茶 普洱紧压生茶

传统制程	现代制程
古树茶、野放茶为主	台地茶为主
手工铁锅杀青，手工揉茶	滚筒式杀青
青毛茶日晒干燥或是烟熏火烤干燥	青毛茶日晒干燥或是机械烘烤
紧压成品自然阴干或是日晒干燥	紧压成品自然阴干或是烘房干燥
外包手工纸、竹篮、竹壳、竹箬包装	仍部分保留传统包装 许多改以机器纸、纸箱、纸袋、铁丝
晒青生茶类，不包含渥堆熟茶	官方所指普洱茶为大叶种生茶及渥堆熟茶

鲜茶　　　滚筒式杀青机　　　盘式揉茶机　　　日晒干燥

石模压制茶饼　　　成品干燥　　　成品包装

生茶制作

增湿渥堆　　　分筛机器　　　特级　五级　七级熟散茶

机器压制茶饼　　　成品包装　　　熟茶汤色

熟茶制作

　　现代改良后较为稳定的古树茶制程，主要是讲究季节与采摘时间，经过适当萎凋，而以手工杀青、揉捻后，稍经静置一段时间后，才进行低温无耗的毛茶干燥。再经过挑枝、去梗末、黄片，进行拼配，再蒸压，成品干燥亦以低温、无耗的方式。整个过程不同于现代绿茶、青茶类制程，最主要就是以低温工艺保证茶内质损耗最低，且保留最多酵素酶以利陈化。

云南好茶与制程

今年 3 月份就下茶区，至今才离开版纳，只是为了以找好茶为平台的愿力，心态上确实不同；这段时间已经跑了数千千米，都是以意志力在支撑。2001—2004 年间几乎走遍云南主要茶区，当时是为了求知，只为做好茶；现在，在茶区待这么久，是将以前的知识台阶更上高端平台，完成自己该做的事。现在的辛苦是劳力，以后更加劳心，愿上天祝福！

这次收获很大，都是老天所赋予我清明才能感悟，有很多都让我震惊，以前看了千百次的现象，这次却有不同的体会。学生问："制程是否能增加茶的能量？"以前绝大多数学生都问我："制程能否改善茶质？"我当然都说可以，但此次学生问的是增加能量，让我突然震了一下，答："制程不能增加能量，但好的制茶人与工艺能将茶中负面能量转变为正能量。"我又反复说明并加强"制程，不会增加能量，甚至如果错误，只会削弱正能量或增加负面物质"。这句话是说给自己听，一般人听不懂。云南的茶，只要没有农药、除草剂、化肥都是好茶，但茶商茶农多数不知道该怎么制作好茶，太多的人工干预反而破坏茶的本质，高温、闷炒、堆栈发酵等等，在产生负面物质。

在一茶厂，老板很认真将自己实验成果让我试试，我没多说什么，把十种不同制程的茶喝完，大概说了一下。事实上，里面的制程多数产生不良反应，现在他的体质还不够敏感，就算能感觉到也不知为何。后来回程中，在车上，我跟学生说："老板在重复我 2001—2004 年间的学习，他还要摸索好几年才知道自己在做什么。"有些感慨，如果这两年没有那么多事情，他或许不用这么辛苦，我与朋友来，改变了他的体质与观念，但他们却不知根本为何。每个生命都有自己的去处，不强求，看以后的缘分吧！

2010 年 5 月 13 日于勐海

● 茶人

很多人都在说"茶人"，
说某某茶人，
说自己是茶人。
但到底什么是"茶人"？
一直没有人提出定见，
或是得到多人与茶叶界的认可。
以个人观点，
"茶人"一词就像"道"，

既虚幻却又很生活化，
似乎不可琢磨却时时可见。
人造就茶，因而创造茶文化，
可以是日常饮品生活化，
可以是无限上纲的精神面。
"茶人"到底是怎样的人？
"喝茶的人"？
"品茗之人"？

"泡茶之人"？

"制茶之人"？

"识茶之人"？

"心中有茶之人"？

"心中无茶之人"？

是因为身体需求而喝茶？

是为了懂茶而喝茶？

是为了附庸雅俗而喝茶？

是为了身份地位而喝茶？

是因为利益而喝茶？

只为喜欢而品？

只为他人而品？

心中无茶，只因无所求而品？

您是哪一种"茶人"？

2007 年 8 月 8 日写于昆明

专有名词
～外观～

蒸压

将茶菁置于铝瓯，以蒸气蒸软茶菁，加以紧压。使用工具分传统煮水蒸压与锅炉加温加压，因茶叶内果胶质而产生固定形状。时间与温度应因茶菁重量、嫩度、生熟茶、蒸压工具、加工者需求等等不同因素，而有所不同。

石模

在机器铁模尚未出现之前，云南用以紧压茶品的器具多为石制模具，简称石模。文献记载中，早期使用时重量约25公斤，现今遵循传统制程的石模，多以33公斤～37公斤居多，目前亦有百余公斤石磨以杠杆滑轮驱动，效率、饼型亦十分佳。因应不同的需求，石模有不同的形状与重量规格，饼型较古朴而圆润。通常石模压制的饼茶紧压度较为匀称，不若铁模般紧压、中心点与边缘紧压度不同。因紧压度较为松散，石模紧压制作的茶品相对陈化速度较快，汤质较滑，但香气偏弱。

金玉天

据清·阮福《普洱茶记》记载，普洱茶制茶技术中详述，边揉茶边把揉不成条的"金玉天"及结成团块不能解的"疙瘩茶"捡出来。所以，金玉天为揉不成条索状的茶菁，通常为病、老叶或革质化、较干硬的茶菁。

疙瘩茶（茶头）

杀青后，揉茶时结块不能解，是为"茶疙瘩"，此通常为生茶轻发酵。70年代渥堆熟茶正式量产后，渥堆时堆底温度高、湿度高，易导致结块不能解，产生过度熟化现象，亦称"茶疙瘩"，坊间俗称"茶头"，此通常为渥堆熟茶半成品。

焦心

于制作熟茶，洒水渥堆发酵时，若堆心温度超过65℃，产生堆心温度过高现象，茶菁出现焦炭现象，称作焦心。

烧心

紧压茶品时，蒸压温度过高、时间过长，产生紧压茶中心茶菁粘糊、茶菁条索不分明的情形。再因紧压过度，茶菁表面遭受破坏、水分散发不易，进而导致快速发酵，产生茶品红变、熟化现象，称之"烧心"。此现象容易出现在铁饼类、大型砖、大型饼、云南紧压千两茶柱类。

炭化

叶底产生不柔软、黑硬，甚至焦炭现象，称之"炭化"。炭化食品所含自由基甚高，现代医学认为此为加速老化、导致慢性病与癌症重要原因之一。一般在发酵烘焙茶中，茶叶产生炭化主要原因为一次高温烘焙，或多次不当烘焙所造成。

在普洱茶中，叶底产生炭化现象原因有三：

第一，渥堆熟茶，渥堆时间过长或温度过高。

第二，生熟茶仓储高温、高湿。

第三，茶品进行高温烘焙或不当多次烘焙。

木质化

茶叶经过高温、高湿、不通风环境储存，茶叶内含物质多为破坏或氧化殆尽后，茶品浸出物质只剩高比例的水溶性纤维质，称之"茶叶木质化"。渥堆、湿仓等，都会产生。

困鹿山老茶林

云南的山水

影响茶质的主客观因素

气候对茶品的影响

云南5月到10月，高温多雨多日照，10月至来年5月，低温干燥日照少。气候对茶质的影响，导致普遍春茶蜜香带甜、秋季谷花茶苦涩较重、雨季茶则水薄、苦，较不化。

地理环境对茶品影响

云南海拔北高南低、气温北低南高、日照北少南多、雨量北少南多，对茶质的

影响普遍产生汤质北苦南涩、东柔西刚。保山、临沧、思茅北部汤质多数较苦、临沧南部茶汤较刚猛；江城与六大茶山区汤质较柔。

制作工序对茶品影响

鲜叶采摘：采摘时间与萎凋消水充足与否，以及毛茶干燥与否有关。

萎凋：消水不足带苦不化，静置过久汤薄质轻。

杀青：温度过高口感带酸，温度不足青味重。

揉捻：揉捻不足汤质薄，过度揉捻汤色浊、苦涩重。

毛茶干燥：高温干燥微酸水薄，干燥不足汤红带苦不化。

蒸压：温度、时间过高过长，茶菁条索不明显。温度、时间不足，松散不成型。

成品干燥：高温干燥，高温香、水薄，干燥不足，霉变；日晒干燥茶菁红、汤红、水薄。

● 渴望好茶

上一趟在昆明的时候，茶友跟我说"有些号称高级评茶师说您的原料有缺陷"，我很开心地问："那他们有没有更好的原料？我想要！"我知道他们的心态。每次我到昆明茶友都会抽空来问我问题，这次他的提问除了他这次发酵的熟茶有何问题外，另两个问题是何谓茶文化与白领阶层品茶概念。两年多来，他不断地从制作、文化、市场来询问，每次见到他都有心得，我也很开心。等我回答他的提问之后，我再问上一次的事情："他们有没有好茶菁？有多少要多少。"因为我今年的茶品已经完全销售一空，渴望有好原料，尤其是比我这一批五福临门更好的原料。

昆明茶友笑笑回答说："他们怎么可能敢拿过来让您评？"我是真希望有好茶的出现，如果真拿过来，我肯定拿来与我今年的茶品做比较。许多人都会犯这样毛病，批评人家很简单，但要他拿出真东西来做比较时，却又拿不出手，不管在茶品本身、知识面、经济面等等资源都一样，说的都比做的容易，典型眼高手低。脆弱、没有自信的人，多数以攻击别人来掩饰自己的无知无能，所以当自己容易愤怒、难过的时候，就该自省了。

2008 年 12 月 31 日写于昆明

● 玩转拼配纯料

在昆明，能与我一起体会茶气的茶友很少，昨天车兄、温兄、隋兄到访（韦兄来过，还差几位），我让他们品今年的经典普洱古树茶，以及老班章、老曼娥、布朗山、南糯、帕沙古树春茶。所有人都知道我不喜欢压纯料饼，但为了经典普洱体系内忠诚茶友的学习了解，我开辟了"天威德成"纯料品牌，让茶友学习口感、体感与气感，更重要的是学习拼配。但为求纯度，亲自教学生制作，从采摘片区、级数、时间、杀青、揉捻、毛茶干燥等都是特制，所以数量极少。

因为茶友们都习惯我的茶品都是香气饱满、层次变化明显，在品纯料时看得出来他们并不是很激赏；一路从帕沙、南糯、布朗山、老曼娥到老班章，都看得出来他们都觉得还好，尽管是很精纯的纯料了。我笑了笑，拆了几款纯料来做拼配，他们喝了之后张口结舌说："怎么会这样？几乎口感提升了数倍，气感也全部改变，变得很全面性、很强。"我说："这就是拼配。"后来依车兄想法改变比例配方，整体表现却差异很大。我又笑笑说："这就是经验与技术，如此才能将茶品发挥淋漓尽致。"我还感觉到，这五款茶能配出类似"求败"与"天授"的效果配方，让 VIP 茶友们自己去找寻喜悦了！

2010 年 7 月 25 日写于昆明

好茶拼配

什么是普洱茶的拼配？

相对于拼配，不同茶品种类对纯料要求不同，以台湾茶为例，纯料必须为扦插无性繁殖且为同一品种，在同一地区相对接近海拔（约百米内）、同一季节、一日内约四小时内采摘，同一制茶师傅在相同制程完成。

而普洱茶因为多为群体种（多变异），茶区范围区域广、制程较不统一规范，所以要求纯料标准较低。因为所谓普洱茶拼配，意指"不同茶区、不同年份、不同季节、不同制程"只要符合以上任何一种状况就属于拼配。

各山头纯料

现代普洱茶的拼配

因为气候、地质、采摘等因素影响，现代纯料在质、香、韵等都有其缺憾，难出现相对完美。相同拼配概念，现代拼配旨在提升茶质与口感，而不为降低成本与量产。以致在拼配时，以互补口感不足、增加香气、韵底为主，而不出现冲突状况（薄、锁、杂、酸），与传统拼配有相当差异。

传统普洱茶的拼配

1．季节拼配（春雨秋）：春茶拼配秋茶为增加口感、降低成本与量产；拼入雨水茶为降低成本与量产。

2．台地古树拼配：降低成本、量产需求、增加口感、稳定批次品质。

3．级数拼配（盖面、包心）：降低成本与增加美观。

4．年份拼配：稳定品质、增加口感、量产。

拼配实战分析

1．印级茶品的拼配分析

印级茶品以南糯山、布朗山古树茶及荒地茶拼配而成。红印与蓝印的差别在于茶菁级数与古树荒地比例，红印的古树比例较高导致今日茶质厚重的成果。在当时，以茶菁选用与外观区别，蓝印因茶菁较嫩价格更高。

迷上普洱

台湾普茶莊 十年商道精装版限量纪念茶

第一套以茶友自行拼配为理念的茶品，内含一饼两砖，各具风格，单独喝与拼配皆让人惊艳

2. 传统国营厂的拼配分析

下关味：以保山、临沧茶区荒地茶拼配，以保山东部与临沧北部茶菁为主；以2～3年茶菁年份、季节拼配。

勐海味：生茶以布朗山、南糯山、巴达山荒地茶与荒地茶拼配。口感厚重者带烟熏味，通常以布朗山为主，搭配少量南糯山面茶与巴达山里茶；以2～3年茶菁年份、季节拼配。

3. 经典普洱系列茶品拼配分析

经典系：为个人所创系列茶品。茶品均以饱满口感、提高茶质为旨。基本上，优质茶品因应不同香气、口感，为达到饱满度与深度，拼配多涵盖几个茶区。以2007年个人拼配茶品"求败"为例，涵盖布朗茶区、易武茶区、景谷茶区，各取其舌面口感、香广、甜度、韵深等等，以达到完美茶品口感与体感之目的。

● 水土

在2005年以前，总发现一些茶很奇怪，相同茶区、季节、制程、生长形态等等主客观条件，口感与体感、气感却有明显差异，那时一直找不到原因。2004年在一次茶山村寨中，又品到差异很大，却同一家人做的茶。我请茶农带我去看这几个茶园，才发

2010年 天威德成

现相同茶种在不同环境下有如此巨大差异。树冠、植披、座向、间距、日照、水流等等都影响茶质，此时树龄反而不是绝对影响因素，环境才是关键。因为当时我一直无法控制茶园与制程，所以这事情多年来都没有公开提过，直至2010年"天威德成"纯料茶的诞生。

"一方水土养一方人""橘过淮为枳"我们都朗朗上口，很明确了解其中的道理。但当自己没有实际看到完整过程时，时常会忽略这些简易的因素，有时就算亲眼所见，如果不用心、

2010 年 天威德成～老班章

不专业，就算再多来回几趟观察、研究，也永远不会发现这些关键。只有到一定专业高度，而后用心研究观察，才能理解一般人容易忽略的细节，缺一不可。

2010 年 9 月 2 日于北京

主要茶区口感特色

在制程与季节的标准状态下，台地与古树茶香型类似。为体现极致的拼配茶品，必须了解各茶区口感的特点及风格，以利拼配出完美茶品。

各主要茶区特色如下：

易武茶区

包含易武、曼撒、蛮砖、攸乐。香扬水柔，在香甜茶系列中较具特色茶品。

舌面与上颚中后段香气饱满，滋味较广，优质茶品甘韵扩及两颊；近年因过度采摘与季节因素，汤质较薄，舌面较为空乏。目前，易武茶区茶质普遍较佳者为蛮砖、攸乐。

倚邦茶区

包含倚邦、革登、莽枝。中小叶形态以特殊香型著称，上颚香甜微蜜感、稍苦，舌面中后段带苦有甘韵，口感较聚不广。革登量少，几乎不存在。倚邦、莽枝

口感甚为接近。

景迈茶区

茶菁颜色偏青绿，条索较短，以甜香著称之茶区。早期因杀青温度较高，揉捻较紧，以致汤浑、微酸、偏苦，后期陈化反而香不显，口感下降快；2005 年之后制作工艺作了大幅度改变，较为正常。上颚中后段的清甜略带花香为其特色，在舌面中段甘韵表现佳，苦中微酸，汤质滑、较薄。

布朗茶区

口感刺激性稍强，舌面与上颚中后段稍苦；上腭香浓味重，区别于班章茶。

老班章茶区（班盆、广别）与布朗山香型口感类似，然，质较重、香型特殊而饱满、香气下沉，苦涩味化得较快，舌尖与上颚表现不明显。老曼娥则味强苦难化，集中于舌面中后段，与老班章同属提升香味口感之调味剂。

南糯茶区

香扬清甜、口感刺激性较高的代表性茶品。上颚中段及舌尖甜香、甘韵在舌面中段，汤质滑口，涩度稍高。

勐库茶区

香型特殊、劲扬，不若六大茶区汤质滑柔，较为粗糙。舌面甘韵与上颚中后段香气饱满，口感刺激性稍高，苦中带酸。

景谷茶区

条索不长且窄、叶质厚，口感刺激性强而集中，舌面与上颚中后段偏苦为其特色；时有轻发酵香甜味。

浅谈不同口感追求的实现

高香、甜柔系如何实现

取易武、景迈、南糯茶区拼配，比例适当时，能有互补香韵之效。若喜刺激性较低者，以易武为主，景迈、南糯为辅；反之，以景迈或南糯为主料时，刺激性会偏高。

厚重、霸气系如何实现

布朗山系、巴达、景谷、保山、凤庆等料可以选择，然霸气的茶品时常会出现茶汤粗糙的缺点，仍须以南糯、易武、勐库、景迈等稍甜香茶菁调味，以增加其细腻绵滑，甚至广深其香韵。

总结

所谓纯料，所辨识的是其缺点而不是优点。因为优质茶的取向非常一致，走向终极，味道都差不多，"香气饱满""韵底长而深""层次感""穿透性""香甜苦涩酸的均衡"等等。所以在拼配概念中，要先有"互补""强化"概念，也就是扬长补短，而不能出现拼配杂味。在这基础上，可以了解到并非使用最好最贵的料就能拼配出最好的茶，时常好茶之间都有相互抵触与矛盾。香型、苦涩、柔滑度、留存度、广度、深度等，都不容易并存，甚至会相互抵销，这也是拼配难度所在！简言之，拼配须达到一加一要大于二的效果。

拼配时，需注意主次用料，对等取用，少能拼配出优质茶，时常会出现冲突现象；尤其个性明显之茶菁是无法兼容，相对柔顺不凸显的茶菁则可以相互融入。另一要点，虽是相同茶区，然季节（春秋）、茶菁级数、制程（发酵、揉捻）、年份等等均会改变其香气、口感，故当年同一配方与比例无法使用在不同原料、其他年份上。

2009 年 11 月 5 日于北京

古树茶

● 茶农纯料

今年去老班章三次，因为在当地茶农家喝到"纯料"，茶友已经很开心，说："真幸福，又奢侈的在老班章喝纯古树。"我却很明显感觉有小树口感，我就问茶农："有没有纯古树？"茶农答："老班章没有人做纯古树。"我与茶友、学生们对望，学生们只说："要喝纯料、真好茶，还真只有亲自带人采茶、制作了，难怪老师去年的纯料就是跟人家不一样。"

茶农回话代表几个涵义：一是他们知道古树、小树、台地的差别；二是就算你在当地收鲜叶，也是大小树、台地混拼，不可能给你纯古树；三是市场所谓老班章价格，是大小树、台地混合价格，而不是纯古树价格与品质。这不只是老班章特有的现象，所有茶区茶农都不傻，都是如此。所以，要收纯料除了能在当地了解大小树、台地生长间隔，最保证的方法就是带人现场指定片区、指定茶树、亲自收、亲自做，才能确保纯料当地古树。

写这文章并不是标榜或强调纯料、纯古树有多好，而还是回到一个问题：您能喝出茶区与古树吗？您所追求的是什么？

2010 年 5 月 17 日于勐海

老班章茶林

每一个人都拥有多重身份

而我

是多了一些，只因为喜欢！

我尽量扮演好每一种身份

在心有余力下，称职地表演！

茶

在我的概念里

永远是人与人之间沟通地桥梁

在经济发展中的品茗文化

但终究不能逾越以人为本的信念

是生活中重要的一环，但不是全部！

专有名词
～口感～

茶性

专指茶汤入口后，口感的刺激性。包括香型与苦涩度，以强弱形容。

茶质

专指茶汤入口后，汤质饱满度、滑度、甜度、回甘、韵底，以及耐泡程度。以厚薄、重淡区分。

香气

鲜叶因杀青、揉捻、干燥等制程产生香气，主要由游离型儿茶素所产生。口腔对于香气的感觉，上腭、舌面舌下、两颊、咽喉间都可能感受到，依产区与制程差异，会有不同香气与感应位置。尤以吞咽间之香气，且能有层次变化是为上品。然，普洱茶应避免上腭前端有高温烘干之甜香味，以及任何杂味。

苦涩

茶叶的苦多由内含物中的茶碱产生，涩感则由脂型儿茶素所导致。一般来说，苦涩度与茶质茶性强烈厚重与否相关。然苦化甘、涩转甜的转化速度，代表茶种的适用性与制作成败。苦不化甘、涩不转甜，则可能与茶种特性及制程不当有关。

青味（菁味）

杀青温度不足，锅内温低于180℃（锅外温度230℃以下），或是杀青时间、总热量不足，或是杀青不透所引起。

甘韵甜质

甘与甜，是令品茶者最回味的部分。若品茶完后三至五分钟内，仍有喉头与两颊的回韵甘甜，是为佳品。

层次感

层，重重叠叠；次，先后顺序。层次分二类：一是口中的香气与甘韵的转变，香气如何从舌面与上腭间的转换，甘韵如何从舌面、二颊以及咽喉间的转换。二是每一泡茶汤香气口感的纵向转变 。层次感通常容易出现在拼配茶与优质纯料茶菁。

烟熏味

少数民族传统制程中，揉茶后、毛茶干燥期间阴雨或是夜间无日照时，会以炭火低温熏干，或是受到房间内烧柴火影响，木炭烟熏味由此而来。

烟焦味

普洱茶产量异于一般茶品，一种茶品动辄数千公斤，甚至数万公斤。在鲜叶杀青过程，无论温度是180℃左右或是210℃以上，因为滚筒杀青时，数量通常很大、较少整理杀青滚筒，所以很容易产生内附茶叶焦炭现象。而在风筛分级时，这些茶叶焦炭的黑色颗粒多已掉落，且国营厂时常会使用非当年度的茶菁，再经过储存搬运过程，这些颗粒也会减少，焦炭味也会降低。最后毛茶与成品干燥使用烘干，因为抖动与高温的影响，焦炭味与黑色颗粒就会消失殆尽。

传统锅炒杀青不清理大锅，也会有烟焦味出现，相对而言，烟焦味比烟熏味难以消失。烟熏味正常仓储大约只需五六年会慢慢消失，而烟焦味除非进入高温高湿仓储，不然干燥仓储二十年以上都难以消除。

汤氲

"氲"音"yun"，意指"天地间和合而盈盛的气"。笔者形容茶汤上所产生如薄雾般的气体为"汤氲"。茶汤内有一些脂溶性物质，如脂肪酸（fatty acid）、类胡萝卜素（caroteanoids），以及一些挥发性香气成份，这类浸出物质比重较轻，漂浮于汤面之上。因汤面为脂溶性物质为主，若茶汤上下温差大时，在汤面上就容易产生汤氲。汤氲的多寡与茶质有间接关联，但不见得完全正面相关。

影响"汤氲"的因素：

第一，茶汤浸出物中，脂溶性物质的多寡。

第二，汤色越深，容易对比产生，较易被发现。

第三，冲泡时汤水温度越高，瞬间浸出物质较多，越容易产生。

第四，气温较低、气压偏低时，也较容易产生。

第五，盛汤的容器，也会稍有影响。

仓储概念

年份与仓储，一直是普洱茶多年来在消费市场容易最被诟病的罩门。储存环境的不同导致口感上的差异，甚至导致消费者在食品卫生安全的疑虑。香港仓储是近代普洱茶市场的主流，以高温高湿的人工陈化方式使口感快速改变，这也是渥堆熟茶的起源，然而有特殊气味。2001年以前的普洱茶市场主要在港澳台地区，绝大多数老茶，包括极为少见、价高的印级古董茶，可说是香港湿仓茶的代表作品。

而这些老茶，现在北方与云南市场开发的同时，却遭到不少消费者与茶商的质疑，甚至责难。对笔者而言，1986年深入研究普洱茶至今，以品饮香港湿仓茶为主，不管是从科学检验角度，亦或口感上，并不认同一些消费者将香港湿仓茶列为"劣质""有害健康"的概念。本文，笔者从历史角度、地理环境、品饮口感，以及茶人涵养来分析与厘清普洱茶的仓储概念。

基本仓储概念

从2000年开始台湾普洱茶市场的风潮，笔者立即警觉到普洱茶信息随着网络

红印茶菁～香港仓储

乙级蓝印茶菁～香港仓储

扩展与传递之快速，有关于年份与仓储状态都将有被探讨的空间，而不再是神秘未知。再者，以普洱老茶快速被大陆与国外市场消化，老茶将迅速消失于市场；加上对食品卫生的要求，可预见在未来普洱茶市场，消费者对于年份与仓储状态的辨识将会有高度求知欲。

好茶，除了需要好原料、好制程外，优质的储存环境更足以决定性地改变一切。温度、湿度、通风性、光线、压力、杂味等等，在影响茶品香气、口感转变，以及陈化速度。然而，市场上一直以年份来评估茶品价格，是否年份越久品质越好？

好茶的定义，每个人的标准都不一样。优质普洱茶品的首要条件，就是要干净，如果仓储环境不当，尽管是数十年或是百年茶品，也不尽然有品饮价值。健康、喜欢、符合自己经济能力，就是好茶！

小贴士：好茶，除了需要好原料、好制程外，优质的储存环境更足以决定性地改变一切。

入仓茶

将茶品储存于某一仓储环境，而企图以人工方式改变自然环境，例如增湿、增温、不通风等等，以利茶品快速陈化，此即"入仓茶"。一般坊间加以区分为"干仓""湿仓"，然以传统香港茶仓在快速陈化的仓储中，只有高温、高湿、不通风的仓储，所谓干仓、湿仓茶品只是同样仓储中不同状态的茶品。

湿仓茶汤色较暗而深、不清亮，除非仓度非常轻、老茶或退仓多年的茶品，才有可能清亮而油光。汤滑水甜，口感饱满；适度入仓，时常会有超越未入仓茶的表现。但最大缺点，就是不管怎么退仓，永远都有仓味。

未入仓（台湾仓储）　　　　　　　　入仓（广东仓）

蓝印铁饼之茶汤～香港仓储

中茶简体字的叶底与汤色～香港仓储

辨识湿仓茶的几个要点，可从外观、汤色、口感、叶底等做综合判断。受潮茶品特点：

第一，基本上会有所谓白霜，严重者出现黄点、绿霉、黑毛。仓储较轻者，则仍会出现茶面油光的状态。

第二，茶菁条索模糊、无光泽。

第三，茶饼中心坚硬而边缘散落。

第四，容易有茶虫噬咬、白色丝状粘液痕迹、虫屎。

第五，外包纸张与内飞容易有茶渍。

第六，汤色较深、偏黑，较不清亮。

第七，口感闷钝，不清爽、有杂味。

第八，叶底色杂、不均，容易出现黑硬炭化。

未入仓茶

定义相对于入仓茶，没有刻意加湿、加温、不通风、添加其他药剂或物质等等，随大自然四季变化、自然储存于人类可以长时间生活生存的空间，此称未入仓。

未入仓生茶，汤色从金黄、黄红、浅琥珀色、透亮琥珀红……依年份与制程、品种不同而有所变化；共同特色与关键在

未入仓之勐海 7582 ～台湾仓储

于：汤色清亮，且泛油光。

果酸是稍有年份未入仓生茶品主要特色，口感清爽不腻、回甘强、茶韵足、杯底留香。四五十年的印级茶，如果没有入仓，以"重手"浸泡仍微带苦涩味。缺点在于陈化速度慢、苦涩度高、汤质相对较薄。

翻仓

在私人仓储中，因长时间储存，空间内相对温湿度与通风性有所差异，储存于仓储上方、下方、前面、后面空间的状况一定会不同。为求整批茶品陈化速率相当、缩小差异性，会将茶品位置做适当调整，称之翻仓。

退仓

因湿仓茶是以人工快速陈化仓储，通常使用高温、高湿、不通风方式，其产生有如腐质稻草、泥土味等，对多数人来说不易接受。茶商将茶品置入特殊环境，如高温、低湿、通风方式将茶品内令人不快之杂味消除大部分，此称之"退仓"。

此类仓储，在我国香港属于传统退仓仓储，但若温度太高，将会使茶菁变成黑而不亮，茶汤滋味薄水的茶品。

斗茶

斗茶，在民间流传已久，确切年代笔者尚无考证，在此仅将此法用于检测两种茶品优劣与仓味。两种茶在相同客观条

台湾仓储熟茶

1999　易昌号楷书正品

件下使用相同茶具、相同的冲泡水、相同置茶量、相同水温、相同冲泡时间、相同泡数、相同饮杯等等，两种茶交替喝，如果出现其中一泡茶的滋味出现大变化，比如滋味变淡、出现杂味、苦涩味增加……则此泡茶质相较劣于另一泡茶品。

斗茶的情形下会将较劣质的茶品缺点表现出来，而当明显入仓茶碰到没有入仓茶时，"仓味"会成为缺点，如同杂味般被凸显出来。然，明显入仓茶（较闷的

茶）单独喝的时候，不会有此感觉，主要是因为茶内的浸出物质中许多活性物质会成为对比物质。入仓茶，在增湿、增温、不通风的环境下，基本上与熟茶洒水渥堆过程有些类似。若将入仓茶或是熟茶以120℃以上的高温烘焙，所排出的味道，两者十分相近。

通常鉴定有无入仓，笔者以新制古树茶为对照组。为何使用新制古树茶？如前文所提"斗茶"是以茶品互相比较，如果对照组不够干净、浸出物含量不高，也就是茶质不好或仓储状态不够明确，将无法明确凸显对方的缺点。

茶园茶（台地茶）茶质如果不够好，当内含物质不及对方时，在口感上可能会略逊一筹；此时，对照组茶质如果出现杂味则输，将无法确认是仓储的杂味，还是茶质的杂味。

使用古树茶鉴定茶质与仓储状态的主要因素，可能过几年后容易被推翻。1956—1996年之间（古董茶品之后）的茶品，坊间量产的茶品少有纯野生茶。直至1996年，尤其1999年以后的茶品出现大量古树入仓茶；如果仓度轻、茶质好，以新制古树茶做对照组，如果茶质不够厚重，可能无法将入仓茶的杂味比较出来。

专有名词
~香气~

樟香

坊间称香港仓储茶品，青壮叶生茶在一定时间的高温、高湿储存与退仓后，茶汤所产生的特有香气；若茶品年份较短，入仓较轻则为青樟香，若年份较老仓储较轻称之野樟香，若为三十年以上老茶入仓较轻则称之淡樟香；樟香、兰香、参香，可说是香港仓储特有仓味。

兰香

同樟香形成原因，坊间称稍有年份、入仓较重的生茶品，茶品受温湿度影响较大，汤色相对较深、叶底色泽亦深，但还不至于黑硬。

参樟香

青壮叶熟茶置入高度湿仓环境，刚出仓时茶菁特有类似樟树参香混合香气。

枣香

老叶或级外茶经过轻度渥堆、轻度湿仓处里后，在没有入仓或很轻的仓储下茶菁茶汤所产生类似红枣干香气，尤其在某些特殊茶区容易出现。

龙眼味（桂圆味）

80 年代早期至 90 年代中期，青壮叶轻发酵渥堆茶品，如早期 7562、7563、8592、凤凰熟沱、临沧熟沱等等，在没有入仓的情况下，茶菁味道类似龙眼干的味道。近年渥堆熟茶发酵度较高，整体制作工艺也有所改变，桂圆味已经少见。

荷香

特级或细嫩芽熟散茶经过轻发酵渥堆、轻度湿仓处理，退仓干燥后，茶菁所产生类似干燥荷叶香气。近年因为工艺改变，也较少见熟茶荷香。

参香

基本上为茶叶木质化香气，以陈年老熟茶居多。青壮叶茶品经过高度湿仓，或是轻中度湿仓经过长时间退仓后，茶汤口感产生类似人参香气，尤其冷汤更为接近。单纯渥堆工艺，难以产生参香。

湿仓的形成与背景

我国香港茶商将茶品有计划、概念性快速入仓与陈化，源自于 50 年代陈春兰老号（香港荣记茶庄吴树荣先生口述）。以 50 年代以前，当时的时代背景，香港茶楼所使用茶饮是以大量而低价茶品供消费者无限制饮用，绿茶、乌龙茶、铁观音单价偏高，低价而量大的普洱生饼、生沱、生散茶（晒青毛茶）成为其首选。然而港人习惯口感以重烘焙乌龙、铁观音为主，普洱茶（当时没有渥堆熟茶）过于苦涩，港人遂将之置于地仓使之自然陈化，过程中意外发现高温、高湿、不通风环境能使之快速陈化；在不断的观察与实验后，50年代初期即成刻意人工仓储之方式。50至 60 年代云南方面所考察学习之洒水渥堆制程，即源自于此概念。

1995 年以前，香港老茶庄老茶人对普洱茶的概念是一定要入仓的，且不重视年份，如果不好喝，不管时间多久都是不适合品饮的。在香港老茶庄贩售普洱茶，很多都是将外包纸与内飞拆下，不管年份与品牌。即使现在，老茶人仍然如此认为："云南所生产的茶品只是半成品，必须经过适当的仓储，才能产生普洱茶真味，这才是真正的普洱茶。"因此，湿仓茶品的概念，不只源自于香港，也成就与定义于香港。

湿仓与渥堆熟茶

2001 年以前，所谓普洱茶品饮文化与信息全来自香港仓储概念，港、澳、台品饮普洱茶即以香港湿仓茶为主，只是茶品在仓储程度上的差异。如上述所言，渥堆熟茶的制程源自于港、粤人工快速发酵陈化之概念，二者在制作原理与生化分析上有雷同处，均以高温、高湿、闷热的方式使其产生菌类，以达到内含物质快速降解、聚合作用，以改变其香气口感。经由多位专家学者分析晒青毛茶在高温、高湿的环境下，并不会产生黄曲毒素等致癌物质，在 80℃ 以上沸水冲泡时所有菌类全数归零，这显示普洱茶在适量品饮状况下无危害人体健康之虞。甚至，在《普洱茶中霉菌毒素之研究》（陈秋娥）一文中，直接将黄曲霉菌接种于晒青毛茶，结果在灭过菌的实验组中出现不足以致病的微量黄曲毒素；实验证实，普洱茶无论在怎样的环境中，都不会产生致病量的

印级茶汤色

黄曲毒素。

从另一角度思考，广东、广西与港、澳地区温湿度均高，相对于北京、西安等北方、西北方干燥气候，就算不刻意入湿仓，二广与港澳地区如果没有刻意保持干燥（另一角度来说，就是以现代科技观念控制仓储，简称"技术仓"），随意置放于自然环境中，很容易因为湿度过高而产生"湿仓效果"。这是笔者长时间走访大陆各大城市所得到的经验。

2005年春天，笔者连续在北方停留近一个月，最后居然发现连自己都觉得从南方带过来的未入仓茶品都有湿闷味，这是让笔者难以忘怀的体验，所谓干仓与湿仓，并非绝对，而是一相对的感受。在此之后，笔者深深体会"一方水土养一方人"这句古谚，品饮者在健康无虞的前提下，以自我喜好口感选择茶品，尝试多样可能

性，不需要去排斥别人的观点与口感喜好。

结语

2001年开始，笔者在网络与杂志上推行"未入仓茶"的概念，并非反对湿仓茶，目的只是提醒消费者，喝普洱茶除了传统香港仓储之外，还有另一香气口感与概念可做选择。另一目的，因为笔者在当时已经预见普洱茶市场将会不断扩大，老茶消耗速度十分快，市场也将北移大陆传统绿茶的北方市场，未入仓茶将是未来主流茶品。

因此，本文探讨普洱茶的仓储，尤其分析湿仓茶的特点，并非表示笔者完全否定与排斥入仓茶。笔者品茗普洱茶二十多年来，所品饮茶品，尤其印级、古董茶都是以入仓茶为主，当然，若有相对干净、

中茶简体字

未入仓，我会选择未入仓干净茶品。适度地调控提高温湿度能令茶品快速陈化，以及提升香气、口感。但其风险太高，并非一般消费者储存茶品所能做到。湿仓茶有其传统优势与其品饮价值，而在现代科学检验标准之下，也证实湿仓茶并不会危害人体健康，消费者不需去过于排斥湿仓茶。每个人有自己的喜好，不须因此借以排斥或攻击他人。

专有名词

白霜

　　茶叶表面白色衍生物质的通称，包含因为湿气导致茶叶角质层白化、脱落，以及部分霉菌残留物。

仓味

　　专指茶品经过人工快速陈化仓储，如广东、广西、香港特殊仓储后，茶品吸附仓储特有气味所产生的综合性味道。香港老茶仓因储存茶品时间较长，仓储特有陈味与茶虫，此为辨识香港茶仓的方式之一。内地仓储多为低温、低湿、不通风环境，所产生菌群不同，通常带有土腥味，与香港仓储明显不同。

光线

　　所有茶品，包括普洱茶都避免茶菁直接、间接接触光线，以免产生日光臭、红变现象。

熟茶创造的意义

——仿制老生茶口感

　　50年代至70年代熟茶创造的意义就是在仿制老茶口感，以人工快速熟化的方

各式熟茶

式达到立即适合品饮的口感，早期出现轻发酵强烈堆味茶品，主要还是交予香港湿仓仓储。1996 年开始出现大量高发酵茶品，堆味降低，但厚度、甘韵也随之下降。如何不降低口感而能减低、甚至没有堆杂味，是目前所有渥堆工艺的目标。

目前，在新技术出现之前，仓储是唯一的方式。

香港传统仓储

以往香港传统仓储虽能降低堆杂味，但却出现传统"香港湿仓味"，参香、参樟香、樟香、青樟香、荷香等等都是用来形容传统香港仓储的味道，2001—2003 年间，在笔者提倡干燥、干净存放之前，普洱茶的历史就是香港历史。香港仓储的特色，除了香型不同外，杂味、浊气较重，气感也较难上升而滞于下，导致胸闷、钝杂感。然而，随着消费族群、区域的扩大，普洱茶在各地的仓储逐渐多样，香港传统仓已经不是唯一的选择。

北方仓储出好茶

2007 年个人在北京茶叶市场内发现几款博友茶厂 2005 年茶品，是博友茶厂早期北京销售点所留存的茶品。相较南方的香气口感，置放于北京的茶品已经完全没有堆杂味，顺滑香甜、气感明显，这样的特征在传统香港仓储必须经历数倍时间方能产生。此时已经证实北方存放茶品的特色，不只能储存普洱茶，还能放出有特点的好茶，且没有高原地区的缺点，因为较低温、干燥能快速将熟茶堆杂味去除，而且还能保留茶质。透过此批茶的对比发现，只要能掌握醒茶与冲泡技巧、要点，北方仓储有其特点，往后将能代表一群高端族群的特殊仓储口感水准。

1957—1975 年间，是普洱熟茶渥堆发酵工艺的萌芽期与成熟期，而熟茶工艺的目的，就是取代老生茶费工耗时所产生的人工快速发酵工艺。以至于，渥堆发酵茶的目的应该明确是为了能立即品饮，不需要耗时费力仓储、等待；如果熟茶还需要等待数年甚至十数年，消费者宁愿选择等待生茶。因此，早期轻发酵工艺堆味重的缺点，在历经二十余年的工艺进化之后，渐渐趋向高发酵、无堆味的做法。然而，此高发酵工艺也导致在口感与气感的严重区隔，无所谓对与错，工艺必须符合市场趋势与需求，有得必有失！

● 过期了

　　在前几年，走访不少边销茶区，在当地供销社看到一些80年代末90年代初的茶品，甚至还有70年代末的茶品。要跟他们购买，但他们一般都不愿意卖给我们，为何？因为他们说"已经过期了，不能喝"。在百般要求与保证下，他们终于"勉强"卖给我们，各式样老茶100克1元。

　　在内地，知道喝老茶是2002年以后的事，边疆地区2005年还认为"茶过期了，不能喝"。这不是谁的问题，是历史造成的。

茶农家门前晒茶菁

有时

我会泡红印

如果茶友仍认为有仓味

那的确无法接受味……

在北方我测试过不少人，的确很多北方人无法接受仓味

但在两广地区

见过一些对所谓仓味嗤之以鼻的人

喝到红印后……说是好茶的人，我就会笑笑！

真的讨厌入仓茶吗？

不少人只是讨厌"湿仓"这二字而已

而不是真的知道何为入湿仓

入仓有何影响

也根本无法分辨入仓茶

普洱茶储存与陈化

20 世纪的 40 年代普洱茶开始进入台湾，多数台湾普洱茶爱好者所习惯的香气口感，都属于香港茶仓系统，1999 年开始因为市场大量需求，1996 年以后才开始的广东仓（深圳、肇庆）茶品在未完全退仓的条件下，加上菌种差异、土腥味重的茶品也经由香港大量倾销到台湾，2002 年以后也流窜在大陆各地，导致许多茶商、茶友对入仓茶的感受很差、排斥。虽然台湾茶商与收藏家已有三四十年以上的经营或储存经验，但也都以收藏香港仓茶品为主，储存新制茶品的量非常的少。而这些收藏新茶品也一直未能有相当数量的茶品能在坊间贩售，更不具市场茶品代表性，并且未将仓储环境与陈化做一系统性的整理，不似香港茶仓能将此经验传承下来。笔者从 1986 年正式进入普洱茶世界至 2010 年已 24 年，1988—1999 年台湾储存的茶品量少，且为时尚短亦不足道，2000 年以后茶品陈化周期尚未完整，仅将个人经验记录下来，盼能达抛砖引玉之效。

其他茶类，以尝鲜为主，由制造者决定品质，而普洱茶的品质，仓储具关键性。笔者二十几年来自己收藏普洱茶的观察所得，因储存环境足以完全改变茶品；因环境与个人喜好，个人的经验不见得适用于其他人或其他环境、茶品，且相同唛号的茶品也不尽是相同拼配手法。另，笔者收藏观察之数量较少，不能与香港或广东大规模茶仓相较，所以笔者所观察陈述的状况并非绝对性，仅适合供一般消费者与收藏家储存时参考。

马黄及印级～台湾仓储

经验整理

笔者收藏普洱茶喜爱以不同角度实验探讨，而在保存方面会以不同环境来加以测试。二十多年来实验多种方式，包括纸箱、陶瓷、高低温、湿度变化、通不通风等等；此篇文章则针对笔者与友人收藏品中，较具代表性茶品与延续性的储存方式加以整理介绍。除上述，下文则加入其他收藏环境做一整理与比较。

一、无特殊控制环境之存放

笔者储存普洱茶的经验累积发现，普洱茶生茶类存放条件并不严苛，我认为"只要人能够长时间生活的地方，就适合普洱茶存放"。且一方水土养一方人，只要不是过于严苛的环境，只需做适当调节，大抵能适应当地人。一般而言，决定普洱茶陈化状况主要有四个要件：温度、湿度、

可用来醒茶的青瓷盖罐

仿汝茶仓内的红印散块

通风、无杂味；而次要条件为：重压与翻仓。笔者作为实验观察所存放普洱茶的环境，约一百多平米，温度20℃～30℃之间、相对湿度65%～75%、通风无杂味，但因数量少所以没有重压与翻仓的问题，而其产生的陈化做以下之整理。

（一）台地生饼

在台湾南部，温度20℃～30℃之间、相对湿度65%～75%、微通风、无杂味的环境下，台地（荒地、茶园）紧压茶转化周期约为七年，三至四年间为沉默期（多样内质转化不完全的矛盾期）。

2003年发表七年为台地茶品一周期的论点，是指上述环境条件，一些不知所以、好事，或是专业剽窃者将此资料四处

发布，却没有讲仓储条件前提，以至于许多消费者质疑与误区。每个茶区、茶种、制程、环境等诸多因素都会左右陈化周期及结果。

台地生茶品前两年几乎不会有任何变化，因为制作时的水气还残留在饼内，至第三年开始，水气散失、内质稳定之后开始初步转变，但约只有一二年时间，茶品就开始进入沉默期。满四或五年后又开始回复口感、香气，直至六至七年达到第一周期圆满。如此在同一环境仓储下，不断重复陈化周期，直至改变仓储环境；所以在如此仓储环境，品台地茶第一次较佳时机，应在第七年前后。

专有名词

～沉默期～

茶叶成分复杂，在经历时间、仓储陈化，因为内含物质转化、氧化周期不同，在相互无法支持辅助之时，茶品口感会呈现无香、淡、寡、薄，甚至酸、杂等现象，等此一周期一过，茶品香气、口感会逐渐回复。以台地茶在相对湿度70%左右、平均温度25℃上下，微通风的仓储转化周期约七年，而沉默期约在三四年份间；古树茶在此仓储环境下，转化周期约五至六年，沉默期约在二三年陈期。也就是说明，沉默期约是陈化周期一半时间，亦有人称之为哑巴期，红酒亦有相同的状况。

正常制程的台地生茶，一开始只有口感而没有喉韵，正常仓储下也大约第七年之后才会初步喉韵往下延伸，约28年才会下喉底。要改变如此状态，除非选择树龄较大的群体种，或是制前轻发酵，亦或者进入高温、高湿的仓储（35℃且相对湿度85%以上），才能缩短改变口感时间。相对的，温度、湿度、通风性太低也会延长改变口感时间。

台地茶第4年茶面就会稍微转亮，香气稍提升、口感变化不大。

到第6～8年，茶菁条索渐明，饼身稍松开，香气由鼻咽之间转下为咽喉之

茶菁条索渐明，饼身稍松开

99 绿大树（红蓝票）

7581 黄油纸砖

间，口感仍带青味，汤质转润。

第 10 ～ 12 年，条索明亮，喉底陈韵变长，咽喉之间出现凉气感，青味渐消失、出现陈味，有微微花香或蜜香。

第 13 ～ 15 年，茶面油亮、条索分明，饼身松开，纸张有些出现点状渗油，有类似一般烘焙老茶的香气，有杯底香。已经 20 年的 7532 则出现类似红茶香（全发酵），韵长茶性强，咽喉之间的凉气感更深而明显，汤色亮透如琥珀、似粘稠状。

（二）普洱熟茶类

从 1973 年起昆明茶厂开始量产以人工快速熟化的现代普洱茶，也就是坊间所俗称的普洱熟茶，近几十年市场主流都以熟茶为主。笔者从接触普洱茶开始，前十几年也都习惯喝香港茶仓所存放的熟茶，自己收藏种类中，以 8592 勐海熟饼及 7581 昆明砖、7663 下关熟沱、销法沱

销法沱

厚纸　　8592

为主。从收藏的经验得知，熟茶已经以人工快速熟化，除非再次以高温、高湿处理，否则 8 ~ 10 年内几乎不会有太多转变，只有腥气和堆味减低，口感变化不大。在正常环境存放下，不会有特殊味道，如樟香或参香则必须在特殊高温、高湿、不通风等环境才会出现。

（三）栽培型古树茶

笔者将近百年来云南茶业的历史文化背景研究后，往返云南茶区多次，了解当地茶园管理、茶树龄等相关信息，并观

1997 年华联青砖

1997 年华联青砖内飞

察所有印级茶与号字级茶品的叶底，发觉那些老茶所使用的茶菁并非完全是纯料古树茶，因为在古树茶林中总会混杂不小比例荒地小树，所以茶性会较纯古树强烈。

近代使用栽培型古树茶菁压制紧压茶，出现于 1996—1999 年，有数种茶饼与茶砖。但因为这些茶品使用的茶菁与制作工序差异甚大，目前为止还很难整理出完整而明确的陈化转变记录。只能大致说明：栽培型古树茶在第 5 ~ 6 年的时候，就会出现第一次完全褪变，比茶园茶稍快 1 ~ 2 年；据个人推测，时间越长古树与台地茶的差距越大。但其特色在于喉韵展现深沉与宽广，而香气很快已隐藏于咽喉，明显于吞咽、呼吸之间。往后此类茶品肯定能呈现出另类风格，但因其陈化速度太快，储存环境与香气、口感，还有待持续观察与记录。

二、特殊环境之存放

（一）瓮

相同的茶品，单饼放置、原竹篾筒身、封存纸箱与存放于瓮中会有明显差异。而目前收藏家多数都认同少量、长期储存的状况，紫砂瓮储存是不错的选择。

紫砂瓮有下列特点：

1．透气性佳；

2．氧化不至于太快，且能保香气；

3．可调节温湿度；

4．能隔绝灰尘与昆虫动物等。

紫砂瓮使用前必先以清水整理后，再多次浸泡茶叶枝梗末等，以消除土腥味、火气、杂味等，并等待充分干燥一星期以上才能将茶品置放于内。而一年内新茶因水分尚未散尽，亦不适合储存于相对封闭的紫砂瓮，建议原筒、纸箱存放以利陈化。生、熟茶也不能同时置放于内，避免互相

紫砂瓮与陶瓮

干扰。

然，凡事有一利即有一弊，因紫砂瓮密闭性较佳所以能保存香气，口感也较为浓郁，但陈化速度相对较慢，且占空间。并建议消费者置放紫砂瓮处，瓮底要离开地面至少 10 公分以上，否则容易将水气渗入瓮中，影响茶质。

小贴士：一年内新茶因水分尚未散尽，亦不适合储存于相对封闭的紫砂瓮，建议原筒、纸箱存放以利陈化。

存放时要离地 10 厘米以上

香港仓储的茶饼

（二）高温高湿

所谓高温高湿，意指茶品长时间存放于30℃以上、相对湿度85%以上，甚至高达100%的不通风环境，普洱生茶在此环境、白霜生长快速、由外而内，时间过久会导致茶品快速熟化、香气下降、口感迅速软化转甜，但完全丧失普洱茶应有的茶质茶性。汤色黑红不清亮，若过度熟化则叶底出现黑硬现象，口感虽甜却无质感。

熟茶类如果经过高温高湿，在短时间内很容易产生坊间所谓的熟茶樟香；如

香港仓储

果再经过适当往返的出入仓，茶菁出现木质化现象，就会有所谓的参香出现。

（三）高温低湿

所谓高温低湿，意指茶品长时间存放于30℃以上、相对湿度却在65%以下的环境。如果新生普洱茶品储存在此过久，茶品易产生入口不快之酸化现象，如果加上不通风则酸化现象更明显。此类高温低湿的通风环境，一般茶商用来快速退仓，能让仓味与白霜迅速消失。但如果经验不足，虽仓味消失，然白霜犹存且出现茶菁黑而不亮的现象，口感犹如熟茶一般。

（四）低温高湿

所谓低温高湿，意指茶品长时间存放于26℃以下、相对湿度却在85%以上，甚至到达100%的不通风环境。

（五）低温低湿

所谓低温低湿，意指茶品长时间存放于26℃以下、相对湿度80%以下，但不通风的环境。是目前许多茶仓所使用的方法，虽然所耗费时间较长，但此法较能保持茶性，稍控制得当，不容易产生熟化或劣变现象。此类茶仓的白霜是藉由茶品本身的湿气所产生，内外较均匀密布，对于往后茶品的陈化有正面帮助。与高温高湿的仓类似，只是整个过程较长，熟茶茶

简易温湿度计～台湾高雄存茶处

性也较能保持完整。虽如此，笔者仍由衷建议消费者，普洱茶品仍应以正常储存环境为佳，以避免产生对茶品卫生有不必要的顾虑。

（六）通风

由上述几个特殊条件环境中，可以了解，除了温湿度以外，通风与否对茶品的影响相当大。如果茶品本身干燥度不足，例如新制茶或刚出仓的茶品，若加上通风性差，将导致茶品从内部产生霉菌，先不论所产生的菌类是否为益菌，很明确地已经知道产生另一种截然不同的储存环境。以这个入仓的观点来看，通风度也是影响入仓茶品的一个关键因素。

（七）压力

笔者在开始储存大量茶品时，发现另一个现象：当储存量大到需要以整只纸箱叠放，在翻仓时将最底下茶品取出，置

于通风处后发现，可能因为压力的关系，茶品呈现香气内聚而茶面较快速出现点状出油的情形。这现象还需进一步观察且量化整理后才能证实，笔者推测与温湿度、通风度交叉影响，对茶品的陈化应该也具有相当的影响力。

青瓷茶仓～林文雄作品

结语

左右普洱茶品陈化的关键因素，从茶种、产区、制法工序、包装，到储存环境与年份，每一个因子都可完全改变茶质与茶性，任何人究其一生也都无法参透其奥秘，所以笔者常说："没有人能真正了解普洱茶，在普洱茶面前，茶人永远如小孩般的幼稚。"

在笔者浸淫普洱茶世界近二十多年间，不断地收集资料、研究实验与探访请教，有许多阶段总以为自己已经了解普洱茶了，在同行眼里也被尊称为茶博士，每每在得意之时，才又会发现自己错得离谱，对于错误信息的传达，总觉对不起茶友。多次的挫折后，才了解自己所收集品尝的茶品种类、数量，相对于整个普洱茶界，真是凤毛麟角。今天，将所知不断地整理出来，但是否明日又会发觉，自己又错得离谱呢？笔者也实在没有把握，希望这些资料能有助于所有普洱茶爱好者的储存观念，并找到自己喜好的方向！

钧釉花口茶仓～林文雄作品

● 北方仓储

这几年来一直有人说，北京不适合仓储普洱茶，说北京太干燥、陈化慢，我却怀疑这概念的理论基础为何！茶品陈化快慢与优质与否，并不能以谁的口感做标准，更何况"一方水土养一方人"，普洱茶只要正常制程的茶种、茶品，后续的转变必须以当地人的生活习性与文化背景作为标准，而不是以其他人的历史渊源或特有文化做依据。也就是说，北京人有自己的口感与茶文化习性，不应该以南方人（港澳台粤）的喜好为标准。

从另一角度来说，现代所品饮的号字、印级茶、早期七子饼以往多储存于南方，近期才进入北方市场，而北京人因为无所选择下才去品饮这些茶品，并非这样的仓储代表最好或是标准，如果这些早期茶品一直放在北京，不见得北京人不喜欢。所以，在没有完全对照茶品相较时，不应该下定论说"北京不适合放茶""不建议北京茶友储存大量茶品"。就算北京茶品有经过二三十年以上的仓储经验，也明确对比出比南方茶品干燥的结果，却也不能因此以个人观点与喜好、习惯来论断"北京不适合储存普洱茶"。当然，如果说这话的人能够取出代表北京仓储的茶品（不会把故宫地下的茶品拿出来说吧），连续对比现存的所有老茶，而得到绝大多数的茶友认同，尤其是北京茶友认同"北京储存的茶品确实不好喝"，这才有公信力，但可能吗？

以个人多年了解茶品、控制仓储，甚至认为优质的好仓储必须建在干燥、相对低温的北方，因为增湿、增温相对比除湿、降温容易且成本较低，风险更相对低。

个人的喜好不可能成为标准与真理，除非这人又妄想成为权威、专家，一个不负责任的老大！

2008 年 1 月 29 日凌晨于台湾高雄

蓝印铁饼与钢盔盖紫砂壶

● 仓味

对于北方的许多茶友来说，

南方高温高湿的气候，

就是一个大湿仓。

跟我一起品茶的人总和近三十几位，

而辨识仓储口感都十分相近

以我自己储存的茶品，

绝大多数广东广西厦门等茶友喝过

后，都认为是没有入仓的茶品。

但很多西安茶友却仍然说……入仓

茶。

以前我认为北方储存茶品陈化较慢，

但现在我的想法改变了；

哪地方的人，

适合喝当地储存出来的茶品。

也就是说，

南方人会喜欢南方湿热地区，

储存出来的茶品，

而认为北方的茶品太刚猛。

北方干燥地区则会认为

南方茶品有仓味、锁喉，

而北方所储存出来的茶品较好喝。

北方储存茶品

不是陈化慢……是适合北方人喝！！

南方的茶品不是变化快……而是适合

南方人口感！！

以上所言

不是指刻意改变环境的仓储

2005 年 12 月 16 日

入仓茶的辨识

从 2000 年开始台湾普洱茶市场的风潮，笔者立即警觉到普洱信息随着网络扩展与传递之快速，有关于年份与仓储状态都将有被探讨的空间，而不再是神秘未知。再者，以普洱老茶快速被大陆与国外市场消化，老茶将迅速消失于市场；加上对食品卫生的要求，可预见在未来普洱茶市场，消费者对于年份与仓储状态的辨识将会有高度求知欲。本文将针对"饼茶"入仓与否的辨识方式作一简略说明。

入仓的定义

将茶品储存于某一仓储环境，而企图以人工方式改变自然环境，例如增湿、增温、不通风等等，以利茶品快速陈化，茶品呈现黯淡无光、有白霜、汤色快速转红、饼缘脱落等，此即"入仓茶"。

未入仓定义

储存于一般人可以长期居住之环境，没有经过人工方式控制环境，随着四季温湿度转变陈化，茶品呈现干净、油亮、汤色透彻等，则属于"未入仓茶"。

辨识方式

筒身

一般而言，未入仓茶品因储存环境都较为单纯而量少，筒身较少碰撞，且较

1997 年茶品～香港仓储

1988 年厚棉纸紫天老饼

为干净、无水渍，云南七子饼固定筒身之铁丝也不容易锈蚀。反之，入仓茶筒身则较无法保持完整洁净。

外包纸

外包纸张如果有水渍，通常已经进过仓，尤其第一饼与最后一饼最容易发现水渍。而未进仓茶品在一定年份以上（最快四年，依茶质、环境而定）会出现油渍，且茶质越佳者越明显；但有时储存环境温度过高，也会快速出现油渍。

年份与纸张完整性无关，保存良好的老茶纸张可能完整没有受损；反而入仓茶，在短时间内因潮湿与茶虫因素而毁损。蠹虫（银鱼）无论是在任何环境都可能存在，所以纸张被蠹虫咬食而破损，依此无法推测储存环境。

饼身

在一定年份，大约七年以上相同茶品比较：入仓茶的饼身边缘因湿气而较松

文革砖～入仓熟茶

散，但也因为湿气与压力，越往中心点越硬。而没有入仓茶因为通常储存量少，整筒重叠重压的机会相对少，加上正常发酵与氧化，是整饼均匀的松散开。

茶菁色泽

以生茶饼来说，四年以上，没有入仓茶菁的色泽油亮光洁，饼身内外颜色相同或是差异不大。入仓茶菁颜色灰白、灰黑，或是偏红（入仓重），且通常内外颜色不一、色差大。若茶菁黑而不油亮、色灰黑，通常为高温退仓方式造成。但有些茶商会喷茶油，如此会出现茶饼内外色差

纸张被蠹虫噬咬过的痕迹

80年代末期　8582　未入仓～　台湾仓储

蓝印铁饼之茶汤

大的状态。

熟茶品的辨识，未入仓的好熟茶品红棕色而有轻微亮度；若偏深黑、青黑色，则属于渥堆不当造成，茶质会受影响。入仓茶品通常略带白霜，或是红黑色而无光泽。

茶菁味道

以生茶品来辨识，未入仓茶的茶品，有如冻顶乌龙或铁观音老茶之香气，淡淡的陈香、微酸、带蜜味。

入仓茶，有所谓的仓味；广东茶仓味较闷，香港老茶仓通常陈味浓，味道明显差异；稍有年份之香港仓茶饼，会有所谓樟香，或是参樟香。入仓茶品未退完仓前，常从外包纸就可以嗅到仓味。

判断熟茶品，轻度入仓之轻发酵芽叶熟散茶的特有香气，有如干荷叶香，如金针白莲。轻发酵之熟老叶，有年份之未入仓茶，或是轻度入仓茶品。有红枣香与熟枣香之分，如7581、枣香砖。入湿仓较重之青壮叶熟茶，或轻度湿仓之老熟茶，然二者香气差异大，主要香气来源为茶叶木质化香气，如8592、7562。

勐海熟砖未入仓的汤色与叶底

汤色

　　未入仓生茶，汤色从金黄、黄红、浅琥珀色、透亮琥珀红……依年份与制程、

80年代末7572入仓之汤色与叶底

品种不同而有所变化；共同特色与关键在于汤色清亮，且泛油光。入仓茶汤色较暗而深、不清亮，除非仓度非常轻、老茶或退仓多年的茶品，才有可能清亮而油光。从另一角度来说，汤色琥珀、清亮、油光，也是优质茶的特征。

　　新熟茶，入仓茶较未入仓茶，汤色深而不清亮；老茶，若退仓完整，二者汤色差异不大，但还是未入仓茶较为清亮。

口感

　　未入仓生茶，"果酸"是稍有年份茶品主要特色，口感清爽不腻、回甘强，茶韵足、杯底留香。四五十年的印级茶，如果没有入仓，以"重手"浸泡仍微带苦涩味。同期入仓茶则汤滑水甜，口感饱满；适度入仓，时常会有超越未入仓茶的表现。但最大缺点，就是不管怎么退仓，永远都有仓味。

　　未入仓熟茶，则虽口感清爽、茶韵足，但水薄而质轻，泡水短。轻度入仓熟茶，汤滑水甜，香气足、口感佳，多方面表现都略胜未入仓熟茶一筹。在熟茶方面，个人较偏爱轻度入仓。

个人观点

　　笔者个人看待"熟茶"与"入仓"的关系，以比较简单言辞陈述：在卫生健

康的前提下，储存熟茶环境，适度提高温湿度更能展现其特殊香气与滑柔口感之特色。

香港老茶仓拥有特殊陈茶香，直接渗入于茶品内，此即香港茶仓无可取代之特点。另外，高温、高湿、不通风亦能将茶叶内

1991 年小方砖汤色叶底～顶极香港仓储

含物质更快速转变，甚或木质化，进而产生其特有香气。所以，适当入仓不致使茶品炭化、霉变，产生有害人体健康物质，只要消费者能接受的香气、口感下，一定条件下的温湿度"适度入仓"是熟茶一个好的选择，甚至较未入仓熟茶更具特色。

结语

此文探讨如何辨识入仓茶品，并非表示笔者完全排斥入仓茶。笔者品茗普洱茶二十多年来，所品饮茶品，尤其印级古董茶都是入仓茶为主。适度调控提高温湿度能令茶品快速陈化，以及提升香气口感。但其风险太高，在卫生安全上也有所顾虑，所以并非一般消费者储存茶品所能做到。撰写本文，除了引导消费者选购好茶品以外，另一目的是因为目前坊间只要标榜"未入仓茶""干仓茶"就能提高售价，因为少见而供不应求，市场价格自然提高数倍。简略提供视觉、嗅觉、味觉来辨识仓储状态，即本文最终诉求！

有一天

跟一位茶友聊茶

他说

某位茶商跟他说

"您买生茶做什么？您又不会做茶做仓！"

站在一些南方茶商或港商的品茶习惯与思考逻辑中

茶品一定要入过仓才能好喝……也才能喝！

云南生产出来的生茶，只是半成品，经过湿仓处理后才是成品。

而对北方人或是习惯喝没有入仓的人来说

这是很离谱的谬论

个人喝新茶也喝老茶

不排斥喝入仓干净茶……但没有入仓的老茶品我更喜欢！

整个市场思路与走向

身为茶商与消费者的立场

您觉得会怎么演变？

一位习惯喝香港茶仓茶品的老茶友

他就出现一个疑惑

他怀疑他不应该买茶回来自己放

我说

的确，如果您喜欢香港仓储味道

您不应该买新茶回家

因为您的茶，永远不会有香港仓的茶品味道

而更麻烦的

现在的仓储方式

包含现在香港与广东广西的茶仓

与以前的也不一样了

2006 年 1 月 7 日

青瓷杯～林文雄作品

专有名词

醒茶

在普洱茶有三个含意：

第一，入仓或在封闭环境的茶，在品饮之前需要置放于微通风处一段时间，使之仓味减轻、口感较佳。

第二，紧压茶品解块后，储存于半封闭、无杂味等无碍茶品的环境中，藉以提升香气与增加口感细腻度。

第三， 冲泡清洗茶时，顺道以沸水将紧压部分松散，遂使内含物质均匀释出，洗茶之茶汤不喝，亦称温润泡。

衣鱼（蠹虫、银鱼）

常见噬咬普洱茶外包纸与内飞、内票的昆虫，俗称书鱼。通常藏身于衣柜或书箱，行动迅速。无翅节枝动物、无变态昆虫，体披银白色鳞片，身体和附肢分节，全身分头、胸、腹部。头部具有复眼和一对细长的触角，胸部具三对足，腹部末端有三条细长的尾须。

茶虫

通常出现在湿仓茶品中，在干燥通风环境下难以生存，以啃噬茶叶为生。小蛾幼虫，蠕动性，灰褐与深褐色为主。爬行时有白色粘液附着在茶面上，所排出粪便市场称之为"龙珠茶""虫屎茶"，无再制工序，有别于广西"龙珠茶"。

竹壳虫

寄生在竹篮、竹壳、竹箬中的黑色小甲虫，有时会在紧压茶上钻孔筑巢。

129

普洱茶年份与断代

　　年份与入仓，一直是普洱茶为人所质疑与诟病之罩门。进入湿仓三年当十年卖，十多年入仓茶就冠上"文革时期茶"，二十几年的七子饼茶也能说成 60 年代茶品。发霉当陈化，年份以倍数灌水加多，藉以哄抬价格，而消费者在不知所以、无法求证的情形下，却只能盲从。事实上对于老茶而言，茶商根本不用惧怕普洱茶真实年份曝光，因为价格由市场供需决定，如果茶的品质好、供不应求，就算年份被证实少了十年二十年，也无碍其价值；以 73 青饼为例，最早坊间都称为 1973 年制，直至去年笔者针对横式大票起始年份在网络上讨论，而 73 青饼大票一般所见均为横式大票 7542−503 或 506，也就是 1985 年还有生产；这讯息的公开，并没有让 73 青饼价格大幅滑落，今年价格依旧一路飙升。

1984 年　73 青饼（又称 73 小绿印或手工盖印）

| 上：红标宋聘 | 上：勐景紧茶 | 上：福禄贡 | 上：90年代宋聘号（越南茶菁制作） |
| 下：同兴向绳式 | 下：鼎兴紧茶 | 下：鼎兴圆茶 | 下：70年代末后期黄文兴 |

各式私人茶庄之茶饼

从这个角度来看，茶商与收藏家都属于站在业界的第一线，深切影响普洱茶文化推广，以及市场供需与平衡，所以均应以最严谨、如治学态度般实事求是，探讨普洱茶的历史与文化背景，而不只是道听途说、以讹传讹，或茶商单纯以商业手法来吹嘘年份、藉以哄抬价格获取不当利益。

而单纯的消费者，只需找一个诚信、专业的茶商，依自己的经济能力与口感来选择适当的茶品即可，不必费太大的心思深入研究。

本文针对普洱茶的年份来做探讨，尤其针对云南七子饼的部分，让普洱茶年份不再永远是个盲点。

专有名词

～古董印级茶～

古董茶、印级茶的称呼，最早在香港坊间流传，于1995年邓时海教授《普洱茶》一书系统整理与界定，才成为业界所共同认知。

古董茶

坊间意指"福元昌""同庆号""同兴号""黄文兴""鼎兴圆茶""乾利贞宋聘号""勐景紧茶""江城号""福禄贡茶"等等1957年以前的私人茶号茶品。

在清朝普洱茶成为贡茶时，私人茶庄林立，云南茶区顿时成为知名茶区。政权交替后，国营茶厂昆明、勐海、下关、临沧、凤庆最具规模，收购全省主要茶区茶菁，取代所有私人茶厂。1954年私人茶庄所经营的茶叶都由国家收购、销售，1957年所有私人茶厂正式并入国营茶厂，私人茶庄时代正式结束。目前市场所定义的"古董茶"，即为1957年以前的私人茶号茶品。

八中茶

中国茶业公司于1950年公开甄选，商标设计为"外八中红字，内绿茶字"，坊间称"八中茶"，有着"中国茶叶销往四面八方"之涵义，并于1951年9月14日注册"中茶牌"商标，注册商号：8071，同年通知全国直属茶叶公司统一使用。

印级茶

以较新信息，偏向于印级茶是于1957年起由中国茶业公司云南省公司生产的第一批"八中茶"商标饼茶，坊间称红印、甲乙蓝印、蓝印铁饼等等外包纸印有中国茶业公司字样者，直至1972年公司改制，"文革"期间并没有停止生产。市场亦有将70年代"中国土产畜产进出口公司云南省分公司"所生产茶饼，如七子黄印、中茶简体字、73青饼（小绿印）等茶品并入统称。

红印

外包纸"八中茶"之"茶"字为红色印刷，整个外包纸均为红色，称之"红印"。为目前印级指针茶品，价格最高。使用勐海茶区野放、古树茶青壮叶，造就厚质香气口感。坊间红印之外包纸有数种，但应只有薄油纸包装是为50年代茶品，无光粗面棉纸类均是70年代以后重新包装，亦或根本是90年代以后茶品。

无纸红印

早年为坊间称为1942年茶品，后以"八中茶"甄选、设计与注册时间证实，仍为1957年以后所生产。据了解，红印无包装纸原因，应与香港早年仓储及销售习惯有关，推测为蓄意将包装纸剥除以利放仓与销售。香气口感不下于有纸红印，然目前坊间常以"无纸蓝印"甚或部分"无纸八中黄印"替代，饼模茶质上有差异，但无经验者难以辨识。

甲、乙级蓝印

印级茶，50 至 60 年代茶品。外包纸"八中茶"之"茶"字为绿色印刷，下端原印刷有"甲级""乙级"字样，后于其上以人工盖印蓝色方形印色，称之"甲级蓝印""乙级蓝印"。使用勐海茶区野放、古树茶，茶菁级数较红印为细嫩，导致香气口感与汤质较不如红印，价格一直在红印的一半。二者并非独立包装，时与"大字绿印""小字绿印"混合筒装。

大字绿印

与甲、乙级蓝印相同包装，然无印刷上"甲级""乙级"，且无人工蓝色盖印。基本上四种混装之蓝、绿印，香气、口感十分接近，若有些微区别，均应为仓储与个别状态。蓝、绿印较之红印与蓝铁在外包纸与年份上较无争议。

小字绿印

外包纸印刷为美术字体，与蓝印铁饼相同。于四款蓝、绿印中，数量最少之包装，茶质、香气、口感与其他三款差异不大。

蓝印铁饼（绿印铁饼）

因多数早期蓝印铁饼茶品外包纸与内飞"茶"字为蓝色印刷，故称"蓝印铁饼"；又因包装印刷版本与"小字绿印"相同，故又称"绿印铁饼"。此茶品为目前年份最为争议之茶品之一，目前坊间版本有十余种以上。走访老茶人与历史背景推究，目前较真确考证，蓝印铁饼应于 50 年代末期至 1972 年公司改制前都有可能生产，如此较能解释以当时历史时代背景，生产七种以上不同包装纸质、印刷、饼模，且茶菁使用差异甚大的原因。

普洱茶年份断代

在普洱茶的年份里，有几个特殊意义的年代需要去探讨与了解。笔者整理出一些资料，出现的年代意义与坊间所强调的年份多有冲突之处，可让读者加以思考。

普洱茶品茗的爱好者中，绝大多数未曾参与或见过这些茶品的制作，而在战乱的年代里，文献的取得更加困难。尤其经过"文化大革命"的动乱，就算是云南省国营制茶厂所留下的资料也多是在 1980 年以后；在这之前的文献多有缺漏；厂志的完成，许多都是依赖老制茶人的记忆以及厂内残篇断简所编撰。现代市场所谈及的普洱茶年份，从百年前到当年新制茶都有，而在 1980 年以前有多少茶商真正去过云南，且能了解其使用茶菁与制茶程序？多数普洱茶人都未存在于那些老茶在云南制造的当时时空，年份的真实性如何得知，尤其那些在 1956 年就已经完全消失的民间私人制茶厂？本文针对市场占有率最高的勐海、下关茶厂的历史文化背景加以陈述讨论，摘录其厂志以及一些国营厂的老茶人的记忆，综合整理出一些较具争议的资料。至于其他厂方之历史或茶品，则稍加着墨，让普洱茶的爱好者参考。

红印的八中内飞与茶菁

88 青饼　7542

依当前史料可综合下列几点：

第一，"八中茶"注册时间为 1951 年，所以坊间印级茶最早时间也应在此时期之后，直至"文化大革命"之前。依黄安顺先生说明，他是 1957 年国营勐海茶厂复厂的第一批员工，也就是说明国营勐海茶厂于 1957 年才正式复厂，生产第一批紧压茶品都于 1957 年之后。

第二，"云南七子饼"的制作公司——中国土产畜产进出口公司云南省茶叶分公司，通称为"省公司"是成立于 1972 年，也就是说所有云南七子饼均生产于 1972 年以后。

第三，1975 年以后才正式量产与外销熟茶。

第四，1980 年以前外销紧压茶只有 7452、7572、7663、7581 四 种，7542、7532、7472、7582、7682、7653 等茶品

中 茶 牌

是 1980 年以后才生产。而 8653、8663、8582、8592 等茶品则是 1985 年以后所生产，也就是从 1985 年开始才有署名勐海、下关茶厂的横式大票出现，比如所谓的 73 青饼（手工盖印、大口中）横式大票为 7542-503、506，也就是在 1985 年还有生产。

第五，1986 年日本客户向深圳富华公司（云南土产畜产进出口公司茶叶分公司在深圳公司之别称）订制一批下关茶饼（8653、8663），后改买勐海茶厂 8582。这批 8653 及 8663 直至 90 年代初，因茶品过了保质期（保质期为三年）急需处理，最后经由香港茶商来以每公斤十元，经二、三年时间才处理完毕。下关茶厂因此在 1988 年改变生产配方，规格编号为 8863 生产至今。而其中，夹杂许多

2002 年　怒江乔木野生散茶

2003 年云梅春茶

7572 青饼。

第七，1985—1986 年云南学界才将古树茶送杭州质检所送检，业界此后才了解野生茶（古树茶），确认属茶科植物，可饮用；所以，在此之前使用古树茶制作茶品的机会微乎其微。甚至在 1995 年之后，只有少数人知道"野生茶"名称，

中茶简体字茶品，富华公司派人将之分开挑拣。也就是说明，坊间中茶简体字极可能在 1986—1987 年还有生产，或是新茶以老包装出品。

第六，7572 为勐海茶厂常规熟茶品。1981—1982 年间省公司接受香港茶商订单，由勐海茶厂制作历史上唯一一批

2001 年下关甲级沱的厂徽

1999 年以后才有量产。

第八，据勐海茶厂厂方资深高级主管所言，大益牌最早使用时间为 1989 年。但与下关茶厂接受省公司通知停止使用"八中茶"，指示另创品牌时期为 1990 年，下关茶厂正式注册启用"松鹤牌"为 1992 年，大益牌之起始也应于此时期。

第九，新康藏茶厂曾经采用"宝焰牌"商标，1951—1990 年期间，中茶公司统

2001 年下关甲级沱～松鹤牌包装

1996 年 紫大益　外紫内红

一使用"八中茶"。1990 年重新生产"宝焰牌"，11 月 30 日才正式注册，所以坊间的多数"宝焰牌"紧茶其生产年份都在此之后。

第十，下关茶厂沱茶使用"八中茶"为 1951—1992 年间，1992 年以后注册使用"松鹤牌"商标。1996 年 9 月 1 日开始，取消沱茶凸面上的"甲"字，改用下关茶

厂之厂徽。

1994 年底勐海茶厂开始筹备股份公司化，于 1996 年才正式成立"西双版纳勐海茶业有限责任公司"，由此说明勐海茶厂改制后所生产所谓"大益牌"相关茶品最早生产时间在 1994 年以后。而坊间通称第一批"紫大益"7542 生茶饼为有限责任公司于 1995 年以后所生产。

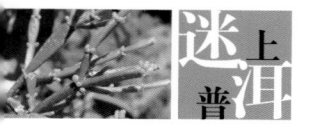

补叙

第一，计划经济时代，也就是90年代之前，新办茶厂必须经过省方同意。南涧茶厂创办厂长林兴云1983年仍在下关茶厂担任党支部副书记（《下关厂志》），因故与厂方争执，遂离开下关茶厂，1983年底创办南涧茶厂。1983–1985年间生产袋装绿茶；1985–1989年生产沱茶；1987年5月10日注册土林牌凤凰商标，编号第286510号，此期间产量非常少，只供应重庆地区，没有交广东、香港。1990—1992年没有生产沱茶，只交毛料给其他厂方。1993年底重新生产沱茶，但包装上有加盖"茶叶公司"字体。1994年才将沱茶交广东、香港茶商，2003年才生产茶饼。

第二，1992年昆明茶厂停产、1994年关厂，此后多数昆明茶厂7581茶砖，均由下岗技术员或其他私人茶厂以昆明茶厂之名义制作、贩售。

第三，以"中国土产畜产进出口公司云南省茶业分公司出品"或"云南省茶叶进出口公司"为内飞，从1993年开始制作，至今。

第四，昌泰茶行于1999年底开始生产第一批易昌号栽培型古树饼茶，2001年于景谷分行生产第一批昌泰号。

1999 易昌号

结语

这些历史文献一直都存在着，尤其《云南省茶叶进出口公司志》的初版日期为 1993 年 12 月，记载 1938—1990 年间云南普洱茶大小纪事；《云南省下关厂志》则于 2001 年 2 月出版，记载 1941—1998 年间的茶事。有许多历史背景配合卸任厂长与技术员，刚好可以彰显出当时的普洱茶品的真确性，而不是只有茶商或坊间口述相传、以讹传讹的所谓见证。

从纸张、印刷、饼模、拼配等等，能判断出普洱茶大约年份，是少数能记载当时文化背景的茶品，是有必要对普洱茶年份加以探讨，但却不尽然与市场价格画上等号。终究，优质普洱茶品除时间以外，还与茶种制程有关；更重要的，储存环境绝对影响茶品的香气口感。

笔者撰写这篇文章，不是为了打击普洱茶市场，因为现代信息传递非常快速，没有这篇文章的陈述，正确的普洱茶历史文献信息还是会流通开来，笔者只是其中一个推手，将文献信息加以整理而提早曝光。最后给消费者的建议，购买普洱茶品先不论年份或厂方，而应以自己喜好为第一优先选择，以品质及干净与否来作购买的主要依据。

2001 昌泰号

左～未入仓六安龙团～马来西亚仓　　　　　右～入仓六安龙团

● 封闭的信息

今天的鉴定茶品中出现一款很诡异的茶品，朋友是很老实的宗教信仰者，这一款六安篮茶大量购进价要台币三四千元，状态却很离谱。虫丝满布、白霜未退，汤色红黑、青味尚在，然而竹叶、竹篮却亮丽如新，极有可能换包装或是特殊处理。水薄淡寡、仓味还在，估计仓储年份不会超过五年，三张内票明显仿制，却要天价。朋友说，在南台湾他所接触喝普洱茶的有一半以上还在喝这些茶，且都价格不菲。他感慨，我也只能苦笑。

前几天某政府退休官员透过家母的朋友想认识我，说他几年前买了一千多饼昆明小厂、三无茶品，问问我能不能买。我无奈地跟他说："您会买这些茶一定是茶商跟您说能投资赚钱，对不？"对方默认。"那么您只能再卖回给他，这种茶我相信您买得不便宜，市场没有这种茶品需求。"他感慨说："对方说时机不好，连一半价都卖不掉。"我只好跟他抱歉，那样的茶品我几乎不用看就知道结果。今天这位茶友果然还是拿茶过来让我鉴定，果然如我所预料，我苦笑说："这茶还是广东模子压的，茶菁也不是云南茶，虽然如您所说的放了十年，还是没有用，可能连台币二百元都卖不到价。"这样的事情在台湾天天上演，我不知道那些卖三大品牌、超高价茶、信息不对称的茶商，现在怎么跟消费者说，一句"世道差，没办法！"就能解决吗？但从另一角度来说，消费者也不是没有责任，一个字"贪"，投资必有风险，有股友会怪上市公司吗？今天看到网站有网友出示2007年4月27日买的茶品，当初人民币4200元／件保证九个月赚20%，现在卖家也不承担、不承认这保证，2007年的时候这样的戏码到处都有，怪谁？

　　前几天上北部，拜访陶艺家与了解一些市场现况，两天的时间，感慨小小一个台湾，普洱茶的信息却异常封闭，而且是被刻意封闭。虽然很清楚，会上网的茶友占喝普洱茶人口不到10%，信息传递不易，但还是很讶异是如此离谱。朋友这样形容，与这几天大陆网友形容的一样："很多人在认识石老师的族群中，总是刻意压抑、批评甚至谩骂石老师，但私底下却人手一本《经典普洱——名词释义》，每天看着部落格，甚至私底下收藏石老师的订制茶。""石老师的订制茶也几十种，却在各拍卖网上很少见，如果有，价格也高。"听到这些话，一则以喜一则以忧：高兴自己的努力没有白费，却感慨在利益面前，道德勇气永远是无力的。

　　很少也不喜欢在同行间游荡，这次到北部，朋友都没有跟人提起我的身份，却没想到茶商、壶商都认识我。这让我想起每天我的台湾部落格有五六百人观看，相信茶商占高比例。这样的情形让我更觉得要办公司网站，让信息更加透明化，不管是茶、壶、铁壶等，已经讨人厌了，就不怕做更多有利消费者、市场的事。

　　我无法让所有喝茶的人都懂得我的理念与想法，但至少我会尽力让相信我的人少走冤枉路，毕竟那些路我都走过，不希望朋友重蹈覆辙。我在网络上八年了，有自己三家公司、论坛、网站，带领着相信自己的茶友走过2006—2007年的起落，我仍然对得起大家，没有让大家失望。今年，进入业界第十年，除了一如既往做好茶，进一步整合三家公司、台湾与大陆资源，扩大让两岸优质商品相互认知、交流，信息更加透明、流畅。

2009年2月25日写于台湾冈山

● 你的世界不是全世界

用这角度

以这心情

了解自己喜欢的茶

并不是全世界的人都喜欢

自己讨厌的茶品不见得其他人也讨厌

很多事情

大家都以为没有什么

也认为理所当然

生活上

工作上

但仔细想想

却时常做不到

时常看见茶友以自己的喜好与标准来

评定茶品优劣

进而批评他人

受限的

只是自己的心灵

一个喝茶之人

可以

从茶知人

从茶明心净性

但现在喝茶之人

我时常看见因为有所求

为茶而心浮气躁

茶的功用

只剩下增殖与攻击他人

茶最基本的品饮价值

已经丧失

2006 年 7 月 2 日

专有名词

～中国土产畜产进出口公司 44 种茶品～

云南七子饼茶

中国土产畜产进出口公司于 1972 年成立，当时所生产之饼茶始定名为"云南七子饼"。这也表示，所有"云南七子饼""中国土产畜产进出口公司"相关茶，生产年份都在 1972 年以后。

唛号

"唛"，源自于 mark 的译音，意指商品标记，一般市场称为"茶号"或是"卖号"，如 7581、7542、7663 等。1976 年省公司召开全省普洱茶生产会议，要求昆明、勐海、下关三个厂加大生产普洱茶（渥堆熟茶），并决定茶品唛号。所有茶品茶号尾数为茶厂代号，昆明茶厂为 1、勐海茶厂为 2、下关茶厂为 3。第三或三、四码（散茶）为使用主要茶菁级数，整个茶号为一个配方。

早年认知前二码为厂方最早使用此配方的时间，第三码为拼配配方，此看法很难成立，有不少茶号以 72、74 等开头，而省茶司在 1976 年才开会通知使用统一唛号，1978 年才正式行文通告各茶厂使用，并非坊间所认知前二码为初使年代，第三码为配方、级数。所以，笔者认为以整个唛号为茶品配方比较妥切。

如上文所言，昆明、勐海、下关等国营厂均隶属省公司，1984 年以前省公司旗下国营加工厂只负责制作茶品，而茶品编号与大票均由省公司所提供；也就是说，订单统一由省公司接洽，再下达旗下国营厂生产茶品，在国营厂制作成品，上交省公司置入茶品大票后，再交货予茶商。以至于，在省公司的概念中，所有唛号都是属于省公司用于便利公司内区分茶品管理及对外销售的标码，属省公司所有，而非旗下国营厂所专属。这也说明，为何省公司于 1993 年起自行生产茶品，以进出口公司名义、内飞、大票，而仍以 7581、7542、8582、7572 等作为茶品唛号，因为在他们概念中，这些唛号不代表厂方与年份起始，只是一茶品编号与配方。

7532

勐海茶厂80年代开始生产之高端生茶品，以一至六级原料拼配紧压，一至三级铺面、三至六级为里茶，三四级茶菁原料为主。使用原料，明显较7542高一档次。90年代末期开始成为订制茶品，少为常规茶。代表性茶品，即80年代中后期的"雪印"。

7542

勐海茶厂80年代开始生产之最大量常规生茶饼，以一至六级原料拼配紧压，一至三级铺面、三至六级为里茶，五六级茶菁原料为主。国营厂时代，7542一直是市场主流饼茶商品。代表性茶品，为80年代中期的"73青饼"。

8582

香港南天贸易公司于1985年向进出口公司订制茶品，1986—1987年货到香港。不同于以往勐海茶厂饼茶以青壮叶为底料，8582以三至八级茶菁拼配紧压，三四级为铺面，五六七八级为里茶、七八级为主。1987年第一批厚绵纸8582饼型大而不工整，1989年第二批厚棉纸8582饼型大而较工整，1992年第三批厚棉纸饼型小而工整；其余所制作8582均为网格纸或薄棉纸、机器纸。

8502

香港茶商订制茶品，90年代末期出现，此处"0"代表混拼、不铺面、不分面里茶，一二至七八级料均有，口感较偏向8582。代表性茶品ST8502。

7502

1999年以后的生茶饼货号，三四级至七八级原料均有，拼配部分烘青茶。口感偏酸，陈化三四年后，出现类似烘焙老茶香味。

7572

勐海茶厂70年代最早生产之常规渥堆熟茶饼，三至八级叶混拼，发酵度较高且均匀。曾于1981—1982年间生产唯一一批生茶品，为香港茶商订制茶（前勐海茶厂副厂长李易生口述）。外包有大口中与小口中二种，内飞为尖出细字美术飞，使用茶菁介于7542与8582之间，面里茶拼配级数较为接近，多数在香港仓储状态不佳。

7452

勐海茶厂早期渥堆熟茶品,据厂内资料显示7452应为7572盒装茶品,但不排除于后其有整支件竹筒装7452茶品。据了解1988年还有生产。

《普洱茶·续》的作者耿建兴老师在书中提及,有一款1989年7452-921的生饼,依据来源为进出口公司在1988年发文并注明品质和级别茶号中,提到7452(高档七子饼)、7572(中档七子饼)、8582(普洱青饼)、7542(普洱青饼)。耿老师认为文中所言7452(高档七子饼)为生饼,笔者认为与7572(中档七子饼)称呼相同,与8582、7542(普洱青饼)称呼不同,7452仍应为熟茶饼而非生饼。至于大票,笔者则不排除张冠李戴的可能性。

8592

香港南天贸易公司订制之渥堆熟茶品,1988年货到香港,据了解生产批数不多,1988—1992年约只有三批,1993—1994年薄棉纸紫天应非南天公司正规订制茶;发酵度明显较7572为轻,利于仓储,以致香港老茶商喜爱8592更胜于7572。三至八九级茶菁拼配压制,三至六级铺面,五至九级为里茶,茶菁明显较7572为粗壮。部分茶品盖有紫色"天"字,即坊间称"紫天"茶品,有厚棉纸与手工薄棉纸二类包装。于1992年开始,香港另一茶商也开始在外包纸上盖上"天"字,字体较细、颜料为红色,市场称"红天"。

7262

勐海茶厂2000年以后所生产之高级渥堆熟茶饼,以宫廷普洱高嫩度之芽茶铺面,拼配三至六级青壮里茶原料紧压。

7562

勐海茶厂80年代开始生产之常规熟砖,以一至六级渥堆熟料拼配,三至六级原料为主。

7581

昆明茶厂以砖茶为主要茶品,7581即为渥堆技术成熟后,开始大量生产之熟砖,直至1992年昆明茶厂关厂为止。使用茶菁级数五至八级为主,依年代不同,产生不同的包装、重量、规格。1992年以后，由私人精制厂制作，渥堆制程、包装、规格都有所差异。1980年末至1992年间，于右上方贴有镭射圆形标记，坊间称"镭射砖"，此时包装纸均为单面油纸，与1993年后私人小厂制作之白纸包装有很大区别。

国营昆明茶厂7581发酵度较轻，若未入香港仓储则明显酸感，后期小厂制作7581发酵度较高，堆味更轻，口感较顺滑、无质，二者亦有明显差异。于砖模、紧压工艺上亦有不同，后期制作较为工整。

73青饼（小绿印）

80年代中期勐海茶厂7542茶品，1998年12月台湾黄姓茶商于杂志广告上所命名，当年所命名的73青饼为横式大票7542-506，以此大票判断应为1985年茶品。外包纸质为"草纸、大口中"，内飞为最后一批"尖出"。因外包纸八中"茶"字有外框，类似印章印记，坊间亦称"手工盖印"；坊间茶商以其7542批次中茶质较优，堪称最后一批印级茶，故称"小绿印"。依笔者判断，73青饼生产年份应有一定跨距，个人认为应该在1980年初期就出现，直至1987年。因此，73青饼的内飞分两大类，有一般尖出内飞与美术字内飞；而外包纸有厚有薄，饼身大小不一，批次甚多。市场以饼身较大，美术字内飞为较早期，相对价格也略高。

红带七子饼

早期红带七子饼，为80年代中期由台湾茶商所订制。早年因为台湾还未开放大陆茶叶贸易，为能顺利到台湾，遂以红带作为标记，没有内飞。外包纸质及印刷与"73青饼"相同。产量少，又多数进入香港湿仓存放，现今市场难能见到。

后期红带饼茶，第一批从1997—1998年间又开始在饼身上压制丝带为记——"高档青饼"，有粗字内飞，拼配接近7532，为订制茶品。沱茶出现红带，最早期应在90年代初期（据考证应为1992年），由台湾茶商订制。而后，于1999年开始，无论是饼茶、沱茶，大量出现以不同颜色丝带压入紧压茶内作为标记，2004年台湾开放普洱茶贸易后，单纯以丝带标记才消失。

特殊标记

除上述饼面上压制红带为标记外，因台湾普洱茶热潮兴起，许多港、台茶商订制茶为区隔市场，出现各种其他特殊标记。1992年开始出现五色带沱，由台湾茶商订制；90年代末，出现其他色带于饼面上。2000年有茶商将大茶叶直接压在饼面，2001年开始有锦带镶于饼边，把茶饼当吊饰，亦有直接可冲泡饮用的茶花，直接压在饼面当特殊标记；螃蟹脚也于2003年出现。下关茶厂于2003年出现金丝带沱，为首度在茶品出现丝带的下关茶品。

七子黄印

最早因八中茶字为黄色，延续红印、绿印之称呼，因不同于中国茶业公司生产，港台茶商称之为"七子黄印"。中国土产畜产进出口公司云南省茶叶分公司所生产茶品，目前信息指向七子黄印系列"八中黄"为1973年下关茶厂制作云南七子饼茶，是第一批七子黄印。"八中黄印"内飞下端没有标示生产厂方，与印级茶品相同内飞，这也是坊间认为"八中黄印"可能为60年代茶品的原因。下关茶厂后因沱茶订单量大，无法陆续压制饼茶，遂将订单交付勐海茶厂制作，坊间称之"适度发酵""认真配方""加重萌芽""七子小黄印"等等均为勐海茶厂制作。据了解，勐海茶厂早期7432茶品，即有可能为其中一种七子黄印。然而，七子黄印是否全部为70年代茶品，值得商榷！因为七子黄印之后，勐海茶厂类似茶品为73青饼，但73青饼为80年代中期茶品，其中空缺数年。

黄印沱茶

在早期沱茶中，唯一有美术字内飞的茶品，为勐海茶出品。因市场多数认为此茶内飞与七子黄印相同，故称"黄印沱茶"。

七子铁饼

中国土产畜产进出口公司云南省分公司所生产茶品，因没有内飞且饼模特殊，目前市场与"八中黄印"同列，坊间说法有可能是1973年以前，甚至60年代产品。以其外包装所列省公司名称，仍应属70年代茶品，平底模颗粒底、简体字外包印刷，以临沧茶菁制作，但为哪一厂方生产，仍有争议，一说昆明茶厂，另一说法为下关茶厂生产。

在90年代以前，唯一与红、蓝印铁饼相同平边钉底的铁饼，钉底较中茶圆茶细而密。只生产一批，数量少、干净茶品不多见，故坊间价格远高于中茶简体字。后期再出现平底铁饼模，为1995年生产，有中茶内飞埋于茶内，坊间称为昆明红印铁饼。

文革砖

狭义文革砖起至于1970年枣香厚砖、73厚砖、早期薄油纸7581昆明砖。坊间广义文革砖，直至80年代末期至1992年薄油纸、横纹薄油纸7581、7562。

中茶简体字

中国土产畜产进出口公司云南省分公司所生产茶品，市场多接受为下关茶厂70年代初期至80年代中期所生产茶品；然其口感，却有临沧南部与勐海茶区特色。其特色为外包纸印刷版为简体字版（国、产、进等），与七子铁饼相同；茶菁不分面里茶，混拼单一青壮叶茶菁，饼模边缘微上翻、饼身中心微凸起。坊间细分17字、19字与9字三种版本，牛皮纸筒装、每筒附一张筒票为双面中英文印刷。除了省公司的名称区别，印刷版本与色料差距很大，使用茶菁也有所不同。

大口中

早期勐海茶厂70年代初期至80年代中期茶品外包纸特色之一，"中国土产畜产进出口公司云南省分公司"其"中"字口较后期茶品为大。七子黄印系列、早期7572生饼等，80年代以前之早期大口中，最后一批茶品即为73青饼（手工盖印或称小绿印）。

90年代初期（1992—1994），有一批由香港茶商改换包装，称之"黄印7542"亦是大口中包装，印刷版本与纸质明显不同。1996年开始，所生产橙印茶品系列亦为大口中，后期更有茶商以大口中外包纸重新包装勐海茶厂7542、8582茶品。1997年亦有一批大口中黄印，欲仿70年代黄印，包装纸、内飞、内票、使用茶菁、拼配手法极其相识，唯有行家能辨识，然二三十年后行家凋零、年份相对久远，将难以分辨。

雪印

"雪印"之称由台湾台北黄姓茶商于1999年11月所命名，指称1987年间勐海茶厂所生产之7532。第一批雪印其特点为纸筒装、19cm～20cm小饼身、小内票、厚草纸外包纸、薄油纸朱砂红内飞，三至六级茶菁混拼、面里茶区分不明显，使用茶菁较后期明显细嫩。

除第一批雪印外，1987—1992年间亦生产多批7532，然除7532小内票二特征外，其余均与第一批雪印有明显差异，饼身较大、面里茶明显区分、茶菁级数较大、群体原始种茶菁较少、竹壳筒装。

商检

在筒身竹壳上，贴有"中国商检"之椭圆形贴纸（不干胶）。主要为香港南天公司订制茶品，多有贴上商检标。亦有下关沱茶等其他商品贴附商检标，不同时期使用不同贴纸，生产年份约为80年代中期至1994年。

88青饼

香港茶艺乐园陈国义先生于1993年所购进收藏之7542茶品，共350件，陈期涵盖1989—1991年间。于2003年底由陈姓茶友在网络上专文论叙，确立市场88青饼之称号。其茶品特色为外包纸小七印刷版本、薄油纸细字内飞、干净油亮、未入仓之7542。然此批茶虽未入传统香港湿仓，但笔者在2003年接触时，并非每一件、每一批都仓储十分干燥，储存于工业大楼时有部分受潮，且口感大多偏涩而寡，质不厚。

为何取名为"88青饼"？以下为陈国义先生陈述：从记忆里陈强前辈告诉我这批茶放在云南仓库已好几年了，但厂方也没有清楚告诉他确定的生产年份，那么我想应该不离三至五年罢！最后我落实把这批茶命名为88青饼。原因是纪念我茶店开业的年期，其次是以广东人的口音8字是代表行运与发财的好兆头。88者亦喻意发财后可再发的意思。（三醉斋，陈国义）

因为一般人难以辨识，后期市场将1988—1992年间，甚至涵盖至1994年7542都称为广义88青，而不再只是陈国义先生所掌握的狭义88青。后于2005—2006年间市场出现"北美仓"88青，明显为省公司在昆明茶厂仓储清仓时的库尾货，涵盖70年代末期至90年代初期的七子黄印、8582、7532、7542等，于90年代中期运至北美仓储。其品质更佳，仓储更干燥，为学习仓储、醒茶、品饮之好教材。

92—7542

勐海茶厂1992年生产之7542，外包纸质、印刷版模印色、内飞印刷版模印色等等特色均与 88 青饼相同。差异特点在于使用茶菁多数比例为群体原始种、茶菁色泽黑亮，香气口感与 92 方砖类似，明显优于 88 青。

93 青

笔者于 2004 年所命名，其特征为铺面茶较细嫩、整体使用原料较传统 7542 嫩、薄油纸细字内飞、大饼模、大七外包纸印刷、机器薄纸，为大七包装之首批 7542，生产时间为 1993—1994 年间。后期 7542 饼模较小，铺面嫩茶菁较少，与 93 青面里茶有明显区别。

92 方砖

勐海茶厂 1991 底至 1993 年初 100g 方砖茶品，主要特色在于群体原始种茶菁、色泽黑亮，芽毫显露肥壮，干燥存放芽毫成金黄色。外包纸盒贴有勐海茶厂标示小票、薄油纸、日期蓝色盖印、厂方电话四码。1999 年底曾有一批国营勐海茶厂以原始配方再度制作 92 方砖，所有茶菁、压模均使用相同材质，但外包纸盒纸质不同，纸盒与茶砖均用塑料膜包裹，此批茶依茶质来说是好茶，但并非真正 92 方砖。92 方砖没有入香港仓储的茶品，几乎微乎其微。

97 水蓝印

1997—1999 年间香港杨姓茶商等通过深圳之云南茶商，订制许多以勐海茶厂内飞茶品，但并非国营勐海茶厂压制，以致此段期间之 7542、8582 等茶品整件、筒身、大票、内飞、饼模、拼配手法等都不一致且差异甚大。1996－1998 年间国营勐海茶厂因与省公司矛盾，接单、生产甚少，多数是由香港茶商与云南茶商在厂外订制。

大益牌

1988 年勐海茶厂大益牌商标正式开始启用（李易生副厂长口述），此时期只生产茶砖、小方砖。1989 年大益牌正式注册（李易生副厂长口述）为勐海茶厂主要之外销品牌。1995 年底因应茶厂改制，重新注册大益品牌，此年开始生产大益牌七子饼茶，1996 年生产第一批带注册 R 之大益 7542。

2004 年 10 月勐海茶厂改制民营，大益品牌随之交予民营茶厂，此时所有茶品使用原料、风格、茶质立即出现断代，无法与先前国营厂相提并论，国营大益就此消失。

紫天

1985 年香港南天贸易公司向进出口公司订制茶品，以 8582、8592 为主。因外包纸与饼身十分相似，1988 年遂于 8592 熟茶外包纸上盖印上紫色"天"字，以示区隔。真品分厚棉纸与手工薄纸，目前已知 1988 年有一批厚棉纸紫天，1992 年亦生产一批，最后一批为 1994 年薄纸紫天 8592。

1992 年开始，香港某家茶行亦开始盖上"天"字，然印色颜料偏红，市场称之"红天"。于 1990 年代末期开始，因市场认可紫天，坊间即不断出现"双红天""蓝天"等标示茶品，让老茶商与收藏家为之莞尔。

橙印

最早出现外包纸与内飞茶字均为黄橙色之勐海茶厂内飞茶品，生产时间为1996—1997 年间，7542、7532、8582 三种生饼均有生产。然而，香港南天公司于1994 年之前即停止与省公司茶业商贸，且订制茶品在大票上从未盖印上"南天"标示，加上饼模、茶菁拼配等跟勐海茶厂同期茶品明显不同，以致这批茶品目前来由、真仿仍有待商榷；依信息判断，极有可能为南天公司业务与省公司业务私下交易而成。

紫大益

第一批紫大益为 1996 年生产之 7542，外包紫色印刷大益牌，内飞则保持原有红色大益卷标，以群体种原料为主。

玫瑰大益

2001 年勐海茶厂生产 4 号饼与 7542 二批茶饼，外包大益牌玫瑰紫色印刷，内飞亦为玫瑰紫色大益标示，为市场称之首批"玫瑰大益"。玫瑰大益 4 号饼于 2002年没有生产，7542 则陆续生产，茶商订制茶。

绿大树

勐海茶厂订制茶标示品牌之一，最早一批为 90 年代初期"高山普洱茶"，属于渥堆熟茶。后于 2000 年中期广东芳村叶姓茶商订制第一批"易武正山野生茶"，来料加工，为南糯古树、野放生茶品，即市场所称"99 绿大树"；其特征为大张手工厚棉纸，内飞背面盖有红、蓝（紫）色印章，内飞盖黑色印章（黑票）者为 2003

年广州另一茶商私制茶，以南糯雨水茶为原料制作。私人茶厂于2003年底也开始使用相同商标生产，量大且混乱。

宝焰牌

下关茶厂前身康藏茶厂时期生产紧茶之商标，直至50年代初期。1951年9月统一使用"中茶牌"时，宝焰牌商标停止使用。后因1990年通知停止使用"中茶牌"，下关茶厂重新申请注册"宝焰牌"，1991年11月30日正式启用，主要产品为边销茶。

松鹤牌

下关茶厂商标。中国茶叶公司于1990年通知各茶厂有偿使用"中茶"商标，属下各厂自行开发品牌。1991年下关茶厂申请"松鹤"牌商标，经批准于1992年3月正式启用，商标注册号：585637，主要使用商品为沱茶。

松鹤牌一级沱茶

下关茶厂于"中茶牌"有偿使用后，开发一级沱茶主销国内市场。等级与乙级相同，因市场反馈认为品质较甲级有明显差异，故改名"一级"，以减低因消费者心态所引起的销售障碍。

从1993年开始生产简装版（纸袋），1997—2001年间在外包纸袋上加印绿色食品卷标与"国家茶叶质量监督检验中心认可"标志，2002年又更改两次包装设计。

南诏

下关茶厂商标。与松鹤牌同时申请启用，主要商品为绿茶类茶品"苍山雪绿"，于2004年生产饼、沱等相关茶品。

甲级沱茶

下关茶厂1951年启用为内销茶品，1953年开始小批量外销，别名侨销沱茶。1955年以前为春尖茶菁为主，大山茶（佛海、车里、南峤）为副，往后至今均以一～二级毛茶为原料。1989年为防止仿冒，在压制同时压上一凸"甲"字在沱茶表面；1993年停用，1996年7月改以下关厂徽替代至今。50年代开始，规格有250g及125g，1970年代开始标准规格改为100g，至今。

1991年开始生产松鹤牌甲级沱茶，1993年前所生产的沱茶均印有"甲"字花纹；包装分别以圆形纸盒装与纸袋装二种。1997年加印绿色食品卷标，1998年再加上"国家茶叶质量监督检验中心认可"标志。2000、2002年松鹤甲级沱茶又先后改版。

大理沱茶

下关大理沱茶生产于1984—1985年，当年云南省茶叶公司为解决滇青春芽毛茶过多，委托下关茶厂代为加工"大理沱茶"，加工后运至昆明云南茶叶进出口公司，销售去向不明。1984 及 1985 年分别加工生产 219 吨、100 吨。

中茶牌乙、丙级沱茶

下关茶厂少见的级数茶菁，此二款茶生产于 1988—1990 年间，因粗老毛茶菁过剩，中茶公司为处理多收茶菁，于 1988 年中通知下关茶厂加工大理沱茶做内销茶，后因茶菁级数较次而改为生产乙级沱茶，仍剩下之更粗老茶菁用以加工丙级沱茶销往甘肃省。

销法沱

主要销往法国普洱熟茶品，规格分 250g 和 100g。下关茶厂于 1975 年开始制作，1976 年批量出口。主要交由香港天生茶行转交法国与欧美、东南亚市场，直至 1990 年代天生茶行结束茶叶部门为止，再无特定经销公司。原 1991 年下关茶厂已经停用中茶商标，省公司应外国客户要求延续中茶卷标至今。

泡饼、铁饼

市场针对下关茶厂茶饼区分称呼，平底颗粒铁模称为"铁饼"，布模凹槽底称为"泡饼"。

8653

1986 年由日本订制茶品，分别在 1986—1987 年生产近 3000 件。由云南茶叶进出口公司广东分公司交货，后因日本贸易商临时取消订制茶品，改买其他茶品，以致此批茶品置放于广东分公司内零散销售，最后于 90 年代由香港茶商购进。8653 至此停产，于 1997 年才又重新订制生产，有一批完全仿制 1986—1987 年 8653 之饼模、饼型、拼配、包装，从外观完全无法辨识。

此批茶饼（泡饼）特色，饼身较小、茶菁面里茶差异明显，拼配以临沧南部茶菁居多，与中茶简体字相仿，跟后期下关茶品差异甚大，此批茶堪称下关茶厂茶品茶质分界岭。

8663

1986—1987 年下关茶厂所生产熟茶饼，坊间不多见。于近年才又开始大量生产。

8853

1988 年开始下关茶厂泡饼主要常规茶品，初期茶品饼身较 8653 明显大许多，饼模、拼配与茶菁使用也明显差异，后期生茶品下关特殊香气口感由此确立。90 年代末期 8853 开始饼身缩小，茶菁拼配与制程也明显有了改变。

有关普洱茶书籍

许多消费者对于茶的认知，仅只是解渴或社交功能，对于茶文化没有切身性的需求；这也是台湾虽然对于茶品的需求量那么大，但却一直无法深耕成为文化一部分的原因。普洱茶亦然，进入台湾至少五十年以上，但至今无论是消费者还是茶商却仍然对普洱茶不甚了解，坊间没有文化氛围，而是传说与神话。虽然普洱茶文化非一年半载可以一窥求究，但是将普洱茶的正确知识传递给消费者，是茶商的责任也是义务。茶商本着职业道德，不断增进职业技能是必要的。

近几年坊间出现过不少介绍普洱茶的专书，但多数根据市场需求，以商业考虑为主！作为有历史价值的参考文献并不多，且在台湾更为少见。《云南省茶叶进出口公司志》《云南省下关厂志》《中国普洱茶》《普洱茶文化》，以及《2002年中国普洱茶国际学术研讨会论文集》等虽仍有许多历史论断仍待深入研究，但仍较具文献参考价值。而由台湾文字工作者曾志贤所撰述的《方圆之缘》一书，虽介绍茶品不多，但商业气息较少，可说是普洱茶文化传承的代表作。《当代普洱茶》文字部分为耿建兴老师所编注，亲自造访茶区与仓储，实事求是，也深具参考价值。而坊间其他普洱茶相关书籍都可当作普洱茶的初学入门，然商业气息太重，消费者切勿按图索骥，仅供参考！

喝普洱茶

让自己最大的收获

就是让自己的口感更宽广后

对事情的执著也更少

看别人更清楚

也了解自己越深

2006 年 1 月 8 日

普洱茶年份辨识

普洱茶的特殊之处，在于它的年份与历史痕迹。普洱茶无须特殊技巧整理茶品（如烘焙），年份与价值有间接关系：越陈越香多数茶人都已经能体会，能在茶品上留下历史见证，是其他茶品无法做到的！而这一点正是辨识普洱茶年份的一个重要关键。

1．外包纸质与印刷：尽管科技日新月异，但每一年代的纸张与印色无可取代。加上纸张与印色历经时间的风化，其特殊性更加无法仿冒。

2．内飞纸质与印刷：与外包纸质与印刷相同，但更加特殊的是内飞是镶嵌在茶品内，在一般情形下不能抽换，这也

各式外包纸张

各式内飞

成为辨识的主要条件之一。

3．模具：石模、铁模、木模等等，在每一个年代都有其特殊外观与制程，对茶品陈化也深具影响。此亦为辨识辅助条件。

4．茶菁使用与拼配：每一年代因时代背景不同，会使用不同茶区茶菁与拼配手法，与压制模具综合判断，亦可做辨

2003 年 下关小饼茶～铁饼模

1989 年—1992 年　7542 香港仓储

2001 四号 饼～未入仓

识的辅助条件。

　　5．茶菁外观：经过时间陈化，在一定范围内，茶菁外观在不同阶段会有不同的转变。比如色泽、光泽、松紧度，以及触感。此为重要主观条件。

　　6．茶菁香气：相同的，不同的茶种茶区茶菁与年份陈化，会有不同的茶菁香气。此亦为重要主观条件。

　　7．汤色：在了解生熟茶与入仓茶的辨识后，汤色的色泽、光泽、透亮度等等亦是辨识的辅助条件！

　　8．叶底：从叶底可以观察茶区茶种、制程、仓储，甚至茶质优劣多少都能做初

步判断，加以综合即可判断陈化速度。此为重要经验法则。

　　9．仓储：从原件、筒身、外装纸外观，与茶干颜色、汤色、叶底、香味等等，可辨识仓储环境后再来推测年份。比如广东、广西仓储均在 1996 年以后才出现；两广仓储后一段时间，才改放于香港仓储，这样手法是 2001 年以后才出现。2001 年以后香港传统仓储大量消失，完整传统香港仓储多为 2001 年以前茶品。

　　以上是从视觉上作初步判断。茶，还是要品饮之后才能了解。从香气在口腔中的位置与留存度、转化方向，加上回甘与韵味的分布情形、层次感，可以

2010 年　玉韵雅月～汤色叶底

观察筒身状况可了解仓储环境～ 2003 顶级鑫昀晟
［台湾仓储］

1997 年 7542 ［香港仓储］

判断出茶品的产区、茶种，以及储存环境。但因为仓储状态影响陈化甚剧，如果是入仓茶，在年份判断的误差值会偏高。

单独一个或几个角度观点与依据，都无法准确评断茶品整体概况，只从视觉或单纯品茶都很难做出正确判断。

对茶品年份及产区的判断需要时间与经验累积，更需要天赋与坚持。以绝大多数的消费者并不需要了解这么多，终究喝茶是休闲、是消遣！只有茶商因为必须对消费者有所交代，不只对年份茶区要有所了解，制程、厂方、储存环境等等茶品信息都应该跟消费者明确交代清楚。

2005 年夏

2003 年 云梅春茶

● 喝、品、艺、道

不是为了生气才来了解茶，透过茶来了解与品味自己。每个人与茶接触，不外几个目的"喝茶、品茶、茶艺、茶道"。身体需要时就喝茶，只要自己喜欢不需在意太多外在；静心品味学习好茶，了解六大茶类、茶种、制程，称之品茶。透过对茶具、冲泡、环境氛围，以增加香气口感，甚至心灵提升，谓艺术技术之茶艺；当茶已不单是茶，人已与环境自然结合，口口是好茶，心心是好境（镜），是为道。

喝不到好茶，不是茶的问题，而是自己喝错茶，没有找到身体当下需要。习茶品茶，却喝不到好茶，问题也不在茶，而是自己对茶还不够了解，迷失在自己图圈之中。当自己已经从茶了解自己之后，对茶不再苛求，杯杯是好饮，茶已不是茶。

喝茶习茶的目的，如果单纯仅仅只是为了懂茶，用点心要入门就不太难。然而茶与宗教为何一直有着莫名的丝缕？只因为二者有共同目的"找到

自我"。茶为人所创造，人却无
法琢磨透茶，因为茶能显人性，
而人却是难了解，最难了解的就
是自己。

很多人带着疑惑来找我，生
活、感情、灵修等等，只要有相
当修为的人，我一般直截了当问
"你是谁？你要的是什么"？因
为所有的问题都不可能由别人帮
你解答，答案都在自己身上，在
我连续的提问后，通常带着疑惑
的人都必须勇于面对自己才能找
到答案。如果，闭锁自己心胸，
没有人能解开与解答他的疑惑与
烦恼。没有任何神祇能帮你，但
能帮你指明方向，只是目的地还
是得要经由自己努力才能到达，
只有自己才能度自己。就如所有
宗教的起源"我是谁"，任何宗
教都只是要你找到自己，而不是
去膜拜或依赖谁。

茶能显现出各种人性与情
绪，甚至身体状况，只要能掌控
与了解茶，就能借由茶来剖析、
认识自我。

2009 年 11 月 6 日于北京

悟 ——年 份

是普洱茶最为争论的话题
时常因此让喝茶人忽略习茶的真意……
滋味！
一年二年三年五年
在目前或许有差异有争议
但以终点思考方式

将时间拉长……十年二十年三十年　　　　　　　　道

　这些微小的差别是否有意义　　　　　　　太虚拟与严肃了

　　过于争论年份　　　　　　　　　　我喜欢直观地说

　　却而忘了茶味　　　　　　　　　　生活

　　得到的是什么

　　失去的是什么　　　　　　　　　　2005 年 10 月 24 日

专有名词
～包装及特征～

普洱茶不同一般不发酵、半发酵茶品，除了原料来源与制作工序外，紧压茶品的包装印刷与紧压特色，都是普洱茶历史文化的表征。许多早期茶品包装纸张制作技术，现代并无法仿制；而所使用的印刷原料与紧压工具，都在为普洱茶文化留下无可取代的历史压痕。

件

传统普洱饼茶规格单位，坊间亦称"支"。1件12筒，1筒7饼共84饼，整件净重30公斤。近年普洱茶风盛行，茶饼重量与包装多样化，整件重量也随之改变。

筒

传统普洱饼茶规格单位，1筒7饼茶，净重2.5公斤。2000年坊间开始大量生产石模400g/饼，开启茶品规格上另一新风格。

竹壳包装

又称"竹箬"，60年代以前普洱茶传统筒身包装，早年采用云南天龙竹、香竹壳作为筒身包装，此类竹壳较为柔软无刚毛。近年因销售量大增，竹壳相对不足，以其他质地较硬、刚毛较多的竹壳替代。

竹篾

将竹皮或竹肉削成软条状，用以包扎筒身，竹皮耐用但容易割伤手，竹肉成本较低、量大，但容易断裂或被竹壳虫咬噬。60年代以前，为传统工艺印级、古董茶所使用。90年代中后期市场又渐渐注意竹篾，1999年以后又为市场所认同大量使用。

牛皮纸包装

最早应于1973年开始，国营下关、勐海茶厂用以外销之茶品包装，配合牛皮纸筒装，成件包装则改以纸箱、木箱。代表性早期茶品如七子黄印、中茶简体字、七子铁饼、广云贡饼、中茶繁体字8653等等，后期则以1997年茶商订制茶品"老树圆茶"为知名纸筒装。

大票

厂方标示茶品品名、数量、规格、编号、重量等等，如同茶品说明书。

直式大票

1984 年以前计划经济时代，采用统购统销制度，省公司旗下所有茶厂茶品居均交由省公司出货，所以茶品大票均为省公司名义，下书写"中国土产畜产进出口公司云南省茶叶分公司"的公司名称者，市场称之"直式大票"。

横式大票

1985 年以后，省茶司终止统购统销的模式，厂方可自行接订单，以致此时大票由以前直式"中国土产畜产进出口公司云南省茶叶分公司"，改为厂别"勐海茶厂出品""下关茶厂出品"的横式大票。大票上主要标示商标、茶品、唛号、毛重、净重、总箱数、厂别。

市场最重视的为"唛号"及其后三码，唛号代表拼配配方，后三码第一码代表年份、后二码为批次。2003 年中开始，勐海茶厂后三码年份、批次标示开始混乱，2003 年、2004 年生产茶品开始标示 10x、00x、91x，于 2003 年底生产一批 4 号饼 101～103，其后也不断生产，直至改制为民营。国营勐海茶厂三十年来所建立的大票后三码标示年份与批次规律就此崩溃，失去意义。

外包纸

茶饼外包纸，坊间亦称外飞。从外包纸质、印刷、印色、板模等等，可约略推测茶品制作概略时间。

筒票

早期茶品较多，置于筒内，每一筒一张。介绍茶品产区、品种、制作方式、功效或厂方说明等等。

内票

可能由筒票演变而来，内容类似筒票，每一饼均有，置于外包纸内。一般分为大内票与小内票，大内票约 15 厘米 x10.5 厘米，小内票约 13 厘米 x10 厘米。

内飞

压在茶菁中的厂方或订制者标记，可作为防伪、辨识依据。

草纸

　　七子黄印、中茶简体字、七子铁饼、73 青饼、早期红带青饼等等所使用的外包纸张。手工制作、条纹明显，有厚薄分，薄者居多。

厚棉纸

　　以早期 8582 为代表，跨期从 1980 年中期开始，直至 1992 年最后一批厚棉纸。期间生产厚绵纸 7542、7532、8582、8592、7572 等。其特色为手工制作、单面油光、条纹不明显，稍有厚薄之分。于 1996 年开始亦有厂家生产厚棉纸，然纸质差异甚大，容易辨识。

网格纸

　　应较厚棉纸稍晚出现，大约出现在 1987—1992 年间，8582、8592、7532、7542、7572 等勐海茶厂常规茶品均有使用这类纸张，下关茶厂代表性茶品则为 1986—1987 年间之 8653。其特征为手工制作，纸张有明显之网格点状。

手工薄棉纸

　　较网格纸稍晚出现，期间在 1989—1994 年间，以 7542、7572 为代表茶品。其特征在于不规则纸浆纹路，厚薄差异较小，更较网格纸薄、易破损。1993—1994 年手工薄棉纸最薄，厚薄亦不均，最容易破损。

机器薄纸

　　国营厂于 90 年代初期即使用，大量出现在 1995 年开始，国营厂时代多数常规七子饼茶品均使用。主要特色在短细纤维纸浆，均匀而无不规则纤维条索。

外包薄油纸（黄、白）

　　专指砖茶外包纸，从 1973 年之 73 厚砖开始，至 1994 年昆明茶厂最后一批 7581 时期，所使用的砖茶外包纸张均为亮面油纸，有黄、白色之分，亦有横条纹纸张。

薄油纸细字内飞

　　为云南七子饼早期茶品内飞特色，七子黄印以至 1995 年等勐海常规茶品。主要特色在单面薄油纸，以及不明显之网格纹。1996—1997 年亦出现薄油纸张，然与 1995 年以前之特色不同。

朱砂红

　　印级茶品部分茶品外包纸张印刷色料十分鲜艳，市场称之朱砂色。另一朱砂印刷为早期 8582、7542、7532 内飞印刷亦十分鲜红, 尤以早期 7532 (雪印) 为代表。

尖出、平出

云南七子饼勐海茶厂茶品内飞上注"西双版纳傣族自治州勐海茶厂出品", 其"出"字下端"山"字较上端"山"字为宽者, 是为"尖出", 若上下端"山"字为相同大小则为"平出"。"尖出"为早期勐海茶品特色, 从七子黄印以至 73 青饼均为"尖出", 期间为 1973 年直至 1980 年中期, 后于 2001 年开始由茶商订制茶品始再出现 (1997 年有一批仿早期黄印内飞与外包纸亦为尖出、细字内飞)。

美术字内飞

尖出、粗字体印刷版本内飞, 分为二版本。早期 7572 生饼、7452 熟饼印刷较为模糊而色料较淡; 少数 73 青饼、与少数早期 8582、泰国菁水蓝印等内飞, 印刷色料较为鲜红, 部分字体有差异。

粗字体繁体厂内飞

接续于薄油纸细字内飞之后, 为粗字体印刷、色料较为淡而模糊不清, 薄油纸质。使用时间, 约为 1995—1996 年间。

简体厂内飞

接续于粗字体繁体厂之后, 字体较大。使用时间约为 1996—1999 年间, 1996—1997 年为薄纸, 1998—1999 年为厚纸。

傣文内飞

接续于简体厂内飞之后, 字体变小, 于右下角出现傣文。简体厂、厚纸质。生产时间, 原先为 1999 年开始至 2002 年初, 2003 年底因勐海茶厂接受订制茶品使用特殊内飞, 从此开始至 2004 年勐海茶厂改制前都有生产傣文内飞。

小七 (丁勾七)、大七

专指云南七子饼外包纸印刷中, "云南七子饼"中的"七"字印刷版本。"七"字较为狭长者为"小七", 较为宽扁者为"大七"。"小七"出现时间从七子黄印至 1994 年止, 后于 1996 年开始又重新制作印刷, 然版本与纸质有所差异, 有经验者多能辨出。"大七"起印于 1993 年, 至 2004 年后印量少, 但至 2010 年从未断绝。

近代国营厂与私人茶厂

"省茶司"

"省茶司"前身为云南中国茶叶贸易股份有限公司，创建于抗日战争开始的第二年，隶属云南省之茶叶进出口公司，主管云南省所有茶叶业务。从1938年开始至今，为各时期的云南省国营茶叶公司简称。

中国茶业公司云南省公司

印级茶品外包纸上端公司名称，成立于1950年9月，简称"省茶司"。其前身为1938年创立的"中国云南茶业贸易股份有限公司"，后于1944年改为"云南中国茶叶贸易公司"，政权交替后始改名"中国茶业公司云南省公司"。

中国土产畜产进出口总公司
云南茶叶分公司

1973年以后云南普洱茶品外包纸下端所印之生产公司名称，成立于1972年6月。"省茶司"中国茶业公司云南省公司创建以来，历经"大跃进""文化大革命"等，期间更改多次名称；直至1972年6月由"云南省贸易公司中国土产进出口公司"与"中国粮油食品茶叶进出口公司云南分公司"合并成立"中国土产畜产进出口总公司云南茶叶分公司"。

国营厂

1938年12月16日由民国政府经济

乙级蓝印

七子黄印

部所属中国茶业公司与云南省经济委员会合资创建"中国云南茶业贸易股份有限公司"（"省茶司"前身），于1939年设立复兴茶厂（昆明茶厂前身）、佛海茶厂（勐海茶厂前身）、顺宁茶厂（凤庆茶厂前身）、宜良茶厂（后停办），1941年设立康藏茶厂（下关茶厂前身）。目前坊间所留存知名普洱茶品多数为"昆明砖""勐海饼""下关沱"，也就是所称的1952年正名后的三大国营厂茶品。

市场所详知的国营三大厂，先后结束营业；昆明茶茶厂于2004年4月1日民营化，勐海茶厂结束于2004年10月25日。前人草创艰辛、荜路蓝缕，经历多次动荡、战乱、起落，几十年的坚持，才有我等今日共享普洱茶文化，参与普洱茶界历史上最兴盛的辉煌。

昆明茶厂

1938年创立复兴茶厂（昆明茶厂前身），童衣云担任厂长。政权更替、战乱期间，多次停产、撤建、更名、合并，于1960年正式命名为"云南昆明茶厂"。初期因政治、经济、天候影响等因素，实际上少有生产茶品，直至1965年以后以250g的方茶、砖茶供应云南北部及少数西藏地区。

7581 文革砖

"文化大革命"时期，由省茶司率领四家茶厂相关人员到广东省进行渥堆发酵技术之考察，由下关茶厂完成初步熟化技术，进由昆明茶厂再加湿加温，完成稳定之潮水渥堆技术，也就是现在所称的熟茶。据史料显示，初步完成之试验茶品为坊间称之"枣香厚砖"，量产茶品则为"73厚砖"。7581昆明熟砖则为1992年以前市场熟砖之主流茶品，1988—1992年为其盛产时期。此期间因八中茶商标之泛滥，昆明茶厂以吉幸牌、金鸡牌为其主要外销品牌，吉幸金瓜贡茶与金鸡沱茶为这时期知名茶品，然产量不多。

1992年因成本考量、茶菁调拨等因素，昆明茶厂停止生产，于1994年将库存茶品销售、清理完毕，昆明茶厂正式结束营业；当时仓库则于1994年底租赁给皮鞋、皮革业者仓储使用。至1994—2000年左右仍有不少新压制茶品号称

7581昆明砖于市面贩售，有许多是昆明茶厂老师傅、省公司员工自设车间紧压，更后期则是由其他小作坊压制。

国营勐海茶厂记事

1938年"民国政府"令中国茶业公司派专员郑鹤春与技师冯绍裘来滇，经调查，云南有发展茶叶事业之经济价值。于当年12月16日成立中国云南茶叶贸易股份有限公司。

吉幸牌金瓜贡茶

1944年改名云南中国茶叶贸易公司，此名称沿用至1950年。

1940年创建佛海实验茶厂，由范和钧先生担任厂长。

1950年"中国茶业公司云南省公司"创立，简称省茶司。

1952年因战乱而停产的佛海茶厂再次复业。

1953年西双版纳傣族自治州成立，

勐海茶厂巴达山基地

改名为云南省茶业公司西双版纳制茶厂。其后，佛海县改称勐海县，茶厂也改名勐海茶厂。

1957年国营勐海茶厂正式招聘第一批正式员工，同时开始紧压生熟茶，1964年开始渥堆发酵测试（唐庆阳厂长兼任车间主任，黄安顺为车间组长），1966年完成基本渥堆工艺，1966年底"文化大革命"期间，直至1972年持续生产并未停工，市场所称印级茶即为1957－1972年制作（黄安顺口述）。

1964年省茶司改名为"中国茶叶土产进出口公司云南茶叶分公司"，期间也更改过多次名称。

1972 年 6 月省茶叶进出口公司合并省土畜产进出口公司，才正式成立"中国土产畜产进出口总公司云南茶叶分公司"。

1976 年省公司召开全省普洱茶生产会议，要求昆明、勐海、下关三个厂加大生产普洱茶（渥堆熟茶），并决定茶品唛号。勐海茶厂为 74、75 开头，末尾为 2。1976—1979 年勐海茶厂外销出口多以麻袋与纸箱包装的散茶为主，普洱紧压茶只有 7452 及 7572 两种（渥堆熟茶）。

1979 年以后外销出口开始出现多样化拼配的茶品唛号，如 7542、7532、7582 等。

1981 年省茶司接受香港茶商订单，由勐海茶厂制作唯一一批 7572 青饼。

1985 年香港南天贸易公司开始向省茶司订制 8582 青饼，由勐海茶厂制作，于 1986—1987 年间始交运达香港。

1988 年勐海茶厂大益牌商标正式开始启用（李易生副厂长口述），此时期只生产茶砖、小方砖。

1989 年大益牌正式注册（李易生副厂长口述），为勐海茶厂主要之外销品牌。

1994 年开始筹备股份制公司化。

1995 年 3 月 22 日以西双版纳勐海茶业有限责任公司正式注册"大益牌"商标。开始生产大益牌七子饼茶。

1996 年正式改制成立为西双版纳勐海茶业有限责任公司。

1999 年省公司营运不善，茶厂自行接受茶商订单，茶品规格包装多样化。

2003 年底，因民营化确认，在无法

80 年代　7572

勐海茶厂

被留任下，多数员工人心惶惶。此时出现茶品混乱现象，委外加工、来料加工、大票后三码辨识码未按规定等等不正常现象，破坏了勐海茶厂三十年来的常规。

2004年10月25日改制民营，正式结束国营茶厂体制，品牌、茶品、品质也出现明显断代。

国营下关茶厂记事

1941年（民国三十年）蒙藏委员会派任桑泽仁与云南中国茶叶贸易股份有限公司（省茶司）商定，共同合资于大理下关创办康藏茶厂，也就是下关茶厂的前身。

下关茶厂

主要加工紧茶、饼茶销西藏地区，加工沱茶销四川。至目前为止，紧茶与沱茶仍然是下关茶厂主要的特色产品。1942年加工的紧茶销往西藏、四川，及云南省当地少数民族地区，注册商标为"宝焰牌"。1949年停止生产。

1950年改名为"中国茶叶公司云南省分公司下关茶厂"，1952年中国茶叶公司所属系统内统一使用"中茶牌"商标，从此各国营茶厂统一沿用"中茶牌"至今。1955年，下关地区历史悠久的私人制茶商号全部纳入下关茶厂。期间，与勐海茶厂相同更名多次，1959年又恢复为云南省下关茶厂。

1990年晋升为国家二级企业，宝焰牌（紧茶、饼茶、方茶）注册商标正式启用，1992年松鹤牌沱茶注册商标正式启用。1994年由云南省下关茶厂、云南省茶叶进出口公司、重庆渝中茶叶公司、云南省下关茶业综合经营公司、下关茶厂职工持股会，共同发起组成"云南下关沱茶股份有限公司"。1999年下关茶厂正式规范为云南下关茶厂沱茶（集团）股份有限公司。

1952—1968

1951年紧茶统一规格，每个238g，

每筒 7 个，每担 30 筒。

1952 年中国茶业公司所属系统内公司统一使用"中茶牌"。下关茶厂开始生产七子饼茶。进入 60 年代因原料调拨计划和加工产品的分工，下关茶厂以沱茶与紧茶为主要产品，圆茶只少量生产，多数计划交由勐海茶厂。

1953 年茶厂通过试验，将饼茶揉制由布袋揉成圆形后，再用 18 公斤重的铅饼加压的方法，改用铝甑直接蒸压的方法。

1955 年经省公司批准，紧茶规格由心脏型改为砖型，先生产 10 吨到丽江等地试销并征求消费者意见。同年，省公司通知茶厂对出口紧茶进行人工后发酵试验。下关茶厂七子饼茶形状由凹形底改为平底。

1956 年按股合并私营茶庄或茶业公司于国营企业，从此结束私商经营茶业的历史。

1958 年试验成功高温快速人工后发酵，达到缩短发酵周期、降低成本的效果。

1960 年批准量产 250g 普洱方茶。

1962 年开始生产 125g 沱茶。

1963 年边销紧茶内包装改用牛皮纸袋、麻绳捆扎，改变长期以糯叶包装。

1966 年因"文化大革命"影响，紧茶宝焰牌改为团结牌；而心脏型不利于机械加工、包装，遂停止生产，1967 年开始生产砖型紧茶，配料与加工工艺不变。

1968 年为配合茶厂定量供应，沱茶重量从原来的 125g 改为 100g。

70 年代中茶简体字凹底模与 1972 年七子铁饼平底模

100 克甲级沱茶

1972—1978

1972 年经省茶叶公司批准，恢复七子饼茶的生产。

1973 年昆明茶厂吸取下关茶厂紧茶渥堆发酵的原理，再经高温高湿人工速成的后发酵处理，制成现今的云南普洱茶（熟茶）。

1975 年试制普洱沱茶（熟茶），1976 年批量出口沱茶(7663)专供香港天生行，由该行转销法国市场销售。

1976 年省公司召开全省普洱茶生产会议，要求昆明、勐海、下关三个厂加大生产普洱茶（渥堆熟茶），并决定茶品唛号。下关厂为 76 开头，末尾为 3。

1978 年下关茶厂原本产量不大的圆茶（七子饼茶），因原料调拨困难，省公司将生产计划下达给勐海茶厂加工。

1979—

1979 年香港天生行到下关厂参观，1980 年再偕同法国茶叶批发公司、专栏作家、医学博士等一行人到厂参观。

1983 年因订单需求，向省公司申请恢复制作七子饼茶，唯量少以供应日本外销订单为主。

1985 年为解决厂内的野生茶（荒野茶，又称大树、古树茶）出路问题，经抽样送 商业部杭州茶叶加工研究所鉴测，结果确认属茶科植物，可饮用。

1986 年班禅参观下关茶厂，希望恢复心脏型紧茶的生产，并当场订购 500 担，由下关茶厂加工后运交青海省政协；而当时亦在省内边销茶区销售一部分，但数量不多。

1987 年底台湾开放大陆探亲，1988 年底台湾茶艺界一行 14 人到下关茶厂参观。

1988 年为解决中档原料过多，开始试制加工"丙级沱茶"。

1989 年昆明茶厂开发出旅游微型沱茶。下关茶厂于 1997 年生产 3g 微型小普洱沱茶，主要出口日本。

1992 年松鹤牌沱茶（内销）注册商标正式启用。

1993 年开始生产"一级沱茶"。

1994 年由云南省下关茶厂、云南省茶叶进出口公司、重庆渝中茶叶公司、云南省下关茶业综合经营公司、下关茶厂职工持股会，共同发起组成"云南下关沱茶股份有限公司"。

1996 年茶厂决定将厂徽图形作为产品标志，压制在甲级沱茶上，以取代原来压制在甲级沱茶上的"甲"字。

1997 年下关茶厂投资组建云南茶苑投资有限公司，以及大理茶苑旅行分社。

1999 年下关茶厂正式规范为云南下关茶厂沱茶（集团）股份有限公司。此时，下关茶品配方与制程出现重大变化。

松鹤牌一级沱

2003—2004 年确认国营改制民营，出现许多茶品年份混乱、来料加工、大票后三码辨识码未按规定等等不正常现象，破坏下关茶厂多年来的常规。

2004 年 4 月改为民营企业，国营下关茶厂正式走入历史。

黎明茶厂

国家二级企业，位于西双版纳勐海县勐遮坝。1984 年建厂 1985 年开始投产，绿茶、红茶为其主要产品，2001 年开始尝试制作普洱紧压茶。

昌泰集团

昌泰茶行的前身为易武三合茶社，创始人为张艺林先生。于 1996 年结识陈世怀先生，二人推广普洱茶品的理念相同，遂扩大三合茶社的生产规模，公司改名为昌泰茶行，并于 1998 年注册为"西双版

微型小沱茶

纳昌泰茶行"，以"易昌号"为注册商标。1999年10月生产第一批易武野生茶品。2005年4月16日昌泰茶行改制为集团公司，陈世怀任董事长。

南涧茶厂

创办人林兴云厂长，1983年以前任职于下关茶厂，为党支部副书记。年初，因故与厂方不和而离开下关茶厂。1983年底创办南涧茶厂。1985—1989年生产沱茶。

1987年5月10日注册土林牌凤凰商标，编号第286510号。此时间产量非常少，只供应重庆地区，没有直接交货广东、香港。1989—1992年南涧茶厂处于停产状态，没有生产沱茶。1991年3月成立南涧县茶叶公司，属国有企业。1993年底重新生产沱茶，但包装上有加盖"茶叶公司"字体。1994年才开始将沱茶交广东香港茶商。2003年开始生产茶饼。

澜沧古茶公司

杜春峄董事长在1964年以14岁的小小年纪即进入当时的澜沧茶厂，并参与茶厂茶树栽种。于1975年担任副厂长，主要负责生产、加工技术；1972年茶厂即已开始加工晒青毛茶交与省公司，1977年开始生产渥堆熟茶，并没有加工紧压茶，只提供散料，茶厂代码为5。1993年茶厂更换领导，杜董事长因理念不合离开茶厂，1994年又重新回到岗位，从事一般行政工作。

更换领导之后，茶厂经营每下愈况。1998年县厂因为亏损过大宣布倒闭，由杜董事长招集厂内员工组股份制，重新成立公司，并渥堆改制后第一批古树茶的熟茶，于1999年压制2000年出售，这也是后来声名大噪、价格不斐的首批纯料古树熟茶0085。景迈茶区一直是澜沧古茶公司重点收购与发展的茶区，001即为公司代表性古茶树茶品。于2005年底公司与邦崴当地居民达成协议，由澜沧古茶公司以每年20万人民币承包所有古茶树，并认养邦崴一千多年的过渡型古茶树，此时邦崴古茶树成为澜沧古茶公司另一高端品牌。

除景迈与邦崴古茶资源，澜沧县古茶有限公司现有高产优质茶园5000余亩，年产各种系列茶产品1800吨。公司于2003年通过欧盟FLO"国际公平交易"认证，为普洱茶国际贸易成功打造新方向；因此多年来，公司以优异产品和诚信经商的良好信誉赢得了马来西亚、法国、德国、日本等外商的赞誉和加盟。董事长杜春峄对普洱茶的专业与努力、坚持得到业界与领导的认同，被评为第二届全球十大普洱茶杰出人物之一。

自1998年公司成立以来，一直以县境内景迈茶区、邦崴古茶树群为原料，凭借40年的种茶、制茶经验和技术，以云南特有原始普洱种生产纯正地道的普洱茶，绝不掺杂境外、省外原料，保障云南农民利益、茶品品质与消费者权益。澜沧古茶公司与杜春峄董事长坚信，做好品质才能打造品牌，专业诚信才能永续经营！

勐海博友茶厂

勐海博友茶厂（www.bypuer.com）创始于2005年，是一家集普洱茶生产及传统发酵工艺研究、普洱茶原料、半成品、成品储存，普洱茶专用包装物研发为一体的独资企业。

茶厂座落于西双版纳傣族自治州勐海县勐海镇，目前占地293亩，建筑面积13600平方米，员工100多名，年产标准普洱茶1000吨。在张芳荣董事长精心领导下，企业严格的食品卫生、品质管理体系，使博友牌普洱茶受到消费者的广泛青睐，并得到行业权威部门的广泛认可。茶厂致力钻研能立即品饮的普洱茶，聘任前国营勐海茶厂黄安顺老师傅为发酵工艺把关，制作稳定、高品质的熟茶。并在2007年，250克"财富广场"生饼荣获"2007年首届云南普洱茶春茶博览会"唯一的生茶最高奖项——"茶王奖"，由云南省博物馆列为永久性收藏品。

企业于2007年1月通过A级QS认

博友茶厂

2010 经典韵品

证；2007 年 8 月通过 ISO9001:2000 品质管制体系认证，是云南省"放心绿色食品生产企业"。并多次荣获省内外评比金奖，为市场与业内权威公认之最安全卫生、品质稳定之厂家。注册商标为：博友。

昆明菁峰茶业

"昆明菁峰茶业有限公司"是前身为昆明一颗印（瑞雨竹轩）茶庄，成立于 2002 年，于 2006 年成立"昆明菁峰茶业有限公司"，第一个商标品牌为"菁峰"。菁峰茶业注重品质，在"为爱茶之人做好茶"理念的推动下，得到市场认可而快速发展、茁壮发展，于 2007 年先后注册"瑞佰年"和"弯腰树"商标，并将"瑞佰年"作为主要推广品牌，"菁峰"为最高品牌代表。菁峰茶业秉承百年好茶瑞佰年理念，用饮茶人理念做茶，以品质和诚信来经营，产品架构形成以古茶树茶菁为原料，纯料与技术拼配相结合，达到口感、体感、气韵均衡的优秀普洱茶代表之一。

菁峰茶业对品质不断坚持、精进，笔者于 2008 年沟通改进制程与茶区选择，更加提升品质，2009 年起与菁峰茶业合作"经典韵品""经典酽品"为经典普洱体系品牌，目前均以勐库古树料为主，深得资深茶友喜爱。

澜沧裕岭一有限公司（101 公司）

2002 年，大陆茶叶市场开始关注普洱茶，而对于栽培型野生茶（古茶树）尚未重视与了解。美籍台商蔡林青先生至思茅市澜沧县景迈芒景村考察，深觉古茶树林区是瑰宝，以一位茶人对茶的执著，蔡先生决定保护古茶树，免受砍伐与破坏。于 2003 年 4 月第六届中国茶交易会期间，以美商 101 公司名义与澜沧县人民政府签订合约，对景迈芒景千年万亩古茶园进行保护与适度开发，同时依法注册成立独立外资公司。其中还发生茶树王被刻意枯死，而栽赃、陷害 101 公司事件。

101 公司在积极有效保护历尽沧桑的文化遗产——古树茶的前提下，对古茶树进行限量之科学采摘，并于 2004 年通过美国、欧盟、日本三国之国际有机认证，限量生产有机茶品。此举使 101 公司成为中国唯一获得四个国际有机认证之茶叶公司，其中包含原料产地有机认证，以及生产加工厂有机认证。厂内设施为最先进茶叶加工设备，配合蔡先生家传三代的制茶观念与技巧，目前生产普洱茶、东方美人、乌龙茶等近 203 个品种茶品，主要销往美国、德国、中国香港、中国台湾等。101 公司精致生产与有机茶品概念，往后将影响国内普洱市场，成为未来市场先驱。

2007 景迈有机茶

● 转型中的品牌与茶文化

中央电视台七频道访问澜沧古茶杜总，杜总希望我能以学者文化角度来阐述普洱茶。电视台拍完景迈古茶园、专访杜总之后到厂里与我碰面，杜总开心地介绍我给二位记者、编导认识，告诉他们说："与石老师聊天，你们会了解爱茶人的坚持与专业，以及普洱茶的魅力。"

他们听我与杜总闲聊时，立即发现亮点，打开摄影机直拍我与杜总的对谈。此时我与杜总提到："如果澜沧古茶公司茶品市场还在'将本求利'阶段，代表消费者与市场只以原料价格、基本开销、劳力来核算你们的成本，此时你们的茶还只是'农副产品'，不要说品牌、文化等附加价值，连商品都还不是。""提供专业信息、提升茶品品质与消费者服务，确立公司文化形象、凸显茶品价值，以'真'为品牌诉求。"我建议澜沧古茶继续加强品质稳定、控管外，强化包装突破与市场行销策略才能在市场理性化时扩大市场占有率。所谓茶文化，除了了解茶品本质与特色，更能强化其市场区隔性，并在适度包装与行销后，增加附加价值以质感提升其价格。

当直接专访我个人时，原本设定市场概况与展望，但后来几乎涉及多方面专业知识，谈了两个小时、录了45分钟，他们笑着说："上了一堂课，让我们真正认识普洱茶，至少知道只要是健康的，茶没有好坏，只有自己喜不喜欢、适不适合自己。"

杜总说，虽然不容易碰到我，但总是在关键的时候我会帮她，已经有几次我刚好都在，能为她做些事，从她签署倡议书之后，我帮写《澜沧古茶的坚持》、杜总台北之行、面对市场崩盘等等。我笑着说："因为您用心、认真做茶，所以您永远会有好运气。"她已经近六十岁，前些时间脚踝骨折了，还撑着拐杖到处跑，很是敬佩。善良、全斋、笃信佛教的她，相信能做到她想做的。

2009 年 4 月 6 日于澜沧

云南阳宗海的日出

● 真

真

在自己口中

在自己心中

跟别人没有直接关系

真，是在自己嘴巴里

那是指"立即性的问题"

而对于制程，也就是储存

茶品能否长存久放

那可不是立刻能知道的

还是得要靠经验与知识！

2005 年 8 月 29 日

普洱茶冲泡方式与茶具选择

每一个品茗者都有自己的偏好与品鉴方式，很个人的，没有绝对是非对错。也基于此，许多消费者到任一茶行试茶购买时，都会碰到相同问题，那就是茶行老板的冲泡方式与自己不同，导致很难分辨出适合自己的茶品。以下笔者所提供的是自己试茶与冲泡的方式，不是绝对，仅供参考！

以下分做三个单元：

1. 茶具选择。

2. 试茶。

3. 品茗。

江城古树茶与紫砂壶

茶具选择

盖　杯：温度暴起暴落、保温能力差，但能将茶品中所有的问题完全表现出来。

普洱茶较不重视鼻间的香气，以盖杯冲泡多是试茶者追求立足点的平等所使

白瓷盖碗

用共通方式。盖杯在选择上，为能将其特性表现得淋漓尽致，烧制温度越高、胎越薄越适合，且注意杯缘口需外翻较多。

小贴士：使用时注水不宜过满，以免烫手。

紫砂壶：冲泡普洱茶一般而言，壶温不宜过高。所以在茶壶选择上，宜兴紫砂壶较玻璃或一般陶、瓷器制品为佳；而砂质种类各异，只需注意不宜土质太硬、温度过高即可，其余于此先不做讨论。

个人较推荐早期宜兴紫砂水平壶，原料不容易掺假，也较好控制冲泡，适合初学者与老茶客。

早期紫砂壶～荆溪惠孟臣与荆溪南孟臣款水平壶

选择紫砂壶基本原则仍然一样，须不漏不塞、通畅顺手，达到"能用、好用、适用"的基本要求。另因冲泡普洱茶不强调持续高温，为达壶内散热快、不增温之要求，壶形以扁腹、宽口、出水顺为主要选择条件。

小贴士：个人或二人品茶时，大小以 120cc ～ 150cc 较适当，容量过大或过小很难掌握茶品的冲泡。

试茶～普洱茶评鉴（重手泡）

平常品茶，是为欣赏茶品与享受其中氛围，因此讲究茶具与冲泡技术，藉以提升茶品优点，以及掩饰茶质缺陷。"重手泡"目的不在于品茶，而在于试茶。茶品在制程或储存中，很可能有一些不当因素。以高置茶量、高温、长时间浸泡，不只凸显出茶种、茶区特色，亦将茶品的优缺点在二三次冲泡内展露无遗。在冲泡之前，可先观察茶品外观，以及闻其味道。茶菁细嫩度、色泽、紧揉度、油亮度、饼模、松紧度、碎枝梗末等等，香气浓淡、烟熏味、烟焦味、仓味、油耗味、日光臭、白霜等等，做出对茶品外观的判断，以取得茶品初步信息，且利于后续调整试茶方式。

一般绿茶、青茶类等，茶菁以细嫩、完整、均匀为特色，在品鉴时所取茶样通常在 3～5 克左右。然普洱茶菁为条索、肥壮、不工整匀称，若为已经紧压成品有面里茶之分，若只取样 3～5 克，无法均匀取得标准母样，容易造成无效取样，每次试茶结果都不同的状况。因为普洱茶的特殊性，个人在多年多次测试下，建议取茶样在 8 克以上，与水之比例约为 1：10，以茶菁实际状况调整比例。

取样

如上原因，普洱茶茶菁并非稳定均匀的单位，除了在紧压茶中时常使用铺面

与拼配，还必须考虑茶品仓储状态的偏差性。因此，在普洱茶的取样测试较一般茶品复杂，在此针对几种状况作为取样方式之参考。

（一）新制散茶

只需注意茶菁级数，观察其茶菁细嫩差异，依其级数比例，任意取茶菁进行测试即可。

（二）入仓散茶

取样方式如新制散茶，因应入仓所导致的茶菁差异性，取样部位建议在一整大单位之中心茶菁。如袋装或箱装，则取中下端与底部茶菁。

（三）新制紧压茶品

避免取面茶或里茶单一部位茶菁，极可能是不同地区或不同级数茶菁。取样方式，以整个边缘横断取样为基准；若可，靠近中心部位横断取样。

（四）入仓紧压茶品

原因、方式与新制紧压茶品相同，但入仓茶品必须检测茶品中心退仓状况，所以建议直接取样中心附近。

评鉴茶具

瓷器盖杯温度落差大，能将茶品优缺点表现淋漓尽致，一次即能将多数内涵物质冲泡出；并且由于瓷器密度高，不容

试茶用具

易残留杂味，故前后茶品不会互相影响。

茶具：瓷白盖杯、瓷白茶杯、玻璃茶海（公道杯）

用水：逆渗透水（变化少、较公平）

炉具：电炉、不锈钢壶具（求稳定）

冲泡方式：

置茶量：8克

注水方式：

水壶口距离盖碗口越靠近越佳，最好能在二公分以内，右手执壶冲泡，顺时针注水，由外缘绕至中心点。

水温与浸泡时间：

醒茶（洗茶）：沸水，3秒，出汤。

第一泡：不加温，约92℃～95℃，45～60秒，出汤。

第二泡：不加温，约88℃～90℃，

45 ～ 60 秒，出汤。

第三泡：加温沸水，45 ～ 60 秒，出汤。

观察每一泡汤色变化与油亮度、清亮度。叶底为第三泡完成后之标准，观察其叶底颜色、茶菁级数、完整度、展开状态等等。

评茶方式

将茶汤倒入茶海（公道杯）后，先闻盖碗中茶叶香气（面对茶叶时，只吸气不吐气），评鉴茶叶之香气（浓、淡、纯、浊）与杂味（酸、闷、臭、油耗、烟味、焦味、青味、发酵味）。再从玻璃茶海观察汤色，色泽、清亮度、有无沉淀物、有无漂浮杂物。

当茶汤温度降至45℃以下时，进行品饮。取汤 10cc ～ 15cc 含入口中，让茶汤充分接触口腔所有部位，上腭前、中、后段，舌面前、后、上、下，以及两颊，约 3 ～ 4 秒后缓缓吞下。因必须了解与测试茶品之陈化、发酵与厚韵，建议将茶汤吞咽，不可吐出。

第一泡主要观察了解茶品之生长形态、初步判断拼配与否，以及其储存环境。

第二泡针对茶品制程，深入了解茶树生长形态与拼配手法。

第三泡测试茶性、茶质，以及拼配优缺点。

叶底

冲泡、浸泡过后，茶叶已达完整伸展状态，俗称"茶渣"。观察叶底为了解与辨识茶种、生长形态、级数、拼配、制作、仓储，以及陈化等等茶品信息，最重要的辅助资料。从观看茶菁、开汤闻香、

试茶

185

适合冲泡生茶的紫砂壶（红土）

适合冲泡熟茶的紫砂壶（紫砂）

观察汤色，到品饮三泡茶汤，基本上已经取得茶品绝大多数信息，而观察叶底更能确认之前的判断，或加以部分修正。

评鉴用水

水中各种溶解物质，会直接影响茶汤茶质表现。在一般品茗时，以取用山泉水为佳，水的硬度（矿物质等含量比例）以 80ppm ～ 120ppm(体积浓度百万分之一) 较为适合。在评鉴茶品时，则以蒸馏水、逆渗透水较为公平。水中含碳酸盐类比例过高（俗称硬水）PH 值大于 8 时，滋味淡薄、汤色偏黑。

品茗～紫砂壶品饮

若对于茶品茶具有一定认知的消费者，个人建议以早期宜兴紫砂水平壶作为一般品茗时的冲泡茶具，原因为：第一，壶温稳定，温差小。第二，能将茶品缺点隐没而提升优质。第三，兼具养壶之闲情雅致。

紫砂壶的选择，个人建议以扁腹宽口（散热快）、泥质佳之标准水平壶为主，易于掌控好上手。个人偏好早期优质清水泥，或早期红泥标准壶 120 毫升来冲泡。

茶具：120ml ～ 150ml 紫砂壶

用水：矿泉水（80ppm ～ 120 ppm、PH7.2 ～ 7.3）

炉具：木炭炉、陶壶或铁壶（根据茶品选定）

冲泡方式：

置茶量：6 ～ 10 克（依茶品与需要状况及茶壶大小而定）

注水方式：

水壶口距离紫砂壶口越靠近越佳，最好能在二公分以内，右手执壶冲泡，顺时针注水，由外缘绕至中心点。呼吸舒缓细长，水柱细缓而均匀稳定，水注由高而低。注水在一吸一呼之间。

水温与浸泡时间：

醒茶（洗茶）：沸水，3 秒，出汤；

第一泡：不加温，约 92℃ ～ 95℃，20 ～ 25 秒，出汤；

第二泡：不加温，约 88℃ ～ 90℃，20 ～ 25 秒，出汤；

第三泡：不加温，约 88℃ ～ 90℃，

置茶量 6 克与 10 克

益人体之成分外(如多酚类、类黄酮等等)，笔者认为"茶"对人类最大的贡献在于文化与精神层面。每个人对茶的感觉与意义不同，喝茶、品茗、茶艺、茶道，可说是四个阶段，而最终简单的目的，就是喝一杯好茶，能将一泡茶发挥得淋漓尽致，应该是每一个爱茶人的心愿。在完全相同的客观条件下，茶具、置茶量、时间、温度、甚至于注水、出汤方式都统一，还是冲泡出完全不同的滋味，为何？唯心！当有此体会与认知，就有不少人开始追求"茶"的内涵，及其所引申的"文化""禅""道"。从单纯为了解渴，到享受茶品本质，进而提升至艺术境界，最后则以精神文化层次的茶道来展现茶品的极致，架构出中国的茶文化哲学。

本文的目的在传递如何品鉴与冲泡出一壶好茶，也就是"品茶"的境地，稍有讲究但不附庸雅俗，只是简单勾勒出品茗文化。冲泡出一壶好茶并不难，只要了解茶品与茶具、掌握水温及时间；直至能充分了解、掌控自己的情绪与心思，就能将自己的意念融入茶汤中。静心、品心，达到天地人合一之修为，才是中国茶文化之精髓。

白瓷茶杯

30～35秒，出汤；

第四至六泡：沸水，35～45秒。

第七至九泡：沸水，45～60秒。

茶杯

普洱茶使用茶杯较一般绿茶、乌龙茶使用的杯子稍大，笔者建议使用宽口、浅杯、厚底之瓷器为佳。

第一，大杯、宽口、浅杯，利于散热；第二，是瓷杯嘴唇触感较佳，第三，因宽口、浅杯需杯底厚才能稳重而保温。

结语

品茶，最大的功能除了茶叶本身有

留根泡

刚才又在微博看了一个奇怪的说法，但我知道已经流传很久，我的见解不同。有专家学者说："泡茶时，茶汤不要全部倒完，留三分之一，与下一次一起出汤，这样才不会很快没有味道。"

这就是有名的"留根泡"，这样的泡法，不尽然能多泡几道，因为底下三分之一的茶叶持续浸泡，反而不利茶汤表现；甚至因为浸泡，每一道口感都不好，得不偿失。这种方法，通常都是茶商用来影响口感不敏锐的初学入门者的商业手段，误以为耐泡的手法，不可取！

紫砂壶

早期玩壶、懂泥料的茶友，都了解近代泥料掺入不少不适宜的添加品，所以都只愿意玩赏早期壶，除了润质感外，也意味对近年壶品的不信任感。2010年中央电视台报道紫砂壶有部分会使用不当原料，事实已经是十几年来的问题，并非空穴来风。宜兴紫砂壶的鉴赏无法以简单的篇幅介绍，本文只针对整理紫砂壶方法提出简略说明，若想深入或购买适合壶具，仍需找到可信厂家、壶商购买，而不应只贪便宜，有害人体的茶具并不在少数。

1997年宜兴一厂正式结束营业，而基本上在烧制工艺与原料上分成几个断代，均有明显特征。以近年来说，1992—1997年使用泥料与工艺与1991年之前有明显差别，而部分1989—1994年之间有模糊、灰色地带。

若以冲泡十年以上生茶品，可以选择80年代紫砂壶，能适度提高、彰显茶品茶质、口感；若只冲泡五至十年内生茶，

紫砂壶

未整理的新壶

清洗

茶末

煮壶

小火炖煮

可浸泡一天

先当茶海使用

使用后将茶壶擦干净

养壶

可选择 90 年代尤其 1992—1997 年泥质密度较低、砂质比例高的壶品，价格便宜，适合入门与新茶使用。

紫砂壶整理

新壶

第一，先将壶中黏附的泥沙，以清水清理干净。

第二，以细布将壶体内外整理干净，若有如水蜡等则另行处理。

第三，比较快的方式，用一小锅将茶叶（想冲泡哪类茶，就使用哪种茶）与壶同时置于锅中小火炖煮（或焖），将壶中泥味、杂味去除。焖煮中，注意不要大火，可能导致壶在锅中翻滚，导致损坏。炖煮时间约十几分钟，焖的时间可达一天。

第四，先将新壶当茶海（公道杯）使用一两个月，使用过程中注意壶盖与把、嘴等细节养护，适当以茶汤淋壶整理、保养是可以的。

第五，每次使用之后，都必须擦拭干净；要注意内墙、盖缘、口缘、把与壶的接口、底座等细节擦拭。

第六，一两个月之后开始当茶壶使用，最好每把壶所冲泡的茶类相同或接近，避免影响汤质。新壶阶段，可在冲泡完之后将叶底保留于壶中，注热水后浸泡一天后清洗干净晾干。

第七，养壶过程中，壶盖与把是比较难养均匀与整理的部分；若壶盖出现与壶身明显差异，则必须加强处理（比如淋、浸泡茶汤，但最好避免），让整体光泽均匀。

旧壶

第一，基本处理方式类同新壶，如果出现壶身有异物或光泽不均，则必须以长时间炖煮方式去除，个人反对以漂白水处理，除非不得已。

第二，壶内与内墙等若有大量茶垢，建议先以炖、煮方式软化，而后再以细软布擦拭干净，最好把壶体旧有痕迹去除，而后再以茶汤、叶底浸泡几星期，待没有杂味后再开始使用。

第三，建议购买旧壶时，能问清楚原主人使用于冲泡何种茶品，再决定要不要加以深度处理。

第四，其余养壶方式与新壶相同。

2008 年 8 月 15 日于昆明

石壶

台湾在 90 年代兴起石壶泡茶，沉积岩、砂岩、火成岩、花岗岩、玉石类等等，有些奇形怪状，有些精雕细琢，有些浑然天成，业界藏家争相购买石材制作的茶具，蔚为风尚！

紫砂壶、瓷器煅烧温度最低应都有 900℃ ~ 1000℃以上，矿石内的重金属不会溶出而导致人体健康受损。然而，除非是火成岩等经过地层自然形成高温高压，其他如沉积岩等硬度不高的石材，包含玉石类石壶等茶具遇热水极可能导致重金属等物质溶出而危害健康。

汪寅仙大曲壶（左）与小曲壶（右）

● 淡、茶

很多人都知道我喝茶习惯很浓、很重，谈淡茶或许有些突兀。有几次在友人处喝茶，因为大家喝茶没有我重，怕我不适应，总是习惯性地问："会不会太淡？"我都笑笑说："没关系，都可以。"浓茶有浓茶的醇，淡茶有淡茶的雅静，品茶人都应该能欣赏二者之美。这里所说的淡茶，不是茶，而是心境。

时常面对网络上的谩骂攻击，所需要的就是淡然以对，茶界与世间是一体的，形形色色都有，不可能苛求别人与自己相同或符合自己标准。至少，自己清楚所作所为都是正确的，所以面对的都是"无明"；看看他们以粗鄙文字在释放无可宣泄的压力、欲望时，虽有些感慨也有些欣慰，如果骂我能让他们轻松些，或是得些利益，也无可厚非，至少对他们还是有些帮助。

朋友、学生有时候看不过这些人的行为，也曾悻悻然为我抱不平。我说："喝茶，是为了让自己愉悦、放松，而不是为了生气而喝茶，不要因为他人坏了自己兴致。"喝茶，浓淡均宜，无不自在。浓在口，淡在心。

2009 年 9 月 15 日于台湾冈山

青瓷与白瓷茶具~林文雄作品

● 自在

自在

非不能，是不为

肉能食而少

茶为喜，不必须

有怒则舒，无气自平

哀乐自常，喜自显于色

役物而不役于物

倘然天地自然

是真自在

如水

随方归圆

无不自在

2009 年 4 月 25 他日于昆明

泡出好喝的普洱茶

经典温润泡法

相关附属条件

第一，适用茶类：不拘

第二，适用泡茶茶具：紫砂、盖碗不拘

第三，适用水质：

熟茶：PH 值 7.0 ～ 7.3，矿物质含量 40ppm ～ 100ppm 以下，以纯净水或优质山泉　水为佳。

生茶：PH 值 7.2 ～ 7.3，矿物质含量 80ppm ～ 120ppm，以优质山泉水为佳。

第四，加热炉具：首选木炭，红外线炉次之，酒精灯炉、电炉与瓦斯炉再次，避免使用电磁炉。

第五，适用煮水壶：高温烧制陶壶、银壶、老生铁壶为首选，一般陶壶、紫砂水壶次之，不锈钢壶与玻璃壶再次之。避免使用电镀水壶。

冲泡方式

第一，注意桌面高度，与椅子高度的相对应；保持身体与手臂、手肘、手腕的协调及平衡。

第二，为保持水的活性与注水时的

青瓷壶承与紫砂壶

青花诗词茶盖碗～醇品雅集　李连春

龙眼炭与日本老铁壶

紫砂水壶

稳定，不宜长时间煮水，加水保持水壶三分以上、七分以下满。保持以温水、高温水补充水壶缺水量，避免以冷水补充。

第三，公道杯（茶海）置于身体中线，盖碗（茶壶）置于胸线处。

第四，注水口距盖碗口（壶口）2公分以内，距离茶菁6公分以内。

第五，注水时，水柱均匀、缓而稳，不停、不顿，尽量要求达到水面无波无漪。

第六，注水方向为顺时针绕圈，由外而内，持壶高度平稳，注水至九分满后，将壶持平，稳定收水。

第七，眼观水柱，心静无暇，呼吸深缓而匀顺，达到呼吸间完成注水，是为上乘。

第八，平常时，每次冲泡完，将碗盖（壶盖）掀起，碗（壶）底不留汤；遇天冷干燥，可调整醒茶泡法。

第九，每次冲泡完，注意茶叶是否平衡均匀于茶具内。

第十，每冲泡二至三次后，需间隔90～120秒，使茶叶落温；天冷干燥时，则注意降温速度，以调整间隔时间。六道之后，让茶品休息,5分钟左右，以回缓茶质。

第十一，新制生茶，四至六泡后再

2002 年 怒江乔木野生散茶

生茶汤

进行加温；熟茶与老生茶三至四泡后，可进行加温。天冷干燥时，则需注意随时调高温度。

行走八卦、阴中取阳、静柔中带意劲

　静、　定、　缓、　稳、　均

（心静、气定、身缓、手稳、水均）

1997 年 老树圆茶汤色

● 静、稳、缓、均

　　2006 年 9 月，与杂志社朋友一起品鉴我个人制作的六分发酵国际有机茶，此茶将成为云南出版集团出访 10 月份德国法兰克福国际书展代表团的赠品。为使参展领导与工作人员充分了解此茶品特色，特办茶会由我指导与解说此茶品制作、口感特性，以及冲泡方法。

　　茶会中，先由一位十分优雅端庄的女士冲泡，我不知道她的身份，但她的茶汤却出现刚烈、微苦、薄汤现象，此茶品特色荡然无存。我很客气带些玩笑口吻地说："没想到您是外柔内刚，与外表的娴柔落差这么大。"现场的出版集团伙伴十分诧异地说："石老师您怎么知道她的个性如此？"我呵呵笑，暂没响应。等下一位要学习冲泡的人，是一位戴着鸭嘴帽、中国装的男士，相同一泡茶，第一泡几乎汤水分离，我笑着跟他说："您太紧张了！没事的，轻松一些。"在这同时，我请茶艺馆再准备一份一模一样的茶具，我与他面对面在相同条件下泡同一款茶。在我准备好的同时，他稳定地泡出第三泡。我喝完之后说："咦！您的个性居然十分俏皮活泼！"出版集团的同仁又惊呼："您怎么又知道？"我笑答："因为他的茶汤在我舌面上，很愉快地跳着舞。""哈哈，石老师您是说真的还是开玩笑？"我笑笑说："开玩笑吧！"此时，我冲泡出一二三泡茶出来，茶汤所显现的，完全与他们二人不同风格，甚至有人还怀疑是不是同一泡茶，有没有拿错！

"静、稳、缓、均"是泡茶的手法与准则，"滑、柔、甜、香、甘、重"是我主观认为茶汤应有的特色。茶汤，能适切显出泡茶者的个性与情绪反应。

从冲泡茶的各种方式，"顺、逆、急、缓、高、低"领略其中不同的滋味，许多生活领悟均在其中。快节奏的都市生活每个人都在赶时间，赶着过日子，很少有时间静下心来好好喝杯茶。目的不在喝那杯茶，而是该好好了解自己的心，正在想什么。如果您能领略茶汤所告诉您的信息，您就能了解您自己要的是什么，甚至您自己的身体状况。

专有名词
～特殊与订制茶～

云海圆茶

1993年第一届中国普洱茶学术国际学术研讨会在云南思茅举行，台湾普洱茶业界与爱好者与会，邓时海教授发表论文，这是台湾普洱茶界首次在云南参与大型研讨会。1995年邓时海教授以"大树茶"晒青毛茶为原料，实验性质压制首批"云海圆茶"。1995—1996年间共生产二批，首批以思茅

1995年　云海圆茶

地区乔木四级春茶，另一款则以勐海茶区五级春茶压制，均为400克规格，以白棉纸包装。云海圆茶基本上都为台湾收藏家所收购，市场少见。（《普洱茶·续》，邓时海、耿建兴）

真淳雅号

1994年第三届国际茶文化研讨会在昆明举行。会后，吕礼臻、陈怀远、曾至贤等二十余位台湾茶人，进入被遗忘已久的古六大茶山。而后几年，几位茶人陆续深入古茶区，当时以朝圣的心做最详实记载，于2001年由曾志贤撰《方圆之缘——深探压紧茶世界》。

1996—1997年间，台湾茶人委托易武乡前乡长张毅先生压制"真淳雅号"，没有内飞与外包装纸，只有一张筒票。后因某些因素，这批茶并没有立即运离易武，直至2000年才到达香港，储存于陈姓茶商仓储中。因为没有外包纸与内飞，市场上已经有不少仿品，这也将成为"真淳雅号"未来市场走向的疑虑。此批茶所使用原料，依版纳所了解资料、口感、叶底判断，为张乡长住家附近之乔木茶，并非古树。

华联青砖

澳门华联公司成立于1956年，为合资公司。至80年代，华联公司为澳门与广东省茶叶进出口公司主要合作销售对象。1996年香港回归在即，香港主要茶商都停止订货，进出口公司囤积大量毛茶。1997年起，华联公司连续四年订制青砖，1997—2000年共四批，2000年因茶品压制不佳，遂停止订制。华联青砖可说是继古董茶"可以兴砖"之后，另一批有内飞的野生茶砖，在未来市场发展上有其指针性意义与潜力。目前市场因为1998年少见，反而将2000年当1998年销售，而将1998年

1997年　华联青砖　　　　1998年　　华联青砖

推至 2000 年，商业利益导致资讯错乱。

老树圆茶

　　1997 年由香港、台湾等三位茶商共同订制之第一批群体原始种纯料茶菁，为生茶饼，是港澳台茶商订制茶中，指征性茶品之一，据传共制 6 吨（180 件）；纸筒装、红带、内飞无厂家标示，未入香港仓储者茶菁黑亮。于 2003 年开始有许多其他茶商仿制，生、熟饼均有。

1997 年　老树圆茶

1997 香港回归纪念饼（砖）

　　1996 年由云南田姓茶商制作，357 克生、熟饼，2 公斤生、熟砖，有田茶牌内飞。为第一批将年份直接压印在茶品上的普洱茶品，后期仿品甚多。

云南紧茶

　　1997 年底，中国土产畜产进出口公司云南茶叶分公司员工以 1996 年龙生集团所生产规格 250 克生沱茶，改换草纸包装为"云南紧茶"，此为首批 250 克生沱茶以"云南紧茶"包装出现坊间。后由省公司继续生产包装生、熟沱茶品，然外包装纸有所差异。

1996 年订制　香港回归纪念生（右）熟（左）饼

水蓝印

　　80 年代初期泰国茶菁，外包粗面网格纸张（非云南纸质），内飞厚纸美术字内飞，饼身较同期传统勐海茶厂茶品为大、

云南紧茶

饼模不同，重量400g规格，茶菁色泽偏黑，轻发酵、茶质较苦、质薄。虽外包纸印刷为省公司，内飞为"西双版纳傣族自治州勐海茶厂出品"，但从外包纸质、茶菁、饼模、规格等等，都非早年勐海茶厂常规使用。因此水蓝印应非勐海茶厂所生产，据了解为香港茶商在香港使用泰国茶菁所压制。

由于60年代末至1973年间，因"文革"所导致的茶品断层，1973年开始至1984年又因为省公司以生产渥堆熟茶为主，生茶品很少。而七子黄印与中茶简体字这二款70年代茶品，在香港、澳门老茶人眼中根本不是传统茶品，所以由香港、澳门茶商于70年代初期至1984年间，由泰国、越南、缅甸收购云南、越南、缅甸大叶茶菁在港澳压制，有些是香港茶商自存的老茶菁压制，而仍然与早期老茶相同包装，这也是目前市场上有许多茶品迷乱与误区的原因。

鸿泰昌

原名鸿昌茶行，于泰国设立鸿昌茶行泰国分行。1930年代因战乱而迁徙泰国，改名鸿泰昌茶行。早年以云南茶菁制作紧压茶，迁厂泰国后以泰国茶菁制作，最早茶品为白油纸包装俗称"车轮牌"。鸿泰昌茶行于1980年代中期停产，目前坊间所见，多为香港、澳门、广东茶商于1990年代以后以越南、泰国、广东茶菁混拼制作。

利兴隆内飞

利兴隆

约于1990年代末期在市场出现，笔者个人研判，最早应为1980年代所生产茶品，以泰国老茶菁翻压制作。以竹箬包装，四片一包。1990年代末期亦制作饼茶。

鑫昀晟

笔者于2003年10月订制之首批栽培古树茶，以易武、南糯、景谷三茶区所拼配，规格250g，坊间称"顶级鑫昀晟"。同时间生产另一批以易武、倚邦拼配，市场称"易邦鑫昀晟"，二者差异在中央外包纸与内飞"石"字颜色不同。

中央"石"字，是为笔者姓氏，亦可视为家父英文名字缩写"TU"。而"鑫""昀""晟"

鑫昀晟系列 2003 年～ 2010 年

则为笔者三个小孩之名，各取一字所组合。

　　此茶品，为笔者承先启后之意。基本每年订制，均为当年最高品牌，不以固定山头原料为标识，已取得当年最优质茶菁、最恰当之拼配，成为个人最高品牌。

经典普洱

　　1999 年 9 月笔者进入业界创立台湾普茶庄，2003 年首次在东莞创立"大陆普茶庄"，后因财务问题与理念不合，于 2006 年底退出大陆普茶庄。于 2007 年 3 月于北京创立"经典普洱"体系，于当年成立"经典普洱实名制论坛"，为国内开启实名制论坛先锋，并制作"经典普洱论坛"纪念茶，为经典普洱体系高端品牌之一。

经典普洱系列 2007 年—2010 年

易昌号

1998 年昌泰茶行（昌泰集团前身）成立，以生产云南绿茶为主。1999 年 10 月开始生产第一批易武茶区野生普洱茶饼，以昌泰茶行易武分行命名，即"易昌号"，至今仍为昌泰集团古六大茶山茶区古树茶品之最高品牌。"99 易昌"为市场第一批亦是最具代表性、量产古树茶品，为昌泰标示茶品、品牌。

目前市场对 1999—2002 年易昌号的年份较为不清楚，在年份区分上有模糊地带。早期昌泰茶行制作茶品的方式，因当时易武茶区茶菁产量低，多将茶菁集中，于下半年才开始制作当年茶品。

以 1999 年为例，目前所谓"99 易昌"，外包机器薄纸，有楷书与篆体印刷版本，以楷书体较为早期。内飞为黄色、橘黄色茶字，红色"易武"印刷，机器模小饼、饼身不工整；实际紧压时间是从 1999 年 10 月一直生产到 2000 年 1 月共 750 件。订制时单饼重量 400 克，因厂家当时没有茶菁水分比重观念，干燥后成品重量均只在 340 ~ 360 克之间；包装混乱、饼身不工整、重量不均，成为 99 易昌之特色。

1999 年　99 易昌号篆体精品绿茶字与楷书精品

白版茶

"白版茶"是指没有原厂方标示之茶品，无内飞、无内票、无厂方外包纸标示、无大票等等，亦市场所谓"三无茶品"。
此类茶品源起于台湾未开放大陆茶品贸
易，茶商为规避海关检验及走私罪名，
于 80 年代中期开始订制完全没有大陆厂
方标示的茶品，茶品从第三地转口贸易
或是渔船走私，等货品到台湾后再进行
包装，市场称"白版茶"。于 1990 年左
右所生产之勐海茶品及下关茶品有不少
没有内飞的茶品进入台湾，如红带青饼、
8653、8853 等等，绝多数都是国营厂茶品。
因为这时期台湾茶商进入云南订制茶品
者实为少数，生产订制"白版茶"品的
数量非常少，台湾茶商多是跟香港茶商
购买常规茶品，而将内飞挖除后，再进
入台湾。

百两茶

　　最大量生产"白版茶"的年代，
始于台湾普洱茶最盛行之时，也就是在
1999 年至 2001 年底。1999—2000 年的"白版茶"多数是国营厂茶品，2000 年底开
始则大量出现私人小厂的"白版茶"品。2001 年底因杂志对普洱茶的负面报道，以
及台湾经济持续不振，普洱茶整体进口量大量下滑，"白版茶"也逐渐少有订制，
直至 2004 年 8 月台湾开放普洱茶进口为止。这样的历史背景就可以了解，为何勐
海茶厂在 2002—2003 年间库存了许多 2001—2002 年的台湾茶商订制的"白版茶"品，
起因于 2002 年开始台湾普洱茶市场已经严重下滑，台湾茶商订制后却没有提货。

普洱茶柱

　　1998 年开始效仿千两茶形式，以云南茶菁高度紧压成茶柱状，或千两或百两
不等。容易因为紧压过度，导致内层水分散失不易，有烧心现象，发生内外同一茶

菁却产生陈化差异。此情形,通常内部会产生金花,而内部茶菁叶底会有糜烂情形、
叶底红黑不均,而外部茶菁较正常,甚至还有绿叶情形,内外不均。

2001 年白版茶～红带大叶青饼

● 我心目中的茶艺师

从台湾到香港、广东、广西、云南、上海、杭州、北京、西安、河南、甘肃、
福建等等,再到马来西亚、印尼等地考察与讲座,接触过不少茶艺师、泡茶师、
销售员,说实在的,绝大多数所谓茶艺师都是表演式的茶艺师,能泡出好看
的茶,而不是我心目中有知性交流且泡出好喝的茶的茶艺师。

我心目中的高级茶艺师,在知性上,除了必须拥有辨识六大茶类与礼节、
仪态等基础要求,更应具备讲解的能力。告知消费者或观众,现在所冲泡的
是什么茶品,为何要用这种壶具茶杯,使用的水为哪一种水,有何特点,原
因为何……在技术上,必须冲泡出好喝的茶品,优雅的姿态与礼节是必备,
然而"好喝的茶"才是关键与目的;茶艺师也必须有能力表达(不一定要解说)
不同茶品以不同水温与冲泡方式的差异性,对茶汤有怎样的影响。

我所认知与理想中的高级茶艺师,必须具备上述的基础功,或许相对于
现在坊间的现象有些脱节与苛刻。但我相信,在普洱茶市场蓬勃发展的未来,
茶艺师将是第一线的关键角色。茶艺师的培训,是普洱茶文化发展与扎根最
重要的工作之一。

2007 年 6 月 22 日于台湾冈山

● 思·茶滋味

　　在网络、杂志上看见有人提及"喝茶就应该是很随兴，想怎么泡就怎么泡茶，那些说茶具、水有影响茶汤的，都是想做茶具、水生意的，而说冲泡方式应该如何的根本是在误导，喝茶就应该根据自己心情、环境，想怎么泡就怎么泡，不要管那些骗人的说法"。这类说词已经不是见到一两次，最早2005年网站看到时，我觉得很好玩，真的应验我常说的一句话："茶，是镜子。"从一个人泡茶、喝茶的态度、细节可以知道一个人的个性，从品茶、论茶能了解一个人的品行。

　　如果您喝茶只是因为身体需求，解渴、健康是主要目的，不用去管所喝茶品为何、滋味如何，自己喝得下、能接受就可以，茶区、茶种、制程、茶具、冲泡方式都不用在意，因为您只是因为身体需求而喝有颜色、有滋味的"健康水"。如果您喝茶是想了解"茶"为何物、各种茶滋味如何、有何区别，那么您就是在"品茶"，品茶应该具备对茶的基本知识，以及一套稳定（非标准化）的冲泡方式，否则您将永远没有对茶的评判标准来比较，只是瞎喝，还不如"喝茶"人的轻松自在与无所求。

　　如果您喝茶时，希望花相同的钱能得到更高价值与品味，对茶知识、茶具、水、冲泡方式、品茶氛围等您都要样样具备并达到一定水准，否则您只是在装模作样、喝"好看的茶"而已。如果您对所有茶品、意境都无所求，所有茶品到您手中样样是好茶、款款是精品，此时茶与茶艺对您来说都是您生活中的点缀，也可能是您的精髓；此时，当茶是茶、人亦是人，当茶非茶、人亦非人。

　　茶在您的心中、生活中是怎样的位子？您是因人而茶，还是因茶而茶？您要的是什么？茶，是镜子，因人的价值观与个性、品行而有不同的意义。当自己选择对茶的态度时，茶也凸显出您的个性、品行、社会观、价值观、文化背景等所有素质。喝茶该严谨还是随兴，并没有对错可言，但当您坚持自己的看法而刻意排斥、否定、批判别人的观点时，茶已经告诉您与别人，您的素质比一个喝简单茶、解渴的人都还不如。所以，再想想，茶对您的意义是什么？您因为茶而怎样凸显自己的立场与素质？

回想起那些教人喝茶简单、喜欢就好，不需在意茶区、茶种、制程、品牌、年份、仓储、茶具、用水、冲泡方式等的人，其用心可能才是最可议，因为当消费者都不在意、不懂这些信息时，只要消费者喜欢，那么就随便他们开价格了，您如果要当这样的消费者，也是您自己的选择。

2008 年 8 月 19 日于香港机场

日本铁壶　作者：高桥敬典

● 音乐

静心品茶之时，

总会在内心响起旋律，

有时是幼年熟悉节奏，

有时是轻快旋乐，

有时是莫名而亲切的律动。

在没有压力、没有目的下泡茶，

随着自己心灵寻找安定，

是古琴、是钢琴、是二胡、是轻鼓敲醒跃动，

透过音乐与普洱茶放松身心，

可以找到"回家的路"。

2007 年 3 月 6 日

普洱与养生

从神话与古代医药经典之中，都曾提及茶叶对人体的医疗效果。然古人对茶叶的功效多为经验累积，知其然而不知所以然。以现代医学与科学对茶叶的内质分析，才渐渐对茶叶有进一步的系统了解。

茶的药效十分复杂，且茶叶的医疗成效，往往是许多药效成分和营养成分综合作用的结果。

茶叶中所含的成分，有咖啡碱类物质、酚类衍生物、芳香类、维生素类，和其他已知与未知物质。但饮茶并不一定能完全发挥这些成分的单一作用或群体效应，甚至若饮茶过浓或过量会引起失眠、头部疼痛，或其他身体不适症状；以茶水服药，会降低某些药品药效。充分了解自己身体状况，适时、适量、饮用适合自己的茶品，才能发挥茶叶对人体的保健功效。

多酚类 （Polyphenols）

占干物质中15% ～ 30%；茶叶浸出物中，比例最高的可溶性成分，一般茶类约30%以下，云南大叶茶类可达30% ～ 40%之间。在茶叶发酵过程中，作为氧化酶素（polyphenoloxidase）之基质，进行氧化聚合等反应，其中主要部分为儿茶素，具有苦涩味，与茶汤色、香味、口感有关。一般认为维生素E具有高效能抗氧化作用，日本学者研究结果表明：未发酵茶中的多酚类其抗氧化效果高达74%，是维生素E的18倍多。

儿茶素 （Catechins）

俗称茶单宁，其化学结构与生理作用不同于一般所谓单宁、单宁酸。可分为脂型儿茶素与游离型儿茶素，约占多元酚类80%，是茶叶中活性最高的物质。以品种来说，云南大叶茶儿茶素含量高于适制乌龙茶、绿茶的品种；以季节来说，夏茶所含儿茶素含量高于春、秋茶，冬季茶品含量最低。在茶叶制作过程中，儿茶素进行氧化聚合作用，此为茶叶发酵重要机转之一。

医学实验中发现，儿茶素能有效减缓茶叶中咖啡因对人体的副作用，并且具有抗氧化、降低血液脂肪与胆固醇含量、抑制高血压、强化血管壁、抗肿瘤、抗血

普洱与养生

栓、抗菌、抗过敏等等保健功效。

茶黄质（Theaflavins）与茶红质（Thearubigins）

茶叶制作过程中，儿茶素产生氧化聚合作用变成茶黄质与茶红质，以及其他衍生化学物质（如氨基酸类、胡萝卜素、脂质等等），为茶叶中主要色素。在氧化过程中，一般来说先产生茶黄素，再转化成茶红素，最后再由茶红素继续氧化转成茶褐素。这点可以解释，生茶品陈化时，汤色由绿转黄、再转成红与褐色的原因。

在发酵茶与红茶评审标准中，茶红质与茶黄质为茶品质高低的指征之一。在普洱茶中，冷发酵茶品与老茶储存陈化，茶汤内含茶黄质与茶红质含量与部分口感有关。从这点可以了解部分普洱生茶品做轻发酵制程，亦或未入仓老茶，冷汤也会出现类似凝乳现象（冷后浑 cream down）。

叶绿素（Chlorophyll）

与茶菁色泽有直接关联，分子极为不安定，畏光、怕热与强酸，脂溶性不溶于水。制作时，能以快速高温破坏活性物质，使叶绿素在鲜叶中固定鲜绿色泽；这点能了解滇青与滇绿在色泽上差异的原因。

叶绿素遇光、热与强酸将迅速脱镁而导致茶菁色泽变异，若茶叶吸湿又在高温条件下，脱色更加明显；这点能说明紧压成品在经过高温、高湿、压力之后，如果再以日晒干燥，茶菁将快速脱色红变。

咖啡因（Caffeine）

约占茶菁 3％ ～ 4％重量，为茶汤口感中苦味的主要来源之一，有兴奋、利尿、加速代谢等作用。在茶叶制作中，与儿茶素结合能减缓对人体的刺激性，茶汤质苦味也降低。以季节来说，秋茶的咖啡因含量最高，其次为夏、春茶，这也是秋茶较春茶苦的原因之一。

氨基酸（Amino acid）

氨基酸的含量与茶叶细嫩度成正比，春季茶含量最高，夏、秋季较少。游离型氨基酸（Free amino acide）存在于茶梗的含量高于嫩叶，其中茶氨酸（theanine）比例高达 50% ～ 60%，可说是决定茶叶香气口感的重要指征。

矿物质（灰份）

茶叶中矿物质含量约占 5% ～ 7%，其中 70% 左右能溶于热水而被人体吸收。其中以钾、钙、碘、磷最多，其次是镁、铝、锰、铜、锌、钠、镍、铍、硼、氟及硒等。茶汤中阳离子远高于阴离子含量，在食物酸碱分类来说，属于碱性食品（灰份酸碱度为9.40），能保持血液为弱碱性，预防慢性疾病的产生。

钾，易溶于水中，排除血液钠含量，预防高血压的发生。氟化物对防龋齿有重要作用。锰，可防止生殖机能紊乱和惊厥抽搐，并有增加免疫能力与超强的抗氧化作用，但很难溶于水中，亦不容易为人体所吸收。锌，可以促进儿童生长发育，防止心肌梗塞与暴卒，并有抗癌作用，茶叶中的铜、铁对造血功能有帮助。

渥堆与微生物

晒青毛茶经过洒水渥堆，因水分与温度提升有利于微生物生长。在渥堆过程中，参与作用的微生物包括酵母类（saccharomyces）、细菌类（bacterium）、黑曲霉（aspergillus niger）、青霉属（penicllium）、灰绿曲霉（aspergillus gloucus）、根霉属（rhizopus）等等。在整个正规渥堆生产过程，并没有发现导致人体致病菌类，而因气候、环境、水质与制程等等过程中，所产生不同菌类比例，终而产生代表各厂方渥堆熟茶的特殊风味。

日光臭（Sunling flavour）

茶叶内含物中有些物质经过光线照射会产生质变，儿茶素、叶绿素、胡萝卜素等，目前了解到湿度、温度、氧气等对茶叶劣变的影响不如光线的破坏。茶叶经光线照射会产生波伏来（Bovolide，酮类），此为检验茶叶经过光线产生质变的重要指征物质。

油耗味（Rancid odor）

茶叶在制作或储存过程中，若产生过度氧化现象，比如普洱茶见光、过度通风等，导致与茶叶香气有关的不饱和脂肪酸氧化产生醇类、醛类挥发性物质，则产生油耗味。

金花

冠突曲霉（Aspergillus cristatus）与谢瓦式曲霉，金黄色颗粒散布。存在于紧压茶中，以湖南千两茶（花卷）、茯砖为代表。形成原因在于紧压时的温度、湿度控制，外干内湿、外冷内热，由内而外，称之为"发花"。

浸出物

茶叶内可溶解于水中的内含物总称，例如咖啡因、多酚类、氨基酸等等。多数认为，浸出物质比例高的茶品，香气口感较明确、汤质较滑稠，反之则较淡薄。云南栽培型野生茶水浸出物，高达46% ~ 52%，为所有茶类最高，

水分含量

水分含量的高低，直接影响茶叶品质的稳定性。一般台湾乌龙茶的水分含量控制在 3%～5% 之间，以防止其氧化、劣变。而普洱茶为后发酵茶，以渥堆熟茶大约在 9%，贸易出口标准为 9.5%。新制生茶大约在 7%～8% 左右。

普洱茶储存条件，一般在相对湿度 70%～80% 左右最为适当，保持茶叶水分含量 12%～16%，在不发霉的状况下快速陈化。但在目前市场上入仓茶来说，高湿度才是快速改变茶质的有利环境，以置放于湿仓的入仓茶品来说，其水分含量高达 20%～30% 之间。所以在水分含量的标准，对普洱茶品质的稳定性来说，还待持续研究与验证。

血脂

通常一般包括有胆固醇与甘油三酯（俗称中性脂肪），胆固醇又分为高密度胆固醇（HDL）、低密度胆固醇（LDL）、极低密度胆固醇（VLDL）、乳糜粒(CM)。高密度胆固醇又称为好的胆固醇，它可预防心血管、脑血管疾病，其余的又称为坏的胆固醇，容易沉积在血管壁，导致血管硬化、狭窄。

经法国、日本、中国大陆、中国台湾等医学临床证实，普洱茶能降低三酸苷油脂与胆固醇在人体血液内的含量，减少罹患心脏、血管疾病的发生。

表没食子儿茶素没食子酸脂 (EGCG)

学名：表没食子儿茶素没食子酸脂(Epigallocatechin gallate 简称 :EGCG)，属于儿茶素类，为很强的抗氧化剂。主要存在于绿茶类，其他发酵茶存量比例降低，比如红茶中 EGCG 的含量只有绿茶类的十分之一。新制普洱生茶（滇青）因为发酵度低，多酚类儿茶素所含的比例远较一般茶种高许多，相对 EGCG 含量也增加。

现代医学证实，EGCG 能减少血清中总胆固醇与低密度胆固醇（LDL）、增加高密度胆固醇，以预防心血管疾病的发生，并能提升人体免疫系统、抑制肿瘤的生长与代谢。

现代医学所研究范围，受 EGCG 抑制的癌症或癌细胞种类涵盖非常广，有摄护腺癌、乳癌、卵巢癌、大肠癌、黑色素瘤、皮肤癌、口腔癌、淋巴癌、肺癌、骨癌、胰脏癌、胆管癌及子宫颈癌等。EGCG 作用的机制尚未十分清楚，目前都只是在细胞培养的实验阶段，并不能百分之百保证临床上 EGCG 能抑制该种癌症增长。除了预防心血管疾病、提升免疫系统、抗癌效果外，也被认为有减肥或美容的效果，目前不论是抗癌或减肥美容，在正常适当用量下，尚未有任何论文提出会有副作用。

二甲氧基苯

晒青毛茶在渥堆过程中有微生物参与，茶多酚和儿茶素类产生氧化降解，茶黄素和茶红素的含量也不高，胺基酸和醣类含量也有减少，但也形成了许多特异的香气化合物。此时，二甲氧基苯与三甲氧基苯明显相对增多。因此，普洱生茶的抗氧化作用，以多酚类化合物、茶黄素等为主，渥堆熟茶的抗氧化作用，则以二氧甲基与其衍生物为主。（《谈普洱茶研究的进展》，刘勤晋）

青瓷与壶

● 西北地区储存的茶品

这几天我在西安品茶
茶友拿茶来请我鉴定
有下关生沱，勐海生砖，
还有云南春尖春蕊
年份从 70 年代末到 1991 年
而茶的陈化虽缓，较不厚滑
但却十分清纯正雅
没有丝毫杂味

最重要的是
西安人很喜欢这样的茶品
这观点
个人感觉并非口感问题
而是个人心态问题

口感越宽

心也越宽

站在别人的立场看待人事物……

就能了解与体会

对方的想法与感受！！

2005 年 12 月 18 日

健康生活

近几年随着经济快速发展，内地已经注意到茶对人体的健康功效，而不仅仅是饮料。欧美、日本及中国台湾医学专家也陆续发表研究报告，例如联合国卫生医药组织发表茶叶为有益人体健康十大食品之一，日本东京家政学院短期大学桑野和民助教授研究发现，吃茶叶（尤其是绿茶）可预防动脉硬化和心脏疾病；美国化学学会提出绿茶具抗癌功能；中国台湾大学医学院生化研究所林仁混教授发表茶叶有防癌作用等等，更使得"茶"再次备受瞩目。

茶，为世界三大饮料之一，为中国特有的文化，历史上传说"神农尝百草，饮茶而解其毒"，在传统中医与现代许多喝茶人体会确实茶能解一般植物性微毒。从此，茶叶不但入药，而且成为日常生活中不可少的饮料。茶叶中含有的特有成分和功效包括：咖啡因（强心、提神）、儿茶素类（抗氧化、降胆固醇）、维生素（A、E、B_1、B_2及C）、矿物质（比如钾能排钠预防高血压）、黄酮醇类（去口臭）以及皂素（消炎）、γ－铵基酪酸（降

血压）等。 综合多项研究与经验，可将饮茶的功效归纳如下：提神醒脑、消除疲劳；放松身心；利尿；降低胆固醇、低密度脂蛋白与尿酸；预防龋齿；强化微血管；抗菌；抗细胞突变，防癌作用；减缓衰老等。

饮茶虽对人体有益，但必须是无农残、化肥，否则在清除体内毒素之时，又将另一毒素进入更深层，得不偿失。茶叶有很多益处，但并非每个人都适合喝相同茶饮，或相同方法、习惯喝茶。肠胃不好、胃虚或寒凉的人，早上切忌空腹喝浓茶，尤其以绿茶、乌龙（青）茶、普洱台地生茶等，以免影响肠胃功能，妨碍维生素 B_2 和铁质的吸收，引起胃痛，也会增加肾机能的负荷；普洱古树新生茶影响较小、老生茶、熟茶则几乎没有影响。饭后半小时内最好不要饮茶，一小时内只能少量品茶，以免影响消化，90 分钟后喝茶较为适宜。在睡前这段期间多喝茶会增加夜尿，影响安睡，有些人甚至会失眠，与茶本身不尽然有绝对相关，但体弱者夜间避免大量喝茶或浓茶。

3岁以下儿童不宜喝茶，3至6岁儿童脑部发育尚未完成70%，建议只能喝淡茶（成人1/2～1/4浓度与量）。怀孕和哺乳期间，若原本有喝茶，建议减量、降低浓度至一半以下，以免产生孕妇与胎儿不适应状态。服用药物期间，若为消炎、抗痛药剂饮茶影响不大，但仍应减少量与浓度；三十年以上陈期普洱老茶与熟茶活性物质（如茶单宁）已经稳定或消失，对药物负面影响较少，可以放心饮用。

为保留与增加茶叶中活性物质（多酚类）的消炎、抗氧化效果，每天饮用150毫升以上，并品饮刚冲泡好的茶汤，就能喝出健康。过于粗老、苦涩的茶品不止口感不好、对人体健康功效不大，还因含有很多杂质、鞣酸与茶碱等有碍健康。

茶醉

饮茶过量或空腹喝刺激性高的茶品，导致体内血糖含量瞬间降低，或是因刺激性内涵物强烈影响脑神经与内分泌，使人产生头痛、晕眩、站立不稳、乏力，甚至手脚发冷、心悸、呕感等等症状。

酒与茶

因茶有利尿效果，酒后适量饮茶，除增加水分稀释体内酒精浓度，还能加速酒精排泄，解除醉酒状态。因此，坊间一直流传以茶解酒的做法，是有一定生理学基础。

然而，酒精进入消化道被人体吸收，约有90%在肝脏进行分解。正常的状况下，酒精在肝脏先转化为乙醛，然后再转化为乙酸，最后分解成水分和二氧化碳排出体外，整个历程大约需要2～4小时。如果，此时体内尚留存大量酒精成分而又大量喝浓茶，茶叶中的茶碱（咖啡因类）会更加速作用于肾脏而产生利尿效果；这样酒精转化为乙醛后尚未来得及再分解，便从肾脏排出，而使肾脏受到大量乙醛的刺激，将影响肾脏正常代谢功能。此外，饮茶过量会增加心血管系统负担，这对原本患有高血压、心脏病、糖尿病的人尤为不利。因此建议，酒后不宜多饮浓茶；当然，最好不要饮酒过量，任何事物过与不及都有弊端。

环境、制程影响体感

体质敏感的人在喝普洱茶时，都会注意到几个明显特点。有些茶感觉两鬓（太阳穴）疼痛、紧压感，有些茶身体发热，有些茶身体发寒，有些茶令头颅、鼻腔发热如发烧症状等等。

茶，吸收日精月华，为天地精粹，过度人工干预，只会损伤茶质。高温杀青、高温干燥茶品会产生太阳穴紧压感、身体发寒，杀青焖炒会出现鼻腔、头颅发热现象、口感微酸。

经过个人多年的体会与了解，真正优质茶品必定出自于没有施洒农药、化肥，有天然树冠植被的杂树林，没有过度采摘、人工干预，低温制程，所制成茶品应会有身体不同部位发热，整体身体是松弛感，而不同于高温制程茶品（乌龙茶等）是提神，在身体功用上有明显差别。

茶与防龋

茶树能从土壤中汇集氟素，适当氟能防止龋齿，茶菁级数较嫩者含量约在 40ppm ~ 720ppm，粗老叶达 250ppm ~ 1600ppm。茶多酚类化合物具有抑制葡聚糖聚合酵素功效，能抑制龋齿连锁球菌及齿缝中的乳酸菌，以减少蛀牙病原菌。茶中皂素亦能增强氟素和多酚类化合物的杀菌作用。茶属碱性，人体缺钙时易生蛀牙。因体内碱性矿物质不足体质会呈现酸性，齿中钙会溶解于血液中，将导致牙齿脆弱。因此，适当喝茶，可抑制钙质减少，亦能有保护牙齿功效。

血脂、胆固醇与茶

普洱茶依不同制程有降血脂、胆固醇、尿酸的功效，也能抗氧化，这是经过国内外医学研究所得成果。（但最近居然有国内专家说"没这回事"，怪了！）但是，最近一两年我的身体却得到反效果，原因绝对不是普洱茶没有功效，而是我的生活作息混乱了。

2005 年 4 月之前，因为还在学校任教，每星期固定运动的时间都超过 20 小时以上，饮食习惯与作息都十分正常，身体素质与体能保持良好。离开学校之后，运动量骤减，可以说完全没有时间；加上与茶商、茶友、政府单位领导互动频繁，进入大陆之后的两个多月，几乎没有一天是自己吃饭。虽然每天喝茶从早喝到晚，但也吃了不少大鱼大肉，营养严重失调、过剩。去年底，虽然体重没有增加，但自己就警觉到身体疲惫难以恢复，几个穴道出现紧绷、酸痛感。依自己身体的敏锐度与医学常识，知道自己的三酸苷油酯、胆固醇、尿酸已经累积过量，疲惫程度也已经快到极限，身体出现警讯再不做调整，必然出问题。

茶，虽然有预防疾病功能，对血脂、胆固醇、尿酸有降低效果，但终究不是药。饮食作息还是要正常，不能只依赖茶品对身体的调整，否则还是会出毛病的，本人就是个例子。如果我再不调整自己，饮食作息不正常，罹患脑血管破裂或是过劳导致肝脏疾病、痛风等等病症，并不意外。

2007 年 7 月 10 日于昆明

喝茶与排尿

只要一到大陆，时常每天从早上九点多喝茶喝到晚上十一二点，有时候因为没有厕所（或是很远），很不方便。水量摄取大、排尿次数没有增加，结果在二个月前发现自己的泌尿系统有些问题，有些发炎现象。尿道炎与膀胱炎，是许多人容易罹患的疾病，与年龄没有绝对直接相关，年纪轻的青少年也会罹患，尤其女性因为尿道较短，更容易罹患膀胱炎。多数是因为水量摄取不足或憋尿，甚至因为憋尿导致尿液回渗，细菌感染，影响肾功能而罹患肾盂肾炎。

自己专长与医学相关，但有时候还是会纵容与忽略身体的警讯。所以啊，知道得多，不见得能活得更好或更久，也只有能调整作息与工作量，才能有优质的生活！

2007 年 7 月 8 日于昆明

嫩、青壮、老黄片

以往喝茶，几乎都有戒心地喝。12 月 14 日与某法师针对"氟"的议题讨论，为此，我找一饼老黄片来做实验。因心想黄片气弱，所以刻意专注品饮，打开身体所有敏锐点。没想到，我轻忽老黄片衰败之气的威力。

工程师原本就身体不适，喝了几杯之后，几乎就无法动弹；发烧、流鼻清、头疼、咽喉疼痛，类似 C 型感冒症状，也就是体内免疫系统快速活络抵御的状态。法师吃全斋、南方人偏寒体质，无病痛，却也接着发生同样问题；更让我讶异的是，连我都产生一样的状况，只是我喝得少，在半小时后发作。这一杯茶，诱发我未来几天的问题。我太轻忽老黄片了！

嫩芽，新生命的纯而无杂，但缺乏丰富内质。青壮叶，成熟有劲道，但却也

黄片与正常茶菁

是衰败的开始。老黄片，所有活性、有益物质多已消逝，"氟"只是其中一种衰败物质，只是一般人不会想到有多深层影响。茶，本身也是药，而药性三分毒，茶碱（植物碱）就是代表性，在微量释出的情况下还能对人体有益，但如果快速、大量释出就会产生伤害。而老黄片的问题，目前个人也无法完全解释，但身体感受到的老化、代谢余毒、衰败、寒气真令我讶异，几十年来没有如此认真体会过老黄片，这次着实被教训、修理一顿。茶，未知、要学的还多的！

2008 年 12 月 24 日于北京

普洱茶与虚实冷热

个人曾提过，当地仓储茶品适合当地人饮用，这就说明气候环境对茶品的影响，而转化成适合当地人体质的茶品。气候、环境、体质三个条件，加上普洱茶生、熟、新、老茶等交叉因素，确实很复杂，以轻松品茶的角度或许不需在意这么多，但如果以养生或是敏感体质的人，就需要多注意适饮时机。

现代有条件品茶的人，在饮食方面基本上已经是吃太好且不均衡，而不会不足。北方干燥、温差大、肉食多、饮食偏咸；南方温湿，饮食偏甜；以致大抵上来

说，南方天候湿热，南方人体质多属寒，北方天候相对干冷，北方人体质多属热。普洱茶新制生茶偏寒，新制熟茶虚热，老生茶、老熟茶转实温。以上几个条件，配合四季就有不同适饮的茶品。个人体质属实温，以致在夏天就无法品饮新制熟茶，只能在冬天品饮炖煮的熟茶。

以目前笔者在各地茶友交流，北方、西北、昆明茶友体质偏热，比较不适合长时间饮用新制熟茶，应以荒地、古树生茶为主，可少量搭配一定年份熟茶。南方茶友体质偏寒，可以熟茶为主，搭配古树茶，尽量少饮荒地台地茶，荒地台地茶多数寒性极高，不建议长时间、大量饮用。

老生茶、老熟茶属实温，除了特殊体质（实热），基本上任何地方与时间都适合品饮，量也不拘（当然不能太离谱，不然喝水过量都中毒）；体质虚寒之人，不适合大量品饮新制生茶，夏天古树茶配合熟茶，冬天则熟茶比例加重。虚热体质之人，尤其燥热之人（不少昆明人属之）基本上就不太适合喝新制熟茶，以新、老生茶与老熟茶为主。气血二虚之人，基本上只能喝老生、熟茶。实热之人，建议只喝新制古树，或配合少比例老茶。至于体质，可以依自己喝茶时肢体感受得知，最

健康生活

好是询问老中医把脉可明确了解。以上，只依寻常虚实冷热来简单区分，茶品基本上不会有太大冲突，对身体负面影响很小，不需太介意。

2010 年 7 月 26 日于昆明

● 把胃喝坏了

去年就曾经听说台湾网站某位普洱茶名嘴因为喝新茶把身体喝坏了，当时我听了觉得是谣言，也没有搭腔。刚好上网时见他自己说，身体欠佳、调整中，很长时间没有喝茶。看到也觉得奇怪，还是没有多想多问。今年网友来，又说他因为喝茶把胃喝坏了，我问了一下，听了之后也觉得奇怪，但也不太想多说。去年听到的时候，直觉是有人想说这位名嘴喝新茶喝坏，目的是想打击他、打击新茶市场，所以一笑置之。

以我自己对中医与身体实际了解，任何东西过与不及都不好，茶喝太多当然也不好。新茶如果过量，当然会伤到身体，但什么叫做过量？依自己身体状况来评定，没有定数！怎么说明，很简单，只要认识我的人都知道我喝新茶的浓度与量，在普洱茶界应该还没有见过比我更浓的，但我有不适吗？我比那位名嘴年长，喝茶时间更长、量更大、更浓，关键只有在自己身体的保养。而我自己是累过头，休息不够，这也是过度了，但不能说我喝茶把身体喝坏了。

普洱台地生茶其茶碱含量较高，再经过机器重揉，所释放出来的植物碱确实不低；若再喝过浓、过量，胃一定受不了，所以一般我很少建议新茶友喝新制台地生茶（七年陈期内），甚至有所选择时，就喝古树茶为宜。说到这里，让我想到一个台湾茶商到处放话，说"号字印级茶都是台地茶，古树茶现在这么柔顺，肯定不能长期存放"，"现在市场会乱，都是这些私人订制茶太多所导致"。听到这些，真是把我笑翻，没知识又没常识所说出来的话，只为自己利益来编造谎言、欺骗消费者。无奈的是，因利益关系有一群茶商跟着他们在欺骗茶友。

219

"文革"前，整个云南都以古树与放荒茶（野放）为主，密植性台地茶非常少，有的话也是用来制作高价格的滇红、滇绿；低价、不被重视的滇青都是以较粗老（当时认为古树茶粗老、低产能）的茶菁制作，与现在的状况完全不同，这些五十年以上老茶是不可能用现在这些"纯台地料""纯茶园茶"。会说老茶都用台地料，是对历史的不了解、谬误。

第二个偏差，就是对台地茶、古树茶转变陈化毫无经验，可以说没有收藏茶品超过十年以上所说的笑话。纯台地茶，在台湾完成陈化周期大约7年；古树茶只有5～6年；荒地茶（群体种）的转变较不稳定，会介于古树与台地之间。而好玩的是，台地茶从一开始浓烈而渐转柔滑，古树茶反而一开始广而柔顺，而渐转聚而强，转化期间会出现极不稳定状况，而荒地茶（野放茶）的陈化更加不稳定，会时有台地的浓烈、时有古树的深韵、柔顺（勐海云梅春茶即是）。总归一句，好茶是应该新茶好喝、放陈更好喝，而不是他们所说的新茶应该很苦涩、放一段时间才能喝，这是很低劣、不专业的错误推销词。

三大品牌崩盘已经是不争的事实，不用我再回到2006年底时的大声疾呼，但台湾囤积数十亿台币的三大品牌，现在卖不掉、资金紧绷压缩，只好四处派茶样（派到大陆去了），到处说古树茶不能存放，还想忽悠新进、入门的消费者，唉！当茶商当到如此，太累了。

2009年2月21日于台湾冈山

巴达一千七百年的古茶树

人生不苦

从来不苦

无限的贪嗔痴慢妒

苦的是

你的味觉

你的心

茶从来不苦

从台湾看普洱

——制程工艺演进

如同其他茶类一样，消费者所疑惑的都是茶品制程的演变与使用原料。每个年代的茶品都有所差异，随着时代的演进，从包装纸质、印刷、使用原料、拼配手法、制作工艺、规格与外包装等等都会有很大的改变，有些消费者就很明确希望保留"传统"。问题是，何谓传统？是古董茶传统？还是印级茶传统？还是早期七子饼是传统？如果这样问消费者或茶商，很少人能明确响应。由此可知，很多喝茶人时常会掉入自己的观念陷阱，落入窠臼！

所谓传统与现代工艺

笔者从1986年正式品饮与研究普洱茶，一路从古董、印级茶，到早期七子饼；1999年初次进入云南、2001年开始深入茶区研究普洱制茶工艺，从历史文献到云南少数民族保留的传统，笔者了解到普洱茶制程十分多变，至今云南各地少数民族与各厂方以现有同时存在的做法并不只三四种。

将茶叶由树上采摘下来后，未经杀青、揉捻，直接日晒而成生晒散茶，这可说是为云南最早、最传统、最简单的普洱茶，至今仍有云南少数民族如此品饮。1953—1954年间，云南省茶叶研究所调查傣族制作生产茶品工序，原则区分出三种形态：

（一）杀青→揉捻→晒干

此即晒青毛茶，与一般认知的少数民族传统制法相同。将鲜叶放入热锅内手炒杀青，至颜色转深绿色时倒在竹席上以手揉条状，再摊均晒干。

（二）杀青→揉捻→后发酵→晒干

此制法的后发酵方式，是将杀青揉捻好的茶叶在干燥之前，先装入竹篓中进行后发酵，让茶叶转成红褐色，隔日才将茶叶日晒干燥。过程类似渥堆，但并无洒水增湿之步骤。此类做法茶叶成品为黑褐色，有些类似红茶，与晒青毛茶的香气、口感大有不同。

（三）杀青→初揉→后发酵→晒干

制作晒青茶的老夫妻

→复揉→晒干

　　此制法在杀青完,第一次将80%以上茶菁揉成条后,即装入竹篓进行后发酵,隔日再摊均在竹席上,晒至半干时,再将未完全揉成条状的偏老叶部分再揉一次,而后再晒干即成。

　　这里所谓的"传统",是指70年代以前全手工制程,包含现代少数民族保留之传统做法,手工采摘、铁锅手工杀青、手工揉茶、毛茶日晒干燥、土灶蒸压、成品阴干或日晒干燥。所使用茶菁以野放茶、栽培古树茶(荒野茶、大树茶)为主。所谓的"现代",是指70年代以后,"中国土产畜产进出口公司云南省分公司"机械化制程,滚筒式杀青、机械式揉茶、锅炉蒸压、高温烘房。所使用茶菁以高度人工栽培茶园茶、良种茶为主。

古董印级茶与七子饼

茶菁原料

　　从个人对古董、印级茶的了解,对

比现有各类茶种，古董茶所使用的原料确为栽培型古树茶，产区以古六大茶山为主；而印级茶使用原料，则较接近百年左右的荒地茶，夹杂着栽培型古树茶，产区应以勐海茶区南糯山为主。"文化大革命"之后，70年代后期所生产的七子饼茶，则以群体种生苗为原料，也就是俗称小乔木茶种为原料，这样的原料使用最后一批就是80年代中后期生产，俗称"雪印"的7532，以及第一、二批8582。云南省大量种植良种茶于1985年，第一批量产茶品就是在三四年之后，也就是1989—1990年开始的7542、7532、8582、8853，等等。

2004年开始整个大陆市场为之疯狂，云南菁价涨，开始出现供不应求，越南菁、缅甸菁、四川菁、广东菁、湖南菁掺杂其中，市场却无辨识能力。茶菁的使用变化，因应时代背景与观念，夹杂利益因素而随之调整,怎样的茶菁才是传统、才是最优？！

制程

50年代以前，多数青毛茶制作都是由农民自家制作交予茶庄、茶厂，由茶庄与茶厂自行设初制所的比例并不高，事实上这样的生态一直到现在为止都是如此，拥有自有茶园供应充足原料的大型厂家并

不多。而每个农家因为加工过程并不规范，这也是普洱茶品管理无法稳定的原因。

古董茶

早期老茶号时代，依据记载，因为早年时常战乱纷扰、市场需求不大，多数茶庄取用茶菁多使用最优质古树春茶（3至5月）紧压，雨水茶与秋茶使用并不普遍。手采、萎凋、铁锅杀青、土灶蒸压、石模压制等等制程没有太大争议与变化，需要思考的是，紧压成品之后如何干燥？当时土瓦烘房并不普遍，一般推测古董茶成品干燥应有三种模式：

（一）自然阴干：如果所有制程完备后，在11月至隔年5月时云南还属于旱季，空气相对湿度较低，应能在五至六天之内自然阴干，而后进行包装。

（二）成品直接日晒：易武地区因为湿度较高，目前仍有不少私人作坊成品直接日晒干燥。

（三）微干后包装日晒：有些茶庄在紧压后阴干一、二天，而后竹壳筒身包装后直接日晒。

成品干燥方式直接影响茶质，以目前了解，若非阴干而是以直接日晒的方式，三五年后会导致茶质薄弱。然而这样的影响，是否会持续二十年、甚或三五十年，

原筒古董茶

红印

目前并没有直接观察证据与记录，然以经验推测，成品日晒对茶质肯定有相当大影响。对于古董茶来说，因为当时老茶庄纪录不够明确，以致现代1990年代中后期所生产栽培野生茶与制程的相关，还需做后续观察。

印级茶

50年代"中国茶业公司云南省公司"成立，制作工艺上有所规范与记载，制程与老茶号并无多大差异，然在使用原料与品管上有别于各老茶庄之间的参差不齐，从整件的红印、蓝印、蓝铁可以观察使用茶菁级数、饼模等品管较为严格。而根据进出口公司志曾提到，茶品干燥是以长时间阴干方式进行，从这点大约可以了解此时国营厂已经了解成品干燥应避免日晒紫外线所引起的茶品劣变。

七子饼

勐海与下关茶厂于1973年开始就拥有现代烘房的雏形，已经知道在雨季紧压茶品后的干燥问题，只要控制温度与通风性，亦能达到适当的干燥效果而不使茶品劣变，这点从进出口公司志与厂志可以发现茶品含水量问题与干燥度相关。然而从1999年开始，因为紧压车间与干燥烘房一直没有增加，在市场需求扩大之时，烘房温度开始不断地升高，从35℃开始不断上升至60℃~70℃。

以前因为没有较先进设备，可能以日晒干燥出现品质不稳定，近代则反而为了量产而升高温度，导致茶品酵素酶停止作用、水分含量大幅度降低，茶质因此酸化薄汤，这样的现象在 2004 年开始更加明显。除了原料不足导致他地茶菁充数的危机外，制程的改变也造成普洱茶的另一危机！

以往因为需求量不大，采摘时间均以干季的春茶与秋茶为主，近年因市场需求太大，已出现真正"采无时"的过度采摘状况，且现代化的茶园管理已伤害茶树。现代急功近利的做法还包括滚筒式杀青机不当加温使用、揉捻过度重揉、毛茶用烘干机快速高温干燥等等快速而伤害茶质的

做法，是伤害普洱茶内质与陈化的主因。

未来趋势

早年普洱茶名不见经传，连陆羽《茶经》都未曾提及，只是边疆少数民族日常用茶，直至清朝初年才成为贡茶，为人们所关注。然而清末民初战乱纷扰，天灾人祸不断，普洱茶又逐渐为人们所遗忘，只剩西藏、内蒙、新疆等民族无法弃离。也因此，普洱茶又成为上不了台面的非主流茶品，低价、粗糙、卫生监管不到位等等负面称号成为普洱茶的代名词，美其名为

七子黄印系列包装

"传统"，以这二字来原谅其所有不规范。

笔者从乌龙茶、绿茶、岩茶等直至改喝普洱茶，最大的关键在于没有化肥、农残的污染。晒青毛茶原料，价格低廉，原本以荒地茶（老式茶园）居多，没有施人工肥料与农药之虞。2005年开始，晒青毛茶价格历史上首度全面与绿茶原料平价，2006年价格更直接超越绿茶。笔者在2006年春茶采收时节，就亲眼所见以绿茶充当晒青毛茶销售给精制厂，笔者问茶贩："这不是绿茶吗？"茶贩说："是啊！"笔者狐疑："那您怎么会拿来这里卖？"茶贩言："现在普洱价格好，卖不掉再拿去卖给绿茶厂。"以致，因市场需求而出现普洱茶的两个疑虑——"制程""农残与化肥"。

以往，茶品中有头发、石子、砖块、木炭、钉子、稻谷、玉米等，重量不足、拼配用料不均、制程失当等等，绝大多数消费者在潜意识认为普洱茶是低价、低档次，所以有杂物、不规范是应该的。经过这几年市场扩大，需求量增加，毛料与成品价格飙升，跳脱所谓低价茶品概念而成为风尚，消费者也逐渐将之地位提升，有杂物与不规范将为消费者所诟病。云南政府必须加强对于厂方初制、精制加工的卫生安全监督，以增加市场的信任度。

普洱生饼是市场所追逐的焦点，一是口感清新、韵底较熟茶深厚；二是生茶具有较高的增值空间，利之所趋。而生茶品中，古树茶、野生茶因为数量少、口感较柔顺、韵底深，毛茶价格在几年内暴涨数十倍，这股追古树茶、野生茶的趋势短时间内不会消缓。为了让生茶更加柔顺、陈化速度加快，适当制前发酵将有可能取代有渥堆味的熟茶，形成新系列茶品。待北方市场全面打开之际，古树茶将更受市场青睐，开发特殊制程茶品也将是茶商、茶厂往后的趋势，而不只是坚持所谓的传统。

结语

中国历史上的茶品，从唐朝开始就出现所谓的龙团凤饼，紧压茶之美一直未曾消失过，虽然明太祖朱元璋废团为散，然此时云南已经开始制作紧压茶运送至边疆当酥油茶、奶茶等供马背族食用。紧压茶与其他茶类最大的区隔，就是能长存久放、越陈越醇厚，这特点在普洱茶精制与现代化过程中，在制程上是必须坚持的特点。综合上述所言，普洱茶制程演变将会出现以下概况：

第一，卫生标准的提升，化学肥料与农残的监控，有机茶品势必获得市场认同。

第二，古树茶持续风行。

第三，不同于传统新制茶品的苦涩，制前发酵茶品将会展现新风貌，与渥堆熟茶有所区隔。多样化的制程，将改变传统历史上晒青的单一口感。

第四，虽然现代科技文明介入，茶品制作将会更有效率，但仍必须坚持能长存久放的原则。

2006 年春

● 制前发酵

茶苦寒、性烈。很多青茶、红茶、黄茶、黑茶、白茶都以制前发酵的技术去除其苦涩、制其甜韵与广度，但通常以制前发酵工序制茶，多少都会损耗其内质，导致泡水变短。2002 年个人曾经在台湾茶颠话网站对普洱茶制前发酵提出质疑，主要背景是因为当时台湾茶人只品饮到台地野放茶因不当萎凋所产生的红变，而非实际蓄意监控制作的制前发酵，与台湾茶的精致制作技术概念有相当大的差距。

2003 年起，有机会直接接触到鲜叶，从萎凋、杀青、揉捻、毛茶干燥、筛分、蒸压、成品干燥等等一路全程监控取得最稳定品质，2005 年在景迈山尝试以厚重茶质的栽培古树茶制前发酵，发现能产生意外效果。因为古树茶的内质与浸出物均高出台地茶许多，制前发酵虽然会耗损一些内质，但仍保留相当多的陈化空间。将发酵控制在一定程度，可以使口感变得滑顺，类似渥堆熟茶，也能保留生茶微苦涩特性，继续转变陈化。在制程上，介于普洱生茶、东方美人（白毫乌龙）、红茶之间。无熟茶堆味，苦涩度降低，能立即品饮；相对的，陈化转变比熟茶高，但低于未制前发酵的生茶。

启示

真可谓"有一得必有一失"，得失之间取决于制茶者的理念，所求为何？每个人的理念与需求'好恶不同，茶厂、茶商与消费者亦然，目的为何？想要能立即品饮，还是要继续等待五年、十年、二十年、三十年，还是五十年……

2007 年 3 月 7 日

布朗山寨子

● 事有不殆，反求诸己

茶

友之君子

无需言语，却饱涵历史风华与人间文化

君子之交淡如水，待之以礼

玩

亵玩不恭，无理无知

甚之

狂妄自大，无以自尊

玩物丧志，失礼失智于己

与茶何干？

事有不殆，反求诸己！

从台湾看普洱

——云南普洱产业发展

2001 年笔者在台湾网站上预测，"2003 年普洱茶市场会随着大陆经济发展而风起云涌，印级古董茶因市场扩大而被稀释，市场走向新茶、没入湿仓的茶品为主，2005 年印级古董茶将逐渐销声匿迹、北方市场渐渐打开"。2003 年时，曾告知茶厂"市场正式进入战国时期，先控制原料者将控制市场"。2004 年眼见所有预测一一实现，郑重地告知厂方"打开与占有市场最快方式并非量产，而是奠定好品牌与品质"。2010 年的今天，控制原料来源与制程，意味高端品质的保证。

品牌与品质

云南普洱茶，排除清朝贡茶时代，历年来对于品质都一直没有严格要求，因紧压茶一直被归类为低档、边销茶品，在这样的背景之下何来要求品质？如何创造品牌？现今大陆经济发展快速，人民所得提高，加上中华文化受其他国家种族所重视，普洱茶市场快速扩张可以被预期。云

严谨的包装

南各厂家，除下关与勐海茶厂属于老品牌已被市场认同，改制前独占市场 85% 以上，其他民营厂想取得市场一席之地非常困难。2004 年国营厂改制后，市场正式进入战国时代，下关、勐海茶厂不再独占市场，甚至退为大路货的代表，加上二厂行销策略与茶品让许多行家有所疑虑，其他略具规模的茶厂出现竞争优势，而控制原料、品牌与品质成为最重要关键。

原料

云南古树、野生茶菁数量是固定的，尤其因为自然凋零、砍伐、滥采等等因素，数量减少、品质逐渐低落，如果茶厂未能控制厂方所需之大多数原料，市场竞争力

景迈茶园

势必受影响,茶品价格直接波动亦或降低品质与成本,这对长时间经营的厂方来说都是负面影响。自有台地茶园、以荒地种植群体种野放茶概念,对准备长久经营的厂家来说,有其必要性。

建议

在市场进入纷乱的战国时期,私人茶厂想要突破固有勐海、下关传统市场,必须走出窠臼,找出自我风格,量产与低价政策,无法与传统的勐海、下关相较。笔者做以下建议:

· 培训选料与拼配人才。

· 硬设备与精致加工流程标准化,以求卫生标准达标。

· 包装设计选择与突破。

近年有许多大企业以庞大资金投入,为能快速扩张版图,必须投入相当资金,可达事半功倍之效:

· 拥有规模自有茶园,从鲜叶开始

茶园

硬设备与精制加工流程

茶艺师培训课程～茶品讲解

加工制造、控管品质，做好品管把关。

· 适度以文化包装行销品牌，传递公司经营理念。

· 培训茶艺师、开设茶文化课程。

· 各大主要城市设立厂方展示据点，只做推广不销售，服务当地经销商与消费族群在公司品牌与品质方面的相关信息。

· 招揽茶叶专业人士，以提供公司在生产、营销、培训等等专业咨询。

文化与旅游产业的衍生

六大茶类中每一种茶都有其特点，口感上也都有其爱好者，不能评断其优劣。云南茶最大的资产并非茶叶本身，而在于文化资产；包含有"陈年老茶""古树茶林""老茶镇""茶马古道""马帮故事"等许许多多的茶文化结合，产生另一无烟囱的精致产业——茶文化旅游事业。

政府首要建立一套具公信力之专业媒体，这是政府介入普洱茶界的起步，有具公信力、专业信息对市场正常发展有一定引导作用。对于茶品生产，政府只需着重在监督管理，古茶树保护、茶园种植管理、初制与精制加工厂规范等等，然而对于茶文化的推动，则必须依赖政府整合与重点执行，一般业者并没有相当足够资源、影响力与公权力。旅游产业原本就是云南

普洱茶叶节

省重要资产，以往只重视原始自然资源，对于茶资源则尚未充分利用。笔者提出下列建议：

第一，由企业认养古茶林，以弥补政府人力不足，普查每一片、每一株古茶树资料，点交企业管理认养，若有疏失由企业主负责。

漫步在古茶林里

第二，古茶林必须有效开发，严格执行以科学采摘法适度保护老树，以确保永续经营。

第三，古老茶镇老街、老建筑与茶文化古物之保存、老茶之收集，行成一普洱茶博物馆，都有利于历史文化保存，并成为市场开发焦点。

第四，与旅游观光业者、厂方、茶商、各茶叶协会商会等团体结合，举办茶文化之旅、制茶体验团、茶禅生活之旅等等让消费者亲身体验茶与生活的融合。

第五，强化茶厂、茶商等相关业者专业训练，定时举办职业训练班课程，包含职前训练与在职训练，以证照制度强制执行。

结语

普洱茶热潮方兴未艾，业者与政府此时应主导市场正常发展外，仍须有决心与力度开拓新领域，方能提升市场高度与动力。业者与政府在产、供、销三个不同层面上，主客关系不同，着力点也有所差异，应各司其职，方能共同打造普洱茶在茶叶市场一片荣景，取得主流市场之地位。

2006 年春

● 大厂概念与跟从附庸

这几天接连与几个厂家相关负责人谈及市场现况，以及未来运作模式与品牌建立。每次都不约而同谈到去年（2007年）市场疯涨的原因，为几个大厂贴牌、使用境外料、不理性炒作导致市场崩盘。这几个大厂所制作的茶品，已经无法为消费者所信任，只是没想到他们仍与一些协会组织、附庸跟从在今年联合炒作，以专业之名行炒作之实。

很好奇，经过去年的风暴，到底有多少厂家清醒了？导致崩盘的始作俑者，那些大品牌到底在想什么？是想洗心革面，不再欺骗消费者与市场，或是想找下一批傻瓜，继续忽悠？

多数消费者的确是盲目的，追大品牌是许多人的习惯，在百货公司、专柜买产品就是基于这样的心态，总认为自己不懂跟着大品牌应该不会错到哪里！就没有想到，在2006—2007年的普洱茶界最大的几个品牌错得最严重、最离谱。至今，这些消费心态依旧，那些大品牌也依然如此。

茶的本质必须回归到品饮价值，论品饮则直接与品质相关，从茶区、茶种、制程都要坚持专业与诚信，大厂们欺骗消费者三四年了，此时能否诚实标示、专业制作茶品？个人实在很怀疑！只是不断在一些组织、媒体广告宣传，让一些跟从附庸瞎炒，到底消费者还会继续被骗，还是会清醒，真的没有把握；因为，2006—2007年买进大量这些"仿普洱茶"的人太多（不是仿品），或是忽悠着亲戚朋友买这些茶，现在也无法交代，现在只好再昧着良心继续吹。在市场上还出现一种现象，要买2008年的茶必须附带买2007年的茶品，捆绑销售——全部一起拉下水。更好笑的是，有一些想出名的人以前骂大厂、骂所谓专家学者，现在大厂给些蝇头小利、小名后也跟着瞎炒、瞎起哄，跟着这些大品牌来骗人，成立协会来一起忽悠。对于不再关心的人事物，我都有些漠然，视为必然，但真的有些感慨，在名与利面前，人真的很渺小。

2008 年 5 月 7 日于北京

大雨过后的景迈山～美丽的彩虹

● 买茶喝茶

有人只是为了解渴

有人是跟潮流

有人品味休闲

有人收藏研究

有人品茗享受

有人增殖发财

您是哪一种？？

目的越多，需求越多，压力越大

您的茶

是放在嘴里

手里

仓库里

还是……心里

您的茶

是爽口的饮料

是家里的摆饰

是银行的存款

还是……心理的压力

品茶之人，享茶之人

没有必要做这样的牺牲

玩茶，不要被茶玩

不要玩物丧志

作者拍摄于 2004 年 10 月—思茅千家寨房桥

从台湾看普洱
——经济利益与老茶林保护

前言

  未曾参与清朝时普洱茶成为贡茶的盛况年代，以目前几乎可以说是自由经济的年代，茶商茶贩脱离计划经济时期的统购统销时代，直接跟农民购买毛茶，茶农在短短二三年间生活有了明显改善，买车、盖新房、穿时髦新衣等等现代文明也直接进入纯朴的传统农业社会。然，除了生活改善之外，毁灭性的破坏也随之产生。

经济与文化间的冲突

  是否经济所带来的物质生活发展，一定会造成当地文化无可挽回的毁灭？二者一定是相冲突的吗？有没有谋合的余地？世界各先进国家的发展过程都曾经历过这一段阵痛，云南茶产业能否吸取教训，避开这些可能导致无法挽救的危机？

  笔者从 2001 年至至今都穿梭在云南各茶区，云南的茶产业与茶乡发展，笔者也应当算是一个见证人。保山、临沧、思茅（普洱）、西双版纳四个主要茶产区都几乎成为笔者的第二故乡，熟识的朋友都了解笔者对茶区比家乡还清楚，笑称已经是半个云南人。然而，从2003年开始，随着普洱茶的热潮，茶区开始出现较大变化；推山伐树、烧林垦山，所做的一切都是为了种茶。2004年开始更为离谱，农家因为茶而赚到钱，生活因此得到改善，紧接而来的却是在文化人眼中一连串的危机：老茶林地砍伐、老茶街的消失、传统少数民族建筑与文化的消失、钢筋水泥长驱直入部落、传统制茶工具的消失、小孩为采茶而不上学等，笔者所见，您看到了吗？

在易武，看着工作人员把整个山头全部推平，所有杂树林都砍掉，推成一片片的耕地般，看得出是要栽种作物。笔者好奇问，准备种什么农作物呢？工作人员说："现在普洱茶价格越来越好，老板准备烧山后与人合资种茶树。"我茫然看着被整平与烧尽的山头，听到这样的对话让我无语，只是为了利益，不知道何谓永续经营，可以完全不顾自然林地的保护，而极尽所能地开垦山坡林地。这样的例子，到处都有！

布朗山的章家山

传统与现代～老曼娥

在景迈，傣族农民在我眼前将一亩多的古茶林化为平地。笔者问：为何把茶林推平？农民答：要盖房子啊！笔者纳闷：你们不是因为这些老茶林才赚到钱的吗？

易武茶马古道

怎么会想要把它们铲掉？农民答："哎，这些茶树多的是，只是大小棵不同而已，去摘小茶树当大茶树卖给茶贩，他们也分不出来。"农民们不知道古茶树所需要的环境是需要杂树林、植被才能生长出好的茶质，破坏树冠与植被会导致古树茶林的死亡。过了二三个月后，笔者又回到景迈，看到在那推平的古茶树林地上，盖了一栋钢筋水泥建筑，在传统傣族房舍与古茶林之间。

　　曾听一些人说，云南的文化落后。听了这句话，通常我都会接着说：只有科技文明与经济落后，文化是生活的总称，只是不同形态，没有高低上下之分；会说文化落后的人，通常不知何谓文化，却自以为很有文化。千百年来云南百姓物质文明一直不是很优秀，然而其保有纯朴民风，以及世界级独特自然文物与风貌，这些西南边境少数民族的独特民俗风貌，是其他地方所无法取代的，这些不只是中国国宝，甚至属于世界遗产，被破坏就永远消失了。

　　少数民族渴望获得新生活，所有文化工作者与政府单位都能体会，在权衡古茶树与少数民族文物的保护与现代文明生活的追求，这二方面有一定的冲突与矛盾。

在评估一定范围与必要性、可行性的地区，或许迁村、成立保护区、适度开发古茶林，与旅游观光、茶文化推广结合，必能在保护自然资源之余，改善当地民族生活条件，而这些方案在其他国家已有先例。

少数民族手工织布

新茶树的栽种必须兼顾环保

庞大古茶林资产是云南的独有特色，古树茶的优质口感为市场所公认，然而因为无法量产，终究将成为广大市场中的凤毛麟角，质优、量少、价高，从茶品本身来说，势必不能成为一真正有利于云南的经济产业。站在云南省官方立场，台地茶品质稳定性高、量大，发展台地茶才能不断扩大普洱茶市场与知名度。从目前主要产茶区茶园不断的扩充，也的确观察到各地州发展茶产业的决心。

然而，发展种植茶园的同时，却也时常发现山坡林地植被被砍伐与过度开发，这对当地自然生态，原始动、植物产生莫大影响，水土保持也将严重受到破坏，危害居民安全。永续经营的产业必须顾及自然生态的平衡，尤其茶产业更应重视人与自然界的平衡，不能杀鸡取卵。

老茶树保护与茶资源永续经营

老茶林、老茶树历经千年保留至今，不论是生长在树林中的野生型茶树，还是先民培育栽种的古树茶，除了代表云南茶树原生产地资源，也代表茶树与人类文明

农民与茶园

息息相关。先民"生活茶""历史"不尽然与现代所谓"茶文化""品茗"画上等号，然而茶在人类文明中占有举足轻重的地位是无庸置疑，云南老茶树、老茶林有如活化石记载刻画着人类茶史。

与老茶林相对应的云南资产，就是少数民族采茶、制茶、传统社区风貌等等均是无可取代也必须珍惜的文化遗产，如此才能保存完整的云南少数民族文化风貌特色。随着市场经济的推进，对云南茶区势必产生相当大的冲击，如何在适度开发下，保护老茶树、老社区且能获得最大利益，创造新资源、无形资产，灌输当地茶农、茶厂永续经营的观念，是当今政府应立即推动的政策；老茶林人员进出管制、科学采摘法、厂方规范与制程改良、休闲旅游文化产业推动等等，整体系统性发展计划都是未来云南茶产业获得最大优势与永续发展的趋势。

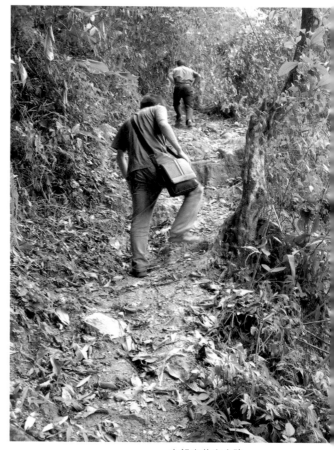

布朗山茶山小路

结语

现代科技文明、经济开发与环境保护、传统文化保留这两者之间存在着冲突，先进国家走过，开发中国家也一直重复着这样的矛盾。历史，无法说服人们在利益面前的目光短浅！经济利益与历史文化之间的纠葛也正在云南发生，能否保留传统产业、造就新文化资源，并非茶农、茶厂、茶商力所能及，端看政府当局的魄力与决心。

2007 年 春

● 茶农生活与市场骤变

　　2007年一场大涨大跌，戏剧性地演出人生百态。茶农，碰到有史以来最大的金钱诱惑，许多纯朴的个性瞬间丧失，取而代之的是贪婪的本性与傲慢无理。听到最离谱的事情，是学生不愿到学校上课，理由是要采茶赚钱没有时间上课；学校教师好言相劝希望学生回到学校上课，却听到学生说："一堂课多少钱？我一次数给你，不要再啰嗦叫我去上课！"老师当场无言，教育的尊严立即被踩在脚底、踩蹋。8月底到11月，在市场最低迷、毛茶没有人收购的时候，我还是在茶区茶厂了解走动；是的，看见茶区茶农们的房子盖得很漂亮，穿着也是比以前讲究许多，但是在上课时间，却仍然见到学生在外面晃荡，我问茶厂员工："怎么一大群学生不去上课？""唉，之前学校希望他们回校读书，他们忙着采茶不去读书，荒废几个月的时间，现在进度跟不上干脆休学，就不去读了。"

　　听到这些事情，很感慨地反思，到底普洱茶给茶农怎样的生活，怎样的影响？是好事还是悲剧！会不会像等待高价收购毛茶的心态，学生们会不会无心读书，只等待下一次炒风高潮再起。一天采鲜叶的收入居然可以高达数千元，一个不可思议的天文数字在农村发生，干吗要读书呢？在这次的普洱茶涨风之中，是否已经悄悄改变茶农子弟的道德观与价值观？天，知道！

2007年11月13日于澜沧县

易武老街

● 一饼普洱茶

一饼普洱茶

拿到非洲去……您认为值多少?

拿到美国去……您认为值多少?

拿到法国去……您认为值多少?

拿到中国港台去……您认为值多少?

拿到中国广州去……您认为值多少?

不同的文化背景与价值观,对商品会产生不同价格

等而观之

如果人也当作商品

您是否还这么在意

别人对您的肯定?

进一步思考

您是否如此在意

由别人来评论您的人生价值?

人生价值

应该是在个人心中

是否该用用古董商的眼光来看待自己的人生……历练与价值

人生的价值

不在于外界的评价,而是在我们给自己的肯定

从台湾看普洱

——我眼中的普洱市场

"普洱茶生于云南，存于香港、发扬光大于台湾。"这句话一直流传于业界与消费者之间。探究历史渊源，普洱茶在云南已经有一千多年的历史，却因为云南地处边疆蛮荒之地，一直未受注意，连茶圣陆羽《茶经》也未记载普洱茶，直至清朝成为朝廷贡茶，才为世人所认识与重视。然，近代战乱不断、时代变迁，普洱茶又被尘封，尽管香港、广东早有饮茶习惯，普洱茶可说是其中主要茶品，却一直被港人视为低价、低品茗价值的低档茶，置放于地仓。

80年代末期至90年代初期法国、日本先后发表普洱茶对人体健康的正面成效，却仍未引起港、澳、台市场广泛的注意。1995年台湾师范大学邓时海教授系统撰写《普洱茶》一书，开启近代普洱茶新的一页；90年代中后期，台湾学者相继研究普洱茶，而以"台湾卫生署"参事、台湾大学食品研究所长孙璐西教授所公布的研究立即引起台湾市场的疯狂，1999—2001年成为近代普洱茶界最关键的开端！

2002年开始，随着中国大陆经济发展，人民生活水平不断提升，对休闲品饮开始关注，茶产业得到显著提升，普洱茶的需求也明显爆增；加上中国大陆的国际地位与影响力逐渐扩大，国际贸易互动频繁，可预见中国茶饮品即将成为世界主流饮品，而普洱茶以其独特无可取代的品质进入国际市场指日可待！

中国香港

近百年的普洱茶品饮文化，造就近代普洱茶文化的开端；港澳以粤人为主，19世纪末租借英国，仍保有粤人长年喝茶习惯。2001年以前，所谓普洱茶品饮文化与信息全来自香港仓储概念，港、澳、台品饮普洱茶即以香港仓储茶品为主，也就是所谓湿仓茶；至于所谓干仓、湿仓之称谓，只是茶品在仓储中茶品转化程度上的差异。50至70年代云南渥堆熟茶的制程即源于港、粤人工仓储、快速发酵陈化之概念，二者在制作原理与生化分析上有

红印

雷同处，均以高温、高湿、闷的方式使其产生菌类以达内含物质快速降解、聚合作用，以改变其香气口感。

香港茶商将茶品有计划、快速入仓与陈化，源自于 50 年代。以 50 年代以前，当时的时代背景，香港茶楼所使用茶饮是以大量而低价茶品供消费者无限制饮用，绿茶、乌龙茶、铁观音单价偏高，低价而量大的普洱紧压生茶、生散茶（晒青毛茶）成为其首选。然而港人习惯口感以重烘焙乌龙、铁观音为主，普洱茶（当时没有渥堆熟茶）过于苦涩，港人遂将之置于地仓使之自然陈化，过程中意外发现高温、高湿、不通风环境能使之快速陈化；在不断的观察与实验后，50 年代初期即成刻意

人工仓储之方式。

1995 年以前，香港老茶庄老茶人对普洱茶的概念是一定要入仓的且不重视年份，如果不好喝，尽管时间怎么久都是不适合品饮的。在香港老茶庄贩售普洱茶，很多都是将外包纸与内飞拆下，不管年份与品牌。即使现在，老茶人仍然如此认为："云南所生产的茶品只是半成品，必须要经过适当的仓储，才能产生普洱茶真味，这才是真正的普洱茶。"因此，湿仓茶品的概念，不只源自于香港，也成就与定义于香港。

主流市场势必将转移至大陆北方，北方人以喝传统绿茶、花茶为主，并不容易接受湿仓茶品的闷味、不清爽。湿仓的概念深植港澳传统茶商与消费者心中，这样概念的茶品会因为主流市场转移至大陆北方而受到质疑排斥与挤压，然而仍会有一定的比例与市场，主要是因为几乎所有现存老茶都出自于香港湿仓，对于习惯喝老茶的消费者来说，新制湿仓茶品是可以期待！以这样概念推测，香港本身消费人口与市场虽小，然其定位在特殊仓储与技术，以及传统国际都市港口面对东南亚与日韩市场，并降低仓储成本、减低茶品耗损，大量在大陆内地设技术仓储，香港其

优势在短时间内仍无法被取代！

中国台湾

台湾没有云南的产地优势，没有香港数十年累积的仓储与技术，加上市场远不如两广与北方，比起香港、大陆，台湾几乎没有竞争优势。目前台湾业者唯一的优势，就是收藏不少老茶，以及对老茶的信息整理相对大陆、马来西亚，甚至较港、澳较为完整。然，老茶消失十分快速，台湾这唯一优势在短时间内很快消失。储存新茶，成本高于大陆；湿仓茶的技术远不如香港。台湾普洱茶业者很快会面临瓶颈，笔者曾于 2003 年推测台湾业者在 2005 – 2006 年茶品大量消耗、回流大陆之时，也就是困境的来临。

在茶品本身，台湾业者可以说完全没有竞争力，唯一还能在普洱茶市场占有一席之地，就必须依赖台湾人对制茶学的了解与市场敏锐性，例如改善传统工艺、开发新茶品或新市场。另一优势就是台湾人长时间保留下来的文化涵养，从事茶艺教学与培训，或是对茶品茶种制程充分了解，自己制作茶品行销、创造品牌；亦可建造专业仓储、控制茶品转变，以达到台

2004 年 茶品天下　女儿沱茶汤

湾特有优质仓储茶品。是危机还是转机，端看台湾业者的智能。

中国大陆

云南

云南虽然是产地，但可以说是比较晚开发的茶叶市场，多数消费者是从 2003 年开始接触与了解普洱茶。与其他市场最大的差异，在于当地政府有充分与必要的理由来为茶商茶农宣传、推广与开拓普洱茶。历史上，普洱茶得以被世人所认同，首次即以政府力介入——在清朝时

成为"贡茶",当时的盛况空前至今为人所乐道。现今,云南省,尤其是普洱市以政府资源将普洱茶的优势推广给市场,这是历史上第二次以政府资源来推广普洱茶,其效可期。

之前笔者时常提到,如果茶品只是饮品或商品的定位,永远只有买卖,随着市场起落。如果普洱茶只是被归类在"保健饮品",很容易被市场与无良茶商过度渲染成无所不治的"万灵丹",反而对市场有负面影响。传播正确信息、原料生产地的保护、厂方精制生产规范、文化与旅游,是云南政府最应长时间投入与经营普洱茶市场的切入重点。以政府立场开办专业媒体杂志,将云南最正确的信息提供给全世界各地市场,刻不容缓,包括茶区、茶种、产量、制程、储存、年份等等。

普洱茶多年来一直被视为"低档""低价"的茶品,在市场定位上一直远低于绿茶、乌龙茶等,以致普洱茶品上有杂质是应该的、有卫生上的顾虑也是应该的、包装与标示不符合食品标准也是应该的,消费者都能忍受。然而,近年云南晒青毛茶价格直线攀升,有些产地以倍数增长;当

2010年　南糯山云

2010 年　　少数民族用来炒茶的天然木铲

普洱茶市场价格逼近其他茶类价格时，消费者是否还能忍受与接受茶品内存在的杂质或不规范？云南政府在产品制作方面，必须做出适当管理与规范，使普洱茶正式成为市场主流茶品。

　　古树茶，是云南最大的茶业文化资产，拥有全世界最古老、最大面积的野生、古树茶林，包含野生型茶林与栽培型古树茶园共约百万亩。因应市场的需求，古树茶菁价格节节攀升，从 1999 年一公斤人民币 6 ～ 8 元，暴涨至今日一二百元，甚至易武、景迈、班章、困鹿山茶菁每公斤

要价数百、近千元以上。先不论合理否，价格由市场供需决定，然云南古树茶最大的价值并不在市场价格高低，而在于其无形资产——可列为世界遗产或国家保护区。将原始茶林、栽培古茶园适度开发与保护，跳脱传统农业模式，充分开发其旅游文化、打造精致产业，以现代管理模式来永续经营云南先民所传承下来的原始文化资产，这该是云南政府所急迫成就之事！

广东

　　粤人有喝老茶与功夫茶传统，加上广州、深圳、东莞等城市一直是港、澳、台，还有东南亚各类商人第一接触的商品市集；芳村，就是在这机缘下形成全国最大普洱茶集散中心，但也因为如此，非云南所生产所谓的"非普洱"也在此地大量生产与聚集。

　　对于普洱茶信息，目前在广东所得到的时常都比产地云南更为接近真实，尤其对于年份与仓储状态，主要就是因为广东省早已扮演最大宗进出口、消费与集散的角色多年，导致各地许多茶商或消费者更如此认为，在芳村、深圳的茶品价格甚至比昆明还要低，这也是竞争的结果。但也因为了解信息，做假也更加逼真。

1960 年　广云贡饼

1999 勐海沱

广东作为普洱茶最大集散地的地位，因为历史渊源，短时间很难有所取代，必须要等到老茶价高耗尽、北方市场的打开、云南产地信息达到透明化，昆明与其他城市才可能与之同等地位。事实上，普洱茶在广东人的心目中，还是属于低档茶品，品饮的人少、收藏增值的人多，这对广东普洱市场发展不尽然属于正面的。在这段期间内，若广东业界或文化界人士能极力推广普洱茶文化扎根，扩大本身内部需求，而不仅仅是一集散地功能，如此才能持续经营与发展普洱茶产业。

广西

广西著名紧压黑茶茶品"六堡茶"，为市场与普洱茶相提并论茶品之一；也因如此，普洱茶茶质较六堡茶厚重，且增值空间与市场能见度、接受度都较高，进入广西市场有其相通与便利性，广西普洱市场风潮可预见。南宁、柳州、桂林是广西主要普洱茶市场，然而除南宁有一小型茶叶街外，目前各城市都尚未有大型茶叶集中市场，虽消费量不少，但相较北京、昆明、广州等普洱茶市场热络地区，广西各城市刚属于起步阶段，硬软件设施、观念等都还需要加强，成立一共识组织来推广，将正确信息交予消费者、茶商，定期举办讲座、茶会等，方能系统性达到一定成效！

北京、陕西西安

整个北方市场的枢纽——北京，当北京市场全面打开之时，就是大陆普洱茶市场全面铺开的时机。从古至今，中国统治政府多设立在北方，虽然南方为鱼米之乡、生活富裕，但中国人重仕轻商的观念多年来未曾改变，商人多以攀附为仕人为荣，整个社会风尚，甚受官场文化影响，至今！

普洱茶，在各项茶类中最具文化底蕴，除了与其他茶类具有的历史传承、加工艺术、品饮冲泡文化等等，从茶品基本的纸张印刷、纸质、印刷版模，皆可以推测当时制纸与印刷技术；茶种与管理方式、精致紧压、包装等可以充分了解当时当地风俗民情、观念与文明。普洱茶这样的特性，刚好符合文化古都的需求。另一古都掌管西北市场——西安，与北京十分类似，都属于文化底蕴十分深厚的都市，所面向与影响的是传统西北市场。

北方与西北喝茶习惯，多年来是以花茶、绿茶为主，对普洱茶十分陌生。甚至，熟茶与传统香港仓储、现代广东仓储茶品，多数北方与西北消费群并不能接受；

存放于北方的熟茶因为天候干燥，去掉堆味的速度很快　2007 年　天下云茶～熟茶

这样的历史地位、市场影响力与品茶习惯，可能导致对现在两厂所熟悉的传统湿仓茶品市场有重大影响。笔者个人认为，品饮传统湿仓的消费人数或许不会减少，但整体市场不断膨胀之时，以北方清新口感为主的消费族群将为之取代，成为新的主流市场。笔者于 2005 年预测，面对老茶品的急速消失、苦涩度较低的古树茶出现，在符合北方、西北方口感的同时，未入仓野生、古树茶将会快速打开与占领市场，取代原有的南方传统仓储概念！

马来西亚

马来西亚约 2500 万人，其中马来人 1300 万，华裔人数 610 万人，约占总人口 23.96%，华人生活水平较一般马来人为高，主要集中在首都吉隆坡等主要都市繁华地段。马来西亚政府无论在政治或经济上，都偏重马来族群，华人在这样的环境压力，仍为保持中华文化传统，在没有政府资源下以自己的实力创办华人独立中小学。虽然人口只占近 1/4，但华裔勤奋耐劳的本性，造就马来西亚主要经济动力及资产多数掌握在华人；笔者在吉隆坡闹区发现，在百货公司高档专柜购买的民众，

与街上开车的民众有八九成是华人，且偏向年轻族群，这也说明华人的经济实力与消费水平，展现华人历代在异地奋斗，所累积的优势；而这经济优势，笔者认为仍会保持，甚至扩大影响力。在世界各国追寻古老文明热潮，中华文化一直是瞩目的焦点；茶文化，可以说是中华文化的精髓，周边产物涵盖农产、陶瓷、服饰、饮食、建筑、休闲等主流文化。以茶品休闲推广至其他国家，让广大族群更了解与贴近中华文化，深具包容与代表性。

目前马来西亚普洱茶热潮兴起，然而状况与一般市场没有两样：收藏热、品饮少、信息封闭。对于普洱茶的期待，都集中在收藏、投资、增殖，对于优质茶品的选购、品饮价值等较为实际的信息阙如。

1999 简体云

就算是为了投资而收藏普洱，却也对于品牌真伪、年份辨识几乎没有能力。仿品与膨胀年份，在马来西亚十分普遍，马来西亚市场相对较小、较封闭，这对于未来市场正常发展会有充足的伤害性。

普洱茶在一定时间内越陈越香、年份无可取代、市场扩增速度快，这些因素导致许多人想以投资角度进入普洱茶市场，如果单以投资角度看待普洱茶，肯定风险高，主要原因在于投资者只会随着市场需求投资，而不是真正喜欢与了解普洱茶，然而市场的诡谲，并非任何人能预料。将茶品与信息直接普及于市场，让多数人喜爱与品饮，不只在华人地区，使茶文化成为一种世界时尚与潮流，这才是真正的长久经营。

以目前的国际形势，中华文化将会是今后世界各国与种族所追求、学习的优势文化，这点在其他国家争相学习华文的趋势可以观察到。马来西亚是以马来文与英语系国家，语言上有其优势，于气候地理条件不在中国香港之下，而目前仓储概念也有别于中国香港与大陆二广地区，马来西亚吉隆坡有其特点。马来西亚普洱茶热潮方兴未艾，如果业界能有一常规组织，设有专业仓储、茶文化推广与辅导单位、普洱茶专业品鉴单位等等，对内能善尽业界整合与消费者服务、鉴定与挑选收藏茶品，对外能向其他国家种族推广茶文化，借着英语优势，让马来西亚吉隆坡成为中华茶文化世界窗口，这将会是其他国家与城市所没有的优势。

结语

笔者因为对普洱茶的热爱，深入研究普洱多年，许多茶友认同个人的敬业态度与专业能力，时常邀请笔者到各城市讲座或品茶会。因为如此，笔者足迹到过中国各地与海外华人聚集的城市，比如中国的香港、澳门、台湾、广东、广西、河南、陕西、云南、上海、北京、山东、福建、海南、杭州、大连、甘肃和马来西亚的吉隆坡等地，随着普洱茶的热潮风行各华人社会，受到认同

与热爱程度令人讶异。普洱茶最大的二大罩门，年份与仓储并不会因为市场的扩大而更加透明，反而因为盲目跟进的茶商与收藏家为了投资利润而忘却茶本身的品饮价值；从上文读者应可发现笔者所强调的共通点，在各地都市相同的，就是信息的透明化与传播、茶文化的扎根，这二项议题关键着普洱茶市场未来发展趋势，唯有落实正确信息与文化扎根，普洱茶才能永续经营，成为茶文化的主流之一。

2007年 春

日本老铁壶与青瓷

● 喝茶、收藏、增值

老话题了，当一个喝茶人开始真正对普洱茶有兴趣之后，所面临的第一个问题——购买茶品的态度与计划。立即喝的茶品、收藏的茶品、增值的茶品，三种类型很难会是相同的茶。

经过2007年的风浪，很多人应该已经清醒了。不喝、不喜欢普洱茶的人，只把普洱当投资，却不真正熟悉市场，去年被套住的数量金额应该不少。投资者醒了吗？不，傻瓜永远不会消失，您自己想当聪明的消费者，还是跟风的冤大头？不要以为普洱茶市场可以轻易被大资金所掌控，去年的投资失败案例很多，投资厂家以为制作与市场推广容易，仓储、收藏大量名牌茶品以为能轻易哄抬市场价格，这二类几乎都失败了。连台湾这样对新茶消耗极少的市场，在2007年都大量囤积三大品牌达人民币上亿的资金，每个茶商都唉声叹气，悔不当初。如何喝茶、收藏没有压力？事实上都在自己的心态调整而已。

购买茶品要先想好自己的目的，只是想喝、还是想放着慢慢喝，还是想要增值？目的不同，所需要的专业程度与风险也相对不同。如果只是想喝茶，不需要管品牌、茶区、茶种、制程、仓储、冲泡手法等，只要自己喜欢就是真理，不需要任何专业、更没有任何风险，市场价格高低与您没有任何关系。想收藏后自己品尝，也不需在意品牌，但要了解茶区、茶种、制程、仓储、冲泡手法等，否则无法推测茶品往后的变化是否是自己喜欢或预料中；此阶段必须要有相当的专业，且风险也相对增加不少。到了收藏投资阶段，所面临的问题就多了，专业是其次，对市场敏锐度要很高；茶区、茶种、制程是降低风险的辅助条件，仓储辨识、品牌选择、历史沿革与市场调查则是首要关键，茶品品质是辅助选择、个人喜好更不足以成为主要条件，小品牌、无知名度的小众优质茶不应被列入投资选择取向。

现代多数品茶之人所抱持心态，最主要以立即品饮为主、收藏为辅，往后待一定年限之后将所持有茶品分享于周遭朋友或靠网络交流，虽不是以获利为主要目的，但"以茶养茶"的增值心态不可能没有，至少对于选择到正确茶品的自我肯定是最低限度的慰藉；分析此一基本心态之后，茶品选择方向已有脉络可循。

88 青饼

第一，2007—2009 年原料产地与市场已经证实古树茶与台地茶之间的差距，2004 年以后茶品不管在品质上或市场效应，都应以古树茶为取向。

第二，同样是优质茶品，可以选择虽然价格稍高，但有知名度与品牌效应之个人喜好茶品。或许当下购买价格较高，但后续增值空间肯定也相对较大、较快，往后茶友间交流，尽管不是为买卖或直接获利，兑换筹码选择也会较多。

第三，年份推至 2004 年国营厂改制前，古树茶制作较不稳定，仅有少数而量大的知名品牌。若以目前投资报酬率分析，古树茶性价比较差，首选以国营勐海、下关茶厂台地茶为投资标的，如 2001 年之 7582、4 号饼、易武正山绿大树（布朗山台地茶）、8853，2003 年勐海云梅春茶、FT 小铁饼等等。若只是满足个人品饮，可推荐选择 1999—2004 年三无或小品牌之价格低廉优质古树茶品（此也证明不知名品牌增值性较低），不需追捧名牌古树茶。

以上陈述仅针对近年品饮、收藏之角度分析，而不以增值性为主要目的。站在普洱茶品饮与文化推广，并不希望市场出现 2006—2007 年不理性消费与价格狂飙的状况出现；但普洱茶以喝老、品陈，并有增值空间是不争的事实，如何在品饮享受之时，尚能微获利与肯定个人收藏眼光，是本文分析陈述主要目的。

2008 年 4 月 24 日于北京

有付出

必有收获

肯定别人

也是一种相对付出……也必会有收获！

没有一个人是完美的

如果有

完美

就是他最大的缺陷！

2005 年 8 月 27 日

专有名词
~其他紧压茶~

各类茶书专论，仍将普洱茶归类于黑茶类，甚至坊间市场亦将广东、广西、湖南、湖北、四川、安徽的紧压茶、后发酵茶，都涵盖在广义的普洱茶内。笔者认为，只要是云南普洱茶真正的爱好者，应并不会认同如此笼统模糊的说法与归类。

每一种茶都有其历史地理环境背景，以及特有的香气口感。然而，必须强调的是，并非说广云贡饼、六安茶、六堡茶、千两茶、黑砖等他省紧压茶不是好茶，而是说明其并非传统定义之云南普洱茶。

广云贡饼

云南茶叶进出口公司曾于50年代初期至1973年为止，供应云南晒青毛料给到广东省，当时应掺以广东茶菁供应香港茶楼需求，至于用云南茶菁制作紧压茶，应只是少数；这点从市场多批广云贡饼中，有所谓60广贡饼、65广贡饼、70广南饼、80广东饼等等，从叶底分析，只有一批纸筒包装、金色芽毫显露为云南茶菁（应为1970年代初期制作），其余多为广东菁。甚至市场所谓50年代广云贡，饼身异常大，则非云南、广东茶菁，应是湖南、湖北原料于90年代压制。

安茶（六安龙团）

据称，"安茶"名称的由来，即"安徽之茶"。以一竹篮装500克，六竹篮以竹编成一串如笼（龙），故坊间称"六安龙团"。创于1725年前后，内销两广，外销东南亚诸国，30年代后停止生产，亦有称60年代才停产，待续研究考证。于1984年，应东南亚华侨与中医界要求重新开始生产。以致，市场绝多数安茶，都是80年代以后生产，甚至90年代居多。

历史上老六安龙团，如祁门南乡孙义顺之产品，有百余年之历史，在两广颇负盛名。岭南医士诊方常有孙义顺安茶为引者，亦可见其珍贵，因也有相当之价值。其条索壮实匀齐，色泽黑褐油润，有槟榔、箬叶香味，清爽醇厚。味中有甜、汤色橙明。现代药理分析发现"安茶"中含有多酚类，有清热止血、解毒消肿、杀菌、解渴生津、消瘴辟邪之功效，食之益寿而精神。

六堡茶

广西苍梧县六堡乡特产，早年香港义安老茶庄等专办六堡茶，专销东南亚华侨界，备受重视。早年老六堡茶方底圆身，高57厘米、直径约53厘米，每篓重37公斤～55公斤。紧压后进入仓储半年以上，茶叶中有"金花"者为佳，品饮时有所谓槟榔味，越陈越香。南方省份与东南亚国家民众，常储存陈年六堡茶，用以治疗痢疾、除瘴与解毒。（《方圆之缘——深探紧压茶世界》，曾至贤）

笔者至广西访问时，与几位前任厂长茶叙，了解60、70年代许多都非广西料制作，有云南、越南菁居多，80年代初期才又以广西料制作传统大包装六堡茶，小包装5公斤～10公斤规格都是90年代中后期制作。

重庆沱茶

四川省一直是下关沱茶主要销售地区，直至1954年下关沱茶无法充分供应之下，由重庆茶厂搭配所开发的大叶品种青毛茶紧压成"重庆沱茶"，开启四川省自行加工生产沱茶的先驱。当时依紧压原料优次，分为特级重庆沱茶、重庆沱茶、山城沱茶三种品牌，规格分别有50克、100克、250克三种。云南沱茶在1986年荣获西班牙巴塞罗那第九届世界食品汉白玉金冠奖，然而四川省"峨嵋牌重庆沱茶"早在1983年获意大利所举办的第22届世界优质食品金质奖，这是中国茶史上第一次在国际食品竞赛中获得特等奖。

千两茶（花卷）

历史上称"花卷"，因一卷茶净重一千两故又称之为"千两茶"。约200年前清朝道光年间陕西商人订制安化黑茶，踩捆成包曰"沣河茶"，后改成圆柱状的"百两茶"。清朝同治年间山西茶商将百两茶增加重量，改成圆柱高150厘米左右、平均圆周57厘米、每支净重一千两（约37公斤，16两一斤600克）。

花卷茶是采用湖南安化高家溪与马家溪优质黑毛茶紧压制成，于民国时期移至湖南益阳茶厂制造，直至1958年停产，将花卷改制为长方砖型茶，称之"花砖"。坊间说法，1990年初期有订制一批约100支的数量，1999年以后又陆续大量生产。（《方

圆之缘》，曾至贤）

茯砖

属黑茶类，传统多在夏季伏天加工而得名；以"封"为单位，又称"封子茶"。约起源于1860年前后，以湖南安化黑茶为原料，运往陕西泾阳，故又称"泾阳砖"；历史上记载，其重量为二公斤半，后改为三公斤，长方形砖。

"发花"，也就是俗称的"金花"，是茯砖最关键的制程，金花越多、越大、色泽金黄视为上品。1953年湖南安化白沙溪茶厂制作"茯砖"成功，1959年改用机械压制大量生产，从此茯砖成为湘茶特产之一。1970年以后湖南益阳、临湘茶厂相继加入生产，80年代开始，湖北、广西、四川各茶厂都开始生产。茯砖规格35厘米×18厘米×5厘米，分特制茯砖与普通茯砖。（《方圆之缘》，曾至贤）

青砖

黑茶类，清代在蒲圻羊楼洞生产，故别名"洞砖"，老青砖印"川"字，所以又称"川字砖"。产于湖北省咸宁、蒲圻、崇阳、通城及湖南省临湘等县，近代集中在湖北赵李桥加工。1900年左右，青砖规格以每箱砖数命名，分二七、三九每片重量都是2公斤，二四每片重量3.25公斤，三六每片1.5公斤，共四种规格。近四五十年来，只生产重量2公斤，34厘米×17厘米×4.8厘米这一种规格茶品。

米砖茶

红茶片末紧压茶，又名红茶砖。历史上以湖北省义兴茶厂的"兰花"、聚兴顺茶厂的"牌楼"商标较著名。1953年以后，主要集中在湖北赵李桥加工，以五角星和牌楼作商标的为正品米砖，后亦有人称"赵李桥米砖"。

近代米砖规格为23.7厘米×18.7厘米×2厘米，每块重1.125千克。每篓装砖48片（早期有72片装，已无生产），砖面色泽乌黑油润，砖形四角平整，表面光滑，汤色深红、叶底暗红。

康砖

砖形黑茶类。以四川省雅安地区、乐山地区为主产区，主要集中于雅安地区制造。康砖创制于11世纪前后（1074年），主要运销西藏、青海等藏族地区。

雅安茶厂自1977年起采用自动压茶机，实现了送料、称茶、蒸茶、脱模、退砖、冷却等连续作业。包装时先将已冷却定型的长形篾包封口拆开，倒出茶块，按测定的水分换算应有的重要标准，并过秤检查每块重量与出厂标准是否相符。符合者，逐块放商标纸一张，每块用纸包好，每5块再用纸包成一包，并四包为一条包，用长篾捆紧，也可用麻布作外包装。在外包装底部均打上红色印章以示康砖，再以3条包（共30kg）捆成一大包，是为成品。

四川紧压茶分"西路边茶"与"南路边茶"，"康砖"与"金尖"同属南路边茶，以手采或刀割茶树枝叶经过加工而制成。采割下来的鲜枝叶，杀青后未经揉捻而直接干燥的，称"毛庄茶"；若杀青后，还要经过扎堆、晒茶、蒸茶、渥茶、渥堆发酵后再进行干燥的，称"做庄茶"。做庄茶分四级八等，茶叶粗老含有部分茶梗，叶张卷成条、色泽呈棕褐色，有陈味老茶香，味淡而平和，汤色黄红清澈，叶底棕褐粗老。毛庄茶也称金玉茶，叶质粗老不成条，茶菁色泽枯黄，内质不如做庄茶。

龙珠茶

广西桂林特产，俗称"虫屎茶"。当地百姓以野藤、茶叶及换春树等植物让小虫噬咬，小虫所排粪便与蜂蜜、茶叶以1：1：5的比例混合复炒而成。有特殊风味，味浓略甜腻，汤色深墨绿，传说有健胃效果。（《方圆之缘——深探紧压茶世界》，曾至贤）此类龙珠茶冲泡后会膨胀，不会融化消失，其亦与年份有关，存放时间越长口感越佳，且较不燥热。

市场亦有香港仓储老茶被蠹蛾幼虫咬噬而排出的粪便称为"龙珠茶"，此类被部分中医师列为高级脾胃药，价格与老茶相当。经过冲泡之后，几乎全部融化，性温。

随想
放下

拿得起

放得下　　　　　　　　　　可以入世　炼

说是简易　　　　　　　　　可以兢兢业业

却也是最优质的生活态度　　可以庸庸碌碌

进取心　　　　　　　　　　可以随心所欲

与　　　　　　　　　　　　可以随波逐流

懂得舍得　　　　　　　　　可以无所不能

生活　　　　　　　　　　　可以万万不能

可以很简单　　　　　　　　喜欢就好

可以很复杂　　　　　　　　但要对自己的选择负责

可以很惬意

可以很忙碌　　　　　　　　2005 年 10 月 24 日

可以出世修行

专业、增值与心态选择

　　从小到大，父亲一直是"严父"，至今我没有握过父亲的手，更鲜有机会跟父亲聊天，当儿子的我也直到四十岁前后才会跟父亲哈啦。最近因为碰到我的事业转型、整合，七十几岁的父亲就比较主动与我闲聊。前天与家父深夜聊天，原本也是谈今年我布局大陆的一些想法，突然谈到一位2003年跟我买了数十万台币新茶的企业老板，父亲问："他是不是有一段时间没有跟你买茶？""对，但因为我是销售者，从不习惯主动与客户联系，如果他有需要或把我当朋友就会跟我联络。"父亲沉默一下，问："有人跟他说你的茶是滇绿，所以无法存放。"真是把我笑翻了，我知道很多同行都会无所不用其极来批评我的人与茶，但却没有一个批评我的人敢在我面前谈茶，甚至来到我店里也不敢说、不敢承认自己是谁。"他没有跟我买我反而赚得更多，但我知道他跟那些人买的茶现在都没有人要，崩盘了，吃亏的是谁"？

　　今天大年初三，茶友过来喝茶、拜年，他们就是以前被其他茶商骗说我的茶品有问题，所以一直没有买过我的茶品。今天我问他："他们怎么说我的茶有问题？""他们说你的茶品是台湾乌龙制程。"我听了大笑又开心，因为很多卖茶的人根本不知道什么是绿茶、青茶制程，更不要说知道什么是滇青与乌龙的差别在哪里；好笑的是，普洱茶绿茶化、烘青绿茶等云南普洱茶现代制程可能的问题，都是我在2003年提出的。这些不知道问题所在、无法分辨制程的人，用这些"可能性"来质疑我的茶品，让我啼笑皆非！为了再次证明我的茶品是可以存放的，这二天还刻意把2004—2005年我的订制茶品喝一次（三年以上的茶品就已经很稳定），自己认为还是好茶。

　　前几天在台南朋友那里，一位中部的朋友见到我就说："之前您建议不能买的那批茶，后来那个老师没有听您意见还是买了，现在全部套住，卖不掉，唉！"这位是中部的朋友，他的朋友在去年要买某炒作品牌，价格离谱地高，我知道是有人想脱手，劝他要喝可以，但不要买一饼二千多元的茶品共几十万，现在套住了，我也爱莫能助。恰巧的是，当初手持这批茶联合炒作的人，也是在外面说我的不是，现在一群人上千万名不副实的货都脱不了手，我都警告过他们，怪谁呢？

2001 年开始我在网络指明所有市场的优质茶品，而茶品现在都已经成市场指征优质茶；我既然知道怎样制程的茶品能成为优质茶，怎么可能会做出不好的茶品？这也是为什么我在网络与市场上推荐茶品时从来不提我的茶品，因为不需要，消费者既然相信我，就能够知道我能做出好茶。

后来我也大概想到一个关键，这些茶商都以台地茶的苦涩来假称为"茶气强"，而真正的古树茶因为茶质重、刺激性较弱反而被他们说成是"茶气弱"，甚至说成绿茶化、乌龙制程。三十几年来国营勐海、下关茶厂多以台地茶制作云南七子饼，让许多茶商有机会欺骗初入门的消费者以为这才是"正宗"滇青，以次充好，还不断散播古董号级茶是台地茶制作这样的荒谬说辞；反而把优质古树茶当做制程不当的茶品，好比人参当树根、灵芝当香菇。

2009 年 1 月 28 日于台湾冈山

失败与求败

去年，正在泡茶，看见 10 岁的大女儿从门外哭着进来，花着脸、啜泣着。问："怎么哭了？"大女儿哽咽着说："今天比赛输了。"说实在的，平常不是很注意小孩在学校的事。"比什么呢？"有些愧疚地问。"接力赛输了。""你跑第几棒？""最后一棒。"喔，有乃父之风！"你跌倒还是掉棒吗？""没有。""那为什么哭呢？"女儿还没听懂我的话，还是愁眉苦脸。

我抱着她说："有看见爸爸那些奖杯与奖牌吗？"都不知摆到哪里去了，我从小到大的演讲、歌唱、短跑、跳远、跳高、篮球、保龄球等等奖项。女儿点点头："好多啊！""爸爸不是每次比赛都得名次，更不可能每次都得第一名，没有得名次的比赛远比有得名次的多得多！""只要你每次比赛都尽力了，也都比上次更进步，那就可以了。""更何况，有没有发现爸爸现在的职业与这些奖牌、奖杯有任何关系吗？"女儿摇摇头，我说："以前拼命想得到的，以后不一定是最珍贵的，但尽心就好。""你还小，不完全懂爸爸现在说的话，但希望你记住这句话。"大女儿没有哭了，睁大眼睛，专注地听着。我尝试以小孩最容易听懂的语言："尽心尽力做好手上每一件事，只要反省、不需要后悔。"就是我常说的"做自己该做、能做、想做的，活在当下！"

从小到大参加过无数的比赛，演讲、书法、歌唱、田径项目、篮球、保龄球等等，但我一直没有挫折感过，从小都不认为自己比别人优秀，"输是应该的，赢是意外得到的"。所以，每次比赛完都很高兴。以前都不知道自己这样的心态好还是不好，直到国小毕业的时候我以全校第三名毕业，我也是上台领奖开开心心地下台，但此时却看见同学哭得死去活来，因为他没有得奖。这时候的我，想了一些事情。"我不一定要的，却是别人所在意的，有时候，我不一定要得到。"从此，国中到大学阶段，我没有再拿过前三名。

很多人，一辈子经不起挫败，认为失败是非常态。在我看来，成功才是非常态，成功是由许多的失败与不完美所累积；失败是正常的，成功才是偶然。现在许多小孩抗压性极差，主要是从小到大父母灌输给他们的就是读书、读书、

2007 年　授权订制茶～求败

还是读书，求学过程中除了成绩还是成绩，国小第一名、国中第一名，理所当然高中也是第一名，但没想到高中同学每一个也都是第一名考上来的，这时候总要有人当最后一名？谁呢！这二三年很多台湾学生经不起这样的失败挫折，居然选择自杀。谁的错？

清茗　淡雅

与世无争

不求胜何来败

这是我在"求败"这一款茶所落的款，有人说我故作娇情，有人说我商业炒作，说实在的，我都不在意。我只想做好每一件茶事、每一饼茶，这些茶在我垂垂老矣，甚至化为尘土、百年之后，仍然能让茶友品到我的理念，知道我的坚持；在茶叶界，我就只想做好这一件事。所尝试的每一件事，尽心尽力做好，就没有所谓失败，"不是得到，就是学到！"

2007 年 9 月 18 日于台湾冈山

媒体专业与道德

昨天在茶叶市场里看到一本普洱杂志，初初翻开内文，未见大量广告，欣喜。没想到翻到后面看得我目瞪口呆，大量厂家的软广告占了一半、所谓的专家评茶占了三分之一，此外并没有多少对茶品茶质的实质文章。更好玩的是那几位专家评茶的头衔都很大——"国家高级评茶师""专家""权威"，居然还有"品饮大师"。另外，还有犯了很多普洱杂志最大的毛病：没有严格考证的状况下，资讯严重错误，2004 年才开始设厂的厂家居然有 2000 年的茶品，杂志社还加以背书推荐。多数茶人与市场知情人士都公认有拼配省外小叶茶种的茶厂茶品，杂志社还公然推荐为优质厂家产品！

普洱茶这一波大涨大跌，影响的不只是业界，连媒体也受很大冲击。在前年市场大好之际，相关杂志也如雨后春笋一本接一本、一刊接一刊；然而其内

农家旁的大古树茶

容充实性与专业性实在令人质疑。在市场大跌之后，杂志为求生存，公正性与职业道德才是他们面临考验的课题。媒体背负着教育市场与传播正确资讯的责任，然而此时，炒作不当茶品、年份误导、哄抬大师横空出世，媒体道义荡然无存，却也没有任何真正权威的监督单位来规范。这可能才是普洱茶界这一次风波中，最大的危机与悲哀。

启示

自诩为茶人，也希望能为业界做些事情，所以有了博客，有了经典普洱论坛。如果有那么一天，我已经无法为茶友提供正确资讯，也不敢说实话的时候，也就该退出业界的时候；甚或为名为利、为特定人与组织背书时，我就没有资格再以茶人自居。如果不能忠于自己的口感与良心，甚至职业道德，在合适的时机说出事实，就没有资格称为茶人。

2008 年 1 月 3 日于昆明

网络迷思

从 2001 年开始在网络上与茶友交流至今，却仍发现在台湾网站有不少前辈搞不清楚普洱茶的基本知识，不想再去别人论坛争辩，写一篇文章说明一下，茶友若有看到，会心一笑就好。

1．渥堆熟茶工艺并非在1973年才完成，历史上很清楚记载，1957年、1964年进出口公司两次率领四大国营厂核心人员至广东、香港了解湿仓茶；以目前了解的渥堆技术来说，并非十分困难，可从相关文献了解（如香港卢铸勋先生所言），没有理由直至1973年才完成所有渥堆工艺。依黄安顺老师傅（1957年第一批勐海茶厂员工，1964年普洱车间组长）口述，渥堆技术在1966年已经完成现代技术，"文化大革命"时白天关在厂内工作，晚上拖出去戴帽子批斗，也就直言"文化大革命"期间勐海茶厂仍继续生产，只是情绪低落，产量低。这样就能解释国营厂能大量稳定供应1976—1979年法国与日本的订制熟茶。

2．"普洱茶味苦性刻，解油腻，牛羊毒，虚人禁用。苦涩，逐痰下气，刮肠通泄。普洱茶膏黑如漆，醒酒第一。绿色者更佳，消食化痰，消胃生津，功力犹大也"。这句话不是明代李时珍《本草纲目》中记载，而是出自清代赵学敏《本草纲目拾遗》。

3．依香港吴姓茶商口述，香港入仓的历史从清朝末年开始，但并非有意储存陈化，系统性仓储概念是从1952年开始的陈春兰茶庄开始。所以，严格说法，湿仓的起源应是清朝末年，人为蓄意"入仓"概念则是1952年。

4．龙马同庆，从其使用紧条索原料、条黑、小饼模、叶底等特征与后期茶品接近，加上其内票上所言"叶色金黄而厚水，味红浓而芬香"，可以充分怀疑龙马同庆并非百年老茶，而是在印级茶之后所生产。如果当时的茶品都是如此，龙马同庆不需刻意标榜。

5．香港、广东在清末民初应该有喝陈茶的习惯，所以存放普洱茶、喝老普洱，应有其可能性。而其他地区，包含云南，不只在1995年以后，多数都在2002年之后才普遍了解普洱茶越陈越香。

6．生茶放久了就熟化，比如青苹果变成红苹果，放得再久都是生茶；生茶洒水渥堆称熟茶，如苹果做成苹果酱。生茶老味与熟茶有相当大的区别，如果二者都称熟茶，或无法区分，老生茶有何价值？

7．红茶，一般不杀青，但在台湾也有些有杀青制程的红茶；另，白茶也不杀青，不是所有茶都有杀青。

8．普洱茶当贡茶，可不是像绿茶、乌龙一样用盖碗品饮。个人在北京故宫与管理者讨论证实，满清是马背族，普洱茶是当作煮奶茶用，而不是当品饮茶。所以当贡茶的历史，不需要拿来炫耀。

9．普洱茶由寒转温，若没有经过相当温湿度（湿仓）则需要很长时间（台地茶二十年以上，古树茶至少也要十年），追求口感与气感是风马牛不相及，无法混为一谈。当然，个人曾经说过，如果有三十年以上的未入仓茶，我当然选择未入仓，只是这在二十年内是不可能量产，只能当天方夜谭。

10．个人曾经多次担任展会比赛茶评比，感触良多，展会的金银奖都不只一个（虽然评审给的都只有一个），筹委会会多增加几个鼓励性质的金银奖，所以茶要依好喝为主但不要过度迷思。

11．下关茶厂在1996年就开始高温干燥，与勐海茶厂在2005年以后都大量使用省外境外料，茶质快速掉落、无法长存久放与这些都有关。

12．所有台地茶与古树茶都会经历转化期（口感香气掉落），只是明显与否，主要原因在于茶菁拼配年份与种类跨距所导致。

13．烘青与烘干完全是不同概念，烘青是指毛茶干燥方式，成品烘干是紧压后干燥方式。下关、勐海茶厂在70年代就有使用烘房干燥。下关茶厂2004年之前自有茶园只有几百亩，茶菁绝大多数来自茶农收购，毛茶都是晒干或暗火烤干，没有资本买烘干

红印茶菁

机烘干茶菁；因为下关气候干燥，因为量少，成品干燥在 1996 年之前以自然干燥居多。勐海茶厂近千亩基地茶园，2003 年之前也都是以晒干为主，剩余 40% ~ 50% 茶菁仍然是跟茶农收购。

14. 普洱茶厂所必备的是烘房设备，不是烘青设备，不可混淆概念。

15. 毛茶晒干与烘干在陈化优劣上没有相关，茶叶中多数活性物质都怕紫外线，日晒反而导致伤害；只要低温干燥，保持活性物质最大量，烘干成效比晒干优势许多，迷信晒青是专业上的缺失。

16. 云南普洱茶定义于 2008 年底重新修定，把 2007 年以前制定生茶必须一定时间陈化才称作普洱这规定取消。但，没有多少人能辨识云南大叶茶类（包含变异中小叶茶类），以及特有制程，所订定的地方标准无法执行，形同虚设。

17. 炒青、烘青、晒青是指毛茶干燥方式，不是杀青方式，蒸青才是指杀青方式。

2009 年 11 月 26 日于台湾冈山

虚拟与我执

网络上，每个人或许都有些期待与遐想，会使用一些自己喜欢的昵称。但每个人的起心动念却有相当大的差异，有些人心无瑕念，只是希望有另一美丽或是气魄的名字，完成他小小的遐想；当其他网友问及真实身份，并不会隐瞒或欺骗，真诚往来。另一类人，却是不断变换身份，或是蓄意隐瞒或欺骗，其目的是什么，大家应该想象得到。网络是一个虚拟世界，但以个人的立场，是希望网友能真诚相待，而不是只躲在阴暗的角落，做些连自己都不敢面对的事。批评讨论，在网络上无可避免。但能否为自己言论负责，就是不要蓄意隐瞒自己身份。

很多人认为自己很重要，或是想成为被瞩目的人。然而，在现实社会中很难实现，只能在网络虚拟世界，在陌生人面前隐姓埋名，让自己有勇气拆开自己层层包装与假面，摊开自己阴暗或需要满足的另一面，让一直渴望摊在阳光下的需求与真实面摊在众人眼前。隐密的虚拟世界可以成为镜子，反映自己所需的真相。在虚拟世界的您，自己是否感觉到，认识到？

2007年6月7日于台湾

老铁壶

今天在广州，提问到有茶商鼓吹新铁壶的优点，让我讶异的是他们吹捧观点是"新铁壶的壶壁比较厚，可以提高温度"。有点啼笑皆非。撇开对人体有益的释放二价铁、历史文化、朴质美感等，老铁壶确实有些缺点，比如以前的水垢、锈蚀要懂得处理，有些老壶品相较不完整等等，这些是相对新铁壶的缺点。然而新铁壶的问题，相对老铁壶就多了。

现代新铁壶有区别，真正名家如日本人间国宝，高桥敬典的壶体就十分薄，水温也能维持在近百摄氏度，煮水口感更不在老铁壶之下，应与使用铁质、制造工艺有关，但是价格不斐，动辄日币五十万元以上。而坊间所谓日本南部铁器的外观与古朴老壶相距甚远，价格却也不低，人民币二三千元的代价只能买一把提高水温功能的器具。因为许多新铁壶内层有镀层漆烤，直火烧煮会令其

龙文堂　细目取手铁瓶～安之介　大正十五年

剥落；另一缺点可能是现在使用铁质较差，所煮出来的水质口感差，无法与正常保养下的老铁壶相较。

老铁壶有许多壶壁相当厚，加上使用厚重的铜盖能令其煮沸时加压，提升水温，在效果上不会低于新铁壶。外观质感、水质口感、历史文化价值、价量等主客观条件，老铁壶是新铁壶无法比拟的。

龙文堂　唐镜龙纹铁壶～安之介

当然，如果您的审美观可以接受坊间一般新铁壶，又无法品出老新铁壶间的水质差异，懒得保养整理历史文物，器皿只要求提高水温，那么购买新铁壶是正确选择。

2009 年 1 月 6 日于广州

言过其实

很多人习惯将事情扩大，膨胀自我……包括茶叶产量。2007 年很多人都说普洱茶产量有八万吨，对茶区、厂家、生产流程、产能稍有了解的都会发笑！

世界上多数商品销售概念都是希望自己的商品是精致而高端的，产品会因为量少而价高、珍贵！而普洱茶是属于能收藏的饮品，数量将决定它的价值。在这基本概念下，应该数量越少报越好。但居然相关单位与厂家，却一直膨胀虚报自己产量，不知在一定程度时，量与质可以说是成反比。为何？原因大家应该都明了，只当作笑话吧！！

一条满档的车间，六位熟练工，以锅炉蒸压、最新快速油压机，最粗糙、最高产能 800～900 公斤／8 小时。如果以正常干燥，最快也要 3～4 天（我的标准 38℃～40℃需 4～5 天，绿茶化高温干燥只需一天），如此生产 8～10 万吨紧压茶是怎样的概念，那是一个天方夜谭的数字？！！当其他茶类与媒体不断攻击普洱茶的是非之时，包含产量、收藏量等，有时候，是自己业内也有问题。当自己搞不清楚、言语夸大时，那人家批评也是应该的！

2007 年 8 月 28 日

美金

从台湾搭机过香港，早上 9 点多到香港机场晃呀晃，等待下午 1 点半的南方航空公司班机前往昆明，一直到下午 1:20 分才看到班机到达。也习惯大陆班机延迟半小时内都算"准点"。这时候看到登机匝口服务台有一位老先生似乎有些麻烦，他的穿着十分不起眼……是一般人眼中的乡下人。我大概仔细听了一下，原来老人家把机票给弄丢了，地勤人员要他补票，说"没有机票你就不能上飞机，回不了家！"老人家急了："那怎么办？"说要补票，1800 多人民币……我看到地勤人员眼中的有些不悦有些轻蔑！老人家更急了，"那怎么办，我已经没有人民币了。"地勤说："那我也没有办法，你一定要有钱才

香港机场的免税商店

能回去。"……更多些不耐烦。老人家很慌张地在包包里口袋里翻找，最后老人家抬起头说："我只有这些……"诺诺地说："这些美金。"我看到老人家手上一叠为数不少的百元美钞。也看到地勤人员脸上表情的变化，错愕……尴尬……不可置信！一瞬间，看到这幕，我也几乎笑出来，而您看到什么？！

我是商人，除非是态度离谱的消费者，从不以貌取人。在我的朋友中，有很多穿着简单朴素、谦恭有礼的大老板或高级主管、政府官员，拥有家财万贯或很高社会地位。他们跟我成为好友，平常聊人生、价值观、修行，买茶只问我意见，因为"信任"，以前对他们的态度与专业，在还不知道他们身份之前，我一视同仁。

香港南方航空地勤人员，是哪里人我不清楚，应该也不是很重要。我相信以貌取人，是各地人都有的通病。怎样的生活背景与文化，待人处世各不相同。或许，今天我们唾弃这样的人，但是否我们也正以另一种扭曲的人格在对待别人？

当时，看到这一景一幕，我已经把钱拿在手上，准备在老人需要的时候……而我心里所想的是：检视自己有没有以这样的态度与价值观对人。

写这篇感言，只是希望茶友能以较宽广的视野与心来看世间，包括不要以貌取人，也或许事情的真相都不是我们所想象。我相信每个人都不希望像那位老先生被如此对待，能否设身处地，也不要如此对人。

2006 年 4 月 8 日

好土与烂泥

今天清明扫墓，经过一条八九年前家父当领导时的三十米外环计划道路，这二三年才施工，我很奇怪地问，怎么这条道路这么容易坏？家父本身就是建筑师，对地方所有工程都很清楚，我从小一直跟着他在各种工地走动，所以各类工程，包括装修、室内设计等我也都了解一些。他说："因为施工时没有将烂泥挖除，重新铺上好土做基础，无法承载车辆压力，底下的烂泥会向上溢出而损坏到路？"我心想，这里不都是农田吗？而且都是很好的农地，怎么是烂泥？喔，自己立即想通了，适合种植农作物的肥沃泥土，或是一般房屋建筑用地的土质都只适合"静承载"；此类肥沃土质相对于道路来说，却是无法承受车辆高速下的"动承载"，所以对造路来说，却是不堪使用的"烂泥"！不肥沃、无养分的硬土壤，在建筑工程上反而是"好土"！

"天生我材必有用"，有时候使用在人类这么复杂的族群很难体会，然而将复杂问题简单化，大家就比较容易体会。再好的人才，放错位置，也是惘然；将一位平庸的人，放在适合他的位置，也能发挥最大功效。好的领导不一定要很有工作能力，但要能知人善任。

2008 年 4 月 4 日于台湾冈山

名牌的坠落

10月与集团公司的老董"深聊"市场，我没想到，居然连很有自信的老董，也迷信下关、勐海的地位不可动摇。我当时也不客气地"提醒"他，国际上没有永远不坠落的第一与名牌！而时机的掌握与自信心，就是创造另一霸业的起始。

勐海、下关成为近年普洱茶界的龙头，有其历史的必然性，而这些"历史因素"都已经消失。而紧跟着的市场与茶区变化，也即将把两大老品牌逼到绝路，如果两大厂思路不改，龙头的地位即将不保。下关、勐海茶厂成为大品牌的历史因素，有几个原因，而这些原因的消失，也将导致三大品牌龙头地位的逐渐坠落：

1. 从历史角度，计划经济时代，只有三大国营厂的茶品为主力，昆明茶厂早年以砖为主影响力不大，下关厂以沱为主，影响力也不若勐海茶厂所生产的七子饼茶。普洱茶以品老茶为主，在"越陈越香"的概念下，两大厂的茶品

青瓷与大禾竹盘

成为市场标的与对比"幻想品",然而许多"投资"消费者已经不知道两大厂今非昔比,今日的两大厂已经不是以往的国营厂,对茶品仍然存有幻想,这是今年年初许多炒家进入普洱市场,以两大品牌为炒作对象的主因。信息的透明化与老茶的销声匿迹,已能让消费者了解两大厂今非昔比。

2. 从品质的角度来看,两大国营厂多以台地茶为主,而从2001年开始市场对古树茶情有独钟,未来也是以古树茶为市场高端产品与厂家标的。现阶段两大厂为迎合炒家需求,不只不生产古树茶,以台地茶为主要原料,更为降低成本而大量使用境外料,这些信息将逐渐为消费者所知,茶品将不被接受。近视短利与缺乏商业诚信,是两大品牌的致命伤。

3. 从制程与仓储上探讨,从1996年开始下关茶厂毛茶与成品干燥温度过高,制程上的缺点以往可以藉由香港仓储来掩饰,境外原料气味也能藉此削弱。

然而，香港仓储已经不为必然，甚至全国市场以自然陈放、不刻意控温控湿为主，所有原料与制程上的缺失将无所遁形，两大品牌市场优势更加削弱。

如果两大品牌能坚持品质打造品牌，以卫生健康、真材实料回馈消费市场，相信所有的厂家都愿意跟随在两大厂的带领下，消费者也更加喜悦茶品能进一步提升，愿意以更高的价格来消费好茶品。此时的名牌已经不代表品质，市场的洗牌与整顿必须要政府与消费者，以及二三线用心制茶的厂家能觉醒，否则普洱茶所受的灾难，此时不会是最后一次，也不会是最低潮的时机，还会再次冲击每一个爱茶人。两大品牌至今，仍然会是量产大路货，不问原料制程，引领入门消费者，但不再会是高端品牌。

2007 年 11 月 5 日于北京

苍蝇还是老鼠

10 月 9 日与一位领导在茶会上品茶，因为职责关系所谈内容直接涉及"茶品品质"，卫生与茶种就成为探讨主题。与他一直交谈，也忘了茶友办茶会的主题，想起来实在感觉不好意思。

从现在市场现况，二人都认同这是必须经历阶段；说到茶厂的卫生安全，从初制所到精致厂的规范，二人也都有共识，从传统农副产品规范到商品、食品，甚至如博友茶厂趋近于药品的标准，这也是普洱茶界的目标。而后，我俩的歧见出现了，这是我与云南政府领导最大的分歧点，几乎每一位官员都与我持相反意见。两大知名产业龙头茶厂使用境外、省外料的事情，几乎每个人都知道，但领导的处理方式，个人十分不认同。

领导的比喻很贴切，他这样形容："比如有一锅美味的粥，里面有一只苍蝇，如果我看见了，一定是自己偷偷地把它捞起来，不要让其他人看到之后，吃不下去。甚至，尽管厨师再做更好更美味的粥端出来，大家总觉得有问题，粥不再美味，这样不是坏了这一锅好粥吗？"

这就是多数领导的心态，看不见，就当作没发生的驼鸟心态。在他说完之后，我只接了一句话："那不是苍蝇，是一只大老鼠。"之后话题就岔开，我也不想让气氛太尴尬，我知道再谈下去，只会闹僵。所以后面的话题就转到制程，随后茶友请我示范冲泡我的方式，就这样结束谈话，气氛还是很不错。

10 月 12 日与厂家董事长谈到这事情，我不认为两大厂不能取代，没有永不坠落的龙头企业。她个人也十分认同我的看法，她也说："您形容是大老鼠，我是形容成我们云南的一种臭虫！""再不好好整顿，其他厂家更加做好产品，消费者将会失去信心，弃普洱茶而去。"

2001 年   8653

政府领导与厂家、消费者的心态还是有很大的差别，虽然都是为整个产业好，但做法却完全不相同。裁决权在政府手上，但却从未见到有魄力的措施，地方标准的自相矛盾与山头主义，QS遍地都是，这都已经成为茶界的笑柄，"普洱茶原产地证明"若不能证明"原产地与茶种"，也将只是另一敛财手法。身为消费者的我，只能以一己之力，在媒体上做好自己能做的，对没有理念的炒家与厂家提出批判，对于认真做茶的厂家、茶品与茶人，做出最大的认同与宣传，这是我认为一个真正爱茶的人所该做的。

2007 年 11 月 13 日于澜沧县

自我与私利

昨天几批茶友来访，忙得我晕头转向，话也说得有点累。因为提到"倡议书"的事情，很巧的，有两批茶友分别提到，我在网络上一路走来的风风雨雨，到今天他们口中所形容的"要风得风，要雨得雨"，能充分掌控市场，他们总认为这是十分不容易的修为。我淡淡地笑着回答：事实上很简单，谈不上什么修为，只要"自私一点"就可以了。他们听不懂，我稍微解释一下。

您想人家怎么对您，您就怎样对待人家；您不希望人家怎样待您，您就不要那样对待人家。一切从自己做起，自己做到了，再看看别人怎么做；要批评别人之前，先彻底反省自己有没有做得比人家好。人家骂您批斗您，就是要您愤怒、就是要您不快乐，偏偏您就欢喜地过活，看他如何！

一切的一切都从自身开始，看看别人再想想自己，看看自己再看看别人！自己做了多少，这是我所谓的"自私"，以自我为中心，一切以自己能否做好、做到，是不是有些不一样？

2007 年 8 月 10 日于昆明

试茶与品茶

　　2003年认识一个人，很令我讶异的是他的口感敏锐度，几乎和我相近，近十年的香港仓储茶品以及新茶品鉴能力都十分强，然而他品鉴方式却跟我差异很大，因为他的传承是来自香港，150毫升盖碗3.75g五分钟。

　　2005年5月在某集团公司，少东取了一款2005年邦崴过渡型千年茶树的春茶，要让大家尝尝。现场除我、这位朋友、集团公司少东与两位员工外，还有来自集团广东经销商三人。少东先将茶菁拿给我，我闻了一下，有很淡的杂味，萎凋与干燥已经有问题了。拿给其他人看，而后由这位朋友冲泡，3.75g五分钟。每个人都喝完了，都说好，就我不喜欢喝。我说："萎凋与干燥有问题，酸杂

品茗

味重！"所有人都说："没有啊！怎么会？"我只看了一下这位朋友，想听他意见。而他也说："没问题啊，怎会有酸杂味？"我很讶异，居然连他都喝不出来？

"我来泡"，我实在觉得纳闷，严重的制程问题已经损及内质，往后陈化一定会薄汤，居然每一个专业茶商都喝不出来，连评鉴茶多年的这位朋友也喝不出来？我以相同盖碗 8g45 秒浸泡，颜色立刻从原本的浅黄透亮，变成黄红混浊。他们喝了每个人皱眉头，都吐出来。"怎么这么酸！"我看着那位朋友，没有说话。心里想，原来从一开始的差距就在这里，他的口感虽然敏锐，但因为只使用轻手冲泡，身体也承受不了重手泡的茶汤，所以他永远找不到茶菁的缺点，找不到茶菁的缺点，将永远无法准确预测茶品陈化方向。

品茶，怡心养性，凸显茶品优点，甚至要使用茶具、水质掩盖缺点，没必要跟自己过不去，一切以舒适为最高原则。试茶，了解茶质、茶性，必须以所有方法找出茶品缺点，如此才能分辨茶质、杂质，预测陈化结果。

2008 年 3 月 16 日于北京

生产与行销

2006 年因为政府关系而认识集团公司，一开始可能是因为不熟悉而比较客套，对我与厂家十分礼遇。在沟通协调过程中，我担任的角色在集团公司的理解是属于文化推广部分，这对他们来说似乎是不重要，他们首要目标是要与我介绍的厂家合作，而他们的企图很明显，就是这厂家对这片古树茶林的所有权证，附带讨论厂家的生产技术及能力。

只是他们一直太不了解我，因为厂家多次说明立场，必须借重我在市场的影响力来推动市场，甚至要我对普洱茶制作生产环节的专业能力，否则厂家不愿意进一步洽谈，集团公司总是无法理解这样的概念。这段期间与集团公司在云南各茶区考察，并提供公司定位、营销策略，甚至销售一批茶作为其初步进入市场的纪念茶品。一直到 2007 年初集团公司茶叶部门负责人说出一句话，我才决定退出不再与他们有任何合作的可能性。"普洱茶的制作哪有什么难？这么玄乎？销售更是简单，这是我的专长"。一个部门负责人如此轻视普洱茶、不了解市场，我已经意识到他们的将来会如何！

　　2007 年底，听到三个公司董事长传来消息，此集团公司虽然如我所规划的拿下一个国有茶厂，在几乎没有专业的思维下，高估自己能力，低估市场难度。居然夸口收当季所有台地茶，当数百吨鲜叶涌进厂内时，才知道自己总产能根本不足以应付这些鲜叶萎凋、杀青、毛茶干燥，导致所有原料渥红、劣变，损失数百万人民币。而这段期间因为市场清淡，尽管透过强力运作、广告宣传，却在市场上不见成效，不只没有销售可言，连市场知名度也没有。"普洱茶的制作哪有什么难？这么玄乎？销售更是简单，这是我的专长。"不是想看人家笑话，只是想了解一下能说出如此"自信"话语的人，最终是让我们学习到什么！

2008 年 3 月 29 日于台湾冈山

善待普洱茶文化

　　2008 年 5 月 9 日刚到上海就接到云南农大周斌星教授电话，希望我到昆明担任 5 月 20 日广州茶博会优质茶品评审，时常与周教授一起担任过几次评审，欣赏他的专业、执著，在某方面与我的固执有些像。但因为刚到上海，所以就无法前往昆明担任审评，对周教授感到抱歉。

　　昨天从上海飞到昆明，也与周教授打声招呼，约个时间喝茶聊天。最后，周教授突然语气沉重地说："昆牧，您能不能呼吁一下，希望各厂家不要如此贱卖普洱茶。""一些茶品的价格低得离谱，普洱茶是一种文化，不应该如此贱卖。"我了解周教授的心情，我们俩除自身专业外，在文化推广上一直不遗余力，眼见如此现象，我也只能安慰他，并说明我的看法。

　　普洱茶不可能脱离商业而只推广文化，因为市场竞争，产地价格直接关系终端价格；除非，厂家的理念是直接建筑在"保证品质""建立品牌"上，"量少质精"才有可能脱离产地价格直接影响。现在（2008 年初）的临沧、保山、普洱（思茅）的密集式管理茶园毛茶价格都在个位数，一公斤 6～8 元的低价茶比比皆是，连西双版纳以往最高价的几个茶区，价格也都在十元上下而已；而优质荒地茶、古树茶才有可能到达三十元以上价格。按这样的原料价格，如果没有树立品牌，以成本价加上耗损、加工费等，一饼十元，相当于一公斤 28 元，这对许多不求品质与品牌的厂家来说，已经是很不错的利润了。此时与他们谈文化，似乎有些不着边际，因为他们古树茶卖不动，精致加工会没有竞争力、没有利润。生存下来，才是他们现在唯一的目标。

从今年（2008 年）开始，因为市场较趋于正常、理性，炒作者较不敢躁进，加上云南台地茶最大产能可达十几万吨（官方数据），这相对当前市场份额可以说是无限量产，"以量制价"是市场规律。相对真正百年以上古树茶产量可能不及台地茶百分之一，优质茶品更是凤毛麟角，往后二者价差也会维持在十倍以上。就今年（2008 年）市场观察，一些坚持品质的厂家今年（2008 年）所生产的优质古树茶依旧供不应求，但因为去年的经验与资金压力，都不敢再次量产，以降低风险并维护品质。

再经过今年（2008 年）六七月，所有春茶订单与制作都该结束，所面对的不只是今年（2008 年）的茶品销售问题，更牵涉去年超高价台地茶品该如何销售。今年（2008 年）的低价，再次重创去年胡搞瞎炒的台地茶。去年古树茶虽然价高，销售上会有很大压力，但都还能以品质取胜，只要还能坚持下来，品牌还是能树立。过些时间，该离开这市场的就差不多都该离开了，回到该有的面貌。有理念与资金的厂家，现在都已经在着手培训员工、培养市场，放很大的精力在文化扎根、创造品牌，大家一起努力吧！

2008 年 5 月 15 日于昆明

整理与惊喜、莞尔

　　近日因为新开设有机健康食品的"安逸自然生活园"，以及将台湾普茶庄改为会所会员制，且刚成立的"石昆牧经典茶文化有限公司"预计4月份要正式挂牌，回家过年一个月每天都在谈工作、空间整理，忙得晕头转向。今天搭机前往北京，所以昨晚是最后期限，把所有事情都告一段落，用七八小时的时间把十几年来堆放在店面的茶品做一归纳整理。

　　1999年以后的新茶早就成件归档进入仓库，再把自己清楚的印级、号级与70年代茶品先收好，而最后整理打包80年代至90年代末的茶品，因为这

倒把西施与青瓷壶承

283

阶段的茶品最多最杂，我也不清楚还有什么东西藏在这三百来平米的店面中，而被我遗忘。

　　总共有十几个柜子与仓储，从以前自己喝茶、帮朋友买茶，到自己开茶庄，前前后后买了几百批次的茶品。自己又有个习惯，十几二十年以上的茶品，喝或卖一些数量之后，会留下几筒或几件当作对照、陈化；结果，因为数量少，那些留下三四筒的茶品时常就会到处乱堆放，几年后就忘记了。因为我经营普洱茶是在 1999 年，所以这类茶品，就是以 80 年代中后期到 90 年代中期的茶品最多，厚棉纸 7542 与 8582、8592，薄棉纸 7542、8582，大七细字内飞系列等等这些的数量与种类最多，四散在仓库与店面角落，尤其是 1988—1992 年的 7542 最多，就是坊间的 88 青饼了。

　　刚过完年的时候，一早起来去整理很久没有到的角落，才发现竟然还有七八件的 88 青饼（未入仓、轻入仓），还有同期的 8582，刚好家父过来找我，开玩笑地说"哈！今天一早就赚了"，还被家父说了一顿："哪有这样做仓储管理的！"

　　昨天整理店面，又发现这一筒那三筒的，都是 88 青饼。怎么会这样分散呢？这说明一点，很多茶都是无意间留下来的。

　　1995—2003 年间，前后以买进厚棉纸与手工薄棉纸为主，但好玩的是，在当时虽然都是 7542，但会因为仓储不同（1995—2002 年反而未入仓比较便宜）以及年份差异、饼模大小而把茶品分开销售（买进时也是依不同种类不同价格），而以现在市场分类来看待这些 7542 茶品，只要是手工薄棉纸、细字内飞都被归类在"88 青饼"。把这些"被遗忘"茶品整理起来，竟有好几件的"88 青饼""8582"的干仓、未入仓的茶，因为……当时不好喝！自己刻意收藏增值的 88 青饼也不过十来件，没想到东堆西杂的也差不多这个量，无心留下的茶品茶质、品相也不在刻意保留的茶品之下。也因为这状况，刻意到仓库看一下，还真的有些茶品找不到，或是没有印象的茶品。想想，算了！再过几年或十几年以后，搬到哪个角落的茶，都被我遗忘；更何况我现在除台湾两三个仓储外，昆明、北京都有仓库，惊喜会不断在我生命中出现。

以前区隔包装纸、饼模、仓储与批次来订定售价，但才经过十年左右而已，现在却都属同一类茶，同一个价格。而且好笑的是，当年因为以香港仓储为主，如果仓储不够、太干、口感刺激，反而价格便宜，或是被说成"还不能喝"，却也因此留到现在。茶会变、人会变、口感会变、经济能力也会变，价值观当然也跟着改变，世界上唯一不变的道理，就是"什么都会变"！

2008 年 3 月 2 日于香港至北京班机

抛掉包袱

最近，经典普洱北京店、昆明店举办周年庆，个人在论坛上举办大规模的拍卖，以低价格嘉惠网友；其中有一些茶品、茶具的价格实在低于市价太多，很多网友直问"石老师亏大了！"我笑笑，因为事实不然。从推广茶文化与广告、回馈网友角度，再低的价格我都不会亏，然而实质上，我也真的没有亏本，因为这些茶品、茶具的来历特殊。

先从茶品来说，很多是我在 1999 年以前就开始收藏的茶品，当时价格十

铜花香盒　可用来置香品，亦可用来醒茶或做茶仓
～林文雄作品

285

分低廉，而现在是以数十、百倍的惊人利润，我不可能亏本，只是少赚；甚至，在3月份来大陆之前整理店面时，还发现数件我已经遗忘的老茶品，这些都是无意中存留下来，算是无意间得到，也是普洱茶迷人之处。而那些壶与瓷器等茶具的来历，更是离奇。

在台湾有一位茶友对于老茶（台湾茶、福建茶、普洱茶）、紫砂瓷器、古董字画、佛教文物等稀奇古怪的东西，收藏量之大，无法估计。而他有一些朋友，更是奇特怪异，所有可能会增值的东西都有，对我而言可说是光怪陆离。有一天，一位林先生跟他说，他有近千平米的一套公寓里面的收藏品想出手，没有什么原因，只是这一部分的东西他不想玩了。我的朋友去看了一下，现值千余万台币的字画、紫砂壶、瓷器等等，有几样东西是朋友一直想要的，二人因此就地喊价。我朋友说："就八十万（台币）。"林先生说："最近想玩哈雷机车、名家机械钟表等。至少也要一百五十万啦！""好啦，我加一些，一百万整数。"林先生居然同意了！现值千余万的收藏品，就这样便成一百万成交。

好玩的在后头，朋友拿到这些东西，留下自己想要的之外，开始找买家，方法也奇特。来到我这里，他知道我要的是什么，价格随便开；我选了一些壶与瓷器后，他也不说什么，就把剩余的东西带走。隔天，他居然跟我说："已经卖超过百万，我想要的也已经挑起来了，这些瓷器全部以昨天开价再三折给你。"也就是将近市值15%的价格，我也好玩地又挑一些。

对很多人来说，这两位朋友，包括我，怎么有钱不赚，甚至亏本？事实不然，以我们的想法，在学习各样文化时难免需要摸索，一开始会购买自己不一定需要或是入门教材，在进阶后就会开始有所选择与淘汰，如果还是执著价格，必然会成为自己的心理负担，甚至是累赘。放掉自己不想要的（并不是仿品或瑕疵品），让后面学习的人更有空间，自己轻松，别人也开心。可以说，从我们三人的心理角度来说，不是亏损了几百上千万台币，而是将累赘换成实质利益以嘉惠刚入门的初学者，这就是"舍、得"！

亲自收料与委托制作

2008 年 4 月份打电话给朋友："您在哪啊？""我在易武收料啊！您还在台湾？CXX、LXX、HXX 等大师都已经在版纳收料了，您怎还不过来！？""您认为我需要过去吗？"朋友顿了一下："喔，您是不需要这么辛苦，您懂选料、有厂家配合。唉，怎么差这么多。"

以前也曾经听人家说过，信不过茶商、茶厂，所以要做茶就一定要亲自去云南茶区收料、监督压造，把自己晒成黑人一个。我笑笑反问一句："您懂选料、分辨古树台地与紧压工艺吗？"那人呆了，没有办法回答。"那您怎么选、监督什么？"如果懂选料，不用下茶山也可选到好原料。在北京与在茶农手上买，没有区别，除非亲自带人采收鲜叶、制作，方可得到更纯、更优质好原料。

现在价差十分巨大，如果没有办法辨识台地、古树，选毛料是没有意义的；如果不懂毛茶与紧压制程，监督也没有意义。如果懂得选料与制程，也不需要亲自去收料，只要到有诚信的厂家即可。诚信的厂家是关键，不然其他都枉然，制程与包装不规范、换料、盗卖、盗用品牌等等将会困扰。自己多年对普洱茶的钻研、付出，现阶段只需要找到认真、诚信厂家制作常规货。若要制作最高端产品，势必

邦崴　上鹰架采古树茶，直接嚼鲜叶试茶质

将挑选茶区、茶种，指定茶树，在适当的气候、理想的制程，只能少量几十公斤生产，才能达到我理想中的标准。

2008 年 4 月 23 日于北京

市场定位

在昆明金实路上有三家面包店，相隔距离很近，彼此大概只有二三十米左右。从使用原料、造型、口感与烘焙习惯观察，应该都是台湾人的概念开设。按市场法则，这么近的距离消费市场肯定重叠，彼此是处在同一消费圈的竞争关系。然而，观察几年来，发现这三家生意都不错，我又稍微注意一下，发现他们的产品几乎没有重叠性、品质价位也都有差异，很明显分出中高端面包店中的"高中低"三种价位与品质；也就是说，他们三家已经成功区分这附近消费商圈的中高端族群，并没有产生严重竞争问题。再仔细观察，三家在中端的生意较差，原因为何？应该想象得到！

这几年来，不管是想要和我一起做品牌，还是想进入业界而来征询我意见的人，我都先问清楚"你的定位在哪里"。

做任何一个行业，必须先定位好自己的消费群体与经营模式，市场、人脉、渠道，再把自己的资金做合理分配后，才有办法策划短、中、长期的企划案。若想要包山包海、高中低档都做，这样反而让消费者无法或不愿意来消费。以近年来说，做量、做低价就不可能做品牌做精致，因为好原料有限且只会越来越少，精致高端古树茶品最后只会存在于私人藏家与会所。在二者之间还有许多阶层与模糊地带，端看自己的选择与策略。有时候，做生意也与做人一样，左右摇摆、没有原则，不见得能讨到便宜！

2008 年 7 月 30 日于昆明

面对面

跟朋友逛茶城，朋友说："网络某名人不是在这里开店吗？""是啊，"我说"想去吗？我带你去！"我知道朋友可能有些不可思议，因为这位网络名人时常点名我，可以说各种不雅的言语都说尽了，而我居然还要带着他们去找他？到了他店里面，他们相互打招呼，我则在后方进来，我知道他愣了一下，有点手足无措。我当作没有看到，坐在他面前喝他泡的茶，聊着市场、聊着普洱茶，最后还提到一些后续我想做的普洱茶仓储这一区块，我也不避讳地聊得很多。

朋友很讶异我的泰然，怎会如此镇定与所谓的对立者喝茶聊天，还深聊到很敏感的专业问题，他认为这实在不是一般人能理解。事实上，在我的世界里我都很能理解每一个人的所作所为，因为我的理念与做法会影响许多人的有形无形利益，他们对我做出反扑、攻击，也都理所当然，不意外。而我自己，也很清楚自己在做怎样的事情，面临的问题我也不会逃避，坦然面对；因为，在普洱茶市场上，我有自信我对得起自己，也对得起别人，所以我能面对所有的人事物。也只有无法面对自己的人，知道自己有问题，才不敢去面对人（事），选择躲避、逃避。至于理念与我不同的人，他们如何去面对自己与专业、市场、茶友，就不是我能置喙的，他们有自己的世界。

2008 年 5 月 30 日于北京

桃园记

2007 年 5 月 16 日与省商局几位处长用餐，谈到公平交易法与打假的议题之后。5 月 20 日云南农业大学毛昆明副校长邀约，前往农大桃园赴宴。下午 3 点前往副校长办公室，毛副校长取出去年熟茶品饮后，听随行茗缘集团徐建国董事长简单介绍我之后，随即将珍藏的茶品请我鉴定。二块没有包装的茶砖，

茶花

一砖明显是下关茶厂 80 年代末期边销砖，另一裸砖外观没有特色，但茶干有
明显冷发酵香，却又是熟茶，我犹豫一下说："凤庆茶厂生产？"取出外包白
纸，明确写着"凤庆茶厂样茶"。众人大笑，只听见人说"太不可思议"！

　　四点众人前往"桃园"，一下车，我就喜欢这地方，许多的果树结实累累。
水蜜桃正娇红鲜甜欲滴，李子、梨子、猕猴桃、西番莲、杨梅、核桃树都结着
果子。毛副校长也讶异我对水果的了解，问："是因为了解茶树、植物的原因
吗？""倒不是，我是对药用植物比较了解，水果是因为爱吃！"众人笑。

　　毛副校长专长为土壤学，坐在树下聊天时，我也与他聊到未来茶树管理会
越来越重要，土壤特性与改良将对未来精致农业扮演举足轻重的角色。他认为
最适合茶树生长的土壤为花岗岩系，在目前茶区中，主要分布在云南西南端、
版纳西部、临沧南部等地。4 点 45 分造访普洱茶学院，与邵宛芳、蔡新、周红杰、

吕才有几位教授品茶。

6点回到桃园用餐，席间还有省工商何局长、昆明工商王局长等局处领导。毛副校长与何局长是三十几年的莫逆之交，听着他们回忆三十年前为彼此义无反顾、两肋插刀的过往，说到激动处还会彼此拥抱。很明显的，两人个性十分直爽，都是性情中人。这样的交情，或许只有在那样的时代背景才会发生，工商化的社会，要让人如此为别人付出，已经很难！彼此间隔阂着一种叫做"不信任"与"利益"的东西。这次的农大桃园之行，让我看到喜欢的生态花果山，还有现代社会难以见到的莫逆之交。

2007年5月20日于昆明

登山记

朋友前往登玉龙雪山，他没有经验，所以跟一群云南山友前往。只是没有想到，其他山友也全都没有登过这座5000米海拔的雪山，这下事情就复杂了。朋友晚上与其他人在车站会合，他一开始就纳闷了，怎么主办人带了这么多东西？一开始也没多问。

坐了几个小时沿路爬坡的车程，开始负重登山。但此时就觉得不对了，怎么每个人除了自己的装备之外，还有那么多东西。问了一下召集人，包包里是什么？答说："罐头、面包、米、土豆等等食粮。"大家傻眼了，干嘛带这些？"让大家吃好一些，还有一位餐厅大厨随行。"天啊！要享受，就回家里，这是攀爬5000公尺海拔的玉龙雪山，真是开玩笑。果然，大家背没有多久，就开始吃不消，几位山友因为过度疲累，已经出现高原反应；此时，还没正式到达登山口，商量结果还是将这些不必要的食粮放在路上。但是到后来，因为准备不够充分，对迪龙雪山的不了解，只到三分之一路程不到就折返。

这件事让我想到许多人从事任何行业，总以"一番热诚"还有"相当资金"就以为能成就事业，不只能风风光光还能享受过程。但没有想到，因为对这行业不了解，不要说成就事业，过程中还丢盔卸甲，逃命般地半途而废、仓皇而逃。

不要以为，从外观看这座山并不高，但气候、路途崎岖与否如果未能掌握，险象环生将无可避免。今年的普洱茶市场就是如此，许多人带着大把资金想捞一把，但没想到普洱茶市场比股汇市、基金还要难以捉摸，5至8月的普洱茶市场就成了许多投机者、初学者的登山课程，也成了几个人的坟场。这个行业，不是只有带着大把资金就能驾轻就熟的地方！

2007年10月9日昆明至北京班机

眼光

在版纳待的时间很长，多会碰到以前见过的茶商、茶友，有些很热络打招呼、品茶、讨论，甚至希望跟随到茶山、村寨。有些则很奇怪，打招呼时，面露尴尬、眼光微颤、闪烁，不敢直视我。一开始我也不为意，后来与他一起的茶友透露一些讯息。原来，这位茶商一开始很推崇我，跟随我的脚步，很努力地在茶山中考察、做茶，这样两年下来他却发现广东市场不认同他的精品，同行间也否定、嘲笑他的苦行；渐渐他信心崩溃，包装名称与内容物已经不相符合，写古树非古树、写易武非易武、写倚邦非倚邦。

更好玩的现象，原本推崇我的态度，转变成批评、中伤。我好奇地问，都说些什么，茶友说"卖假茶、推崇湿仓茶"。我听了好笑，原来市场对我的传言有这样的因果关连。先说明，我真不排斥香港仓，且南方仓相对于北方，永远是湿仓；说湿仓不好、有害健康，是没有健康、医学与专业知识。就连前些时间一位不认识、喝过茶的地方知名茶人都跟茶友说我"卖假茶、推崇湿仓"，我并不在意这些人对我的毁谤，只是可惜他们自己的无明导致这样的选择。

在一个闪烁的眼光背后，有这么多的因果与故事！

2010年5月23日于勐海

枝叶繁茂的古茶树

称谓

在微博看到一个有关称谓的事情，想到在云南发生的一个小插曲。几年前学生在一个茶会听到几个茶友以"小石""石头"等称呼我，他听了十分不高兴，憋了一肚子气离开会场。过几天之后，过来喝茶气还不消、臭着脸；我问怎么回事，原本不敢直说，后来还是宣泄而出。"书记都还称您'老石'（领导自己说是'老师'的谐音），他们怎么能这样称呼您。"我听了，真是哈哈大笑，我是笑他傻。

名字、称谓，是一个标记（撇开命理）、沟通、社会礼仪，也就是说只要我知道您在称呼我、叫我，任何名称都只是一个记号，属于自己的一个专有称呼而已。至于对方用任何称谓对我，是展现对方的文化、涵养、礼节，与自己无关。所以，在经典普洱论坛曾有茶友说不知道该怎么称呼我，怕称"石先生"我误解他对我不敬，因为大家都称"石老师"。我也笑答："只要您喜欢、顺口，怎么称呼我都没有关系，只要让我知道您在叫我就可以了。"

2010年6月4日于高雄冈山

等待

2005年4月我决定离开学校，父母反对我离职，原因不外乎"台湾景气这么不好，当大学老师又轻松，一个月七万多台币的工作哪里找？""再几年都可以退休了，再等（忍）一阵子！"在家里，我不会与家人辩得面红耳赤，但我很清楚我在做什么、未来在哪里。所以，4月11日我还是坚决离开学校，离开那个与我理念不同的学校。

其实，我可以游走两岸之间，与同事协调课程，上着没有理念与责任的教学，混吃等死！但我知道这样不只会累死我，更是背弃自己对教学的坚持，与其这样赖着，不如不做。另一方面，我也知道我在大陆奠下的基础已经趋于完整，时机不会等人。没有当时的舍得，就没有今日我想要的自得；或许，我还是庸庸碌碌、不知所云地在学生之间瞎混着，只为了那五斗米，还在那等待退休金、等待学校如何又如何……

等待，有时候是让人们懦弱的借口，更是让人退缩、不思长进的最大元凶。没有毅然地放下手中的小铜板，如何能有机会再抓取更多的机会？有舍才有得，得失之间如何取得平衡，需要靠智能。

2007年9月22日于台湾

一时的失败

　　孙中山曾经上书李鸿章，更亲自送达天津，如果当时李鸿章接见孙中山，没有了革命，或许我们现在还是君主立宪，甚至可能还是清朝皇族统治。当时孙中山上书没有被接见、采纳，心里一定不舒坦、落寞。但如果当时他就此放弃，被挫折打败，那么我们没有今天，他也不是孙中山。

　　我在 2003 年将事业发展至内地，2006 年因为理念不合、不愿意丧失自己的坚持，在很大的亏损之下忍痛退出经营，可说是自己进入大陆市场后最大的挫败。但如果没有这次的挫败，不会成就今日的"经典普洱"体系与实名制论坛，也不会对普洱茶市场有那么大的影响力。人若自暴自弃，只会被自己打败，而不会被生命中任何事情击垮，一时的挫折，不代表永远失败，有舍，才能得。

2010 年 9 月 3 日于北京

道

道

在拾起与放下之心念

在执著与释然之心念

在独善其身与兼善天下之心念

道

在感情与理性之平衡

在家庭与事业之平衡

在兼顾亲情与实践理想之间的平衡

道

在专业与广告宣传之间

在付出与收获之间

在自我利益与商业诚信之间

道

之唯心，为内

之为德，为展

之相对应于宇宙万物，为无限阔

2005 年秋